로봇 시스템 제어

SIMULINK 기반
시뮬레이션과 실험

로봇 시스템 제어

SIMULINK 기반
시뮬레이션과 실험

정 슬 지음

ROBOT SYSTEM CONTROL

교문사

머리말

로봇은 인간과 가장 가까운 움직이는 시스템이다. 인간이 편리함을 추구함에 따라 로봇의 발전은 필연적이다. 최근에 널리 사용되고 있는 청소 로봇을 보면 가까운 미래에는 로봇이 각 가정에 한 대씩 자리매김을 하면서 우리와 함께 생활하게 될 것이라는 예상이 거의 현실화되어 가고 있는 실정이다.

정부는 앞으로 우리나라를 먹여 살릴 차세대 국가 전략 산업 항목 중 하나로 로봇 산업을 선정하였다. 우리나라는 로봇 분야의 모든 역량, 즉 산업체에서 사용하는 로봇의 대수, 로봇 분야의 연구비, 연구 인력, 그리고 논문 발표 등 로봇에 관한 모든 것을 고려할 때 전 세계에서 대략 4위 정도한다고 한다. 매우 높은 순위이다.

따라서, 로봇 분야에 대한 관심이 많아지고 연구가 활성화됨에 따라 로봇에 대한 학부과정의 기본 교육뿐만 아니라 대학원 과정의 고등 교육의 필요성이 요구되었다. 이에 **'로봇 시스템'**이라는 주제된 시리즈, Robot manipulators control, Mobile robots의 전문화된 책을 쓰게 되었다. 첫 번째 시리즈는 **'로봇 팔의 제어'**로 로봇 팔에 대한 이론과 시뮬레이션, 실험 등 다양한 내용을 포함하고자 하였다. 로봇의 가장 기본이 되는 로봇 팔을 중심으로 필수적인 제어 이론에서부터 실험 결과까지 삽입하였다. 또한 실험이 어려운 점을 보완하기 위해 MATLAB과 SIMULINK를 사용한 시뮬레이션도 병행해서 삽입하였다.

매 주제마다 제어 이론과 시뮬레이션이 함께 주어짐으로써 독자들은 열거된 제어 이론을 실제로 시뮬레이션할 수 있다. 또한, SIMULINK 프로그램과 MATLAB 프로그램이 함께 주어짐으로써 쉽게 학습할 수 있도록 배려하였다. 하지만 내용이 함축적이다 보니 처음으로 이 책을 접하는 독자들에게는 다소 어려울 수 있다. 이전에 집필한 **'로봇공학'** 책으로 미리 공부하거나 참조하면 시뮬레이션을 하거나 로봇공학에 대한 이론을 이해하는 데 도움이 될 것 같다. 또한 로봇 팔의 대상은 산업 로봇과 유사한 3축 로터리 로봇을 기준으로 통일하였기 때문에 프로그램 구성이 쉽고 수정이 많지 않도록 하였다.

따라서 이 책을 공부하는 방법은 매 제어 이론을 이해하고 주어진 예제의 시뮬레이션을 해봄으로써 학습하고 더 나아가 프로그램을 수정하여 다양한 환경, 즉 경로의 변경, 외란의 추가 등과 같은 다른 환경에서의 시뮬레이션을 통해 제어기의 특성을 확실하게 이해하는 것이다. 추가적으로 바라는 것은 시뮬레이션에 그치지 않고 실제 시스템에 적용함으로써 제어 이론을 실제 시스템에 접목하는 것이다.

부족한 이 책이 공부하는 모든 사람들에게 작은 도움이 되었으면 하는 바람과 함께 우리나라 산업 발전에 이바지하게 되기를 희망해 본다. 특히 2009년부터 2014년까지 정부의 서비스 로봇 관련 로봇 인력 양성 사업(AIM)의 지원에 감사드린다.

끝으로 이 책이 나오기까지 도와준 ISEE 실험실 대학원생들에게 감사하고 이 과목을 수강하면서 많은 질문과 의견을 준 충남대학교 메카트로닉스 학생들에게도 감사함을 전한다. 항상 힘이 되어 주는 하늘에 계신 아버지와 살아 계신 어머니 그리고 가족에 감사하고, 알게 모르게 도와주시는 주변의 모든 분들께 감사의 말을 전한다.

백마산 기슭에서
저자 씀

차례

CHAPTER 2 로봇의 기본 제어 방식

CHAPTER 3 직교좌표공간 제어

CHAPTER 4 적응 제어

CHAPTER 5 슬라이딩 모드 제어

CHAPTER 6 강건 제어

CHAPTER 7 지능 제어

CHAPTER 8 힘 제어

CHAPTER 9 하이브리드 임피던스 제어

CHAPTER 10 신경망 힘 제어

부록

BASICS FOR ROBOTICS

CHAPTER 1

로봇공학의 기초

CHAPTER 1
로봇공학의 기초

1.1 소개

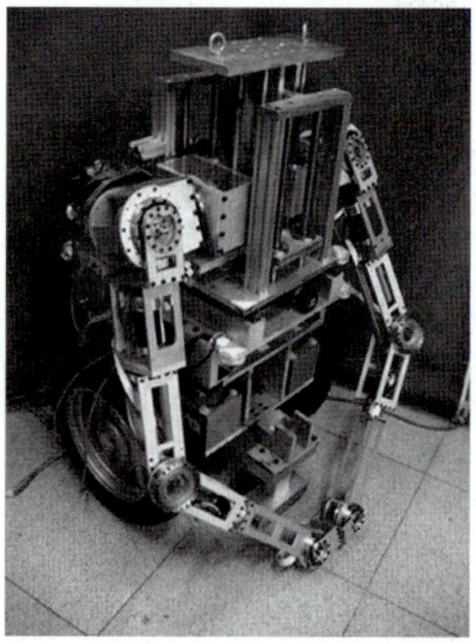

그림 1.1 KOBOKER

로봇에 대한 관심이 높아지면서 로봇공학에 대한 연구가 활발하게 진행되고 있다. 초창기 자동차 조립라인에서 사용되던 산업 로봇에서부터 최근의 인간 중심의 휴머노이드 로봇까지 로봇의 종류도 다양하고 그에 따른 기술들이 많은 발전을 이루게 되었다.

최근 로봇 연구의 두드러진 경향은 로봇 팔과 같은 산업 로봇에서 탈피하여 움직이는 이동 로봇 분야로의 방향 전환이다. 로봇의 수요가 산업에서 가정으로 움직임에 따라 고정된 로봇에서부터 움직이는 로봇의 이동성이 요구되었으며, 서비스 로봇으로의 기능들이 추가되었다.

특히 제어 기술 분야가 많은 발전을 이루었다. 로봇 팔의 단순한 위치 제어로부터 자기 위치 인식이 필요한 이동 로봇의 위치 및 속도 제어, 안정한 걸음걸이를 유지해야 하는 휴머노이드 로봇의 보행 제어와 텀블링 제어에 이르기까지 제어 기술이 많은 발전을 이루었다.

휴머노이드 로봇의 경우에도 보행의 문제를 해결하면서 로봇의 지능과 두 팔 조작에 대한 연구가 중점적으로 진행되고 있는 실정이다. 로봇이 인간과 같이 움직이려면 두 팔을 자유롭게 사용할 수 있어야 하는데, 이는 세련된 손의 제작 및 제어를 포함하여 비전을 사용하는 비주얼 서보잉 기술 등 다양한 기술이 복합적으로 이루어져야 한다.

로봇 팔이 시대에 뒤떨어진 대상체라고는 하지만 그렇다고 더 이상 사용하지 않는 것이 아니다. 현재 가장 많이 사용되고 있는 로봇의 종류도 로봇 팔이다. 산업 로봇의 사용은 크게 증가하지는 않지만 꾸준하고 고정적인 수요가 있다. 또한 이동 로봇이 작업을 하려면 로봇 팔을 부착해야 하므로 로봇 팔은 반드시 알아야 하는 로봇공학의 가장 기본적이고 전통적인 대상체인 것이다.

최근에는 4차 산업 혁명의 중심이 되는 조립 로봇, 즉 인간의 두 팔을 닮은 협업 로봇(collaborative robots)의 관심과 개발로 로봇 팔의 전성기를 맞이하고 있다. 로봇 팔의 제어 알고리즘을 살펴보면 전통적인 PID 제어부터 적응 제어, 강건 제어를 포함하여 뉴로-퍼지의 지능 제어, 그리고 대상체와 작업할 경우에 필요한 힘 제어에 이르기까지 다양한 제어 알고리즘들이 제안되었으며, 실제로 사용되고 있는 실정이다.

1.2 로봇 팔의 제어 방식

제어는 안정성(stability)이 보장되어야 하고 원하는 경로를 추종하며 외란에도 강건하게 작업하는 것을 목적으로 한다. 로봇 팔을 제어한다는 것은 로봇 팔 끝(end effector)의 위치가 원하는 경로(trajectory)를 정확하게 추종하도록 만드는 행위를 말한다.

로봇 팔의 제어 방식은 크게 **모델 기반 제어 방식**(Model-based control scheme)과 **무모델 기반 제어 방식**(Nonmodel-based control scheme)으로 나눌 수 있다. 제어 방법으로 가장 많이 사용되고 있는 PID **제어 방식**은 로봇의 모델을 사용하지 않지만 PID+G **방식**은 중력 모델을 사용한다.

로봇의 모델이라 함은 수학적으로 표현되는 로봇의 동역학을 말한다. 로봇의 동역학을 구성하는 요소는 크게 관성에 의한 힘, Coriolis와 원심력에 의한 힘, 중력에 의한 힘, 그리고 마찰력 및 다른 요소에 의한 힘 등이 있다. 또한 로봇은 다입력 다출력(multi-input multi-output) 비선형 시스템이다. 따라서 토크는 각도, 각속도, 각가속도 요소를 중심으로 구성된다.

$$\tau(t) = f(q(t),\ \dot{q}(t),\ \ddot{q}(t)) \tag{1.1}$$

여기서 $q(t)$는 $n \times 1$ 벡터의 각이고, $\dot{q}(t)$는 $n \times 1$ 벡터의 각속도, $\ddot{q}(t)$는 $n \times 1$ 벡터의 각가속도이고, $\tau(t)$는 $n \times 1$ 벡터의 토크가 된다. 변수들이 시간함수이지만 편의상 q, $\dot{q}$, $\ddot{q}$, τ로 표기하도록 한다.

1.2.1 무모델 제어 방식

무모델 방식의 대표적인 제어가 PID 제어 방식이다. PID 제어기의 이득값을 조절함으로써 원하는 출력, 즉 토크를 얻는다. PID 제어기의 출력은 다음과 같다.

$$\tau_c(t) = K_P e(t) + K_I \int e(t)dt + K_D \dot{e}(t) \tag{1.2}$$

여기서 $e(t) = q_d(t) - q(t)$는 $n \times 1$ 벡터의 각 오차이고 $\dot{e}(t) = \dot{q}_d(t) - \dot{q}(t)$는 $n \times 1$ 벡터의 각속도 오차, 그리고 K_P, K_I, K_D는 제어기 이득행렬이다. 간단하게 t없이 $e = q_d - q$로 표현한다.

이상적인 제어는 로봇의 움직임을 만들어 내는 토크값 τ와 제어기의 출력 τ_c가 같게 만드는 것이다.

$$\tau - \tau_c = 0 \tag{1.3}$$

추종 오차가 있을 경우에는 다음과 같이 표현된다.

$$\tau - \tau_c = \varepsilon \tag{1.4}$$

여기서 ε은 토크 오차를 나타낸다. 따라서 제어기는 토크 오차를 0으로 만드는 것이 목적이다.

그림 1.2는 PID 제어기로 로봇을 제어하는 블록도를 나타낸다. 위치 추종 오차로 구성된 PID 제어기의 출력값을 로봇의 토크값과 같도록 설정하면 오차는 0이 된다.

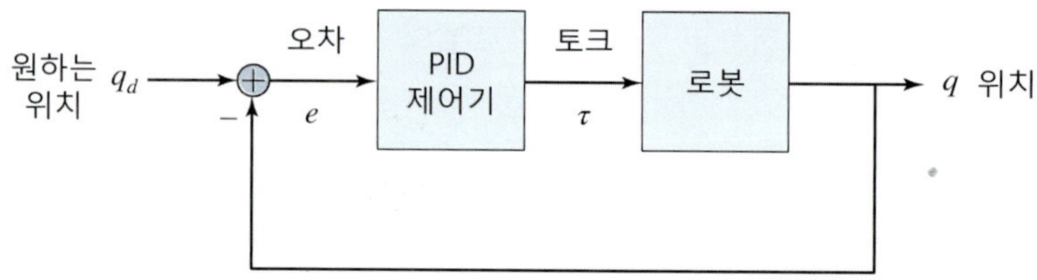

그림 1.2 PID 제어

1.2.2 모델 제어 방식

무모델 제어 방식에서는 식 (1.3)을 만족하는 것이 쉽지 않았지만 모델을 사용하면 제어기의 역할이 상대적으로 줄어들어 쉽게 만족할 수 있다. 모델 제어 방식은 **역동역학 제어 방식**으로 모델을 사용하여 로봇의 동역학을 소거하여 선형화(linearization)와 분리화(decoupling)를 하여 제어를 쉽게 하는 것이다.

모델 기반의 역동역학 제어 방식에서는 로봇의 토크값을 만들기 위해 로봇의 동역학 모델을 사용한다. 식 (1.1)에서 역동역학 모델 τ_m은 다음과 같이 표현된다.

$$\tau_c = \tau_m \quad (1.5)$$

토크가 주어지고 로봇의 움직임을 나타내는 것이 순동역학이면 역동역학은 위치가 주어지고 토크를 나타내는 것이다. 따라서 주어진 모델이 100% 정확하면 오차는 0으로 수렴하고 그렇지 못하면 추종 오차가 발생하게 된다.

로봇 동역학 식 (1.1)과 역동역학 제어기 출력 (1.5)를 고려하면 토크가 상쇄되어 입력이 그대로 출력이 된다. 따라서 추종 오차가 0으로 되며 가장 이상적인 경우이다.

$$\tau - \tau_m = 0 \quad (1.6)$$

가장 대표적인 역동역학 제어 방식으로는 **계산 토크 방식**이 있다. 말 그대로 자체에서 보듯이 토크값을 계산하는 데 있어서 역동역학 모델(inverse dynamics model)을 사용한다. 그림 1.3은 역동역학 제어 블록을 나타낸다.

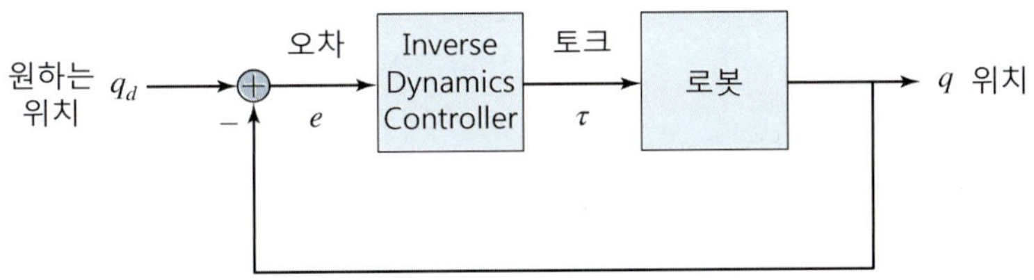

그림 1.3 역동역학 제어

하지만 역동역학 제어를 하기 위해서는 우선적으로 해결해야 할 문제점들이 있다. 모델의 정확성에 따라 성능이 좌우되는 것을 볼 수 있으며 문제점은 다음과 같다.

- 로봇 시스템을 100% 정확히 모델링하는 것은 불가능하다.
- 모델하기 어려운 마찰력, 백래쉬, 저크 같은 비선형 요소들을 정확히 알 수 없다.

동역학식에서 모델링할 수 없는 동적요소들을 **불확실성**(uncertainties)이라 한다. 모델링 오차는 결국 위치 추종 오차가 되므로 이 모델링 오차 ε을 줄이기 위해 또 다른 형태의 제어기를 사용하게 된다. 위치 추종 성능이 모델에 의존하는 계산 토크 방식의 문제점을 해결하기 위해 많은 제어 방식이 제안되었다. 추가적인 제어기의 출력 τ_a를 어떻게 만들어 내는가에 따라 다양한 제어 방식이 제안된다.

$$\tau - \tau_c = \varepsilon - \tau_a \quad (1.7)$$

1.2.3 적응 제어 방식

대표적인 모델 오차를 보상하는 방식이 **적응 제어 방식**이다. 적응 제어 방식은 로봇의 변수들이 시간에 따라 변화할 경우에 적절하게 대응하도록 변수를 매 샘플시간에 갱신하는 것이다. 가장 중요한 것은 적응 제어 법칙을 유도하는 것인데, 리아푸노프 안정성 방식을 기준으로 주어진 시스템의 모델을 사용한다. 이처럼 모델 기반 제어 방식에서는 모델의 정확성이 요구되므로 동역학을 정확하게 구하는 것이 중요하다.

제어기는 시스템 변수의 변화에 적응하도록 설계한다. 변수를 나타내는 Θ는 가중치이고 로봇의 동역학 모델로부터 구한 W는 리그레션(regression) 함수이다. 변수 Θ가 목적함수, 즉 리아푸노프 안정성을 만족하도록 갱신이 된다.

$$\tau_a = W^T \Theta \tag{1.8}$$

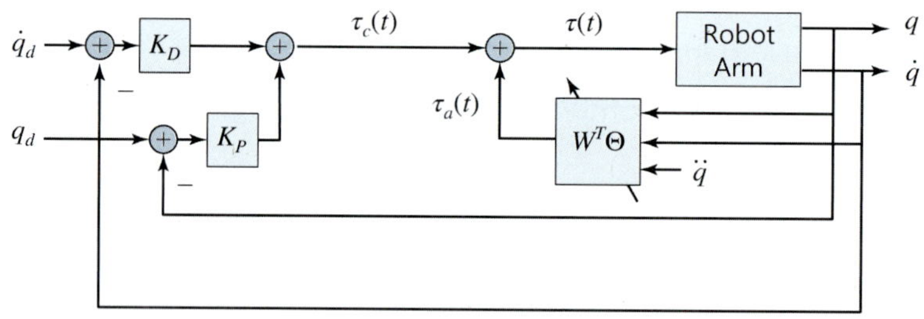

그림 1.4 적응 제어 예

1.2.4 강건 제어 방식

또 다른 제어 방식으로는 **강건 제어 방식**이 있다. 강건 제어 방식의 하나인 **시간지연 제어 방식**(Time-Delayed Control: TDC)은 시간지연 모델을 사용하므로 개념적으로 역동역학 제어의 테두리에 속한다. 시간지연 제어기는 이전 토크 모델을 사용하여 불확실성을 소거하므로 오차를 줄이는 방식이다. 상대적으로 모델에 대한 의존이 작지만 모델을 알면 성능이 좋아진다. 이처럼 모델을 알면 제어기의 성능을 높일 수 있지만 로봇의 동역학에서 관성모델과 가속도를 알아야 하는 부담이 있다.

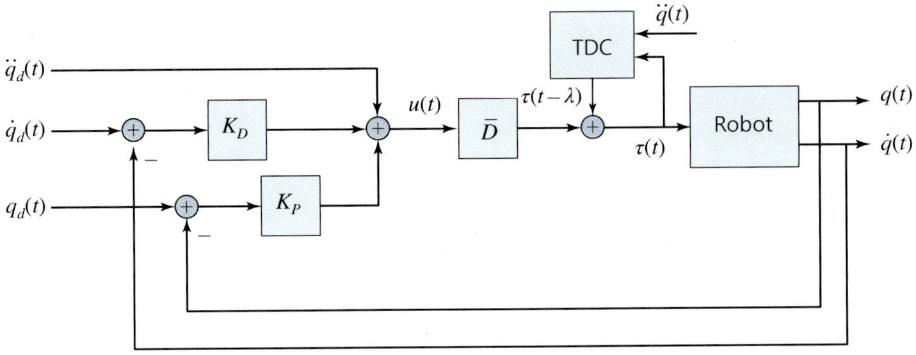

그림 1.5 시간지연 제어 예

1.2.5 지능 제어 방식

이에 반해 **지능 제어 방식**은 로봇의 동역학에 대해 전혀 모르는 경우에도 성능을 향상시킨다. 지능 제어 방식은 크게 **신경회로망 제어 방식**과 **퍼지 제어 방식**이 있다. 그림 1.6의 신경회로망 제어 방식은 학습에 의해 오차를 줄여가는 이점이 있지만 신경회로망 내부의 수학적인 분석이 어려운 단점이 있다. 반면에 그림 1.7의 퍼지 제어 방식은 간단하여 하드웨어 구현이 쉽지만 적절한 퍼지법칙을 구하는 데 시간이 오래 걸린다. 최근에는 신경망 제어기와 퍼지 제어기의 장점을 살려 **신경망-퍼지 제어기**(Neuro-Fuzzy Controller)가 각광을 받고 있다.

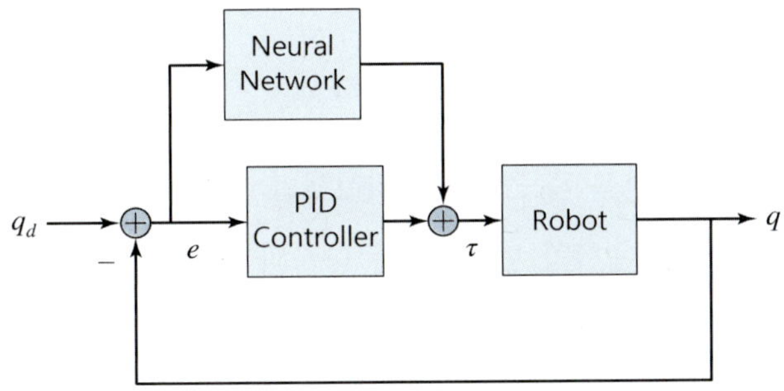

그림 1.6 신경회로망 제어블록도

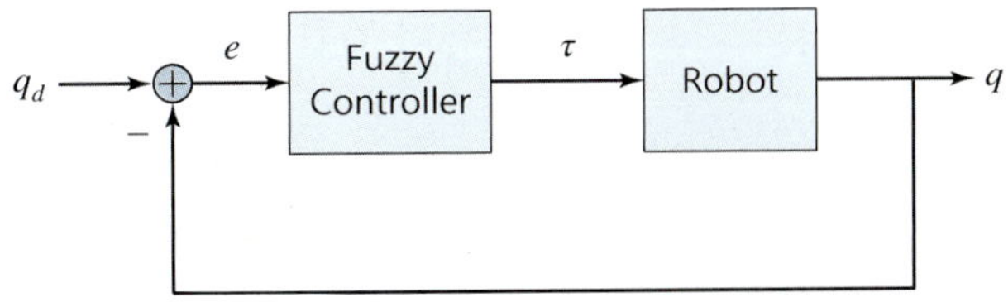

그림 1.7 퍼지 제어블록도

1.3 기구학

1.3.1 소개

일반적으로 로봇 팔이 작업을 성공적으로 수행하기 위해 필요한 자유도는 6자유도이다. 6자유도를 만들기 위해서는 6개의 구동기가 필요하다. 이 6개의 구동기가 움직이면서 로봇의 자세를 만들어 내는데, 로봇의 자세를 결정짓는 변수는 위치(x, y, z)와 오리엔테이션을 나타내는 각도(α, ϕ, θ) 등 모두 6개이다.

로봇의 팔 끝(end-effector) 위치 제어는 로봇이 작업을 하기 위해 매우 중요하다. 로봇 팔 끝의 위치는 3개의 변수, 즉 x, y, z에 의해 결정되며 로봇의 3개 링크 중 마지막 링크의 위치, 즉 원점에서부터 3축 로봇 팔 끝(end-effector)까지의 거리 P_0^n를 나타낸다. 3개의 오일러 각으로 나타나는 오리엔테이션은 로봇 팔 끝에서의 회전행렬 R_0^n을 나타낸다. 이는 로봇 팔 끝에 달려있는 tool의 자세가 같은 위치에서 다양한 오리엔테이션이 존재함을 나타낸다.

결국 로봇의 **기구학**이라 함은 팔 끝의 위치와 오리엔테이션 정보를 나타내는 변환행렬을 구하는 것이다. 링크가 직렬로 연결된 로봇 팔의 경우에는 Denavit-Hartenberg(D-H) 표현에 의해 정의되는 인접한 두 조인트 좌표계의 상관관계를 나타내는 변환행렬을 곱함으로써 T_0^n를 구한다.

$$T_0^n = \begin{bmatrix} R_0^n & P_0^n \\ 0 & 1 \end{bmatrix} \tag{1.9}$$

여기서 T_0^n는 4×4 변환행렬이고 R_0^n는 3×3 회전행렬, P_0^n는 3×1 위치벡터이다.

또 다른 방법으로 로봇 팔 끝에서의 위치 P_0^n는 다음과 같이 이전 좌표의 자세로 표현된다.

$$P_0^n = P_0^{i-1} + R_0^{i-1} P_{i-1}^n \tag{1.10}$$

여기서 P_0^{i-1}는 원점에서부터 $i-1$ 조인트와의 거리를 나타내고, P_{i-1}^n는 $i-1$ 조인트와 n조인트와의 거리를 나타내며, R_0^{i-1}은 원점에 대한 $i-1$ 조인트의 회전행렬을 나타낸다. 식 (1.10)에서 회전행렬을 곱하는 것은 위치가 3차원으로 정의되기 때문이다. 그림 1.8에 각 변수가 잘 나타나 있다.

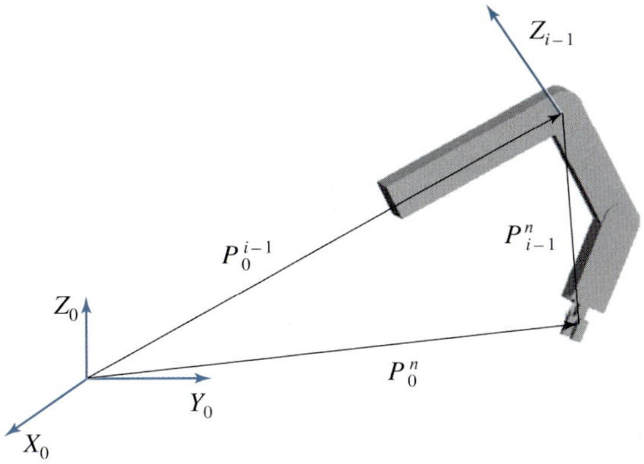

그림 1.8 팔 끝 좌표의 표현

따라서, 로봇 팔의 기구학이란 로봇의 팔 끝 좌표, 즉 행렬 T_0^n를 구하는 것이다.

1.3.2 기초회전행렬

다음은 기준축을 중심으로 회전한 **기초회전행렬** R을 구해보자.

1) x축을 중심으로 회전축이 ψ만큼 회전했을 경우

$$R_{x,\psi} = \begin{bmatrix} 1 & 0 & 0 \\ 0 & \cos\psi & -\sin\psi \\ 0 & \sin\psi & \cos\psi \end{bmatrix} \tag{1.11}$$

2) y축을 중심으로 회전축이 ϕ만큼 회전했을 경우

$$R_{y,\phi} = \begin{bmatrix} \cos\phi & 0 & \sin\phi \\ 0 & 1 & 0 \\ -\sin\phi & 0 & \cos\phi \end{bmatrix} \tag{1.12}$$

3) z축을 중심으로 회전축이 θ만큼 회전했을 경우

$$R_{z,\theta} = \begin{bmatrix} \cos\theta & -\sin\theta & 0 \\ \sin\theta & \cos\theta & 0 \\ 0 & 0 & 1 \end{bmatrix} \tag{1.13}$$

1.3.3 합성회전행렬

원점을 공유하는 고정 좌표 OXYZ와 회전 좌표 OUVW의 상관관계를 나타내는 행렬을 '**회**

전행렬(rotation matrix)'이라 한다.

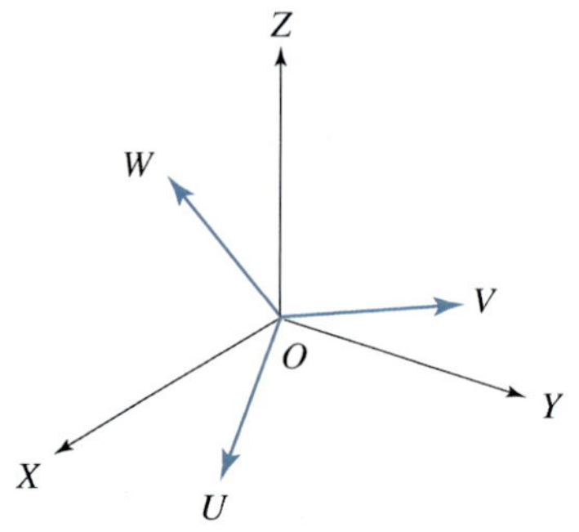

그림 1.9 고정 좌표와 회전 좌표와의 관계

예를 들어 roll, pitch, yaw의 절대회전의 경우는 먼저 UVW축을 X축을 중심으로 ψ만큼, Y축을 중심으로 ϕ만큼, 마지막으로 Z축을 중심으로 θ만큼 회전하는 합성된 각도이다. 그 다음 각 기초행렬을 곱하면 되는데 곱하는 순서가 반대이다. 합성행렬은 다음과 같다.

$$
\begin{aligned}
R &= R_{z,\,\theta} R_{y,\,\phi} R_{x,\,\psi} \\
&= \begin{bmatrix} c\theta & -s\theta & 0 \\ s\theta & c\theta & 0 \\ 0 & 0 & 1 \end{bmatrix} \begin{bmatrix} c\phi & 0 & s\phi \\ 0 & 1 & 0 \\ -s\phi & 0 & c\phi \end{bmatrix} \begin{bmatrix} 1 & 0 & 0 \\ 0 & c\psi & -s\psi \\ 0 & s\psi & c\psi \end{bmatrix} \\
&= \begin{bmatrix} c\theta c\phi & c\theta s\phi s\psi - s\theta c\psi & c\theta s\phi c\psi + s\theta s\psi \\ s\theta c\phi & s\theta s\phi s\psi + c\theta c\psi & s\theta s\phi c\psi - c\theta s\psi \\ -s\phi & c\phi s\psi & c\phi c\psi \end{bmatrix}
\end{aligned} \tag{1.14}
$$

Roll, pitch, yaw의 절대회전의 합성은 상대회전의 합성으로 표현할 수 있다. 먼저 UVW축을 Z 또는 W축을 중심으로 θ만큼, V축을 중심으로 ϕ만큼, 마지막으로 U축을 중심으로 ψ만큼 회전한다. 각 기초행렬을 곱하면 되는데 곱하는 순서가 절대회전 합성과 반대이다. 하지만 결과적인 합성행렬은 (1.14)와 같다.

$$R = R_{z,\,\theta} R_{y,\,\phi} R_{x,\,\psi} = R_{z,\,w,\,\theta} R_{v,\,\phi} R_{u,\,\psi}$$

1.3.4 오일러 각

오일러 각이란 오리엔테이션을 나타내는 최소의 회전, 즉 3번 회전의 합성을 말한다. 오리엔테이션을 나타내는 오일러 각은 12가지가 있다. 절대 좌표에 의한 회전 12가지는 각각 상대 좌표에 의한 회전으로 나타낼 수 있다.

표 1.1 오일러 각

	Absolute rotation		Relative rotation	
1	X–Y–Z	$R = R_{z,\theta} R_{y,\phi} R_{x,\psi}$	W–V–U	$R = R_{w,\theta} R_{v,\phi} R_{u,\psi}$
2	Y–Z–X	$R = R_{x,\psi} R_{z,\theta} R_{y,\phi}$	U–W–V	$R = R_{u,\psi} R_{w,\theta} R_{v,\phi}$
3	Z–X–Y	$R = R_{y,\phi} R_{x,\psi} R_{z,\theta}$	V–U–W	$R = R_{v,\phi} R_{u,\psi} R_{w,\theta}$
4	X–Z–Y	$R = R_{y,\phi} R_{z,\theta} R_{x,\psi}$	V–W–U	$R = R_{v,\phi} R_{w,\theta} R_{u,\psi}$
5	Y–X–Z	$R = R_{z,\theta} R_{x,\psi} R_{y,\phi}$	W–U–V	$R = R_{w,\theta} R_{u,\psi} R_{v,\phi}$
6	Z–Y–X	$R = R_{x,\psi} R_{y,\phi} R_{z,\theta}$	U–V–W	$R = R_{u,\psi} R_{v,\phi} R_{w,\theta}$
7	X–Y–X	$R = R_{x,\theta} R_{y,\phi} R_{x,\psi}$	U–V–U	$R = R_{u,\theta} R_{v,\phi} R_{u,\psi}$
8	X–Z–X	$R = R_{x,\phi} R_{z,\theta} R_{x,\psi}$	U–W–U	$R = R_{u,\phi} R_{w,\theta} R_{u,\psi}$
9	Y–X–Y	$R = R_{y,\theta} R_{x,\psi} R_{y,\phi}$	V–U–V	$R = R_{v,\theta} R_{u,\psi} R_{v,\phi}$
10	Y–Z–Y	$R = R_{y,\psi} R_{z,\theta} R_{y,\phi}$	V–W–V	$R = R_{v,\psi} R_{w,\theta} R_{v,\phi}$
11	Z–X–Z	$R = R_{z,\phi} R_{x,\psi} R_{z,\theta}$	W–U–W	$R = R_{w,\phi} R_{u,\psi} R_{w,\theta}$
12	Z–Y–Z	$R = R_{z,\psi} R_{y,\phi} R_{z,\theta}$	W–V–W	$R = R_{w,\psi} R_{v,\phi} R_{w,\theta}$

1.3.5 Denavit-Hartenberg(D-H) 변수

D-H 표현방법은 직렬로 연결된 로봇 팔의 기구학을 쉽게 유도할 수 있도록 해준다. 서로 인접한 좌표, i좌표와 $i-1$좌표의 상관관계를 나타낸 것으로 두 좌표를 일치시키기 위해서는 6번의 변환이 필요하지만 z_{i-1}에 회전이나 선형 움직임 축을 정하고 x_i축은 이전의 z_{i-1}에 수직으로 나가는 방향으로 설정하는 구속 조건을 둠으로써 4번의 변환을 통해 일치시킬 수 있다. 여기서 4번의 변환은 4개의 D-H 변수를 정의하게 되고 그림 1.10은 두 조인트 간에 D-H 변수를 보여주고 있다. 4개의 변수는 두 개의 각도 변수, α_i와 θ_i 그리고 두 개의 거리 변수, d_i와 a_i가 있다. 여기서 각 조인트는 회전 θ_i 아니면 선운동 d_i로 가정한다.

- α_i – i좌표에서 z_{i-1}축과 z_i축 사이의 각
- θ_i – 좌표 $i-1$에서 z축을 중심으로 회전한 각
- d_i – x축 사이의 최단 거리
- a_i – z축 사이의 최단 거리

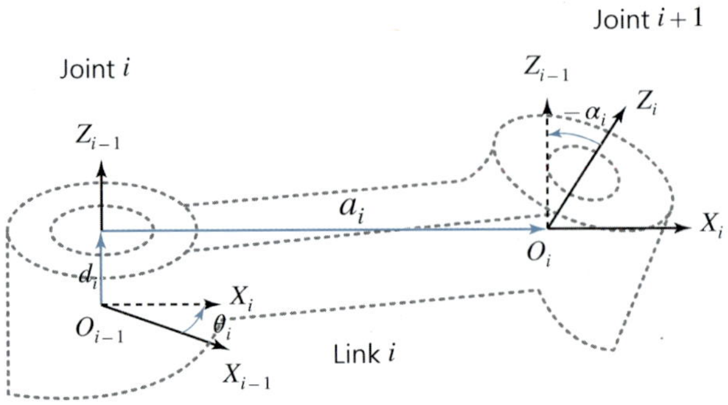

그림 1.10 D-H 변수 정의

각 조인트에서 구한 4개의 변수를 행렬에 대입하여 각 조인트의 Homogeneous Transform Matrix(HTM)를 정의하게 된다.

$$A_{i-1}^{i} = \begin{bmatrix} c\theta_i & -c\alpha_i s\theta_i & s\alpha_i s\theta_i & a_i c\theta_i \\ s\theta_i & c\alpha_i c\theta_i & -s\alpha_i c\theta_i & a_i s\theta_i \\ 0 & s\alpha_i & c\alpha_i & d_i \\ 0 & 0 & 0 & 1 \end{bmatrix} \tag{1.15}$$

각 조인트의 Homogeneous Transform Matrix(HTM)를 순차적으로 곱하게 되면 오리엔테이션과 위치를 나타내는 기구학을 얻게 된다.

$$T_0^n = A_0^1 A_1^2 \cdots A_{i-1}^{i} \cdots A_{n-1}^{n} = \begin{bmatrix} R_0^n & P_0^n \\ 0 & 1 \end{bmatrix} \tag{1.16}$$

예제 1.1 **2 링크 로봇의 기구학**

예를 들어 다음과 같은 2관절 링크를 고려해 보자. 아래 로봇은 평면에서 움직이는 2자유도를 가진 평면(planar) 로봇이다. 링크의 길이는 각각 l_1, l_2이고 무게는 각각 m_1, m_2이다.

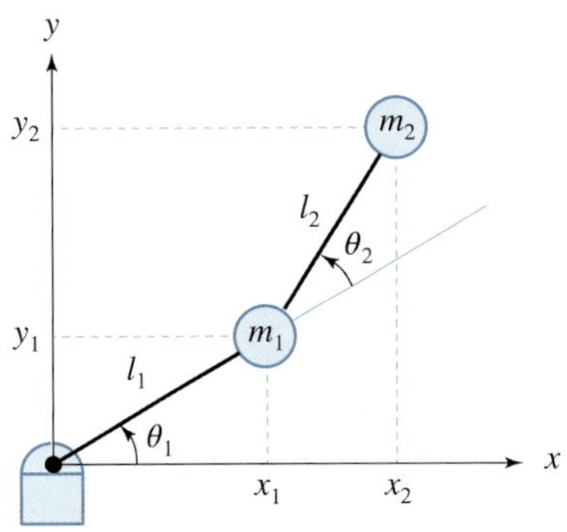

그림 1.11 2자유도 planar 로봇

1) 기하학 기반

그림 1.11에서 보면 x_1, y_1의 좌표, 즉 P_0^1는 다음과 같다.

$$x_1 = l_1\cos(\theta_1),\ y_1 = l_1\sin(\theta_1)$$

z축을 중심으로 θ_1만큼 회전한 회전행렬 R_0^1은 (1.13)으로부터 다음과 같다.

$$R_0^1 = \begin{bmatrix} c_1 & -s_1 & 0 \\ s_1 & c_1 & 0 \\ 0 & 0 & 1 \end{bmatrix}$$

여기서 $c_1 = \cos(\theta_1)$, $s_1 = \sin(\theta_1)$을 나타낸다. 식 (1.10)에 대입하여 정리하면 다음과 같다.

$$P_0^2 = P_0^1 + R_0^1 P_1^2 = \begin{bmatrix} l_1c_1 \\ l_1s_1 \\ 0 \end{bmatrix} + \begin{bmatrix} c_1 & -s_1 & 0 \\ s_1 & c_1 & 0 \\ 0 & 0 & 1 \end{bmatrix}\begin{bmatrix} l_2c_2 \\ l_2s_2 \\ 0 \end{bmatrix} = \begin{bmatrix} l_1c_1 + l_2c_{12} \\ l_1s_1 + l_2s_{12} \\ 0 \end{bmatrix}$$

여기서 로봇의 위치를 나타내는 기구학은 다음과 같다.

$$p_x = l_1\cos(\theta_1) + l_2\cos(\theta_1 + \theta_2)$$
$$p_y = l_1\sin(\theta_1) + l_2\sin(\theta_1 + \theta_2)$$

위 식에서 팔 끝에서의 회전행렬을 구하려면 곱하면 된다.

$$R_0^2 = R_0^1 R_1^2 = \begin{bmatrix} c_1 & -s_1 & 0 \\ s_1 & c_1 & 0 \\ 0 & 0 & 1 \end{bmatrix}\begin{bmatrix} c_2 & -s_2 & 0 \\ s_2 & c_2 & 0 \\ 0 & 0 & 1 \end{bmatrix} = \begin{bmatrix} c_{12} & -s_{12} & 0 \\ s_{12} & c_{12} & 0 \\ 0 & 0 & 1 \end{bmatrix}$$

여기서 $c_{12} = \cos(\theta_1 + \theta_2)$, $s_{12} = \sin(\theta_1 + \theta_2)$를 나타낸다.

2) D-H 변수 기반

이는 D-H(Denavit-Hartenberg) 변수를 구한 다음, 변환행렬을 통해 기구학을 구한 것과 같게 된다. 먼저, D-H 표현에 따른 좌표축을 설정한다. 각 축의 회전축을 중심으로 z축을 설정하고, x_i축은 이전 z_{i-1}축에 수직으로 나가는 방향으로 정한다. 그리고 오른손 법칙으로 y축을 정한다.

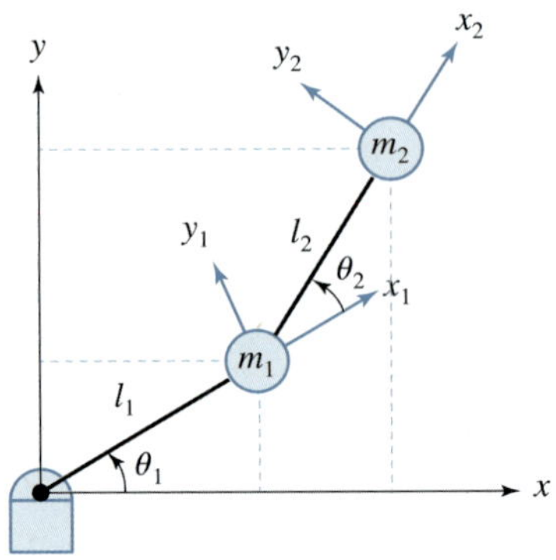

그림 1.12 2자유도 planar 로봇의 D-H 변수를 위한 좌표 설정

표 1.2 D-H 변수

Joint	θ_i	α_i	a_i	d_i
1	θ_1	0	l_1	0
2	θ_2	0	l_2	0

각 조인트에 대한 변환행렬을 구한다.

$$A_0^1 = \begin{bmatrix} c_1 & -s_1 & 0 & l_1c_1 \\ s_1 & c_1 & 0 & l_1s_1 \\ 0 & 0 & 1 & 0 \\ 0 & 0 & 0 & 1 \end{bmatrix} A_1^2 = \begin{bmatrix} c_2 & -s_2 & 0 & l_2c_2 \\ s_2 & c_2 & 0 & l_2s_2 \\ 0 & 0 & 1 & 0 \\ 0 & 0 & 0 & 1 \end{bmatrix}$$

전체 변환행렬을 구한다.

$$T_0^2 = A_0^1 A_1^2 = \begin{bmatrix} c_{12} & -s_{12} & 0 & l_1c_1 + l_2c_{12} \\ s_{12} & c_{12} & 0 & l_1s_1 + l_2s_{12} \\ 0 & 0 & 1 & 0 \\ 0 & 0 & 0 & 1 \end{bmatrix}$$

여기서 로봇의 위치를 나타내는 기구학은 다음과 같이 앞에서 구한 것과 같다.

$$p_x = l_1\cos(\theta_1) + l_2\cos(\theta_1 + \theta_2)$$
$$p_y = l_1\sin(\theta_1) + l_2\sin(\theta_1 + \theta_2)$$

점검문제 1.1

다음 3축 평면 로봇의 기구학을 1) 기하학 기반 2) D-H 변수 기반으로 각각 구하시오.

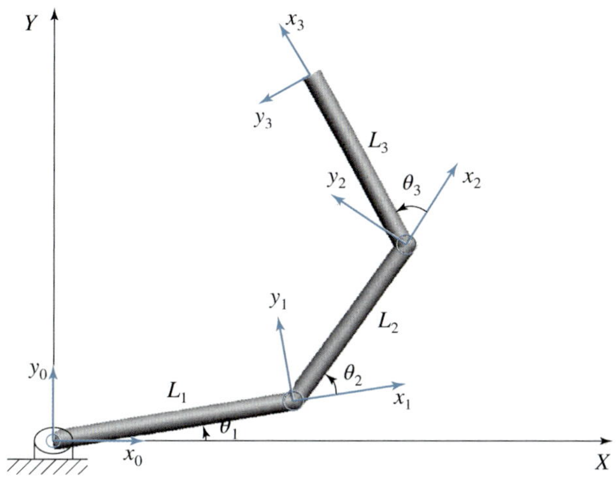

그림 1.13 3축 평면 로봇

점검문제 1.2

다음 3축 로터리 로봇의 기구학을 1) 기하학 기반 2) D-H 변수 기반으로 각각 구하시오.

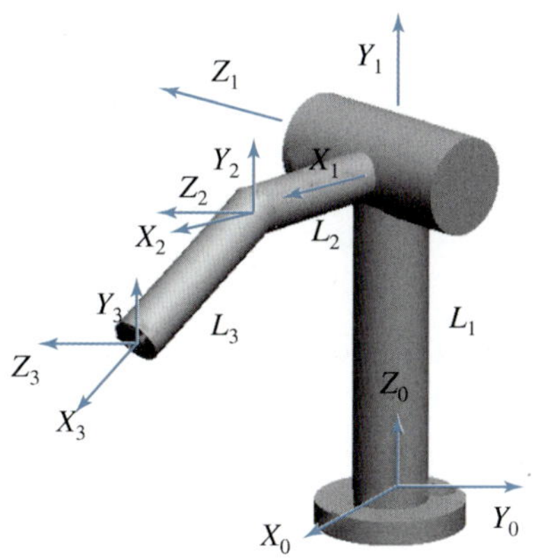

그림 1.14 3축 로터리 로봇

1.4 로봇의 자코비안

1.4.1 소개

순기구학은 로봇의 조인트 각도로부터 로봇 팔 끝의 위치와의 관계를 나타내고, **동기구학**은 조인트 각속도와 로봇 팔 끝의 선속도와의 관계를 나타낸다. 우리가 앞에서 배운 것처럼 직교 위치 벡터 x와 조인트 각 벡터 q는 순기구학을 통해 다음과 같은 관계가 있다.

$$x = F(q) \tag{1.17}$$

여기서 $F(q)$는 순기구학이고 $x \in R^{6\times 1}$, $q \in R^{n\times 1}$이다. 위의 순기구학을 시간으로 미분하여 연쇄 법칙을 적용하게 되면 다음과 같은 시간에 따라 변화하는 동기구학을 얻을 수 있게 된다.

$$\frac{dx}{dt} = \frac{\partial F(q)}{\partial q}\frac{\partial q}{\partial t} \tag{1.18}$$

시간함수를 생략하고 식 (1.18)을 간단하게 다시 쓰면 다음과 같다.

$$\dot{x} = J(q)\dot{q} \tag{1.19}$$

식 (1.19)로부터 조인트 각속도 $\dot{q}$와 직교좌표 속도 $\dot{x}$와의 관계식을 구할 수 있다. 따라서 조인트 각속도 $\dot{q}$가 주어지면 직교좌표 선속도 $\dot{x}$를 구할 수 있다. 여기서 $J(q)$를 '**로봇의 자코비안**(Jacobian)'이라 하며 다음과 같이 정의한다.

$$J(q) = \frac{\partial F(q)}{\partial q} \tag{1.20}$$

행렬의 각 원소에 대해 자세히 자코비안 행렬을 나타내면 다음과 같다.

$$J(q) = \begin{bmatrix} \frac{\partial F_1}{\partial q_1} & \frac{\partial F_1}{\partial q_2} & \cdots & \frac{\partial F_1}{\partial q_n} \\ \vdots & \vdots & \cdots & \vdots \\ \vdots & \vdots & \cdots & \vdots \\ \frac{\partial F_6}{\partial q_1} & \frac{\partial F_6}{\partial q_2} & \cdots & \frac{\partial F_6}{\partial q_n} \end{bmatrix} \tag{1.21}$$

결과적인 자코비안 행렬의 크기는 $6 \times n$이다.

i번째 행과 j번째 열의 자코비안 원소는 다음과 같다.

$$J_{ij} = \frac{\partial F_i}{\partial q_j} \tag{1.22}$$

먼저 팔 끝의 선속도는

$$v_0^n = J_v \dot{q}_v \tag{1.23}$$

여기서 $\dot{q}_v$는 선속도에 대응하는 조인트 각속도 벡터, $v_0^n = \dot{P}_0^n$이고, J_v는 팔 끝 선속도에 대한 자코비안 행렬이다.

로봇 팔 끝의 각속도는 다음과 같다.

$$w_0^n = J_w \dot{q}_w \tag{1.24}$$

여기서 J_w는 팔 끝 각속도에 대한 자코비안 행렬이다.

따라서 일반적인 전체 자코비안 행렬은 다음과 같다.

$$\begin{bmatrix} v_0^n \\ w_0^n \end{bmatrix} = \begin{bmatrix} J_v \\ J_w \end{bmatrix} \dot{q} = J_0^n \dot{q} \tag{1.25}$$

여기서 J_0^n은 $6 \times n$행렬이고 $\dot{q} = \begin{bmatrix} \dot{q}_v \\ \dot{q}_w \end{bmatrix}$이다. 결과적으로 J_v와 J_w를 구하여 합한 것이 전체 자코비안 행렬이 된다.

그렇다면 로봇 팔의 자코비안 행렬을 구해 보자.

1.4.2 조인트 i가 선운동일 경우

그림 1.15에서 $i-1$ 조인트에서 i 조인트까지의 거리 d_{i-1}^i는 다음과 같이 표현된다.

$$d_{i-1}^i = d_i k_u + R_{i-1}^i a_i i_u \tag{1.26}$$

여기서 i_u, k_u는 유닛벡터이다.

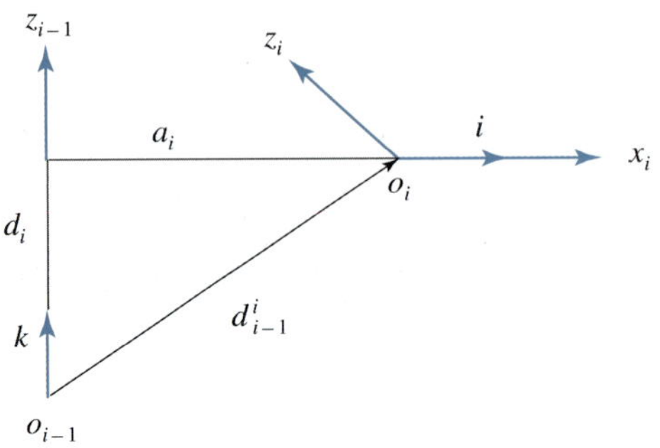

그림 1.15 좌표의 표현

i 조인트를 제외한 모든 조인트가 고정되어 있다고 가정하고 식 (1.26)을 미분하면

$$\dot{d}^{\,i}_{i-1} = \dot{d}_i k_u \tag{1.27}$$

조인트 i에 대해 미분하면 P_0^{i-1}와 R_0^{i-1}은 조인트 i에 대해 독립적이므로 팔 끝에서의 선속도는 다음과 같다.

$$\dot{P}_0^n = R_0^{i-1}\dot{P}^i_{i-1} \tag{1.28}$$

선 운동의 경우 $\dot{P}^i_{i-1} = \dot{d}^i_{i-1}$이므로 식 (1.27)을 (1.28)에 대입하면

$$\dot{P}_0^n = R_0^{i-1}\dot{d}_i k_u = \dot{d}_i R_0^{i-1} k_u = \dot{d}_i z_{i-1} \tag{1.29}$$

여기서 $z_{i-1} = R_0^{i-1} k_u$이다.

식 (1.29)에서 d_i를 일반 변수 q_i로 대체하고 정리하면 자코비안은 다음과 같다.

$$J_v = \frac{\partial P_0^n}{\partial d_i} = \frac{\partial P_0^n}{\partial q_i} = z_{i-1} \tag{1.30}$$

1.4.3 조인트 i가 회전 조인트인 경우

조인트 i가 회전 조인트일 경우에 좌표의 표현은 그림 1.16과 같다.

벡터 O_k는 원점 좌표 O_o에서 k 조인트의 원점 O_k까지의 거리 벡터로 정의하자.

$$P^n_{i-1} = P_0^n - P_0^{i-1} \tag{1.31}$$

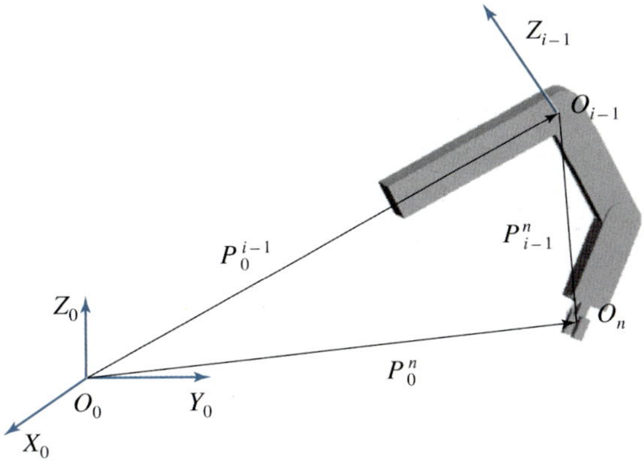

그림 1.16 좌표의 표현

식 (1.10)을 식 (1.31)에 대입하면

$$P_{i-1}^{n} = P_0^{i-1} + R_0^{i-1} P_{i-1}^{n} - P_0^{i-1} \tag{1.32}$$

$P_{i-1}^{n} = O_n - O_{i-1}$이므로 대입하여 정리하면 다음과 같다.

$$O_n - O_{i-1} = R_0^{i-1} P_{i-1}^{n} \tag{1.33}$$

조인트 i만 구동된다고 가정하고 식 (1.32)를 미분하면 다음과 같다.

$$\dot{P}_0^n = R_0^{i-1} \dot{P}_{i-1}^{n} \tag{1.34}$$

링크 i에서 z_{i-1}축을 중심으로 q_i가 회전하므로 속도는 다음과 같이 외적으로 표현된다.

$$\dot{P}_{i-1}^{n} = \dot{q}_i k_u \times P_{i-1}^{n} \tag{1.35}$$

식 (1.35)를 (1.34)에 대입하면

$$\begin{aligned} \dot{P}_0^n &= R_0^{i-1}(\dot{q}_i k_u \times P_{i-1}^{n}) \\ &= R_0^{i-1} \dot{q}_i k_u \times R_0^{i-1} P_{i-1}^{n} \\ &= \dot{q}_i z_{i-1} \times (O_n - O_{i-1}) \end{aligned} \tag{1.36}$$

그러므로 자코비안 행렬은

$$J_v = \frac{\partial P_0^n}{\partial q_i} = z_{i-1} \times (O_n - O_{i-1}) \tag{1.37}$$

선속도에 의한 자코비안 행렬은 다음과 같다.

$$\begin{aligned} J_v &= [\frac{\partial P_0^n}{\partial q_1} \ \frac{\partial P_0^n}{\partial q_2} \ \cdots \ \frac{\partial P_0^n}{\partial q_n}] \\ &= [z_0 \times (O_n - O_0) \ z_1 \times (O_n - O_1) \ \cdots \ z_{n-1} \times (O_n - O_{n-1})] \end{aligned} \tag{1.38}$$

결국 J_w와 J_v를 합한 전체적인 자코비안 행렬 J는 다음과 같다.

$$J = \begin{bmatrix} J_v \\ J_w \end{bmatrix} = [J_1 \ J_2 \ \cdots \ J_n] \tag{1.39}$$

조인트 i가 회전 조인트일 경우에 선속도와 각속도에 의한 자코비안을 정리하면 다음과 같다.

$$J_i = \begin{bmatrix} z_{i-1} \times (O_n - O_{i-1}) \\ z_{i-1} \end{bmatrix} \tag{1.40}$$

변위 조인트일 경우에는 각속도가 없으므로 다음과 같다.

$$J_i = \begin{bmatrix} z_{i-1} \\ 0 \end{bmatrix} \tag{1.41}$$

예제 1.2 **2 링크 로봇의 자코비안 행렬**

2축 로봇에 대해 자코비안을 구해 보자. 링크가 둘인 2축 로터리 로봇이므로 자코비안의 형태는 다음과 같다.

$$J = \begin{bmatrix} z_0 \times (O_2 - O_0) & z_1 \times (O_2 - O_1) \\ z_0 & z_1 \end{bmatrix}$$

먼저 원점 O_0에서 원점 O_k까지의 거리를 나타내는 벡터 O_k를 각각 구해 보자.

$$O_0 = \begin{bmatrix} 0 \\ 0 \\ 0 \end{bmatrix}, \ O_1 = \begin{bmatrix} l_1 c_1 \\ l_1 s_1 \\ 0 \end{bmatrix}, \ O_2 = \begin{bmatrix} l_1 c_1 + l_2 c_{12} \\ l_1 s_1 + l_2 s_{12} \\ 0 \end{bmatrix}$$

$$O_2 - O_0 = O_2,\ \ O_2 - O_1 = \begin{bmatrix} l_2 c_{12} \\ l_2 s_{12} \\ 0 \end{bmatrix}$$

$z_{i-1} = R_0^{i-1} k_u$로부터

$$z_0 = R_0^0 k_u = k_u = \begin{bmatrix} 0 \\ 0 \\ 1 \end{bmatrix},\ \ z_1 = R_0^1 k_u = \begin{bmatrix} c_1 & -s_1 & 0 \\ s_1 & c_1 & 0 \\ 0 & 0 & 1 \end{bmatrix} \begin{bmatrix} 0 \\ 0 \\ 1 \end{bmatrix} = \begin{bmatrix} 0 \\ 0 \\ 1 \end{bmatrix}$$

벡터의 외적 계산을 통해 다음과 같이 계산된다.

$$z_0 \times (O_2 - O_0) = \begin{bmatrix} 0 \\ 0 \\ 1 \end{bmatrix} \times \begin{bmatrix} l_1 c_1 + l_2 c_{12} \\ l_1 s_1 + l_2 s_{12} \\ 0 \end{bmatrix} = \begin{bmatrix} -l_1 s_1 - l_2 s_{12} \\ l_1 c_1 + l_2 c_{12} \\ 0 \end{bmatrix}$$

$$z_1 \times (O_2 - O_1) = \begin{bmatrix} 0 \\ 0 \\ 1 \end{bmatrix} \times \begin{bmatrix} l_2 c_{12} \\ l_2 s_{12} \\ 0 \end{bmatrix} = \begin{bmatrix} -l_2 s_{12} \\ l_2 c_{12} \\ 0 \end{bmatrix}$$

결과적인 자코비안 행렬은 다음과 같다. 처음 두 행을 취하면 앞에서 직접 미분 방식으로 구한 자코비안과 일치함을 볼 수 있다.

$$J(q) = \begin{bmatrix} -l_1 s_1 - l_2 s_{12} & -l_2 s_{12} \\ l_1 c_1 + l_2 c_{12} & l_2 c_{12} \\ 0 & 0 \\ 0 & 0 \\ 0 & 0 \\ 1 & 1 \end{bmatrix}$$

점검문제 1.3

점검문제 1.1(p.27)의 로봇의 자코비안을 구하시오.

점검문제 1.4

점검문제 1.2(p.27)의 로봇의 자코비안을 구하시오.

1.5 로봇의 동역학

1.5.1 로봇의 특성

로봇의 동역학식에서 나타나듯이, 실제 로봇은 각 조인트가 서로 연결되어 움직임이 서로에게 영향을 주고 있고 비선형이므로 기존의 제어 방식으로 각 조인트를 독립적으로 제어하면 위치 추종에 오차가 생기게 된다. 이러한 문제점을 해결하기 위해서는 기존의 제어기 외에 다른 형태의 제어 알고리즘을 사용해야 한다. 자세하게 식을 통해 알아보도록 하자.

일반적인 n축(joint) 로봇 동적 모델은 다음과 같다.

$$D(q)\ddot{q}+C(q,\ \dot{q})+G(q)+f_f(\dot{q})=\tau \tag{1.42}$$

$D(q)$는 $n\times n$ 관성행렬, $C(q,\ \dot{q})$는 $n\times 1$ 벡터의 Coriolis와 원심력, $G(q)$는 $n\times 1$ 벡터의 중력, $f_f(\dot{q})$는 $n\times 1$ 벡터의 마찰력이고, τ 는 $n\times 1$벡터의 토크가 된다. q는 $n\times 1$ 벡터의 각도이고 $\dot{q}$는 $n\times 1$ 벡터의 각속도, $\ddot{q}$는 $n\times 1$ 벡터의 각가속도이다. 또는 다음과 같이 코리올리스와 원심력을 행렬로 표현하기도 한다. 시간함수 t는 생략하여 표현하였다.

$$D(q)\ddot{q}+C_m(q,\ \dot{q})\dot{q}+G(q)+f_f(\dot{q})=\tau \tag{1.43}$$

$C_m(q,\ \dot{q})$는 $n\times n$ 행렬이다.

로봇 동역학 모델의 특성은 다음과 같다.

특성 1: 관성행렬 $D(q)$는 대칭(symmetrical)이다.

$$D(q)=D^T(q) \tag{1.44}$$

특성 2: 관성행렬은 양의 한정(positive definite) 행렬이다. 따라서 다음을 만족하는 상수값이 존재한다.

$$d_1 I\le D(q)\le d_2 I \tag{1.45}$$

특성 3: 관성행렬과 콜리오리스, 그리고 원심력 행렬과는 다음의 관계가 성립한다. 이를 skew symmetry 하다고 한다.

$$\dot{q}^T(\dot{D}-2C_m)\dot{q}=0 \tag{1.46}$$

특성 4: 로봇의 동역학식은 다음과 같이 리그레션 함수 Y와 변수 Θ와의 곱인 선형으로 표현된다.

$$\tau = Y^T(q, \dot{q}, \ddot{q})\Theta \tag{1.47}$$

1.5.2 Newton-Euler 방식

Newton-Euler **방식**은 Lagrangian-Euler **방식**에 비해 계산량이 적어 실시간 제어를 가능하게 한다. 먼저 순방향으로 가속도를 계산한 다음, 역방향으로 힘과 토크를 계산한다. 아래 그림 1.17은 PUMA 로봇의 좌표계를 나타낸다.

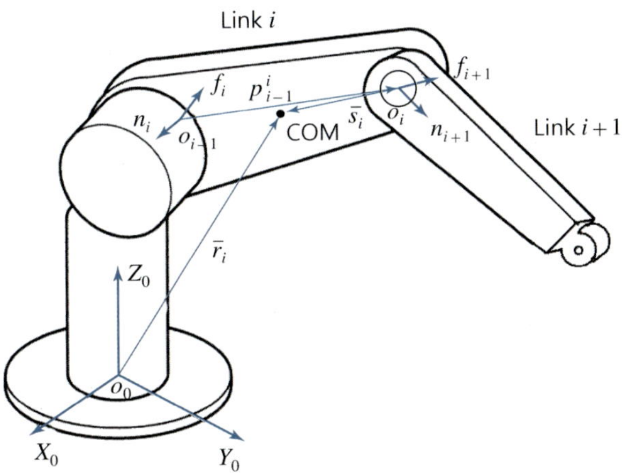

그림 1.17 좌표축의 변수 설정

각 변수의 정의는 다음과 같다.

m_i: 링크 i의 질량

$\bar{r}_i$: 원점에서부터 링크 i의 무게 중심점까지의 거리

$\bar{s}_i$: i좌표의 원점에서부터 링크 i의 무게 중심점까지의 거리

p^i_{i-1}: $i-1$좌표에 대한 i좌표의 원점까지의 거리

$\bar{v}_i$: 링크 i의 무게 중심점에서의 선속도

F_i: 링크 i의 무게 중심점에 적용되는 전체 외부 힘

N_i: 링크 i의 무게 중심점에 적용되는 전체 외부 모멘트

I_i: 원점 좌표에 관한 링크 i의 무게 중심에서의 관성

f_i: 링크 $i-1$이 링크 i에 적용하는 힘

n_i: 링크 $i-1$이 링크 i에 적용하는 모멘트

1.5.2.1 Newton-Euler 순방향 계산

순방향 계산에서는 각 조인트의 속도와 가속도를 계산한다. $i-1$ 조인트는 i 조인트의 속도에 영향을 미치므로 $i-1$ 조인트의 속도를 먼저 계산한다.

① 속도 계산

$$w_i = w_{i-1} + z_{i-1}\dot{q}_i$$

$$w_i = w_{i-1}$$

$$v_i = w_i \times p^i_{i-1} + v_{i-1}$$

$$v_i = z_{i-1}\dot{q}_i + w_i \times p^i_{i-1} + v_{i-1}$$

② 가속도 계산

$$\dot{w}_i = \dot{w}_{i-1} + z_{i-1}\ddot{q}_i + w_{i-1} \times (z_{i-1}\dot{q}_i)$$

$$\dot{w}_i = \dot{w}_{i-1}$$

$$\dot{v}_i = \dot{w}_i \times p^i_{i-1} + w_i \times (w_i \times p^i_{i-1}) + \dot{v}_{i-1}$$

$$\dot{v}_i = z_{i-1}\ddot{q}_i + \dot{w}_i \times p^i_{i-1} + 2w_i \times (z_{i-1}\dot{q}_i) + w_i \times (w_i \times p^i_{i-1}) + \dot{v}_{i-1}$$

$$\overline{a}_i = \dot{w}_i \times \overline{s}_i + w_i \times (w_i \times \overline{s}_i) + \dot{v}_i$$

1.5.2.2 Newton-Euler 역방향 계산

역방향 계산에서는 힘과 토크를 계산한다. i조인트는 $i-1$조인트의 힘과 토크에 영향을 미치므로 i조인트의 힘과 토크를 먼저 순방향으로 계산한다.

$$F_i = m_i\overline{a}_i \tag{1.48}$$

$$N_i = I_i\dot{w}_i + w_i \times (I_i w_i)$$

m_i는 링크 i의 질량이고, $\overline{a_i}$는 링크 i의 무게 중심점에서 가속도이다.

역방향으로는

$$f_i = F_i + f_{i+1} \tag{1.49}$$

$$n_i = n_{i+1} + p_{i-1}^i \times f_{i+1} + (p_{i-1}^i + \overline{s_i}) \times F_i + N_i$$

$$\tau_i = n_i^T z_{i-1} + b_i \dot{q}_i$$

$$\tau_i = f_i^T z_{i-1} + b_i \dot{q}_i$$

여기서 외부의 힘 $f_{i+1} = 0$, 모멘트 $n_{i+1} = 0$이고, $\overline{s_i}$는 O_i에서 링크 i의 무게 중심점까지의 거리, b_i는 마찰 계수이다.

1.5.3 2축 로봇의 예

그림 1.18의 2축 로봇의 동역학을 구해 보자.

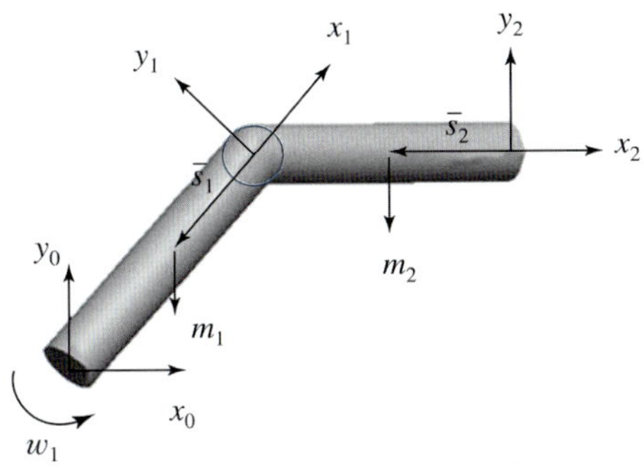

그림 1.18 2관절 링크 로봇

각 조인트의 변환행렬을 구해 보면 다음과 같다.

$$A_0^1 = \begin{bmatrix} c_1 & -s_1 & 0 & l_1c_1 \\ s_1 & c_1 & 0 & l_1s_1 \\ 0 & 0 & 1 & 0 \\ 0 & 0 & 0 & 1 \end{bmatrix} \quad A_1^2 = \begin{bmatrix} c_2 & -s_2 & 0 & l_2c_2 \\ s_2 & c_2 & 0 & l_2s_2 \\ 0 & 0 & 1 & 0 \\ 0 & 0 & 0 & 1 \end{bmatrix} \quad A_0^2 = \begin{bmatrix} c_{12} & -s_{12} & 0 & l_1c_1 + l_2c_{12} \\ s_{12} & c_{12} & 0 & l_1s_1 + l_2s_{12} \\ 0 & 0 & 1 & 0 \\ 0 & 0 & 0 & 1 \end{bmatrix}$$

① 속도 계산

$$w_i = w_{i-1} + z_{i-1}\dot{q}_i, \quad v_i = w_i \times p_{i-1}^i + v_{i-1}$$

$$w_1 = w_0 + z_0\dot{q}_1 = 0 + \dot{\theta}_1\begin{bmatrix}0\\0\\1\end{bmatrix} = \begin{bmatrix}0\\0\\\dot{\theta}_1\end{bmatrix}$$

$$w_2 = w_1 + z_1\dot{q}_2 = \begin{bmatrix}0\\0\\\dot{\theta}_1\end{bmatrix} + \begin{bmatrix}0\\0\\\dot{\theta}_2\end{bmatrix} = \begin{bmatrix}0\\0\\\dot{\theta}_1+\dot{\theta}_2\end{bmatrix}$$

$$v_1 = w_1 \times p_0^1 + v_0 = \begin{bmatrix}0\\0\\\dot{\theta}_1\end{bmatrix} \times \begin{bmatrix}l_1c_1\\l_1s_1\\0\end{bmatrix} = \begin{bmatrix}-l_1s_1\dot{\theta}_1\\l_1c_1\dot{\theta}_1\\0\end{bmatrix}$$

$$v_2 = w_2 \times p_1^2 + v_1$$

$$= \begin{bmatrix}0\\0\\\dot{\theta}_1+\dot{\theta}_2\end{bmatrix} \times \begin{bmatrix}l_2c_{12}\\l_2s_{12}\\0\end{bmatrix} + \begin{bmatrix}-l_1s_1\dot{\theta}_1\\l_1c_1\dot{\theta}_1\\0\end{bmatrix} = \begin{bmatrix}-l_2s_{12}(\dot{\theta}_1+\dot{\theta}_2)\\l_2c_{12}(\dot{\theta}_1+\dot{\theta}_2)\\0\end{bmatrix} + \begin{bmatrix}-l_1s_1\dot{\theta}_1\\l_1c_1\dot{\theta}_1\\0\end{bmatrix}$$

$$= \begin{bmatrix}-(l_1s_1+l_2s_{12})\dot{\theta}_1 - l_2s_2\dot{\theta}_2\\(l_1c_1+l_2c_{12})+l_2c_2\dot{\theta}_2\\0\end{bmatrix}$$

② 가속도 계산(중력방향이 y축)

$$\dot{w}_i = \dot{w}_{i-1} + z_{i-1}\ddot{q}_i + w_{i-1} \times (z_{i-1}\dot{q}_i),\quad \dot{v}_i = \dot{w}_i \times p_{i-1}^i + w_i \times (w_i \times p_{i-1}^i) + \dot{v}_{i-1}$$

$$\dot{w}_1 = \dot{w}_0 + z_0\ddot{q}_1 + w_0 \times (z_0\dot{q}_1)$$

$$= \begin{bmatrix}0\\0\\0\end{bmatrix} + \begin{bmatrix}0\\0\\\ddot{\theta}_1\end{bmatrix} + \begin{bmatrix}0\\0\\0\end{bmatrix} \times \begin{bmatrix}0\\0\\\dot{\theta}_1\end{bmatrix} = \begin{bmatrix}0\\0\\\ddot{\theta}_1\end{bmatrix}$$

$$\dot{w}_2 = \dot{w}_1 + z_1\ddot{q}_2 + w_1 \times (z_1\dot{q}_2)$$

$$= \begin{bmatrix}0\\0\\\ddot{\theta}_1\end{bmatrix} + \begin{bmatrix}0\\0\\\ddot{\theta}_2\end{bmatrix} + \begin{bmatrix}0\\0\\\dot{\theta}_1\end{bmatrix} \times \begin{bmatrix}0\\0\\\dot{\theta}_2\end{bmatrix} = \begin{bmatrix}0\\0\\\ddot{\theta}_1+\ddot{\theta}_2\end{bmatrix}$$

$$\dot{v}_1 = \dot{w}_1 \times p_0^1 + w_1 \times (w_1 \times p_0^1) + \dot{v}_0$$

$$= \begin{bmatrix}0\\0\\\ddot{\theta}_1\end{bmatrix} \times \begin{bmatrix}l_1c_1\\l_1s_1\\0\end{bmatrix} + \begin{bmatrix}0\\0\\\dot{\theta}_1\end{bmatrix} \times \left(\begin{bmatrix}0\\0\\\dot{\theta}_1\end{bmatrix} \times \begin{bmatrix}l_1c_1\\l_1s_1\\0\end{bmatrix}\right) + \begin{bmatrix}0\\g\\0\end{bmatrix},\ \left(\dot{v}_0 = \begin{bmatrix}0\\g\\0\end{bmatrix},\ g = 9.8m/s^2\right)$$

$$= \begin{bmatrix}-l_1s_1\ddot{\theta}_1\\l_1c_1\ddot{\theta}_1\\0\end{bmatrix} + \begin{bmatrix}0\\0\\\dot{\theta}_1\end{bmatrix} \times \begin{bmatrix}-l_1s_1\dot{\theta}_1\\l_1c_1\dot{\theta}_1\\0\end{bmatrix} + \begin{bmatrix}0\\g\\0\end{bmatrix} = \begin{bmatrix}-l_1s_1\ddot{\theta}_1\\l_1c_1\ddot{\theta}_1\\0\end{bmatrix} + \begin{bmatrix}-l_1c_1\dot{\theta}_1^2\\l_1s_1\dot{\theta}_1^2\\0\end{bmatrix} + \begin{bmatrix}0\\g\\0\end{bmatrix}$$

$$= \begin{bmatrix} -l_1 s_1 \ddot{\theta}_1 - l_1 c_1 \dot{\theta}_1^2 \\ l_1 c_1 \ddot{\theta}_1 - l_1 s_1 \dot{\theta}_1^2 + g \\ 0 \end{bmatrix}$$

$$\dot{v}_2 = \dot{w}_2 \times p_1^2 + w_2 \times (w_2 \times p_1^2) + \dot{v}_1$$

$$= \begin{bmatrix} 0 \\ 0 \\ \ddot{\theta}_1 + \ddot{\theta}_2 \end{bmatrix} \times \begin{bmatrix} l_2 c_{12} \\ l_2 s_{12} \\ 0 \end{bmatrix} + \begin{bmatrix} 0 \\ 0 \\ \dot{\theta}_1 + \dot{\theta}_2 \end{bmatrix} \times \left(\begin{bmatrix} 0 \\ 0 \\ \dot{\theta}_1 + \dot{\theta}_2 \end{bmatrix} \times \begin{bmatrix} l_2 c_{12} \\ l_2 s_{12} \\ 0 \end{bmatrix} \right) + \begin{bmatrix} -l_1 s_1 \ddot{\theta}_1 - l_1 c_1 \dot{\theta}_2^2 \\ l_1 c_1 \ddot{\theta}_1 - l_1 s_1 \dot{\theta}_1^2 + g \\ 0 \end{bmatrix}$$

$$= \begin{bmatrix} -l_2 s_{12} (\ddot{\theta}_1 + \ddot{\theta}_2) \\ l_2 c_{12} (\ddot{\theta}_1 + \ddot{\theta}_2) \\ 0 \end{bmatrix} + \begin{bmatrix} 0 \\ 0 \\ \dot{\theta}_1 + \dot{\theta}_2 \end{bmatrix} \times \begin{bmatrix} -l_{12} s_{12} (\dot{\theta}_1 + \dot{\theta}_2) \\ l_2 c_{12} (\dot{\theta}_1 + \dot{\theta}_2) \\ 0 \end{bmatrix} + \begin{bmatrix} -l_1 s_1 \ddot{\theta}_1 - l_1 c_1 \dot{\theta}_1^2 \\ l_1 s_1 \ddot{\theta}_1 - l_1 s_1 \dot{\theta}_1^2 + g \\ 0 \end{bmatrix}$$

$$= \begin{bmatrix} -l_2 s_{12} (\ddot{\theta}_1 + \ddot{\theta}_2) - l_2 c_{12} (\dot{\theta}_1 + \dot{\theta}_2)^2 - l_1 s_1 \ddot{\theta}_1 - l_1 c_1 \dot{\theta}_1^2 \\ l_2 c_{12} (\ddot{\theta}_1 + \ddot{\theta}_2) - l_2 s_{12} (\dot{\theta}_1 + \dot{\theta}_2)^2 + l_1 c_1 \ddot{\theta}_1 - l_1 s_1 \dot{\theta}_1^2 + g \\ 0 \end{bmatrix}$$

③ *i* 조인트에서 무게 중심점까지의 거리 계산

i 조인트에서 무게 중심점까지의 거리를 $\overline{s_i}$라 하면 주의할 점은 사인이 음수가 된다는 것이다. 만약 링크를 점질량으로 가정하였으면 거리는 0이 된다.

$$\overline{s_1} = \begin{bmatrix} -\frac{1}{2} l_1 c_1 \\ -\frac{1}{2} l_2 s_1 \\ 0 \end{bmatrix}, \quad \overline{s_2} = \begin{bmatrix} -\frac{1}{2} l_2 c_{12} \\ -\frac{1}{2} l_2 s_{12} \\ 0 \end{bmatrix}$$

④ 무게 중심점에서 링크 *i*의 가속도

$$\overline{a_i} = \dot{w}_i \times \overline{s_i} + w_i \times (w_i \times \overline{s_i}) + \dot{v}_i$$

$$\overline{a_1} = \dot{w}_1 \overline{s_1} + w_i \times (w_1 \times \overline{s_1}) + \dot{v}_1$$

$$= \begin{bmatrix} 0 \\ 0 \\ \ddot{\theta}_1 \end{bmatrix} \times \begin{bmatrix} -\frac{1}{2} l_1 c_1 \\ -\frac{1}{2} l_2 s_1 \\ 0 \end{bmatrix} + \begin{bmatrix} 0 \\ 0 \\ \dot{\theta}_1 \end{bmatrix} \times \left(\begin{bmatrix} 0 \\ 0 \\ \dot{\theta}_1 \end{bmatrix} \times \begin{bmatrix} -\frac{1}{2} l_1 c_1 \\ -\frac{1}{2} l_2 s_1 \\ 0 \end{bmatrix} \right) + \dot{v}_1$$

$$=\begin{bmatrix}\frac{1}{2}l_1s_1\ddot{\theta}_1\\-\frac{1}{2}l_1c_1\ddot{\theta}_1\\0\end{bmatrix}+\begin{bmatrix}0\\0\\\dot{\theta}_1\end{bmatrix}\times\begin{bmatrix}\frac{1}{2}l_1s_1\dot{\theta}_1\\-\frac{1}{2}l_1c_1\dot{\theta}_1\\0\end{bmatrix}+\dot{v}_1$$

$$=\begin{bmatrix}-\frac{1}{2}l_1s_1\ddot{\theta}_1-\frac{1}{2}l_1c_1\dot{\theta}_1^2\\\frac{1}{2}l_1c_1\ddot{\theta}_1-\frac{1}{2}l_1s_1\dot{\theta}_1^2+g\\0\end{bmatrix}$$

$$\overline{a_2}=\dot{w}_2\times\overline{s_2}+w_2\times(w_2\times\overline{s_2})+\dot{v}_2$$

$$=\begin{bmatrix}0\\0\\\ddot{\theta}_1+\ddot{\theta}_2\end{bmatrix}\times\begin{bmatrix}-\frac{1}{2}l_2c_{12}\\-\frac{1}{2}l_2s_{12}\\0\end{bmatrix}+\begin{bmatrix}0\\0\\\dot{\theta}_1+\dot{\theta}_2\end{bmatrix}\times\left(\begin{bmatrix}0\\0\\\dot{\theta}_1+\dot{\theta}_2\end{bmatrix}\times\begin{bmatrix}-\frac{1}{2}l_2c_{12}\\-\frac{1}{2}l_2s_{12}\\0\end{bmatrix}\right)+\dot{v}_2$$

$$=\begin{bmatrix}\frac{1}{2}l_2s_{12}(\ddot{\theta}_1+\ddot{\theta}_2)\\-\frac{1}{2}l_2c_{12}(\ddot{\theta}_1+\ddot{\theta}_2)\\0\end{bmatrix}+\begin{bmatrix}0\\0\\\dot{\theta}_1+\dot{\theta}_2\end{bmatrix}\times\begin{bmatrix}\frac{1}{2}l_2s_{12}(\dot{\theta}_1+\dot{\theta}_2)\\-\frac{1}{2}l_2c_{12}(\dot{\theta}_1+\dot{\theta}_2)\\0\end{bmatrix}+\dot{v}_2$$

$$=\begin{bmatrix}-\frac{1}{2}l_2s_{12}(\ddot{\theta}_1+\ddot{\theta}_2)-\frac{1}{2}l_2c_{12}(\dot{\theta}_1+\dot{\theta}_2)^2-l_1s_1\ddot{\theta}_1-l_1c_1\dot{\theta}_1^2\\\frac{1}{2}l_2c_{12}(\ddot{\theta}_1+\ddot{\theta}_2)-\frac{1}{2}l_2s_{12}(\dot{\theta}_1+\dot{\theta}_2)^2+l_1c_1\ddot{\theta}_1-l_1s_1\dot{\theta}_1^2+g\\0\end{bmatrix}$$

⑤ 외부 힘 계산

$F_i=m_i\overline{a_i}$ 이므로 $i=1$일 때에

$$F_1=m_1\overline{a_1}=\begin{bmatrix}-\frac{1}{2}m_1l_1s_1\ddot{\theta}_1-\frac{1}{2}m_1l_1c_1\dot{\theta}_1^2\\\frac{1}{2}m_1l_1c_1\ddot{\theta}_1-\frac{1}{2}m_1l_1s_1\dot{\theta}_1^2+m_1g\\0\end{bmatrix}$$

$i=2$일 때에

$$F_2=m_2\overline{a_2}=\begin{bmatrix}-\frac{1}{2}m_2l_2s_{12}(\ddot{\theta}_1+\ddot{\theta}_2)-\frac{1}{2}m_2l_2c_{12}(\dot{\theta}_1+\dot{\theta}_2)^2-m_2l_1s_1\ddot{\theta}_1-m_2l_1c_1\dot{\theta}_1^2\\\frac{1}{2}m_2l_2c_{12}(\ddot{\theta}_1+\ddot{\theta}_2)-\frac{1}{2}m_2l_2s_{12}(\dot{\theta}_1+\dot{\theta}_2)^2+m_2l_1c_1\ddot{\theta}_1-m_2l_1s_1\dot{\theta}_1^2+m_2g\\0\end{bmatrix}$$

⑥ 외부 모멘트 계산

$$N_i = I_i\dot{w}_i + w_i \times (I_i w_i)$$

간단히 하기 위해 링크를 slender rod라 가정할 때 무게 중심점에서의 관성행렬은 다음과 같다.

$$I_1 = \begin{bmatrix} 0 & 0 & 0 \\ 0 & \frac{1}{12}m_1 l_1^2 & 0 \\ 0 & 0 & \frac{1}{12}m_1 l_1^2 \end{bmatrix} \quad I_2 = \begin{bmatrix} 0 & 0 & 0 \\ 0 & \frac{1}{12}m_2 l_2^2 & 0 \\ 0 & 0 & \frac{1}{12}m_2 l_2^2 \end{bmatrix}$$

$$N_1 = I_1\dot{w}_1 + w_1 \times (I_1 w_1)$$

$$= \begin{bmatrix} 0 & 0 & 0 \\ 0 & \frac{1}{12}m_1 l_1^2 & 0 \\ 0 & 0 & \frac{1}{12}m_1 l_1^2 \end{bmatrix} \begin{bmatrix} 0 \\ 0 \\ \ddot{\theta}_1 \end{bmatrix} + \begin{bmatrix} 0 \\ 0 \\ \dot{\theta}_1 \end{bmatrix} \times \begin{bmatrix} 0 & 0 & 0 \\ 0 & \frac{1}{12}m_1 l_1^2 & 0 \\ 0 & 0 & \frac{1}{12}m_1 l_1^2 \end{bmatrix} \begin{bmatrix} 0 \\ 0 \\ \dot{\theta}_1 \end{bmatrix}$$

$$= \begin{bmatrix} 0 \\ 0 \\ \frac{1}{12}m_1 l_1^2 \ddot{\theta}_1 \end{bmatrix}$$

$$N_2 = I_2\dot{w}_2 + w_2 \times (I_2 w_2)$$

$$= \begin{bmatrix} 0 & 0 & 0 \\ 0 & \frac{1}{12}m_2 l_2^2 & 0 \\ 0 & 0 & \frac{1}{12}m_2 l_2^2 \end{bmatrix} \begin{bmatrix} 0 \\ 0 \\ \ddot{\theta}_1 + \ddot{\theta}_2 \end{bmatrix} + \begin{bmatrix} 0 \\ 0 \\ \dot{\theta}_1 + \dot{\theta}_2 \end{bmatrix} \times \begin{bmatrix} 0 & 0 & 0 \\ 0 & \frac{1}{12}m_2 l_2^2 & 0 \\ 0 & 0 & \frac{1}{12}m_2 l_2^2 \end{bmatrix} \begin{bmatrix} 0 \\ 0 \\ \dot{\theta}_1 + \dot{\theta}_2 \end{bmatrix}$$

$$= \begin{bmatrix} 0 \\ 0 \\ \frac{1}{12}m_2 l_2^2 (\ddot{\theta}_1 + \ddot{\theta}_2) \end{bmatrix}$$

⑦ 힘 계산

외부에 로드가 없다고 가정하면 $f_3 = n_3 = 0$

$f_i = F_i + f_{i+1}$이므로 $i = 2$일 때에

$f_2 = F_2 + f_3 = F_2$

$$= \begin{bmatrix} -\frac{1}{2}m_2l_2s_{12}(\ddot{\theta}_1+\ddot{\theta}_2)-\frac{1}{2}m_2l_2c_{12}(\dot{\theta}_1+\dot{\theta}_2)^2-m_2l_1s_1\ddot{\theta}_1-m_2l_1c_1\dot{\theta}_1^2 \\ \frac{1}{2}m_2l_2c_{12}(\ddot{\theta}_1+\ddot{\theta}_2)-\frac{1}{2}m_2l_2s_{12}(\dot{\theta}_1+\dot{\theta}_2)^2+m_2l_1c_1\ddot{\theta}_1-m_2l_1s_1\dot{\theta}_1^2+m_2g \\ 0 \end{bmatrix}$$

$i=1$일 때에

$$f_1=F_1+f_2=F_1+F_2$$

⑧ 모멘트 힘 계산

$n_i=n_{i+1}+p_{i-1}^i\times f_{i+1}+(p_{i-1}^i+\overline{s_i})F_i+N_i$이므로

$i=2$일 때에

$$n_2=n_3+p_1^2\times f_3+(p_1^2+\overline{s_2})\times F_2+N_2$$

$$=n_3+\begin{bmatrix} l_2c_{12} \\ l_2s_{12} \\ 0 \end{bmatrix}\times f_3+\left(\begin{bmatrix} l_2c_{12} \\ l_2s_{12} \\ 0 \end{bmatrix}+\begin{pmatrix} -\frac{1}{2}l_2c_{12} \\ -\frac{1}{2}l_2s_{12} \\ 0 \end{pmatrix}\right)\times F_2+N_2$$

$$=\begin{bmatrix} 0 \\ 0 \\ \frac{1}{3}m_2l_2^2(\ddot{\theta}_1+\ddot{\theta}_2)+\frac{1}{2}m_2l_1l_2c_2\ddot{\theta}_1+\frac{1}{2}m_2l_1l_2s_2\dot{\theta}_1^2+\frac{1}{2}m_2l_2gc_{12} \end{bmatrix}$$

$i=1$일 때에

$$n_1=n_2p_0^1\times f_2+(p_0^1\overline{s_1})\times F_1+N_1$$

$$=n_2+\begin{bmatrix} l_1c_1 \\ l_1s_1 \\ 0 \end{bmatrix}\times f_2+\left(\begin{bmatrix} l_1c_1 \\ l_1s_1 \\ 0 \end{bmatrix}+\begin{bmatrix} -\frac{1}{2}l_1c_1 \\ -\frac{1}{2}l_1s_1 \\ 0 \end{bmatrix}\right)\times\begin{bmatrix} -\frac{1}{2}m_1l_1s_1\ddot{\theta}_1-m_1l_1c_1\dot{\theta}_1^2 \\ \frac{1}{2}m_1l_1c_1\ddot{\theta}_1-m_1l_1s_1\dot{\theta}_1^2+m_1g \\ 0 \end{bmatrix}+N_1$$

$$=n_2+\begin{bmatrix} l_1c_1 \\ l_1s_1 \\ 0 \end{bmatrix}\times f_2+\begin{bmatrix} \frac{1}{2}l_1c_1 \\ \frac{1}{2}l_1s_1 \\ 0 \end{bmatrix}\times\begin{bmatrix} -\frac{1}{2}m_1l_1s_1\ddot{\theta}_1-m_1l_1c_1\dot{\theta}_1^2 \\ \frac{1}{2}m_1l_1c_1\ddot{\theta}_1-m_1l_1s_1\dot{\theta}_1^2+m_1g \\ 0 \end{bmatrix}+N_1$$

$$
= n_2 + \begin{bmatrix} 0 \\ 0 \\ \frac{1}{2}m_2 l_1 l_2 (c_1 c_{12} + s_1 s_{12})(\ddot{\theta}_1 + \ddot{\theta}_2) + \frac{1}{2}m_2 l_1 l_2 (s_1 s_{12} - c_1 s_{12})(\dot{\theta}_1 + \dot{\theta}_2)^2 \\ + m_2 l_1^2 \ddot{\theta}_1 + \frac{1}{3}m_1 l_1^2 \ddot{\theta}_1 + m_2 l_1 c_1 g + \frac{1}{2}m_1 l_1 c_1 g \end{bmatrix}
$$

⑨ 토크 계산

$\tau_i = n_i^T z_{i-1}$ 이므로

$i = 1$ 일 때에

$$
\begin{aligned}
\tau_1 &= n_1^T z_0 \\
&= \frac{1}{3}m_2 l_2^2 (\ddot{\theta}_1 + \ddot{\theta}_2) + \frac{1}{2}m_2 l_1 l_2 c_2 (2\ddot{\theta}_1 + \ddot{\theta}_2) + (\frac{1}{3}m_1 + m_2) l_1^2 \ddot{\theta}_1 \\
&\quad - \frac{1}{2}m_2 l_1 l_2 s_2 \dot{\theta}_2^2 - m_2 l_1 l_2 s_2 \dot{\theta}_1 \dot{\theta}_2 + \frac{1}{2}m_2 l_2 g c_{12} + m_2 l_1 c_1 g + \frac{1}{2}m_1 l_1 c_1 g
\end{aligned}
$$

$i = 2$ 일 때에

$$
\begin{aligned}
\tau_2 &= n_2^T z_1 \\
&= \frac{1}{3}m_2 l_2^2 (\ddot{\theta}_1 + \ddot{\theta}_2) + \frac{1}{2}m_2 l_1 l_2 c_2 \ddot{\theta}_1 + \frac{1}{2}m_2 l_1 l_2 s_2 \dot{\theta}_1^2 + \frac{1}{2}m_2 l_2 c_{12} g
\end{aligned}
$$

행렬과 벡터로 정리하면 다음과 같다.

$$
\begin{bmatrix} \frac{1}{3}m_1 l_1^2 + m_2 l_1^2 + \frac{1}{3}m_2 l_2^2 + m_2 l_1 l_2 c_2 & \frac{1}{3}m_2 l_2^2 + \frac{1}{2}m_2 l_1 l_2 c_2 \\ \frac{1}{3}m_2 l_2^2 + \frac{1}{2}m_2 l_1 l_2 c_2 & \frac{1}{3}m_2 l_2^2 \end{bmatrix} \begin{bmatrix} \ddot{\theta}_1 \\ \ddot{\theta}_2 \end{bmatrix}
+ \begin{bmatrix} -\frac{1}{2}m_2 l_1 l_2 (2\dot{\theta}_1 + \dot{\theta}_2)\dot{\theta}_2 s_2 \\ \frac{1}{2}m_2 l_1 l_2 \dot{\theta}_1^2 s_2 \end{bmatrix} + \begin{bmatrix} \frac{1}{2}m_1 g l_1 c_1 + m_2 g (l_1 c_1 + \frac{1}{2} l_2 c_{12}) \\ \frac{1}{2}m_2 g l_2 c_{12} \end{bmatrix} = \begin{bmatrix} \tau_1 \\ \tau_2 \end{bmatrix} \tag{1.50}
$$

각 링크를 점질량으로 가정하면 동역학식은 다음과 같다.

$$
\begin{bmatrix} m_1 l_1^2 + m_2 l_1^2 + m_2 l_2^2 + 2m_2 l_1 l_2 c_2 & m_2 l_2^2 + m_2 l_1 l_2 c_2 \\ m_2 l_2^2 + m_2 l_1 l_2 c_2 & m_2 l_2^2 \end{bmatrix} \begin{bmatrix} \ddot{\theta}_1 \\ \ddot{\theta}_2 \end{bmatrix}
+ \begin{bmatrix} -m_2 l_1 l_2 (2\dot{\theta}_1 + \dot{\theta}_2)\dot{\theta}_2 s_2 \\ m_2 l_1 l_2 \dot{\theta}_1^2 s_2 \end{bmatrix} + \begin{bmatrix} m_1 g l_1 c_1 + m_2 g (l_1 c_1 + l_2 c_{12}) \\ m_2 g l_2 c_{12} \end{bmatrix} = \begin{bmatrix} \tau_1 \\ \tau_2 \end{bmatrix} \tag{1.51}
$$

1.6 3축 로봇의 예

1.6.1 3축 로봇의 변환행렬 및 기구학

그림 1.19는 로터리 형태의 3축 로봇을 나타낸다. 각 조인트는 회전 조인트로 이루어져 있으며 각 링크의 길이는 L_1, L_2, L_3이다.

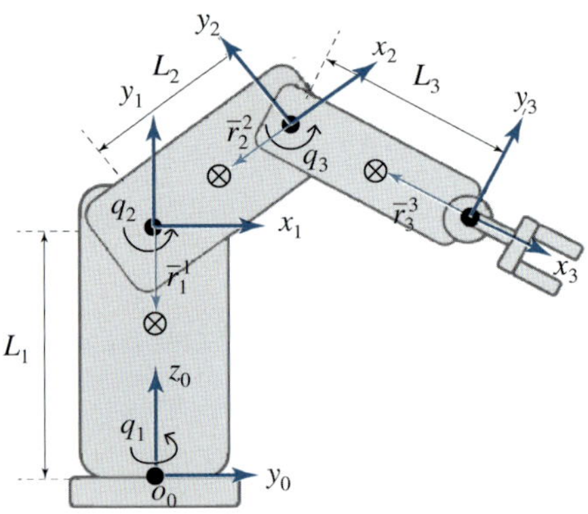

그림 1.19 3축 로터리 로봇

D-H 변수를 구한다.

표 1.3 3축 로봇의 D-H 변수

	q_i	α_i	d_i	a_i
1	q_1	90	L_1	0
2	q_2	0	0	L_2
3	q_3	0	0	L_3

각 변환행렬을 구하면 다음과 같다.

$$A_0^1 = \begin{bmatrix} c_1 & 0 & s_1 & 0 \\ s_1 & 0 & -c_1 & 0 \\ 0 & 1 & 0 & L_1 \\ 0 & 0 & 0 & 1 \end{bmatrix} \quad A_1^2 = \begin{bmatrix} c_2 & -s_2 & 0 & L_2c_2 \\ s_2 & c_2 & 0 & L_2s_2 \\ 0 & 0 & 1 & 0 \\ 0 & 0 & 0 & 1 \end{bmatrix} \quad A_2^3 = \begin{bmatrix} c_3 & -s_3 & 0 & L_3c_3 \\ s_3 & c_3 & 0 & L_3s_3 \\ 0 & 0 & 1 & 0 \\ 0 & 0 & 0 & 1 \end{bmatrix}$$

$$A_0^2 = \begin{bmatrix} c_1c_2 & -c_1s_2 & s_1 & L_2c_1c_2 \\ s_1c_2 & -s_1s_2 & -c_1 & L_2s_1c_2 \\ s_2 & c_2 & 0 & L_1+L_2s_2 \\ 0 & 0 & 0 & 1 \end{bmatrix} \quad A_1^3 = \begin{bmatrix} c_{23} & -s_{23} & 0 & L_2c_2+L_3c_{23} \\ s_{23} & c_{23} & 0 & L_2s_2+L_3s_{23} \\ 0 & 0 & 1 & 0 \\ 0 & 0 & 0 & 1 \end{bmatrix}$$

전체 변환행렬은

$$A_0^3 = A_0^1A_1^2A_2^3 = \begin{bmatrix} c_1c_{23} & -c_1s_{23} & s_1 & L_3c_1c_{23}+L_2c_1c_2 \\ s_1c_{23} & -s_1s_{23} & -c_1 & L_3s_1c_{23}+L_2s_1c_2 \\ s_{23} & c_{23} & 0 & L_3s_{23}+L_2s_2+L_1 \\ 0 & 0 & 0 & 1 \end{bmatrix}$$

3축 로봇의 순기구학은 다음과 같다.

$$\begin{aligned} P_x &= L_3c_1c_{23}+L_2c_1c_2 \\ P_y &= L_3s_1c_{23}+L_2s_1c_2 \\ P_z &= L_3s_{23}+L_2s_2+L_1 \end{aligned} \tag{1.52}$$

MATLAB을 통해 확인해 보자.

```
>> syms c1 s1 c2 s2 c3 s3 c12 s12 c23 s23 L1 L2 L3 m1 m2 m3 q1 q2 q3 g
>> c1 = cos(q1); s1=sin(q1); c2 = cos(q2); s2=sin(q2); c3 = cos(q3); s3=sin(q3);
>> c12=cos(q1+q2); s12=sin(q1+q2); c23=cos(q2+q3); s23=sin(q2+q3);
>> gt = [0 -g 0 0];
>> A01 = [c1 0 s1 0; s1 0 -c1 0; 0 1 0 L1; 0 0 0 1]

A01 =

[ cos(q1), 0,  sin(q1),  0]
[ sin(q1), 0, -cos(q1),  0]
[       0, 1,        0, L1]
[       0, 0,        0,  1]

>> A12 = [c2 -s2 0 L2*c2; s2 c2 0 L2*s2; 0 0 1 0; 0 0 0 1]

A12 =

[ cos(q2), -sin(q2), 0, L2*cos(q2)]
```

```
[ sin(q2),  cos(q2), 0, L2*sin(q2)]
[       0,        0, 1,          0]
[       0,        0, 0,          1]

>> A23 = [c3 -s3 0 L3*c3; s3 c3 0 L3*s3; 0 0 1 0; 0 0 0 1]

A23 =

[ cos(q3), -sin(q3), 0, L3*cos(q3)]
[ sin(q3),  cos(q3), 0, L3*sin(q3)]
[       0,        0, 1,          0]
[       0,        0, 0,          1]

>> A02 = A01*A12

A02 =

[ cos(q1)*cos(q2),  -cos(q1)*sin(q2),     sin(q1),  L2*cos(q1)*cos(q2)]
[ cos(q2)*sin(q1),  -sin(q1)*sin(q2),    -cos(q1),  L2*cos(q2)*sin(q1)]
[         sin(q2),           cos(q2),           0,     L1 + L2*sin(q2)]
[               0,                 0,           0,                   1]

>> A03=simplify(A02*A23)

A03 =

[cos(q2+q3)*cos(q1), -sin(q2+q3)*cos(q1), sin(q1),  cos(q1)*(L3*cos(q2+q3)+ L2*cos(q2))]
[cos(q2+q3)*sin(q1), -sin(q2+q3)*sin(q1),-cos(q1), sin(q1)*(L3*cos(q2+q3) + L2*cos(q2))]
[      sin(q2 + q3),        cos(q2 + q3),       0,    L1 + L3*sin(q2 + q3) + L2*sin(q2)]
[                 0,                   0,       0,                                    1]
```

1.6.2 3축 로봇의 역기구학

역기구학을 구하는 것은 로봇을 조인트 공간에서 제어하기 위함이다. 로봇의 팔 끝은 카테시안 공간에서 움직이지만 실제로 로봇은 각 조인트를 제어하므로 로봇 팔 끝의 움직임이 생성된다. 따라서 카테시안 공간에서의 경로를 조인트 공간으로 변환해야 할 필요성이 있는데 역기구학을 통해서 변환한다. 변환된 조인트 공간의 변수는 실제 제어가 이루어지는 공간의 기준 조인트 경로가 된다.

그림 1.19의 조인트 2와 3을 그리면 다음과 같다.

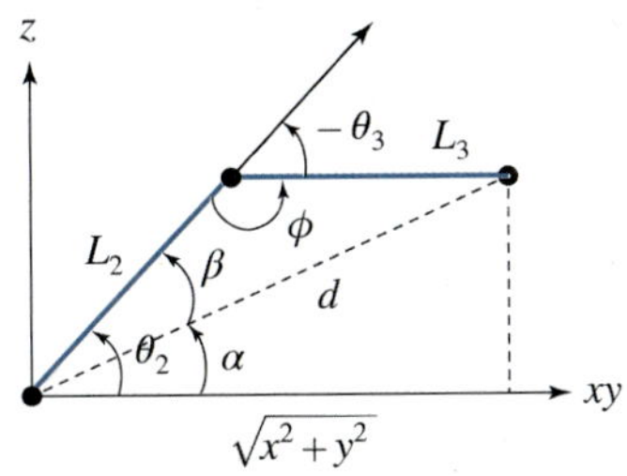

그림 1.20 2축과 3축의 좌표

대변 d는 다음과 같다.

$$d = \sqrt{x^2 + y^2 + (z - L_1)^2}$$

코사인 법칙을 적용하면

$$d^2 = L_2^2 + L_3^2 - 2L_2L_3\cos\phi$$

ϕ를 구하기 위해 정리하면

$$\cos\phi = \frac{L_2^2 + L_3^2 - d^2}{2L_2L_3}$$

$\phi = 180 - (-\theta_3) = 180 + \theta_3$이므로 대입하면

$$\cos(180 + \theta_3) = \frac{L_2^2 + L_3^2 - d^2}{2L_2L_3}$$

$$\cos(\theta_3) = \frac{d^2 - L_2^2 - L_3^2}{2L_2L_3} = a$$

따라서 θ_3는 다음과 같이 구해진다.

$$\theta_3 = \text{atan2}(\pm\sqrt{1 - a^2},\ a) \tag{1.53}$$

θ_2를 구하기 위해 각 α에 대해 살펴보면

$$\tan\alpha = \frac{z - L_1}{\sqrt{x^2 + y^2}}$$

각 α는

$$\alpha = \text{atan2}(z - L_1,\ \sqrt{x^2 + y^2})$$

각 β를 구하기 위해 코사인 법칙을 적용하면

$$L_3^2 = L_2^2 + d^2 - 2dL_2\cos\beta$$

$$\cos\beta = \frac{L_2^2 + d^2 - L_3^2}{2dL_2} = E$$

따라서 β는

$$\beta = \text{atan2}(\pm\sqrt{1 - E^2},\ \ E)$$

각 θ_2는

$$\theta_2 = \alpha + \beta \tag{1.54}$$

각 θ_1은 x와 y좌표를 이용하여 다음과 같이 쉽게 구할 수 있다.

$$\theta_1 = \text{atan2}(y,\ x) \tag{1.55}$$

로봇의 upper arm 자세에 대해 정리하면 다음과 같다.

$$\theta_{d1} = \text{atan2}(y_d,\ x_d)$$

$$\theta_{d2} = \alpha + \beta,\ \ \alpha = \text{atan2}(z_d - L_1,\ \sqrt{x_d^2 + y_d^2}),\ \ \beta = \text{atan2}(\sqrt{1 - E^2},\ \ E)$$

$$E = \frac{L_2^2 + d^2 - L_3^2}{2dL_2},\ \ d = \sqrt{x_d^2 + y_d^2 + (z_d - L_1)^2}$$

$$\theta_{d3} = \text{atan2}(-\sqrt{1 - a^2},\ a),\ \ a = \frac{d^2 - L_2^2 - L_3^2}{2L_2L_3}$$

MATLAB으로 구현해 보자.

로봇의 길이는 $L_1 = 0.6\ m$, $L_2 = L_3 = 0.4\ m$이다. 반지름이 0.3인 원을 그려보자.

```
% 3 Link Rotary robot
clear; clf;
% Link parameters
l1 = 0.6; l2 = 0.4; l3 = 0.4;
x0=0.0; y0=0.0;
r = 0.3; N=10;
  for i = 0:2*pi/N:2*pi
        % Circular trajectory
        xd = x0+(r*cos(i));
        yd = y0+r*sin(i);
        zd = l1;
        % Inverse Kinematics
        d = sqrt(xd^2+yd^2+(zd-l1)^2);
        a=(d^2 -l2^2-l3^2)/(2*l2*l3);
        theta3 = atan2(-sqrt(1-a^2),a);
        alpha =atan2(zd-l1, sqrt(xd^2+yd^2));
        E=(l2^2 +d^2 -l3^2)/(2*l2*d);
        beta = atan2(sqrt(1-E^2),E);
        theta2 = alpha+ beta;
        theta1 = atan2(yd,xd);
        % Forward Kinematics
        rrx = l2*cos(theta1);
        rry = l2*sin(theta1);
        rrz = l1+l2*sin(theta2);
        x = cos(theta1)*(l2*cos(theta2)+l3*(cos(theta2+theta3)));
        y = sin(theta1)*(l2*cos(theta2)+l3*(cos(theta2+theta3)));
        z = l1+l2*sin(theta2)+l3*(sin(theta2+theta3));
        % Robot Body
        rx = [0,0,rrx,x];
        ry = [0,0,rry,y];
        rz = [0,l1,rrz,z];
    plot3(rx,ry,rz,'k-');
    hold on
    plot3(x,y,z,'y*');
    plot3(xd,yd,zd,'go');
end
hold off
title('Circular Trajectory for Three Link Robot(Upper arm)')
```

```
xlabel('x axis (m)')
ylabel('y axis (m)')
zlabel('z axis (m)')
grid
```

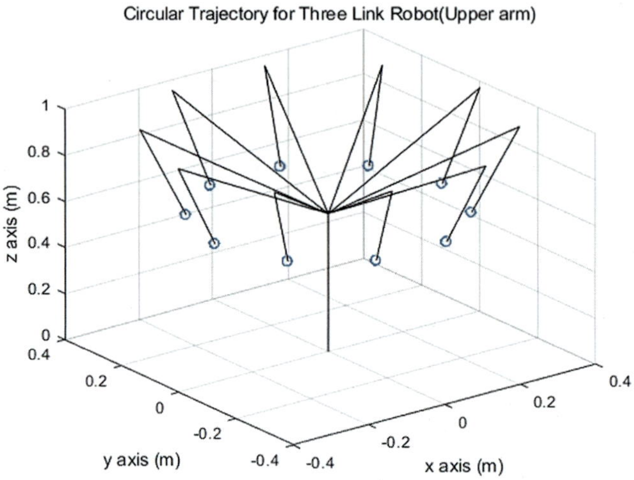

그림 1.21 3축 로봇의 원 경로의 순기구학과 역기구학 확인

1.6.3 3축 로봇의 자코비안

자코비안을 구해 보자.

기구학으로부터 편미분 행렬을 구한다.

$$P_x = L_3 c_1 c_{23} + L_2 c_1 c_2$$

$$P_y = L_3 s_1 c_{23} + L_2 s_1 c_2$$

$$P_z = L_3 s_{23} + L_2 s_2 + L_1$$

$$J = \frac{\partial P}{\partial q} = \begin{bmatrix} \frac{\partial P_x}{\partial q_1} & \frac{\partial P_x}{\partial q_2} & \frac{\partial P_x}{\partial q_3} \\ \frac{\partial P_y}{\partial q_1} & \frac{\partial P_y}{\partial q_2} & \frac{\partial P_y}{\partial q_3} \\ \frac{\partial P_z}{\partial q_1} & \frac{\partial P_z}{\partial q_2} & \frac{\partial P_z}{\partial q_3} \end{bmatrix} = \begin{bmatrix} -s_1(L_2 c_2 + L_3 c_{23}) & -c_1(L_2 s_2 + L_3 s_{23}) & -L_3 c_1 s_{23} \\ c_1(L_2 c_2 + L_3 c_{23}) & -s_1(L_2 s_2 + L_3 s_{23}) & -L_3 s_1 s_{23} \\ 0 & L_2 c_2 + L_3 c_{23} & L_3 c_{23} \end{bmatrix} \quad (1.56)$$

```
>> syms c1 s1 c2 s2 c23 s23
>> syms q1 q2 q3 L1 L2 L3
>> c1 = cos(q1); s1 = sin(q1); c2 = cos(q2); s2 = sin(q2);
>> c23 = cos(q2+q3); s23 = sin(q2+q3);
>> P = [Px; Py; Pz];
>> q = [q1; q2; q3];
>> J=jacobian(P,q)

J =

[-L3*cos(q2+q3)*sin(q1)-L2*cos(q2)*sin(q1),-L3*sin(q2+q3)*cos(q1)-L2*cos(q1)*sin(q2),
-L3*sin(q2+q3)*cos(q1)]
[L3*cos(q2+q3)*cos(q1)+L2*cos(q1)*cos(q2),-L3*sin(q2+q3)*sin(q1)-L2*sin(q1)*sin(q2),
-L3*sin(q2+q3)*sin(q1)]
[                          0,          L3*cos(q2 + q3) + L2*cos(q2),       L3*cos(q2 + q3)]

>> simplify(J)

ans =

[-sin(q1)*(L3*cos(q2+q3)+L2*cos(q2)),-cos(q1)*(L3*sin(q2+q3)+L2*sin(q2)),
-L3*sin(q2+q3)*cos(q1)]
[cos(q1)*(L3*cos(q2+q3)+L2*cos(q2)),-sin(q1)*(L3*sin(q2+q3)+L2*sin(q2)),
-L3*sin(q2+q3)*sin(q1)]
[                               0,         L3*cos(q2+q3) + L2*cos(q2),        L3*cos(q2+q3)]
```

1.6.4 동역학

1.6.4.1 관성(Inertia)

D_{ij}를 구해 보자. 먼저 각 변환행렬을 미분한 변수를 다음과 같이 정의하면 간단하게 풀 수 있다. A_{i-1}^{i}를 q_i로 편미분한 것은 다음과 같이 표현된다.

$$\frac{\partial A_{i-1}^{i}}{\partial q_i} = Q_i A_{i-1}^{i} \tag{1.57}$$

그러므로

$$\frac{\partial A_{i-1}^{i}}{\partial q_j} = A_0^1 A_1^2 \cdots A_{j-2}^{j-1} Q_j A_{j-1}^{j} \cdots A_{i-1}^{i} \tag{1.58}$$

다음과 같이 U_{ij}를 정의하자.

$$U_{ij} = \frac{\partial A_0^i}{\partial q_j} = A_0^{j-1} Q_j A_{j-1}^{i}$$

$$Q = \begin{bmatrix} 0 & -1 & 0 & 0 \\ 1 & 0 & 0 & 0 \\ 0 & 0 & 0 & 0 \\ 0 & 0 & 0 & 0 \end{bmatrix}$$

$$U_{11} = Q_1 A_0^1 = \begin{bmatrix} 0 & -1 & 0 & 0 \\ 1 & 0 & 0 & 0 \\ 0 & 0 & 0 & 0 \\ 0 & 0 & 0 & 0 \end{bmatrix} \begin{bmatrix} c_1 & 0 & s_1 & 0 \\ s_1 & 0 & -c_1 & 0 \\ 0 & 1 & 0 & L_1 \\ 0 & 0 & 0 & 1 \end{bmatrix} = \begin{bmatrix} -s_1 & 0 & c_1 & 0 \\ c_1 & 0 & s_1 & 0 \\ 0 & 0 & 0 & 0 \\ 0 & 0 & 0 & 0 \end{bmatrix}$$

```
>> U11 = Q1*A01
U11 =
[ -sin(q1),  0,  cos(q1), 0]
[  cos(q1),  0,  sin(q1), 0]
[        0,  0,        0, 0]
[        0,  0,        0, 0]
```

$$U_{21} = Q_1 A_0^2 = \begin{bmatrix} -s_1 c_2 & s_1 s_2 & c_1 & -L_2 s_1 c_2 \\ c_1 c_2 & -c_1 s_2 & s_1 & L_2 c_1 c_2 \\ 0 & 0 & 0 & 0 \\ 0 & 0 & 0 & 0 \end{bmatrix}$$

```
>> U21=simplify(Q1*A02)
U21 =
[  -cos(q2)*sin(q1),  sin(q1)*sin(q2), cos(q1), -L2*cos(q2)*sin(q1)]
[   cos(q1)*cos(q2), -cos(q1)*sin(q2), sin(q1),  L2*cos(q1)*cos(q2)]
[                 0,                0,       0,                   0]
[                 0,                0,       0,                   0]
```

$$U_{22} = A_0^1 Q_2 A_1^2 = \begin{bmatrix} c_1 & 0 & s_1 & 0 \\ s_1 & 0 & -c_1 & 0 \\ 0 & 1 & 0 & L_1 \\ 0 & 0 & 0 & 1 \end{bmatrix} \begin{bmatrix} -s_2 & -c_2 & 0 & -L_2 s_2 \\ c_1 c_2 & -c_1 s_2 & s_1 & L_2 c_1 c_2 \\ 0 & 0 & 0 & 0 \\ 0 & 0 & 0 & 0 \end{bmatrix} = \begin{bmatrix} -c_1 s_2 & -c_1 c_2 & 0 & -L_2 c_1 s_2 \\ -s_1 s_2 & -s_1 c_2 & 0 & -L_2 s_1 s_2 \\ c_2 & -s_2 & 0 & L_2 c_2 \\ 0 & 0 & 0 & 0 \end{bmatrix}$$

```
>> U22 =simplify(A01*Q2*A12)
U22 =
[ -cos(q1)*sin(q2),  -cos(q1)*cos(q2),  0,  -L2*cos(q1)*sin(q2)]
[ -sin(q1)*sin(q2),  -cos(q2)*sin(q1),  0,  -L2*sin(q1)*sin(q2)]
[          cos(q2),          -sin(q2),  0,           L2*cos(q2)]
[                0,                 0,  0,                    0]
```

$$U_{31} = Q_1 A_0^3 = \begin{bmatrix} -s_1 c_{23} & s_1 s_{23} & c_1 & -s_1(L_2 c_2 + L_3 c_{23}) \\ c_1 c_{23} & -c_1 s_{23} & s_1 & c_1(L_2 c_2 + L_3 c_{23}) \\ 0 & 0 & 0 & 0 \\ 0 & 0 & 0 & 0 \end{bmatrix}$$

```
>> U31=simplify(Q1*A03)
U31 =
[-cos(q2+q3)*sin(q1),  sin(q2 + q3)*sin(q1),cos(q1),-sin(q1)*(L3*cos(q2+q3)+ L2*cos(q2))]
[cos(q2 + q3)*cos(q1),-sin(q2+q3)*cos(q1),sin(q1),cos(q1)*(L3*cos(q2 + q3) + L2*cos(q2))]
[                  0,                   0,      0,                                     0]
[                  0,                   0,      0,                                     0]
```

$$U_{32} = A_0^1 Q_2 A_1^3 = \begin{bmatrix} c_1 & 0 & s_1 & 0 \\ s_1 & 0 & -c_1 & 0 \\ 0 & 1 & 0 & L_1 \\ 0 & 0 & 0 & 1 \end{bmatrix} \begin{bmatrix} -s_{23} & -c_{23} & 0 & -(L_3 s_{23} + L_2 s_2) \\ c_{23} & -s_{23} & 0 & (L_3 c_{23} + L_2 c_2) \\ 0 & 0 & 0 & 0 \\ 0 & 0 & 0 & 0 \end{bmatrix}$$

$$= \begin{bmatrix} -c_1 s_{23} & -c_1 c_{23} & 0 & -c_1(L_3 s_{23} + L_2 s_2) \\ -s_1 s_{23} & -s_1 c_{23} & 0 & -s_1(L_3 s_{23} + L_2 s_2) \\ c_{23} & -s_{23} & 0 & L_3 c_{23} + L_2 c_2 \\ 0 & 0 & 0 & 0 \end{bmatrix}$$

```
>> U32=simplify(A01*Q2*A13)
U32 =
[-sin(q2+q3)*cos(q1),    -cos(q2+q3)*cos(q1), 0,      -cos(q1)*(L3*sin(q2+q3)+L2*sin(q2))]
[-sin(q2 + q3)*sin(q1),-cos(q2 + q3)*sin(q1), 0,  -sin(q1)*(L3*sin(q2 + q3) + L2*sin(q2))]
[         cos(q2 + q3),         -sin(q2 + q3), 0,             L3*cos(q2 + q3) + L2*cos(q2)]
[                    0,                     0, 0,                                        0]
```

$$U_{33} = A_0^2 Q_3 A_2^3 = \begin{bmatrix} c_1 c_2 & -c_1 s_2 & s_1 & L_2 c_1 c_2 \\ s_1 c_2 & -s_1 s_2 & -c_1 & L_2 s_1 c_2 \\ s_2 & c_2 & 0 & L_2 s_2 + L_1 \\ 0 & 0 & 0 & 1 \end{bmatrix} \begin{bmatrix} -s_3 & -c_3 & 0 & -L_3 s_3 \\ c_3 & -s_3 & 0 & L_3 c_3 \\ 0 & 0 & 0 & 0 \\ 0 & 0 & 0 & 0 \end{bmatrix}$$

$$
= \begin{bmatrix} -c_1 s_{23} & -c_1 c_{23} & 0 & -L_3 c_1 s_{23} \\ -s_1 s_{23} & -s_1 c_{23} & 0 & -L_3 s_1 s_{23} \\ c_{23} & -s_{23} & 0 & L_3 c_{23} \\ 0 & 0 & 0 & 0 \end{bmatrix}
$$

```
>> U33=simplify(A02*Q3*A23)
U33 =
[ -sin(q2 + q3)*cos(q1),  -cos(q2 + q3)*cos(q1),  0,  -L3*sin(q2 + q3)*cos(q1)]
[ -sin(q2 + q3)*sin(q1),  -cos(q2 + q3)*sin(q1),  0,  -L3*sin(q2 + q3)*sin(q1)]
[          cos(q2 + q3),          -sin(q2 + q3),  0,          L3*cos(q2 + q3)]
[                     0,                      0,  0,                        0]
```

```
>> UT11 = [-s1 c1 0 0; 0 0 0 0 ;c1 s1 0 0;0 0 0 0];
>> UT21 = [-s1*c2 c1*c2 0 0; s1*s2 -c1*s2 0 0 ; c1 s1 0 0;-L2*s1*c2 L2*c1*c2 0 0];
>> UT22 = [-c1*s2 -s1*s2 c2 0; -c1*c2 -s1*c2 -s2 0 ; 0 0 0 0;-L2*c1*s2 -L2*s1*s2 L2*c2 0];
>> UT31 = [-s1*c23 c1*c23 0 0; s1*s23 -c1*s23 0 0 ; c1 s1 0 0;-s1*(L2*c2+L3*c23) c1*(L2*c2+L3*
        c23) 0 0];
>> UT32 = [-c1*s23 -s1*s23 c23 0; -c1*c23 -s1*c23 -s23 0 ; 0 0 0 0;-c1*(L2*s2+L3*s23) -s1*
        (L2*s2+L3*s23) L2*c2+L3*c23 0];
>> UT33 = [-c1*s23 -s1*s23 c23 0; -c1*c23 -s1*c23 -s23 0 ; 0 0 0 0;-c1*L3*s23 -s1*L3*s23 L3*c23 0];
```

그림 1.19로부터 각 좌표 $i+1$으로부터 링크 i의 무게 중심까지의 벡터를 구하면 다음과 같다.

$$
r_1^1 = [0 \ \ -\frac{L_1}{2} \ \ 0 \ \ 1]^T
$$

$$
r_2^2 = [-\frac{L_2}{2} \ \ 0 \ \ 0 \ \ 1]^T
$$

$$
r_3^3 = [-\frac{L_3}{2} \ \ 0 \ \ 0 \ \ 1]^T
$$

```
>> r11 = [0; -L1/2; 0; 1];
>> r22 = [-L2/2; 0; 0; 1];
>> r33 = [-L3/2; 0; 0; 1];
```

관성행렬은 다음과 같다.

$$I_i = \begin{bmatrix} \frac{-I_{xx}+I_{yy}+I_{zz}}{2} & -I_{xy} & -I_{xz} & m_i\bar{x}_i \\ -I_{xy} & \frac{I_{xx}-I_{yy}+I_{zz}}{2} & -I_{yz} & m_i\bar{y}_i \\ -I_{xz} & -I_{yz} & \frac{I_{xx}+I_{yy}-I_{zz}}{2} & m_i\bar{z}_i \\ m_i\bar{x}_i & m_i\bar{y}_i & m_i\bar{z}_i & m_i \end{bmatrix} \tag{1.59}$$

간단히 하기 위해 각 링크를 slender rod라 가정하면 링크 1에 대해

$$I_{xx} = I_{yy} = I_{zz} = 0,\ I_{xy} = I_{xz} = I_{yz} = 0$$

$$I_1 = \begin{bmatrix} 0 & 0 & 0 & 0 \\ 0 & 0 & 0 & -m_1\frac{L_1}{2} \\ 0 & 0 & 0 & 0 \\ 0 & -m_1\frac{L_1}{2} & 0 & m_1 \end{bmatrix}$$

```
>> I1 = [0 0 0 0;0 0 0 -m1*L1/2; 0 0 0 0;0 -m1*L1/2 0 m1]

I1 =
[ 0,           0, 0,          0]
[ 0,           0, 0, -(L1*m1)/2]
[ 0,           0, 0,          0]
[ 0, -(L1*m1)/2, 0,         m1]
```

링크 2에 대해 x축의 관성 모멘트 I_{xx} 는 0이고 y, z축의 관성 모멘트 I_{yy}, I_{zz} 는 다음과 같다.

$$I_{xx} = 0,\ I_{yy} = I_{zz} = \frac{1}{3}m_2L_2^2,\ I_{xy} = I_{xz} = I_{yz} = 0$$

$$I_2 = \begin{bmatrix} \frac{\frac{1}{3}m_2L_2^2 + \frac{1}{3}m_2L_2^2}{2} & 0 & 0 & -m_2\frac{L_2}{2} \\ 0 & 0 & 0 & 0 \\ 0 & 0 & 0 & 0 \\ -m_2\frac{L_2}{2} & 0 & 0 & m_2 \end{bmatrix} = \begin{bmatrix} \frac{1}{3}m_2L_2^2 & 0 & 0 & -m_2\frac{L_2}{2} \\ 0 & 0 & 0 & 0 \\ 0 & 0 & 0 & 0 \\ -m_2\frac{L_2}{2} & 0 & 0 & m_2 \end{bmatrix}$$

```
>> I2 = [1/3*m2*L2^2 0 0 -m2*L2/2;0 0 0 0 ; 0 0 0 0;-m2*L2/2 0 0 m2];
```

링크 3에 대해 x축의 I_{xx}는 0이고 y, z축의 I_{yy}, I_{zz}는 다음과 같다.

$$I_{xx}=0,\quad I_{yy}=I_{zz}=\frac{1}{3}m_3L_3^2,\quad I_{xy}=I_{xz}=I_{yz}=0$$

$$I_3=\begin{bmatrix}\frac{1}{3}m_3L_3^2 & 0 & 0 & -m_3\frac{L_3}{2}\\ 0 & 0 & 0 & 0\\ 0 & 0 & 0 & 0\\ -m_3\frac{L_3}{2} & 0 & 0 & m_3\end{bmatrix}$$

```
>> I3 = [1/3*m3*L3^2 0 0 -m3*L3/2;0 0 0 0 ; 0 0 0 0;-m3*L3/2 0 0 m3];
```

각 관성행렬의 원소는 다음과 같이 정의된다.

$$D_{ik}=\sum_{j=\max(i,\ k)}^{n} Tr\left(U_{jk}I_jU_{ji}^T\right) \tag{1.60}$$

① $D_{11}=\sum_{j=1}^{3}Tr\left(U_{j1}I_jU_{j1}^T\right)$

$$=Tr\left(U_{11}I_1U_{11}^T\right)+Tr\left(U_{21}I_2U_{21}^T\right)+Tr\left(U_{31}I_3U_{31}^T\right)$$

$$U_{11}I_1U_{11}^T=\begin{bmatrix}-s_1 & 0 & c_1 & 0\\ c_1 & 0 & s_1 & 0\\ 0 & 0 & 0 & 0\\ 0 & 0 & 0 & 0\end{bmatrix}\begin{bmatrix}0 & 0 & 0 & 0\\ 0 & 0 & 0 & -m_1\frac{L_1}{2}\\ 0 & 0 & 0 & 0\\ 0 & -m_1\frac{L_1}{2} & 0 & m_1\end{bmatrix}\begin{bmatrix}-s_1 & c_1 & 0 & 0\\ 0 & 0 & 0 & 0\\ c_1 & s_1 & 0 & 0\\ 0 & 0 & 0 & 0\end{bmatrix}$$

$$Tr\left(U_{11}I_1U_{11}^T\right)=0$$

```
>> simplify(trace(U11*I1*UT11))

ans =

0
```

$$U_{21}I_2U_{21}^T = \begin{bmatrix} -s_1c_2 & s_1s_2 & c_1 & -L_2s_1c_2 \\ c_1c_2 & -c_1s_2 & s_1 & L_2c_1c_2 \\ 0 & 0 & 0 & 0 \\ 0 & 0 & 0 & 0 \end{bmatrix} \begin{bmatrix} \frac{m_2L_2^2}{3} & 0 & 0 & \frac{-m_2L_2}{2} \\ 0 & 0 & 0 & 0 \\ 0 & 0 & 0 & 0 \\ \frac{-m_2L_2}{2} & 0 & 0 & m_2 \end{bmatrix}$$

$$\begin{bmatrix} -s_1c_2 & c_1c_2 & 0 & 0 \\ s_1s_2 & -c_1s_2 & 0 & 0 \\ c_1 & s_1 & 0 & 0 \\ -L_2s_1c_2 & L_2c_1c_2 & 0 & 0 \end{bmatrix}$$

$$\begin{aligned} Tr(U_{21}I_2U_{21}^T) &= -\frac{1}{6}m_2L_2^2s_1^2c_2^2 + \frac{1}{2}m_2L_2^2s_1^2c_2^2 - \frac{1}{6}m_2L_2^2c_1^2c_2^2 + \frac{1}{2}m_2L_2^2c_1^2c_2^2 \\ &= \frac{1}{3}m_2L_2^2c_2^2 \end{aligned}$$

```
>> simplify(trace(U21*I2*UT21))
ans =
-(L2^2*m2*(sin(q2)^2 - 1))/3
```

$$U_{31}I_3U_{31}^T = \begin{bmatrix} -s_1c_{23} & s_1s_{23} & c_1 & -s_1(L_2c_2+L_3c_{23}) \\ c_1c_{23} & -c_1s_{23} & s_1 & c_1(L_2c_2+L_3c_{23}) \\ 0 & 0 & 0 & 0 \\ 0 & 0 & 0 & 0 \end{bmatrix} \begin{bmatrix} \frac{m_3L_3^2}{3} & 0 & 0 & \frac{-m_3L_3}{2} \\ 0 & 0 & 0 & 0 \\ 0 & 0 & 0 & 0 \\ \frac{-m_3L_3}{2} & 0 & 0 & m_3 \end{bmatrix}$$

$$\begin{bmatrix} -s_1c_{23} & c_1c_{23} & 0 & 0 \\ s_1s_{23} & -c_1s_{23} & 0 & 0 \\ c_1 & s_1 & 0 & 0 \\ -s_1(L_2c_2+L_3c_{23}) & c_1(L_2c_2+L_3c_{23}) & 0 & 0 \end{bmatrix}$$

$$\begin{aligned} Tr(U_{31}I_3U_{31}^T) &= -\frac{1}{6}m_3L_3^2s_1^2c_{23}^2 - \frac{1}{2}m_3L_2L_3s_1^2c_2c_{23} + (L_2s_1c_2 + L_3s_1c_{23}) \\ &\quad (\frac{1}{2}m_3L_3s_1c_{23} + m_3L_2s_1c_2) - \frac{1}{6}m_3L_3^2c_1^2c_{23}^2 - \frac{1}{2}m_3L_2L_3c_1^2c_2c_{23} \\ &\quad + (L_2c_1c_2 + L_3c_1c_{23})(\frac{1}{2}m_3L_3c_1c_{23} + m_3L_2c_1c_2) \\ &= \frac{1}{3}m_3L_3^2c_{23}^2 + m_3L_2L_3c_2c_{23} + m_3L_2^2c_2^2 \end{aligned}$$

따라서 D_{11}은 다음과 같다.

$$D_{11} = Tr(U_{11}I_1U_{11}^T) + Tr(U_{21}I_2U_{21}^T) + Tr(U_{31}I_3U_{31}^T)$$
$$= \frac{1}{3}m_2L_2^2c_2^2 + \frac{1}{3}m_3L_3^2c_{23}^2 + m_3L_2L_3c_2c_{23} + m_3L_2^2c_2^2$$

② $D_{12} = D_{21} = Tr(U_{22}I_2U_{21}^T) + Tr(U_{32}I_3U_{31}^T)$

$$U_{22}J_2U_{21}^T = \begin{bmatrix} -c_1s_2 & -c_1c_2 & 0 & -L_2c_1s_2 \\ -s_1s_2 & -s_1c_2 & 0 & -L_2s_1s_2 \\ c_2 & -s_2 & 0 & L_2c_2 \\ 0 & 0 & 0 & 0 \end{bmatrix} \begin{bmatrix} \frac{m_2L_2^2}{3} & 0 & 0 & \frac{-m_2L_2}{2} \\ 0 & 0 & 0 & 0 \\ 0 & 0 & 0 & 0 \\ \frac{-m_2L_2}{2} & 0 & 0 & m_2 \end{bmatrix}$$

$$\begin{bmatrix} -s_1c_2 & c_1c_2 & 0 & 0 \\ s_1s_2 & -c_1s_2 & 0 & 0 \\ c_1 & s_1 & 0 & 0 \\ -L_2s_1c_2 & L_2c_1c_2 & 0 & 0 \end{bmatrix}$$

$$Tr(U_{22}I_2U_{21}^T) = -\frac{1}{6}m_2L_2^2c_1s_1c_2s_2 + \frac{1}{2}m_2L_2^2c_1s_1c_2s_2$$
$$+\frac{1}{6}m_2L_2^2c_1s_1c_2s_2 - \frac{1}{2}m_2L_2^2c_1s_1c_2s_2 = 0$$

$$U_{32}I_3U_{31}^T = \begin{bmatrix} -c_1s_{23} & -c_1c_{23} & 0 & -c_1(L_2s_2 + L_3s_{23}) \\ -s_1s_{23} & -s_1c_{23} & 0 & -s_1(L_2s_2 + L_3s_{23}) \\ c_{23} & -s_{23} & 0 & L_2c_2 + L_3c_{23} \\ 0 & 0 & 0 & 0 \end{bmatrix} \begin{bmatrix} \frac{m_3L_3^2}{3} & 0 & 0 & \frac{-m_3L_3}{2} \\ 0 & 0 & 0 & 0 \\ 0 & 0 & 0 & 0 \\ \frac{-m_3L_3}{2} & 0 & 0 & m_3 \end{bmatrix}$$

$$\begin{bmatrix} -s_1c_{23} & c_1c_{23} & 0 & 0 \\ s_1s_{23} & -c_1s_{23} & 0 & 0 \\ c_1 & s_1 & 0 & 0 \\ -s_1(L_2c_2 + L_3c_{23}) & c_1(L_2c_2 + L_3c_{23}) & 0 & 0 \end{bmatrix}$$

$$Tr(U_{32}I_2U_{31}^T) = 0$$

$$D_{12} = D_{21} = 0$$

```
>> D12 = simplify(trace(U22*I2*UT21)+trace(U32*I3*UT31))

D12 =

0
```

③ $D_{13} = D_{31} = Tr(U_{33} I_3 U_{31}^T)$

$$U_{33} I_3 U_{31}^T = \begin{bmatrix} -c_1 s_{23} & -c_1 c_{23} & 0 & -L_3 c_1 s_{23} \\ -s_1 s_{23} & -s_1 c_{23} & 0 & -L_3 s_1 s_{23} \\ c_{23} & -s_{23} & 0 & L_3 c_{23} \\ 0 & 0 & 0 & 0 \end{bmatrix} \begin{bmatrix} \frac{m_3 L_3^2}{3} & 0 & 0 & \frac{-m_3 L_3}{2} \\ 0 & 0 & 0 & 0 \\ 0 & 0 & 0 & 0 \\ \frac{-m_3 L_3}{2} & 0 & 0 & m_3 \end{bmatrix}$$

$$\begin{bmatrix} -s_1 c_{23} & c_1 c_{23} & 0 & 0 \\ s_1 s_{23} & -c_1 s_{23} & 0 & 0 \\ c_1 & s_1 & 0 & 0 \\ -s_1(L_2 c_2 + L_3 c_{23}) & c_1(L_2 c_2 + L_3 c_{23}) & 0 & 0 \end{bmatrix}$$

$$Tr(U_{33} I_3 U_{31}^T) = 0$$

$$D_{13} = D_{31} = 0$$

```
>> D13=simplify(trace(U33*I3*UT31))

D13 =

0
```

④ $D_{22} = Tr(U_{22} I_2 U_{22}^T) + Tr(U_{32} I_3 U_{32}^T)$

$$U_{22} I_2 U_{22}^T = \begin{bmatrix} -c_1 s_2 & -c_1 c_2 & 0 & -L_2 c_1 s_2 \\ -s_1 s_2 & -s_1 c_2 & 0 & -L_2 s_1 s_2 \\ c_2 & -s_2 & 0 & L_2 c_2 \\ 0 & 0 & 0 & 0 \end{bmatrix} \begin{bmatrix} \frac{m_2 L_2^2}{3} & 0 & 0 & \frac{-m_2 L_2}{2} \\ 0 & 0 & 0 & 0 \\ 0 & 0 & 0 & 0 \\ \frac{-m_2 L_2}{2} & 0 & 0 & m_2 \end{bmatrix}$$

$$\begin{bmatrix} -c_1 s_2 & -s_1 s_2 & c_2 & 0 \\ -c_1 c_2 & -s_1 c_2 & -s_2 & 0 \\ 0 & 0 & 0 & 0 \\ -L_2 c_1 s_2 & -L_2 s_1 s_2 & L_2 c_2 & 0 \end{bmatrix}$$

$$Tr(U_{22} I_2 U_{22}^T) = \frac{1}{3} m_2 L_2^2$$

$$U_{32}I_3U_{32}^T = \begin{bmatrix} -c_1s_{23} & -c_1c_{23} & 0 & -c_1(L_2s_2+L_3s_{23}) \\ -s_1s_{23} & -s_1c_{23} & 0 & -s_1(L_2s_2+L_3s_{23}) \\ c_{23} & -s_{23} & 0 & L_2c_2+L_3c_{23} \\ 0 & 0 & 0 & 0 \end{bmatrix} \begin{bmatrix} \frac{m_3L_3^2}{3} & 0 & 0 & \frac{-m_3L_3}{2} \\ 0 & 0 & 0 & 0 \\ 0 & 0 & 0 & 0 \\ \frac{-m_3L_3}{2} & 0 & 0 & m_3 \end{bmatrix}$$

$$\begin{bmatrix} -c_1s_{23} & -s_1s_{23} & c_{23} & 0 \\ -c_1c_{23} & -s_1c_{23} & -s_{23} & 0 \\ 0 & 0 & 0 & 0 \\ -c_1(L_3s_{23}+L_2s_2) & -s_1(L_3s_{23}+L_2s_2) & L_2c_2+L_3c_{23} & 0 \end{bmatrix}$$

$$Tr(U_{32}I_3U_{32}^T) = \frac{1}{3}m_3L_3^2 + m_3L_2^2 + m_3L_2L_3c_3$$

$$D_{22} = Tr(U_{22}I_2U_{22}^T) + Tr(U_{32}I_3U_{32}^T)$$

$$= \frac{1}{3}m_2L_2^2 + \frac{1}{3}m_3L_3^2 + m_3L_2^2 + m_3L_2L_3c_3$$

```
>> D22 = simplify(trace(U22*I2*UT22)+trace(U32*I3*UT32))

D22 =

(L2^2*m2)/3 + L2^2*m3 + (L3^2*m3)/3 + L2*L3*m3*cos(q3)
```

⑤ $D_{23} = D_{32} = Tr(U_{33}I_3U_{32}^T)$

$$U_{33}I_3U_{32}^T = \begin{bmatrix} -c_1s_{23} & -c_1c_{23} & 0 & -L_3c_1s_{23} \\ -s_1s_{23} & -s_1c_{23} & 0 & -L_3s_1s_{23} \\ c_{23} & -s_{23} & 0 & L_3c_{23} \\ 0 & 0 & 0 & 0 \end{bmatrix} \begin{bmatrix} \frac{m_3L_3^2}{3} & 0 & 0 & \frac{-m_3L_3}{2} \\ 0 & 0 & 0 & 0 \\ 0 & 0 & 0 & 0 \\ \frac{-m_3L_3}{2} & 0 & 0 & m_3 \end{bmatrix}$$

$$\begin{bmatrix} -c_1s_{23} & -s_1s_{23} & c_{23} & 0 \\ -c_1c_{23} & -s_1c_{23} & -s_{23} & 0 \\ 0 & 0 & 0 & 0 \\ -c_1(L_3s_{23}+L_2s_2) & -s_1(L_3s_{23}+L_2s_2) & L_2c_2+L_3c_{23} & 0 \end{bmatrix}$$

$$D_{23} = D_{32} = Tr(U_{33}I_3U_{32}^T) = \frac{1}{3}m_3L_3^2 + \frac{1}{2}m_3L_2L_3(c_2c_{23}+s_2s_{23}) = \frac{1}{3}m_3L_3^2 + \frac{1}{2}m_3L_2L_3c_3$$

```
>> D23 =simplify(trace(U33*I3*UT32))
```

```
D23 =

(L3*m3*(2*L3 + 3*L2*cos(q3)))/6
```

⑥ $D_{33} = Tr(U_{33} I_3 U_{33}^T)$

$$U_{33} I_3 U_{33}^T = \begin{bmatrix} -c_1 s_{23} & -c_1 c_{23} & 0 & -L_3 c_1 s_{23} \\ -s_1 s_{23} & -s_1 c_{23} & 0 & -L_3 s_1 s_{23} \\ c_{23} & -s_{23} & 0 & L_3 c_{23} \\ 0 & 0 & 0 & 0 \end{bmatrix} \begin{bmatrix} \frac{m_3 L_3^2}{3} & 0 & 0 & \frac{-m_3 L_3}{2} \\ 0 & 0 & 0 & 0 \\ 0 & 0 & 0 & 0 \\ \frac{-m_3 L_3}{2} & 0 & 0 & m_3 \end{bmatrix}$$

$$\begin{bmatrix} -c_1 s_{23} & -s_1 s_{23} & c_{23} & 0 \\ -c_1 c_{23} & -s_1 c_{23} & -s_{23} & 0 \\ 0 & 0 & 0 & 0 \\ -L_3 c_1 s_{23} & -L_3 s_1 s_{23} & L_3 c_{23} & 0 \end{bmatrix}$$

$$\begin{aligned} D_{33} = Tr(U_{33} I_3 U_{33}^T) &= -\frac{1}{6} m_3 L_3^2 c_1^2 s_{23}^2 + \frac{1}{2} m_3 L_3^2 c_1^2 s_{23}^2 - \frac{1}{6} m_3 L_3^2 s_1^2 s_{23}^2 \\ &\quad + \frac{1}{2} m_3 L_3^2 s_1^2 s_{23}^2 - \frac{1}{6} m_3 L_3^2 c_{23}^2 + \frac{1}{2} m_3 L_3^2 c_{23}^2 \\ &= \frac{1}{3} m_3 L_3^2 \end{aligned}$$

```
>> D33 = simplify(trace(U33*I3*UT33))

D33 =

(L3^2*m3)/3
```

정리하면 3축 로봇의 관성행렬은 다음과 같다.

$$D = \begin{bmatrix} D_{11} & 0 & 0 \\ 0 & D_{22} & D_{23} \\ 0 & D_{32} & \frac{1}{3} m_3 L_3^2 \end{bmatrix} \tag{1.61}$$

$$D_{11} = \frac{1}{3} m_2 L_2^2 c_2^2 + \frac{1}{3} m_3 L_3^2 c_{23}^2 + m_3 L_2 L_3 c_2 c_{23} + m_3 L_2^2 c_2^2$$

$$D_{22} = \frac{1}{3}m_2L_2^2 + \frac{1}{3}m_3L_3^2 + m_3L_2^2 + m_3L_2L_3c_3$$

$$D_{23} = D_{32} = \frac{1}{3}m_3L_3^2 + \frac{1}{2}m_3L_2L_3(c_2c_{23} + s_2s_{23})$$

$$= \frac{1}{3}m_3L_3^2 + \frac{1}{2}m_3L_2L_3c_3$$

```
>> D = [D11 D12 D13; D21 D22 D23; D31 D32 D33]

D =

[ (L2^2*m2)/6 + (L2^2*m3)/2 + (L3^2*m3)/6 + (L2^2*m2*cos(2*q2))/6 + (L2^2*m3*cos(2*q2))/2 +
(L3^2*m3*cos(2*q2 + 2*q3))/6 + (L2*L3*m3*cos(q3))/2 + (L2*L3*m3*cos(2*q2 + q3))/2,     0,     0]

[  0, (L2^2*m2)/3 + L2^2*m3 + (L3^2*m3)/3 + L2*L3*m3*cos(q3),  (L3*m3*(2*L3 + 3*L2*cos(q3)))/6]
[0,          (L3*m3*(2*L3 + 3*L2*cos(q3)))/6,                                       (L3^2*m3)/3]
```

1.6.4.2 코리올리스와 원심력

i번째 링크의 코리올리스와 원심력은 다음과 같다.

$$h_i = \sum_{k=1}^{n}\sum_{m=1}^{n} h_{ikm}\dot{q}_k\dot{q}_m \qquad (1.62)$$

$$h_{ikm} = \sum_{j=\max(i,\,k,\,m)}^{n} = Tr(U_{jkm}I_jU_{ji}^T)$$

$$U_{ijk} = \frac{\partial U_{ij}}{\partial q_k} = \begin{matrix} A_0^{j-1}Q_jA_{j-1}^{k-1}Q_kA_{k-1}^{i} & i \ge k \ge j \\ A_0^{k-1}Q_kA_{k-1}^{j-1}Q_jA_{j-1}^{i} & i \ge j \ge k \\ 0 & i < j \text{ 또는 } i < k \end{matrix}$$

```
>> U111=Q1*Q1*A01;
>> U211=Q1*Q1*A02;
>> U212 = simplify(Q1*A01*Q2*A12);
>> U221=Q1*A01*Q2*A12;
>> U311=Q1*Q3*A03;
>> U312=Q1*A01*Q2*A13;
>> U313=Q1*A02*Q3*A23;
```

```
>> U321=Q1*A01*Q2*A13;
>> U322=A01*Q2*Q2*A13;
>> U323=A01*Q2*A12*Q3*A23;
>> U333=A02*Q3*Q3*A23;
```

① 링크 1

$$h_1 = \sum_{k=1}^{3}\sum_{m=1}^{3} h_{1km}\dot{q}_k\dot{q}_m = h_{111}\dot{q}_1^2 + h_{112}\dot{q}_1\dot{q}_2 + h_{113}\dot{q}_1\dot{q}_3 + h_{121}\dot{q}_2\dot{q}_1 + h_{122}\dot{q}_2^2$$

$$+ h_{123}\dot{q}_2\dot{q}_3 + h_{131}\dot{q}_3\dot{q}_1 + h_{132}\dot{q}_3\dot{q}_2 + h_{133}\dot{q}_3^2$$

$$= h_{111}\dot{q}_1^2 + (h_{112} + h_{121})\dot{q}_1\dot{q}_2 + (h_{113} + h_{131})\dot{q}_1\dot{q}_3 + h_{122}\dot{q}_2^2$$

$$+ (h_{123} + h_{132})\dot{q}_2\dot{q}_3 + h_{133}\dot{q}_3^2$$

$$h_{111} = \sum_{j=1}^{3} Tr(U_{j11}I_jU_{j1}^T) = Tr(U_{111}I_1U_{11}^T) + Tr(U_{211}I_2U_{21}^T) + Tr(U_{311}I_3U_{31}^T) = 0$$

```
>> h111=simplify(trace(U111*I1*UT11)+trace(U211*I2*UT21)+trace(U311*I3*UT31))

h111 =

0
```

$$h_{121} = \sum_{j=2}^{3} Tr(U_{j21}I_jU_{j1}^T) = Tr(U_{221}I_2U_{21}^T) + Tr(U_{321}I_3U_{31}^T)$$

$$Tr(U_{221}I_2U_{21}^T) = -\frac{1}{3}m_2L_2^2c_2s_2$$

```
>> (trace(U221*I2*UT21))

ans =

- (L2^2*m2*c1^2*cos(q2)*sin(q2))/3 - (L2^2*m2*cos(q2)*sin(q1)^2*sin(q2))/3
```

$$Tr(U_{321}I_3U_{31}^T) = -\frac{1}{3}m_3L_3^2c_{23}s_{23} - \frac{1}{2}m_3L_2L_3(c_2s_{23} + s_2c_{23}) - m_3L_2^2s_2c_2$$

$$h_{121} = h_{112} = -\frac{1}{3}m_2L_2^2c_2s_2 - \frac{1}{3}m_3L_3^2c_{23}s_{23} - \frac{1}{2}m_3L_2L_3(c_2s_{23} + s_2c_{23}) - m_3L_2^2s_2c_2$$

$$h_{113} = h_{131} = \sum_{j=3}^{3} Tr(U_{j13} I_j U_{j1}^T) = Tr(U_{313} I_3 U_{31}^T)$$

$$= -\frac{1}{3} m_3 L_3^2 s_{23} c_{23} - \frac{1}{2} m_3 L_2 L_3 c_2 s_{23}$$

$$h_{123} = h_{132} = Tr(U_{323} I_3 U_{31}^T) = 0$$

```
>> h123=simplify(trace(U323*I3*UT31))

h123 =

0
```

$$h_{122} = \sum_{j=2}^{3} Tr(U_{j21} J_j U_{j1}^T)$$

$$= Tr(U_{222} J_2 U_{21}^T) + Tr(U_{322} J_3 U_{31}^T)$$

$$= 0$$

```
>> h122=simplify(trace(U222*I2*UT21)+trace(U322*I3*UT31))

h122 =

0
```

$$h_{133} = Tr(U_{333} J_3 U_{31}^T) = 0$$

```
>> h133=simplify(trace(U333*I3*UT31))

h133 =

0
```

$$h_1 = (-\frac{2}{3} m_2 L_2^2 c_2 s_2 - \frac{2}{3} m_3 L_3^2 c_{23} s_{23} - 2 m_3 L_2^2 c_2 s_2 - m_3 L_2 L_3 (c_2 s_{23} + s_2 c_{23}))\dot{q}_1 \dot{q}_2$$

$$-(\frac{2}{3} m_3 L_3^2 s_{23} c_{23} + m_3 L_2 L_3 c_2 s_{23})\dot{q}_1 \dot{q}_3$$

② 링크 2

$$h_2 = \sum_{k=1}^{3}\sum_{m=1}^{3} h_{2km}\dot{q}_k\dot{q}_m$$

$$= h_{211}\dot{q}_1^2 + h_{212}\dot{q}_1\dot{q}_2 + h_{213}\dot{q}_1\dot{q}_3 + h_{221}\dot{q}_2\dot{q}_1 + h_{222}\dot{q}_2^2 + h_{223}\dot{q}_2\dot{q}_3$$

$$+ h_{231}\dot{q}_3\dot{q}_1 + h_{232}\dot{q}_3\dot{q}_2 + h_{233}\dot{q}_3^2$$

$$= h_{211}\dot{q}_1^2 + (h_{212} + h_{221})\dot{q}_1\dot{q}_2 + (h_{213} + h_{231})\dot{q}_1\dot{q}_3 + h_{222}\dot{q}_2^2 + (h_{223} + h_{232})\dot{q}_2\dot{q}_3 + h_{233}\dot{q}_3^2$$

$$h_{211} = \sum_{j=2}^{3} Tr(U_{j11}I_jU_{j2}^T) = Tr(U_{211}I_2U_{22}^T) + Tr(U_{311}I_3U_{32}^T)$$

$$Tr(U_{211}I_2U_{22}^T) = \frac{1}{3}m_2L_2^2c_2s_2$$

$$Tr(U_{311}I_3U_{32}^T) = \frac{1}{3}m_3L_3^2c_{23}s_{23} + \frac{1}{2}m_3L_2L_3(s_2c_{23} + c_2s_{23}) + m_3L_2^2s_2c_2$$

$$h_{211} = \frac{1}{3}m_2L_2^2c_2s_2 + \frac{1}{3}m_3L_3^2c_{23}s_{23} + \frac{1}{2}m_3L_2L_3(s_2c_{23} + c_2s_{23}) + m_3L_2^2s_2c_2$$

$$h_{212} = h_{221} = \sum_{j=2}^{3} Tr(U_{j12}I_jU_{j2}^T) = Tr(U_{212}I_2U_{22}^T) + Tr(U_{312}I_3U_{32}^T) = 0$$

```
>> h212=simplify(trace(U212*I2*UT22)+trace(U312*I3*UT32))

h212 =

0
```

$$h_{213} = h_{231} = Tr(U_{313}I_3U_{32}^T) = 0$$

```
>> h213=simplify(trace(U313*I3*UT32))

h213 =

0
```

$$h_{222} = \sum_{j=2}^{3} Tr(U_{j22}I_jU_{j2}^T) = Tr(U_{222}I_2U_{22}^T) + Tr(U_{322}I_3U_{32}^T) = 0$$

```
>> h222=simplify(trace(U222*I2*UT22)+trace(U322*I3*UT32))
```

```
h222 =

0
```

$$h_{223}=h_{232}=\sum_{j=3}^{3}Tr(U_{j23}I_jU_{j2}^T)=Tr(U_{323}I_3U_{32}^T)=-\frac{1}{2}m_3L_2L_3s_3$$

```
>> h223=simplify(trace(U323*I3*UT32))

h223 =

-(L2*L3*m3*sin(q3))/2
```

$$h_{233}=Tr(U_{333}I_3U_{32}^T)=-\frac{1}{2}m_3L_2L_3s_3$$

```
>> h233=simplify(trace(U333*I3*UT32))

h233 =

-(L2*L3*m3*sin(q3))/2
```

$$h_2=h_{211}\dot{q}_1^2+(h_{212}+h_{221})\dot{q}_1\dot{q}_2+(h_{213}+h_{231})\dot{q}_1\dot{q}_3+h_{222}\dot{q}_2^2$$
$$+(h_{223}+h_{232})\dot{q}_2\dot{q}_3+h_{233}\dot{q}_3^2$$
$$h_2=[\frac{1}{3}m_2L_2^2s_2c_2+\frac{1}{3}m_3L_3^2c_{23}s_{23}+\frac{1}{2}m_3L_2L_3(c_2s_{23}+s_2c_{23})+m_3L_2^2s_2c_2]\dot{q}_1^2$$
$$-m_3L_2L_3s_3\dot{q}_2\dot{q}_3-\frac{1}{2}m_3L_2L_3s_3\dot{q}_3^2$$

③ 링크 3

$$h_3=\sum_{k=1}^{3}\sum_{m=1}^{3}h_{3km}\dot{q}_k\dot{q}_m$$
$$=h_{311}\dot{q}_1^2+h_{312}\dot{q}_1\dot{q}_2+h_{313}\dot{q}_1\dot{q}_3+h_{321}\dot{q}_2\dot{q}_1+h_{322}\dot{q}_2^2+h_{323}\dot{q}_2\dot{q}_3$$
$$+h_{331}\dot{q}_3\dot{q}_1+h_{332}\dot{q}_3\dot{q}_2+h_{333}\dot{q}_3^2$$
$$=h_{311}\dot{q}_1^2+(h_{312}+h_{321})\dot{q}_1\dot{q}_2+(h_{313}+h_{331})\dot{q}_1\dot{q}_3+h_{322}\dot{q}_2^2+(h_{323}+h_{332})\dot{q}_2\dot{q}_3+h_{333}\dot{q}_3^2$$
$$h_{311}=\sum_{j=3}^{3}Tr(U_{j11}J_jU_{j3}^T)=Tr(U_{311}J_3U_{33}^T)$$

$$= \frac{1}{3}m_3L_3^2c_{23}s_{23} + \frac{1}{2}m_3L_2L_3s_{23}c_2$$

$$h_{312} = h_{321} = \sum_{j=3}^{3} Tr(U_{j12}J_jU_{j3}^T)$$

$$= Tr(U_{312}J_3U_{33}^T)$$

$$= 0$$

```
>> h312=simplify(trace(U312*I3*UT33))

h312 =

0
```

$$h_{313} = h_{331} = Tr(U_{313}J_3U_{33}^T) = 0$$

```
>> h313=simplify(trace(U313*I3*UT33))

h313 =

0
```

$$h_{322} = h_{332} = \sum_{j=3}^{3} Tr(U_{j22}I_jU_{j3}^T) = Tr(U_{322}I_3U_{33}^T)$$

$$= \frac{1}{2}m_3L_2L_3(c_2s_{23} - s_2c_{23}) = \frac{1}{2}m_3L_2L_3s_3$$

```
>> h322=simplify(trace(U322*I3*UT33))

h322 =

(L2*L3*m3*sin(th3))/2
```

$$h_{323} = h_{332} = Tr(U_{323}I_3U_{33}^T) = 0$$

```
>> h323=simplify(trace(U323*I3*UT33))

h323 =
```

```
0
```

$$h_{333} = Tr(U_{333} I_3 U_{33}^T) = 0$$

```
>> h333 = simplify(trace(U333*I3*UT33))

h333 =

0
```

$$h_3 = (\frac{1}{3} m_3 L_3^2 c_{23} s_{23} + \frac{1}{2} m_3 L_2 L_3 s_{23} c_2)\dot{q}_1^2 + \frac{1}{2} m_3 L_2 L_3 s_3 \dot{q}_2^2$$

따라서 전체적인 코리올리스와 원심력은 다음과 같다.

$$H = \begin{bmatrix} h_1 \\ [\frac{1}{3} m_2 L_2^2 s_2 c_2 + \frac{1}{3} m_3 L_3^2 c_{23} s_{23} + \frac{1}{2} m_3 L_2 L_3 (c_2 s_{23} + s_2 c_{23}) + m_3 L_2^2 s_2 c_2]\dot{q}_1^2 - m_3 L_2 L_3 s_3 \dot{q}_2 \dot{q}_3 - \frac{1}{2} m_3 L_2 L_3 s_3 \dot{q}_3^2 \\ (\frac{1}{3} m_3 L_3^2 c_{23} s_{23} + \frac{1}{2} m_3 L_2 L_3 s_{23} c_2)\dot{q}_1^2 + \frac{1}{2} m_3 L_2 L_3 s_3 \dot{q}_2^2 \end{bmatrix} \tag{1.63}$$

$$h_1 = (-\frac{2}{3} m_2 L_2^2 c_2 s_2 - \frac{2}{3} m_3 L_3^2 c_{23} s_{23} - 2 m_3 L_2^2 c_2 s_2 - m_3 L_2 L_3 (c_2 s_{23} + s_2 c_{23}))\dot{q}_1 \dot{q}_2$$
$$- (\frac{2}{3} m_3 L_3^2 s_{23} c_{23} + m_3 L_2 L_3 c_2 s_{23})\dot{q}_1 \dot{q}_3$$

1.6.4.3 중력

$$G_i = \sum_{j=1}^{n} (-m_j g U_{ji} r_j^j) \tag{1.64}$$

① 링크 1에 대한 중력은 다음과 같다.

$$G_1 = \sum_{j=1}^{3} (-m_j g U_{j1} r_j^j)$$
$$= -(m_1 g U_{11} r_1^1 + m_2 g U_{21} r_2^2 + m_3 g U_{31} r_3^3)$$
$$m_1 g U_{11} r_1^1 = 0$$

$$m_2gU_{21}r_2^2 = m_2[0\ \ 0\ \ -g\ \ 0]\begin{bmatrix} -s_1c_2 & s_1s_2 & c_1 & -L_2s_1c_2 \\ c_1c_2 & -c_1s_2 & s_1 & L_2c_1c_2 \\ 0 & 0 & 0 & 0 \\ 0 & 0 & 0 & 0 \end{bmatrix}\begin{bmatrix} -\frac{L_2}{2} \\ 0 \\ 0 \\ 1 \end{bmatrix}$$

$$= 0$$

$$m_3gU_{31}r_3^3 = 0$$

결과적으로 링크 1은 땅에 놓여 있으므로 0이 된다.

$$G_1 = 0$$

```
>> G1 = simplify(-m1*gt*U11*r11 - m2*gt*U21*r22-m3*gt*U31*r33)

G1 =

0
```

② 링크 2의 중력은 다음과 같다.

$$G_2 = \sum_{j=2}^{3}(-m_jgU_{j2}r_j^j)$$

$$= -(m_2gU_{22}r_2^2 + m_3gU_{32}r_3^3)$$

$$m_2gU_{22}r_2^2 = m_2[0\ \ 0\ \ -g\ \ 0]\begin{bmatrix} -c_1s_2 & -c_1c_2 & 0 & -L_2c_1s_2 \\ -s_1s_2 & -s_1c_2 & 0 & -L_2s_1s_2 \\ c_2 & -s_2 & 0 & L_2c_2 \\ 0 & 0 & 0 & 0 \end{bmatrix}\begin{bmatrix} -\frac{L_2}{2} \\ 0 \\ 0 \\ 1 \end{bmatrix}$$

$$= -\frac{1}{2}m_2gL_2c_2$$

$$m_3gU_{32}r_3^3 = m_3[0\ \ 0\ \ -g\ \ 0]\begin{bmatrix} -c_1s_{23} & -c_1c_{23} & 0 & -c_1(L_3s_{23}+L_2s_2) \\ -s_1s_{23} & -s_1c_{23} & 0 & -s_1(L_3s_{23}+L_2s_2) \\ c_{23} & -s_{23} & 0 & L_2c_2+L_3c_{23} \\ 0 & 0 & 0 & 0 \end{bmatrix}\begin{bmatrix} -\frac{L_3}{2} \\ 0 \\ 0 \\ 1 \end{bmatrix}$$

$$= -m_3g(\frac{1}{2}L_3c_{23} + L_2c_2)$$

$$G_2 = \frac{1}{2}m_2L_2gc_2 + m_3g(\frac{1}{2}L_3c_{23} + L_2c_2)$$

```
>> G2 = simplify(-m2*gt*U22*r22 - m3*gt*U32*r33)
```

```
G2 =

(g*(L3*m3*cos(q2 + q3) + L2*m2*cos(q2) + 2*L2*m3*cos(q2)))/2
```

③ 링크 3에 대한 중력은 링크 2와 유사한 것을 알 수 있다.

$$G_3 = \sum_{j=3}^{3}(-m_j g U_{j3} r_j^j)$$

$$= -m_3 g U_{33} r_3^3$$

$$G_3 = -m_3 g U_{33} r_3^3 = m_3 [0 \;\; 0 \;\; -g \;\; 0] \begin{bmatrix} -c_1 s_{23} & -c_1 c_{23} & 0 & -L_3 c_1 s_{23} \\ -s_1 s_{23} & -s_1 c_{23} & 0 & -L_3 s_1 s_{23} \\ c_{23} & -s_{23} & 0 & L_3 c_{23} \\ 0 & 0 & 0 & 0 \end{bmatrix} \begin{bmatrix} -\frac{L_3}{2} \\ 0 \\ 0 \\ 1 \end{bmatrix}$$

$$= \frac{1}{2} m_3 g L_3 c_{23}$$

$$G_3 = \frac{1}{2} m_3 L_3 g c_{23}$$

```
>> G3 = simplify(-m3*gt*U33*r33)

G3 =

(L3*g*m3*cos(q2 + q3))/2
```

따라서 전체적인 중력은 다음과 같다.

$$G = \begin{bmatrix} 0 \\ \frac{1}{2} m_2 L_2 g c_2 + m_3 g (\frac{1}{2} L_3 c_{23} + L_2 c_2) \\ \frac{1}{2} m_3 L_3 g c_{23} \end{bmatrix} \tag{1.65}$$

```
>> G= [G1 ; G2; G3]
G =

 (g*(L3*m3*cos(q2 + q3) + L2*m2*cos(q2) + 2*L2*m3*cos(q2)))/2
                                         (L3*g*m3*cos(q2 + q3))/2
```

정리하면 3축 로터리 로봇의 동역학은 다음과 같다.

$$D(q)\ddot{q}+C(q,\ \dot{q})+G(q)=\tau \tag{1.66}$$

$$D(q)=\begin{bmatrix} \frac{1}{3}m_2L_2^2c_2^2+\frac{1}{3}m_3L_3^2c_{23}^2+m_3L_2L_3c_2c_{23}+m_3L_2^2c_2^2 & 0 & 0 \\ 0 & \frac{1}{3}m_2L_2^2+\frac{1}{3}m_3L_3^2+m_3L_2^2+m_3L_2L_3c_3 & \frac{1}{3}m_3L_3^2+\frac{1}{2}m_3L_2L_3c_3 \\ 0 & \frac{1}{3}m_3L_3^2+\frac{1}{2}m_3L_2L_3c_3 & \frac{1}{3}m_3L_3^2 \end{bmatrix}$$

$$C(q,\ \dot{q})=\begin{bmatrix} h_1 \\ [\frac{1}{3}m_2L_2^2s_2c_2+\frac{1}{3}m_3L_3^2c_{23}s_{23}+\frac{1}{2}m_3L_2L_3(c_2s_{23}+s_2c_{23})+m_3L_2^2s_2c_2]\dot{q}_1^2-m_3L_2L_3s_3\dot{q}_2\dot{q}_3-\frac{1}{2}m_3L_2L_3s_3\dot{q}_3^2 \\ (\frac{1}{3}m_3L_3^2c_{23}s_{23}+\frac{1}{2}m_3L_2L_3s_{23}c_2)\dot{q}_1^2+\frac{1}{2}m_3L_2L_3s_3\dot{q}_2^2 \end{bmatrix}$$

$$\begin{aligned} h_1 = & \ (-\frac{2}{3}m_2L_2^2c_2s_2-\frac{2}{3}m_3L_3^2c_{23}s_{23}-2m_3L_2^2c_2s_2-m_3L_2L_3(c_2s_{23}+s_2c_{23}))\dot{q}_1\dot{q}_2 \\ & -(\frac{2}{3}m_3L_3^2s_{23}c_{23}+m_3L_2L_3c_2s_{23})\dot{q}_1\dot{q}_3 \end{aligned}$$

$$G(q)=\begin{bmatrix} 0 \\ \frac{1}{2}m_2L_2gc_2+m_3g(\frac{1}{2}L_3c_{23}+L_2c_2) \\ \frac{1}{2}m_3L_3gc_{23} \end{bmatrix}$$

1.7 산업 로봇의 기구학 시뮬레이션

1.7.1 스탠포드 암

스탠포드 암은 revolute 조인트와 prismatic 조인트가 함께 있는 로봇으로 그 구조는 그림 1.22에 나타나 있다. 조인트 1,2,4,5,6은 revolute 조인트이고, 조인트 3은 선운동 조인트이다.

표 1.4 스탠포드 암의 D-H 변수

조인트	θ_i	α_i	d_i	a_i
1	θ_1	−90	d_1	0
2	θ_2	90	d_2	0
3	−90	0	d_3	0
4	θ_4	−90	0	0
5	θ_5	90	0	0
6	θ_6	0	d_6	0

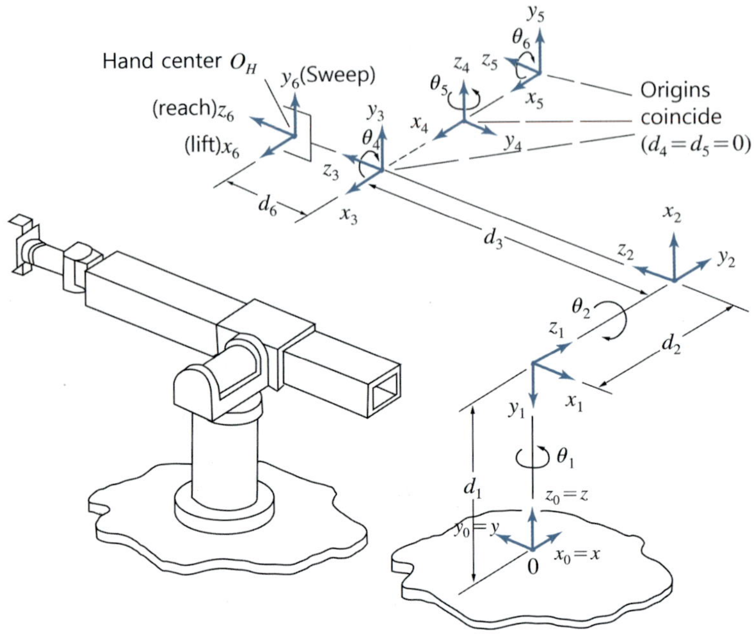

그림 1.22 스탠포드 암(Robotics by Fu, Gonzales, and Lee)

스탠포드 암의 3축을 MATLAB으로 표현해 보자. D-H 변수를 직접 사용하여 기구학을 심볼릭으로 연산하고 카테시안 공간에서의 로봇의 자세를 각 조인트의 초기값을 대입하여 나타낸다.

```
>> syms q1 q2 q3 q4 q5 q6 ap1 ap2 ap3 ap4 ap5 ap6 a1 a2 a3 a4 a5 a6 d1 d2 d3 d4 d5 d6
>> A01 = [cos(q1) -cos(ap1)*sin(q1) sin(ap1)*sin(q1) a1*cos(q1); sin(q1) cos(ap1)*cos(q1) -sin(ap1)*cos(q1) a1*sin(q1); 0 sin(ap1) cos(ap1) d1; 0 0 0 1]
>> A12 = [cos(q2) -cos(ap2)*sin(q2) sin(ap2)*sin(q2) a2*cos(q2); sin(q2) cos(ap2)*cos(q2) -sin(ap2)*cos(q2) a2*sin(q2); 0 sin(ap2) cos(ap2) d2; 0 0 0 1]
>> A23 = [cos(q3) -cos(ap3)*sin(q3) sin(ap3)*sin(q3) a3*cos(q3); sin(q3) cos(ap3)*cos(q3) -sin(ap3)*cos(q3) a3*sin(q3); 0 sin(ap3) cos(ap3) d3; 0 0 0 1]
>> A34 = [cos(q4) -cos(ap4)*sin(q4) sin(ap4)*sin(q4) a4*cos(q4); sin(q4) cos(ap4)*cos(q4) -sin(ap4)*cos(q4) a4*sin(q4); 0 sin(ap4) cos(ap4) d4; 0 0 0 1]
>> A45 = [cos(q5) -cos(ap5)*sin(q5) sin(ap5)*sin(q5) a5*cos(q5); sin(q5) cos(ap5)*cos(q5) -sin(ap5)*cos(q5) a5*sin(q5); 0 sin(ap5) cos(ap5) d5; 0 0 0 1]
>> A56 = [cos(q6) -cos(ap6)*sin(q6) sin(ap6)*sin(q6) a6*cos(q6); sin(q6) cos(ap6)*cos(q6) -sin(ap6)*cos(q6) a6*sin(q6); 0 sin(ap6) cos(ap6) d6; 0 0 0 1]
>> q3 = -pi/2; ap1 = -pi/2; ap2 = pi/2; ap3 = 0; ap4 = -pi/2; ap5 = pi/2; ap6 = 0; a1=0; a2=0; a3 = 0; a4=0; a5=0; a6=0; d4 = 0; d5=0;
```

```
>> A01 = subs(A01)

A01 =

[ cos(q1),  0, -sin(q1),  0]
[ sin(q1),  0,  cos(q1),  0]
        0, -1,        0, d1]
[       0,  0,        0,  1]

>> A12 =subs(A12)

A12 =

[ cos(q2), 0,  sin(q2),  0]
[ sin(q2), 0, -cos(q2),  0]
[       0, 1,        0, d2]
[       0, 0,        0,  1]

>> A23 =subs(A23)

A23 =

[  0, 1, 0,  0]
[ -1, 0, 0,  0]
[  0, 0, 1, d3]
[  0, 0, 0,  1]

A34 =

[ cos(q4),  0, -sin(q4), 0]
[ sin(q4),  0,  cos(q4), 0]
[       0, -1,        0, 0]
[       0,  0,        0, 1]

A45 =

[ cos(q5), 0,  sin(q5), 0]
[ sin(q5), 0, -cos(q5), 0]
```

```
[        0, 1,         0, 0]
[        0, 0,         0, 1]

>> A56 = subs(A56)

A56 =

[ cos(q6), -sin(q6), 0,  0]
[ sin(q6),  cos(q6), 0,  0]
[       0,        0, 1, d6]
[       0,        0, 0,  1]

>> T03 = simplify(A01*A12*A23)

T03 =

    [sin(q1),cos(q1)*cos(q2), cos(q1)*sin(q2), d3*cos(q1)*sin(q2) - d2*sin(q1)]
    [-cos(q1),cos(q2)*sin(q1),sin(q1)*sin(q2), d2*cos(q1) + d3*sin(q1)*sin(q2)]
    [       0,       -sin(q2),         cos(q2),                  d1 + d3*cos(q2)]
    [       0,              0,               0,                                1]

>> syms P01x P01y P01z P02x P02y P02z P03x P03y P03z
>> syms q1 q2 q3 q4 q5 q6 ap1 ap2 ap3 ap4 ap5 ap6 a1 a2 a3 a4 a5 a6 d1 d2 d3 d4 d5 d6 L1

P01x=0;
P01y =0;
P01z= d1;

P02x = -d2*sin(q1);
P02y = d2*cos(q1);
P02z =d1;

P03x= d3*cos(q1)*sin(q2) - d2*sin(q1);
P03y =d2*cos(q1) + d3*sin(q1)*sin(q2);
P03z= d1 + d3*cos(q2);

>> q1 = -pi/2; q2 = -pi/2; q3 = -pi/2;  ap1 = - pi/2; ap2 = pi/2; ap3 = 0; a1=0; a2 = 0; a3 = 0;
d1 = 0.5; d2 = 0.3; d3 = 0.8;
```

```
P01x=subs(P01x); P01y =subs(P01y); P01z= subs(P01z);
P02x=subs(P02x); P02y =subs(P02y); P02z= subs(P02z);
P03x=subs(P03x); P03y =subs(P03y); P03z= subs(P03z);

>> px = [0 P01x P02x P03x];
>> py = [0 P01y P02y P03y];
>> pz = [0 P01z P02z P03z];
>> plot3(px,py,pz,'-')
>> grid
>> axis([0 0.8 0 0.8 0 0.8])
>> xlabel('x axis(m)')
>> ylabel('y axis(m)')
>> zlabel('z axis(m)')
>> title('Stanford Arm')
```

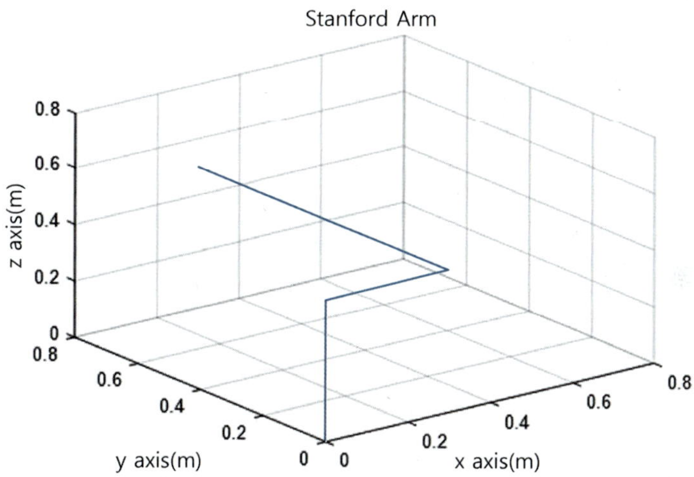

그림 1.23 스탠포드 암 기구학 표현

1.7.2 PUMA 로봇

일반적으로 산업 로봇은 6축으로 되어 있어 6자유도를 나타내는데, 위치의 x, y, z 와 오리엔테이션의 roll, pitch, yaw를 나타낸다. 또한 6자유도를 나타내기 위해서는 6개의 구동기가 필요하게 된다. 대표적인 6자유도 산업 로봇으로 PUMA 로봇이 있다. 그림 1.24는 PUMA 로봇을 나타낸다.

PUMA 로봇의 각 축의 설정을 주의 깊게 살펴보면, x_i와 z_{i-1}축은 항상 수직으로 교차되도록 설정되어 있음을 알 수 있다. 또한 조인트 4,5,6은 로봇 팔 끝의 오리엔테이션을 나타냄을 알 수 있다. 조인트 4는 yaw를 나타내고, 조인트 5는 pitch, 그리고 조인트 6은 roll을 나타내도록 구동한다. 조인트 4와 6에서 좌표를 설정한 것을 살펴보면, 모두 z축을 중심으로 회전하는 것으로 나타나 있다. 이는 로봇의 초기 위치에서 각 회전축을 중심으로 좌표를 설정했기 때문에 그렇다. 일반적인 좌표에서는 그림 1.24처럼 roll, pitch, yaw의 각을 나타낸다. 그림 1.24의 PUMA 로봇의 D-H 변수를 구해 보자.

여기서 주의할 것은 조인트 3의 a_i의 값이다. 그림 1.24에서는 x_3의 방향을 z_2축에 들어가는 방향으로 정했기 때문에 a_3는 $-a_3$가 된다. 만약에 x_3축의 방향을 위로 정했으면 a_3는

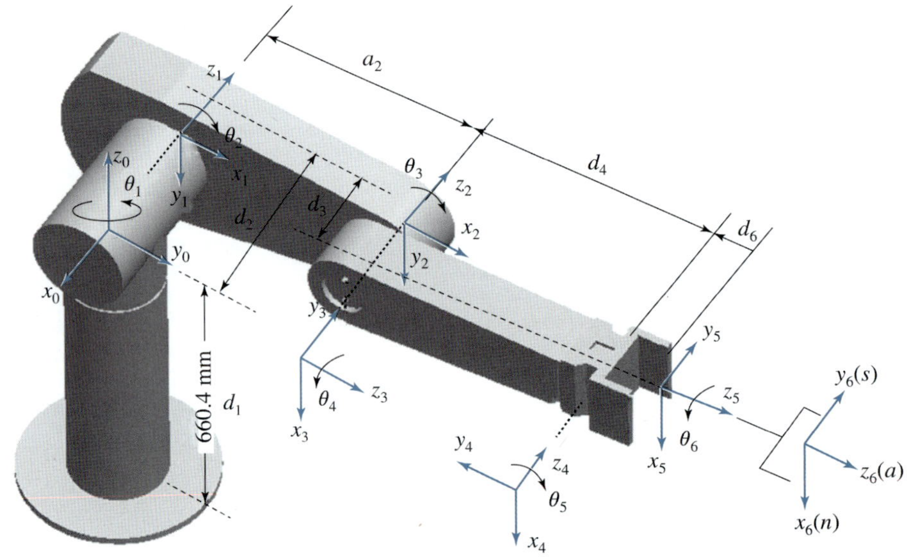

그림 1.24 PUMA 로봇

표 1.5 PUMA 로봇의 D-H 변수

조인트	θ_i	α_i	d_i	a_i
1	θ_1	−90	0	0
2	θ_2	0	d_2	a_2
3	θ_3	90	0	$-a_3$
4	θ_4	−90	d_4	0
5	θ_5	90	0	0
6	θ_6	0	d_6	0

그대로 양수가 된다.

PUMA 로봇의 각 축의 변환행렬을 구하면 다음과 같다.

$$A_0^1=\begin{bmatrix} c_1 & 0 & -s_1 & 0 \\ s_1 & 0 & c_1 & 0 \\ 0 & -1 & 0 & 0 \\ 0 & 0 & 0 & 1 \end{bmatrix}\quad A_1^2=\begin{bmatrix} c_2 & -s_2 & 0 & a_2c_2 \\ s_2 & c_2 & 0 & a_2s_2 \\ 0 & 0 & 1 & d_2 \\ 0 & 0 & 0 & 1 \end{bmatrix}\quad A_2^3=\begin{bmatrix} c_3 & 0 & s_3 & a_3c_3 \\ s_3 & 0 & -c_3 & a_3s_3 \\ 0 & 1 & 0 & 0 \\ 0 & 0 & 0 & 1 \end{bmatrix}$$

$$A_3^4=\begin{bmatrix} c_4 & 0 & -s_4 & 0 \\ s_4 & 0 & c_4 & 0 \\ 0 & -1 & 0 & d_4 \\ 0 & 0 & 0 & 1 \end{bmatrix}\quad A_4^5=\begin{bmatrix} c_5 & 0 & s_5 & 0 \\ s_5 & 0 & -c_5 & 0 \\ 0 & 1 & 0 & 0 \\ 0 & 0 & 0 & 1 \end{bmatrix}\quad A_5^6=\begin{bmatrix} c_6 & -s_6 & 0 & 0 \\ s_6 & c_6 & 0 & 0 \\ 0 & 0 & 1 & d_6 \\ 0 & 0 & 0 & 1 \end{bmatrix}$$

전체적인 변환행렬은 각 조인트의 변환행렬의 곱으로 나타난다.

$$T_0^3=A_0^1A_1^2A_2^3$$

$$=\begin{bmatrix} c_1c_{23} & -s_1 & c_1s_{23} & a_2c_1c_2+a_3c_1c_{23}-d_2s_1 \\ s_1c_{23} & c_1 & s_1s_{23} & a_2s_1c_2+a_3s_1c_{23}+d_2c_1 \\ -s_{23} & 0 & c_{23} & -a_2s_2-a_3s_{23} \\ 0 & 0 & 0 & 1 \end{bmatrix}$$

$$T_3^6=A_3^4A_4^5A_5^6$$

$$=\begin{bmatrix} c_4c_5c_6-s_4s_6 & -c_4c_5s_6-s_4c_6 & c_4s_5 & d_6c_4s_5 \\ s_4c_5c_6+c_4s_6 & -s_4c_5s_6+c_4c_6 & s_4s_5 & d_6s_4s_5 \\ -s_5c_6 & s_5s_6 & c_5 & d_6c_5+d_4 \\ 0 & 0 & 0 & 1 \end{bmatrix}$$

$$T_0^6=T_0^3T_3^6=A_0^1A_1^2A_2^3A_3^4A_4^5A_5^6$$

$$=\begin{bmatrix} n_x & s_x & a_x & p_x \\ n_y & s_y & a_y & p_y \\ n_z & s_z & a_z & p_z \\ 0 & 0 & 0 & 1 \end{bmatrix}$$

$$n_x=c_1[c_{23}(c_4c_5c_6-s_4s_6)-s_{23}s_5c_6]-s_1(s_4c_5c_6+c_4s_6)$$

$$n_y=s_1[c_{23}(c_4c_5c_6-s_4s_6)-s_{23}s_5c_6]+c_1(s_4c_5c_6+c_4s_6)$$

$$n_z=-s_{23}[c_4c_5c_6-s_4s_6]-c_{23}s_5c_6$$

$$s_x=c_1[-c_{23}(c_4c_5c_6+s_4c_6)+s_{23}s_5s_6]-s_1(-s_4c_5s_6+c_4c_6)$$

$$s_y=s_1[-c_{23}(c_4c_5c_6+s_4c_6)+s_{23}s_5s_6]+c_1(-s_4c_5s_6+c_4c_6)$$

$$s_z=s_{23}(c_4c_5c_6+s_4c_6)+c_{23}s_5s_6$$

$$a_x=c_1(c_{23}c_4s_5+s_{23}c_5)-s_1s_4s_5$$

$$a_y = s_1(c_{23}c_4s_5 + s_{23}c_5) + c_1s_4s_5$$

$$a_z = -s_{23}c_4s_5 + c_{23}c_5$$

$$p_x = c_1[d_6(c_{23}c_4s_5 + s_{23}c_5) + s_{23}d_4 + a_3c_{23} + a_2c_2] - s_1(d_6s_4s_5 + d_2)$$

$$p_y = s_1[d_6(c_{23}c_4s_5 + s_{23}c_5) + s_{23}d_4 + a_3c_{23} + a_2c_2] + c_1(d_6s_4s_5 + d_2)$$

$$p_z = d_6(c_{23}c_5 - s_{23}c_4s_5) + c_{23}d_4 - a_3s_{23} - a_2s_2$$

```
>> syms q0 q1 q2 q3 q4 q5 q6 ap0 ap1 ap2 ap3 ap4 ap5 ap6 a0 a1 a2 a3 a4 a5 a6 d0 d1 d2 d3 d4 d5
d6
>> A00 = [cos(q0) -cos(ap0)*sin(q0) sin(ap0)*sin(q0) a0*cos(q0); sin(q0) cos(ap0)*cos(q0)
-sin(ap0)*cos(q0) a0*sin(q0); 0 sin(ap0) cos(ap0) d0; 0 0 0 1]
>> A01 = [cos(q1) -cos(ap1)*sin(q1) sin(ap1)*sin(q1) a1*cos(q1); sin(q1) cos(ap1)*cos(q1)
-sin(ap1)*cos(q1) a1*sin(q1); 0 sin(ap1) cos(ap1) d1; 0 0 0 1]
>> A12 = [cos(q2) -cos(ap2)*sin(q2) sin(ap2)*sin(q2) a2*cos(q2); sin(q2) cos(ap2)*cos(q2)
-sin(ap2)*cos(q2) a2*sin(q2); 0 sin(ap2) cos(ap2) d2; 0 0 0 1]
>> A23 = [cos(q3) -cos(ap3)*sin(q3) sin(ap3)*sin(q3) a3*cos(q3); sin(q3) cos(ap3)*cos(q3)
-sin(ap3)*cos(q3) a3*sin(q3); 0 sin(ap3) cos(ap3) d3; 0 0 0 1]
>> A34 = [cos(q4) -cos(ap4)*sin(q4) sin(ap4)*sin(q4) a4*cos(q4); sin(q4) cos(ap4)*cos(q4)
-sin(ap4)*cos(q4) a4*sin(q4); 0 sin(ap4) cos(ap4) d4; 0 0 0 1]
>> A45 = [cos(q5) -cos(ap5)*sin(q5) sin(ap5)*sin(q5) a5*cos(q5); sin(q5) cos(ap5)*cos(q5)
-sin(ap5)*cos(q5) a5*sin(q5); 0 sin(ap5) cos(ap5) d5; 0 0 0 1]
>> A56 = [cos(q6) -cos(ap6)*sin(q6) sin(ap6)*sin(q6) a6*cos(q6); sin(q6) cos(ap6)*cos(q6)
-sin(ap6)*cos(q6) a6*sin(q6); 0 sin(ap6) cos(ap6) d6; 0 0 0 1]

>> ap0=0; ap1 = -pi/2; ap2 = 0; ap3 =pi/2; ap4 = -pi/2; ap5 = pi/2; ap6 = 0; a0=0; a1=0; a4=0;
a5=0; a6=0; d1=0; d3=0; d5=0;
>> A00 = subs(A00)

A00 =

[ cos(q0), -sin(q0), 0,  0]
[ sin(q0),  cos(q0), 0,  0]
[       0,        0, 1, d0]
[       0,        0, 0,  1]

>> A01 = subs(A01)
```

```
A01 =

[ cos(q1),  0, -sin(q1), 0]
[ sin(q1),  0,  cos(q1), 0]
[       0, -1,        0, 0]
[       0,  0,        0, 1]

>> A12 = subs(A12)

A12 =

[ cos(q2), -sin(q2), 0, a2*cos(q2)]
[ sin(q2),  cos(q2), 0, a2*sin(q2)]
[       0,        0, 1,         d2]
[       0,        0, 0,          1]

>> A23 = subs(A23)

A23 =

[ cos(q3), 0,  sin(q3), a3*cos(q3)]
[ sin(q3), 0, -cos(q3), a3*sin(q3)]
[       0, 1,        0,          0]
[       0, 0,        0,          1]

>> A34 = subs(A34)

A34 =

[ cos(q4),  0, -sin(q4),  0]
[ sin(q4),  0,  cos(q4),  0]
[       0, -1,        0, d4]
[       0,  0,        0,  1]

>> A45 = subs(A45)

>> A45 = subs(A45)
```

```
A45 =

[ cos(q5), 0,  sin(q5), 0]
[ sin(q5), 0, -cos(q5), 0]
[       0, 1,        0, 0]
[       0, 0,        0, 1]

A56 =

[ cos(q6), -sin(q6), 0,  0]
[ sin(q6),  cos(q6), 0,  0]
[       0,        0, 1, d6]
[       0,        0, 0,  1]

>> T01 =simplify(A00*A01)

T01 =

[ cos(q0 + q1),  0, -sin(q0 + q1),  0]
[ sin(q0 + q1),  0,  cos(q0 + q1),  0]
[            0, -1,             0, d0]
[            0,  0,             0,  1]

>> T02 =simplify(A00*A01*A12)

T02 =

[ cos(q0 + q1)*cos(q2), -cos(q0 + q1)*sin(q2), -sin(q0 + q1), a2*cos(q0 + q1)*cos(q2) - d2*sin(q0
+ q1)]
[ sin(q0 + q1)*cos(q2), -sin(q0 + q1)*sin(q2),  cos(q0 + q1), d2*cos(q0 + q1) + a2*sin(q0 +
q1)*cos(q2)]
[             -sin(q2),              -cos(q2),             0,                  d0 - a2*sin(q2)]
[          0,                     0,              0,                                        1]

 >> T03 =simplify(A00*A01*A12*A23)

T03 =
```

```
[ cos(q0 + q1)*cos(q2 + q3), -sin(q0 + q1), cos(q0 + q1)*sin(q2 + q3), a3*cos(q0 + q1)*cos(q2 +
q3) - d2*sin(q0 + q1) + a2*cos(q0 + q1)*cos(q2)]
[ cos(q2 + q3)*sin(q0 + q1),  cos(q0 + q1), sin(q0 + q1)*sin(q2 + q3), d2*cos(q0 + q1) + a3*cos(q2
+ q3)*sin(q0 + q1) + a2*sin(q0 + q1)*cos(q2)]
[            -sin(q2 + q3),            0,                          cos(q2 + q3),
             d0 - a3*sin(q2 + q3) - a2*sin(q2)]
[ 0,                        0,                          0,                              1]
 >> T04 =simplify(A00*A01*A12*A23*A34)

T04 =

[ cos(q0 + q1)*cos(q2 + q3)*cos(q4) - sin(q0 + q1)*sin(q4), -cos(q0 + q1)*sin(q2 + q3), - sin(q0
+ q1)*cos(q4) - cos(q0 + q1)*cos(q2 + q3)*sin(q4), a3*cos(q0 + q1)*cos(q2 + q3) - d2*sin(q0 + q1)
+ d4*cos(q0 + q1)*sin(q2 + q3) + a2*cos(q0 + q1)*cos(q2)]
[ cos(q0 + q1)*sin(q4) + cos(q2 + q3)*sin(q0 + q1)*cos(q4), -sin(q0 + q1)*sin(q2 + q3),  cos(q0
+ q1)*cos(q4) - cos(q2 + q3)*sin(q0 + q1)*sin(q4), d2*cos(q0 + q1) + a3*cos(q2 + q3)*sin(q0 + q1)
+ d4*sin(q0 + q1)*sin(q2 + q3) + a2*sin(q0 + q1)*cos(q2)]
[ -sin(q2 + q3)*cos(q4), -cos(q2 + q3), sin(q2 + q3)*sin(q4), d0 + d4*cos(q2 + q3) - a3*sin(q2 +
q3) - a2*sin(q2)]
[ 0,                        0,                          0,                              1]


>> T05 =simplify(A00*A01*A12*A23*A34*A45)

T05 =

[ - cos(q5)*(sin(q0 + q1)*sin(q4) - cos(q0 + q1)*cos(q2 + q3)*cos(q4)) - cos(q0 + q1)*sin(q2 +
q3)*sin(q5), - sin(q0 + q1)*cos(q4) - cos(q0 + q1)*cos(q2 + q3)*sin(q4), cos(q0 + q1)*sin(q2 +
q3)*cos(q5) - sin(q5)*(sin(q0 + q1)*sin(q4) - cos(q0 + q1)*cos(q2 + q3)*cos(q4)), a3*cos(q0 +
q1)*cos(q2 + q3) - d2*sin(q0 + q1) + d4*cos(q0 + q1)*sin(q2 + q3) + a2*cos(q0 + q1)*cos(q2)]
[   cos(q5)*(cos(q0 + q1)*sin(q4) + cos(q2 + q3)*sin(q0 + q1)*cos(q4)) - sin(q0 + q1)*sin(q2 +
q3)*sin(q5),    cos(q0 + q1)*cos(q4) - cos(q2 + q3)*sin(q0 + q1)*sin(q4), sin(q5)*(cos(q0 +
q1)*sin(q4) + cos(q2 + q3)*sin(q0 + q1)*cos(q4)) + sin(q0 + q1)*sin(q2 + q3)*cos(q5), d2*cos(q0
+ q1) + a3*cos(q2 + q3)*sin(q0 + q1) + d4*sin(q0 + q1)*sin(q2 + q3) + a2*sin(q0 + q1)*cos(q2)]
[ - cos(q2 + q3)*sin(q5) - sin(q2 + q3)*cos(q4)*cos(q5), sin(q2 + q3)*sin(q4),cos(q2 +
q3)*cos(q5) - sin(q2 + q3)*cos(q4)*sin(q5), d0 + d4*cos(q2 + q3) - a3*sin(q2 + q3) - a2*sin(q2)]
[ 0,                        0,                          0,                              1]
```

```
>> T06 =simplify(A00*A01*A12*A23*A34*A45*A56)

T06 =

[ - sin(q6)*(sin(q0 + q1)*cos(q4) + cos(q0 + q1)*cos(q2 + q3)*sin(q4)) - cos(q6)*(cos(q5)*(sin(q0 + q1)*sin(q4) - cos(q0 + q1)*cos(q2 + q3)*cos(q4)) + cos(q0 + q1)*sin(q2 + q3)*sin(q5)), sin(q6)*(cos(q5)*(sin(q0 + q1)*sin(q4) - cos(q0 + q1)*cos(q2 + q3)*cos(q4)) + cos(q0 + q1)*sin(q2 + q3)*sin(q5)) - cos(q6)*(sin(q0 + q1)*cos(q4) + cos(q0 + q1)*cos(q2 + q3)*sin(q4)), cos(q0 + q1)*sin(q2 + q3)*cos(q5) - sin(q5)*(sin(q0 + q1)*sin(q4) - cos(q0 + q1)*cos(q2 + q3)*cos(q4)), a3*cos(q0 + q1)*cos(q2 + q3) - d6*(sin(q5)*(sin(q0 + q1)*sin(q4) - cos(q0 + q1)*cos(q2 + q3)*cos(q4)) - cos(q0 + q1)*sin(q2 + q3)*cos(q5)) - d2*sin(q0 + q1) + d4*cos(q0 + q1)*sin(q2 + q3) + a2*cos(q0 + q1)*cos(q2)]
[ sin(q6)*(cos(q0 + q1)*cos(q4) - cos(q2 + q3)*sin(q0 + q1)*sin(q4)) + cos(q6)*(cos(q5)*(cos(q0 + q1)*sin(q4) + cos(q2 + q3)*sin(q0 + q1)*cos(q4)) - sin(q0 + q1)*sin(q2 + q3)*sin(q5)), cos(q6)*(cos(q0 + q1)*cos(q4) - cos(q2 + q3)*sin(q0 + q1)*sin(q4)) - sin(q6)*(cos(q5)*(cos(q0 + q1)*sin(q4) + cos(q2 + q3)*sin(q0 + q1)*cos(q4)) - sin(q0 + q1)*sin(q2 + q3)*sin(q5)), sin(q5)*(cos(q0 + q1)*sin(q4) + cos(q2 + q3)*sin(q0 + q1)*cos(q4)) + sin(q0 + q1)*sin(q2 + q3)*cos(q5), d2*cos(q0 + q1) + d6*(sin(q5)*(cos(q0 + q1)*sin(q4) + cos(q2 + q3)*sin(q0 + q1)*cos(q4)) + sin(q0 + q1)*sin(q2 + q3)*cos(q5)) + a3*cos(q2 + q3)*sin(q0 + q1) + d4*sin(q0 + q1)*sin(q2 + q3) + a2*sin(q0 + q1)*cos(q2)]
[ sin(q2 + q3)*sin(q4)*sin(q6) - cos(q6)*(cos(q2 + q3)*sin(q5) + sin(q2 + q3)*cos(q4)*cos(q5)),sin(q6)*(cos(q2 + q3)*sin(q5) + sin(q2 + q3)*cos(q4)*cos(q5)) + sin(q2 + q3)*cos(q6)*sin(q4), cos(q2 + q3)*cos(q5) - sin(q2 + q3)*cos(q4)*sin(q5), d0 + d4*cos(q2 + q3) - a3*sin(q2 + q3) - a2*sin(q2) - (d6*sin(q2 + q3)*sin(q4 + q5))/2 + d6*cos(q2 + q3)*cos(q5) + (d6*sin(q4 - q5)*sin(q2 + q3))/2]
[ 0, 0, 0, 1]

>> clear
>> syms P00x P00y P00z  P01x P01y P01z P02x P02y P02z P03x P03y P03z P04x P04y P04z P05x P05y P05z P06x P06y P06z
>> syms q0 q1 q2 q3 q4 q5 q6 ap0 ap1 ap2 ap3 ap4 ap5 ap6 a0 a1 a2 a3 a4 a5 a6 d0 d1 d2 d3 d4 d5 d6

P00x=0; P00y =0; P00z= d0;
P01x=0; P01y =0; P01z= d0;

P02x = a2*cos(q0 + q1)*cos(q2) - d2*sin(q0 + q1);
P02y = d2*cos(q0 + q1) + a2*sin(q0 + q1)*cos(q2);
```

```
P02z = d0 - a2*sin(q2);

P03x =a3*cos(q0 + q1)*cos(q2 + q3) - d2*sin(q0 + q1) + a2*cos(q0 + q1)*cos(q2);
P03y = d2*cos(q0 + q1) + a3*cos(q2 + q3)*sin(q0 + q1) + a2*sin(q0 + q1)*cos(q2);
P03z =d0 - a3*sin(q2 + q3) - a2*sin(q2);

P04x =a3*cos(q0 + q1)*cos(q2 + q3) - d2*sin(q0 + q1) + d4*cos(q0 + q1)*sin(q2 + q3) + a2*cos(q0
+ q1)*cos(q2);
P04y = d2*cos(q0 + q1) + a3*cos(q2 + q3)*sin(q0 + q1) + d4*sin(q0 + q1)*sin(q2 + q3) + a2*sin(q0
+ q1)*cos(q2);
P04z =d0 + d4*cos(q2 + q3) - a3*sin(q2 + q3) - a2*sin(q2);

P05x =a3*cos(q0 + q1)*cos(q2 + q3) - d2*sin(q0 + q1) + d4*cos(q0 + q1)*sin(q2 + q3) + a2*cos(q0
+ q1)*cos(q2);
P05y = d2*cos(q0 + q1) + a3*cos(q2 + q3)*sin(q0 + q1) + d4*sin(q0 + q1)*sin(q2 + q3) + a2*sin(q0
+ q1)*cos(q2);
P05z =d0 + d4*cos(q2 + q3) - a3*sin(q2 + q3) - a2*sin(q2);

P06x =a3*cos(q0 + q1)*cos(q2 + q3) - d6*(sin(q5)*(sin(q0 + q1)*sin(q4) - cos(q0 + q1)*cos(q2 +
q3)*cos(q4)) - cos(q0 + q1)*sin(q2 + q3)*cos(q5)) - d2*sin(q0 + q1) + d4*cos(q0 + q1)*sin(q2 +
q3) + a2*cos(q0 + q1)*cos(q2);
P06y = d2*cos(q0 + q1) + d6*(sin(q5)*(cos(q0 + q1)*sin(q4) + cos(q2 + q3)*sin(q0 + q1)*cos(q4))
+ sin(q0 + q1)*sin(q2 + q3)*cos(q5)) + a3*cos(q2 + q3)*sin(q0 + q1) + d4*sin(q0 + q1)*sin(q2 +
q3) + a2*sin(q0 + q1)*cos(q2);
P06z = d0 + d4*cos(q2 + q3) - a3*sin(q2 + q3) - a2*sin(q2) - (d6*sin(q2 + q3)*sin(q4 + q5))/2 +
d6*cos(q2 + q3)*cos(q5) + (d6*sin(q4 - q5)*sin(q2 + q3))/2;

>> d0 = 0.6604; d2 = 0.1495; d4 = 0.432; d6 = 0.0565; a2 = 0.432;  a3 = -0.02032;
>> q0 = 0; q1 = pi/2; q2 = 0; q3 = pi/2;  q4 = 0; q5 = 0; q6 = 0;

P00x=subs(P00x); P00y =subs(P00y); P00z= subs(P00z);
P01x=subs(P01x); P01y =subs(P01y); P01z= subs(P01z);
P02x=subs(P02x); P02y =subs(P02y); P02z= subs(P02z);
P03x=subs(P03x); P03y =subs(P03y); P03z= subs(P03z);
P04x=subs(P04x); P04y =subs(P04y); P04z= subs(P04z);
P05x=subs(P05x); P05y =subs(P05y); P05z= subs(P05z);
P06x=subs(P06x); P06y =subs(P06y); P06z= subs(P06z);
```

```
>> px = [0 P00x P01x P02x P03x P04x P05x P06x ];
>> py = [0 P00y P01y P02y P03y P04y P05y P06y ];
>> pz = [0 P00z P01z P02z P03z P04z P05z P06z ];

>> plot3(px,py,pz,'-')
>> grid
>> axis([-0.5 0.5 0 1 0 1])
>> xlabel('x axis(m)')
>> ylabel('y axis(m)')
>> zlabel('z axis(m)')
>> title('PUMA 560')
>> plot(py,pz)
>> axis([ -0.5 0.5  0 1.2])
>> ylabel('z axis(m)')
>> xlabel('y axis(m)')
```

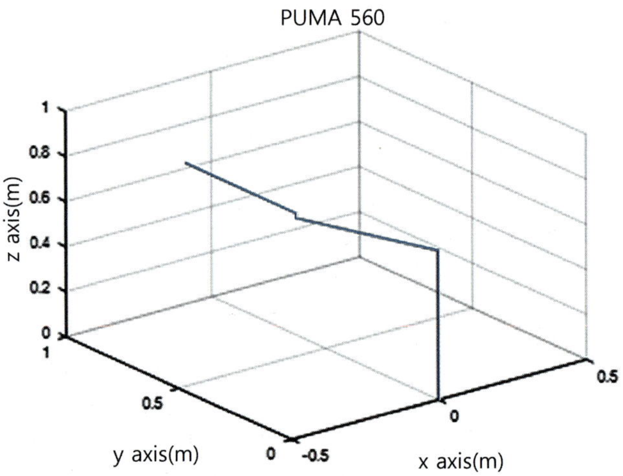

그림 1.25 PUMA 로봇의 자세

1.7.3 SCARA 로봇

우리나라에서 가장 많이 사용하는 로봇은 그림 1.26의 SCARA 로봇으로, 반도체 조립공정에 많이 사용된다.

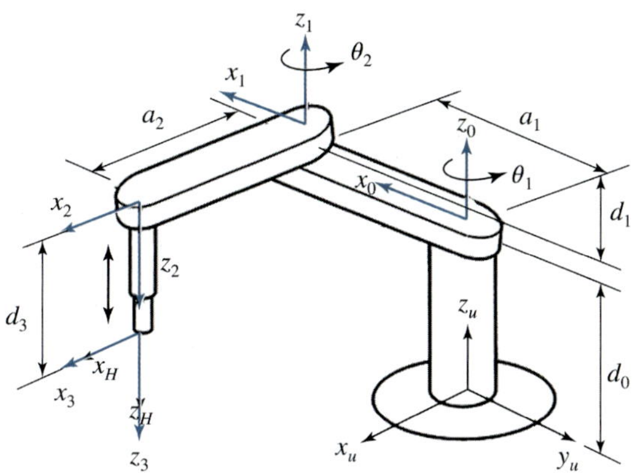

그림 1.26 SCARA 로봇

표 1.6 SCARA 로봇의 D-H 변수

조인트	θ_i	α_i	d_i	a_i
0	−90	0	0	d_0
1	$\theta_1(0)$	0	a_1	d_1
2	$\theta_2(90)$	−180	a_2	0
3	0	0	0	d_3

```
>> syms q0 q1 q2 q3 ap0 ap1 ap2 ap3 a0 a1 a2 a3 d0 d1 d2 d3
>> A00 = [cos(q0) -cos(ap0)*sin(q0) sin(ap0)*sin(q0) a0*cos(q0); sin(q0) cos(ap0)*cos(q0)
-sin(ap0)*cos(q0) a0*sin(q0); 0 sin(ap0) cos(ap0) d0; 0 0 0 1]
>> A01 = [cos(q1) -cos(ap1)*sin(q1) sin(ap1)*sin(q1) a1*cos(q1); sin(q1) cos(ap1)*cos(q1)
-sin(ap1)*cos(q1) a1*sin(q1); 0 sin(ap1) cos(ap1) d1; 0 0 0 1]
>> A12 = [cos(q2) -cos(ap2)*sin(q2) sin(ap2)*sin(q2) a2*cos(q2); sin(q2) cos(ap2)*cos(q2)
-sin(ap2)*cos(q2) a2*sin(q2); 0 sin(ap2) cos(ap2) d2; 0 0 0 1]
>> A23 = [cos(q3) -cos(ap3)*sin(q3) sin(ap3)*sin(q3) a3*cos(q3); sin(q3) cos(ap3)*cos(q3)
-sin(ap3)*cos(q3) a3*sin(q3); 0 sin(ap3) cos(ap3) d3; 0 0 0 1]
>> q0 = -pi/2; q3 = 0; ap0=0; ap1 = 0; ap2 = -pi; ap3 =0; a0=0; a3=0; d2=0;
>> A00 = subs(A00)

A00 =

[  0, 1, 0,  0]
[ -1, 0, 0,  0]
```

```
[  0, 0, 1, d0]
[  0, 0, 0,  1]

>> A01 = subs(A01)

A01 =

[ cos(q1), -sin(q1), 0, a1*cos(q1)]
[ sin(q1),  cos(q1), 0, a1*sin(q1)]
[       0,        0, 1,         d1]
[       0,        0, 0,          1]

>> A12 =subs(A12)

A12 =

[ cos(q2),  sin(q2),  0, a2*cos(q2)]
[ sin(q2), -cos(q2),  0, a2*sin(q2)]
[       0,        0, -1,          0]
[       0,        0,  0,          1]

>> A23 =subs(A23)

A23 =

[ 1, 0, 0,  0]
[ 0, 1, 0,  0]
[ 0, 0, 1, d3]
[ 0, 0, 0,  1]

>> T01 =simplify(A00*A01)

T01 =

[  sin(q1), cos(q1), 0,   a1*sin(q1)]
[ -cos(q1), sin(q1), 0,  -a1*cos(q1)]
[        0,       0, 1,      d0 + d1]
[        0,       0, 0,            1]
```

```
>> T02 =simplify(A00*A01*A12)

T02 =

[  sin(q1 + q2), -cos(q1 + q2),  0,   a2*sin(q1 + q2) + a1*sin(q1)]
[ -cos(q1 + q2), -sin(q1 + q2),  0, - a2*cos(q1 + q2) - a1*cos(q1)]
[             0,             0, -1,                        d0 + d1]
[             0,             0,  0,                              1]


>> T03 =simplify(A00*A01*A12*A23)

T03 =

[  sin(q1 + q2), -cos(q1 + q2),  0,   a2*sin(q1 + q2) + a1*sin(q1)]
[ -cos(q1 + q2), -sin(q1 + q2),  0, - a2*cos(q1 + q2) - a1*cos(q1)]
[             0,             0, -1,                   d0 + d1 - d3]
[             0,             0,  0,                              1]
```

SCARA 로봇의 순기구학은 다음과 같다.

$$P_x = a_2 \sin(q_1 + q_2) + a_1 \sin(q_1)$$
$$P_y = -a_2 \cos(q_1 + q_2) - a_1 \cos(q_1)$$
$$P_z = d_0 + d_1 - d_3$$

```
>> clear
>> syms P00x P00y P00z P01x P01y P01z P02x P02y P02z P03z P03y P03z
>> syms  q0 q1 q2 q3 ap0 ap1 ap2 ap3 a0 a1 a2 a3 d0 d1 d2 d3 d4 d5 d6

P00x=0 ;
P00y=0;
P00z=d0;

P01x= a1*sin(q1);
P01y= -a1*cos(q1);
P01z= d0+d1;
```

```
P02x= a2*sin(q1 + q2) + a1*sin(q1);
P02y= -a2*cos(q1 + q2) - a1*cos(q1);
P02z= d0+d1;

P03x= a2*sin(q1 + q2) + a1*sin(q1);
P03y= -a2*cos(q1 + q2) - a1*cos(q1);
P03z=d0 + d1  - d3;

>> d0 = 0.5; d1 =0.05; d3 = 0.2; a1 = 0.5; a2=0.3;
>> q1 =0; q2 = pi/2;

P00x=subs(P00x); P00y =subs(P00y); P00z= subs(P00z);
P01x=subs(P01x); P01y =subs(P01y); P01z= subs(P01z);
P02x=subs(P02x); P02y =subs(P02y); P02z= subs(P02z);
P03x=subs(P03x); P03y =subs(P03y); P03z= subs(P03z);

>> px = [0 P00x  P01x P02x P03x];
>> py = [0 P00y  P01y P02y P03y];
>> pz = [0 P00z  P01z P02z P03z];
>> plot3(px,py,pz,'-')
>> grid
>> axis([0 0.6 -0.6 0 0 0.6])
>> xlabel('x axis(m)')
>> ylabel('y axis(m)')
>> zlabel('z axis(m)')
>> title('SCARA Robot')
```

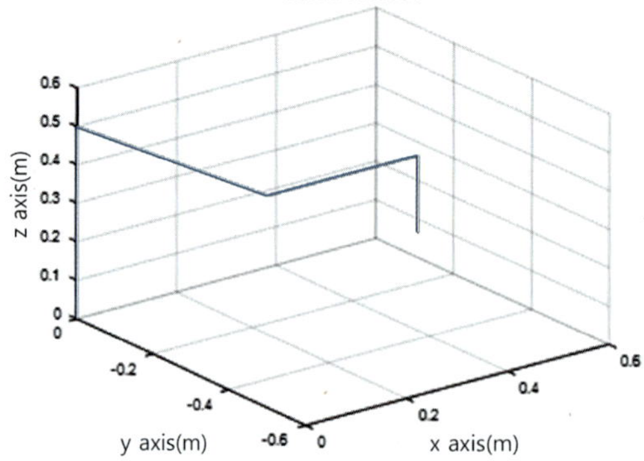

그림 1.27 SCARA 로봇의 자세

1.7.4 UNIVERSAL 로봇

최근에 협업 로봇의 대표적인 로봇이 그림 1.28의 UNIVERSAL 로봇이다. 6축으로 구성되어 있으며 인간의 팔을 모방하기 위해 작게 만들어졌다.

표 1.7 UNIVERSAL 로봇의 D-H 변수

조인트	θ_i	α_i	d_i	a_i
1	θ_1	90	L_1	0
1'	0	-90	s_2	0
2	θ_2	90	L_2	0
2'	0	0	$-s_3$	0
3	θ_3	0	0	L_3
4	θ_4	-90	s_4	0
5	θ_5	90	L_5	0
6	θ_6	0	L_6	0

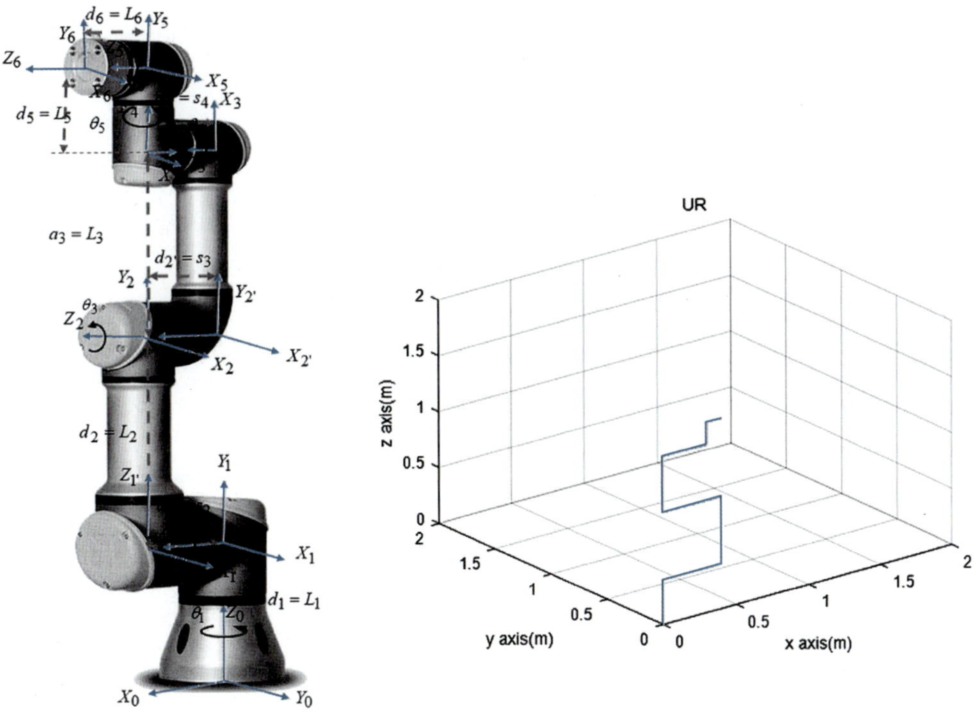

그림 1.28 UNIVERSAL 로봇

점검문제 1.5

다음 PUMA 로봇을 고려해 보자.

1) D-H 변수를 구해 보시오.

2) 순기구학을 구해 보시오.

3) 자코비안을 구해 보시오.

4) 순기구학을 MATLAB으로 표현해 보시오.

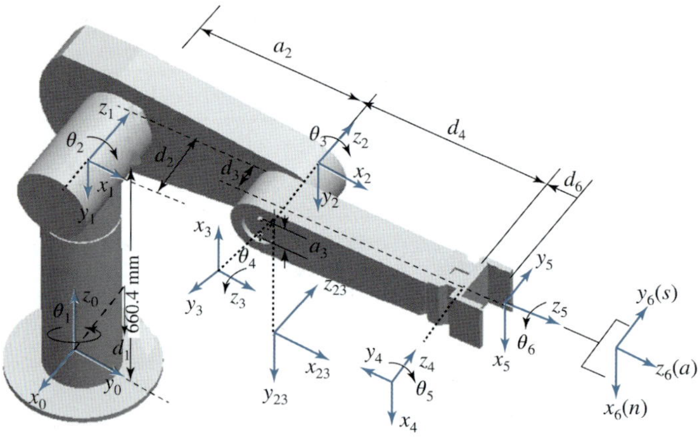

그림 1.29 PUMA 로봇

점검문제 1.6

다음 SCARA 로봇을 고려해 보자.

1) D-H 변수를 구해 보시오.

2) 순기구학을 구해 보시오.

3) 자코비안을 구해 보시오.

4) 순기구학을 MATLAB으로 표현해 보시오.

```
>> d0 = 0.5; d1 =0.05; d3 = 0.25; d4 = 0.15; a1 = 0.5; a2=0.3;
>> q1 =0; q2 = pi/2;
```

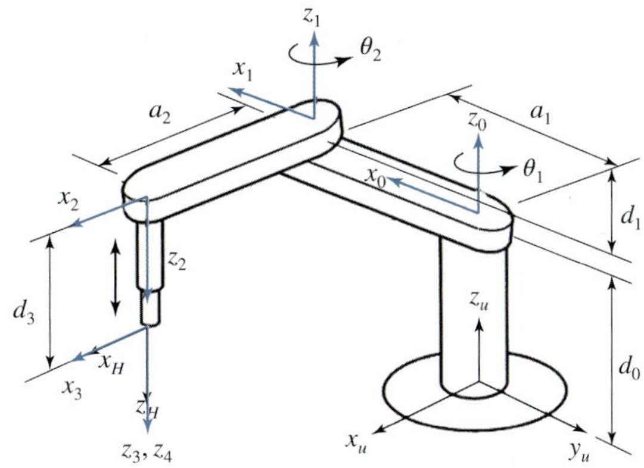

그림 1.30 SCARA 로봇

점검문제 1.7

다음 KUKA 로봇을 고려해 보자.

1) D-H 변수를 구해 보시오.

2) 순기구학을 구해 보시오.

3) 자코비안을 구해 보시오.

4) 순기구학을 MATLAB으로 표현해 보시오.

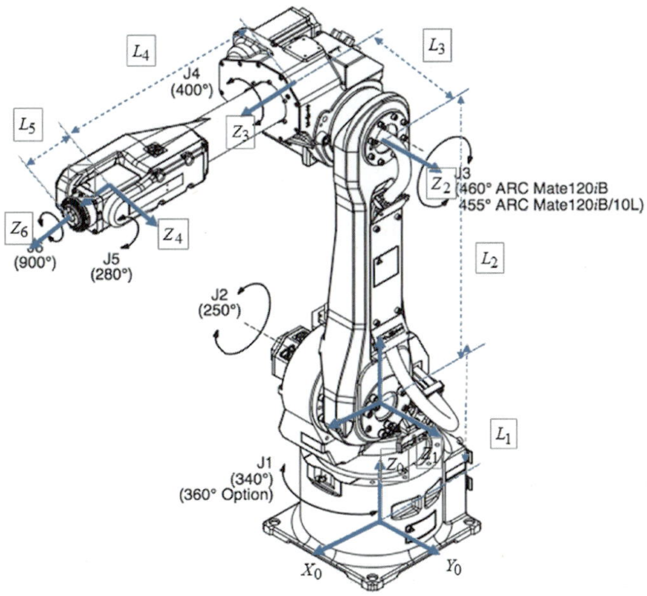

FIGURE 2.3 KUKA

그림 1.31 KUKA 로봇

점검문제 1.8

다음 YASKAWA 로봇을 고려해 보자.

1) D-H 변수를 구해 보시오.

2) 순기구학을 구해 보시오.

3) 자코비안을 구해 보시오.

4) 순기구학을 MATLAB으로 표현해 보시오.

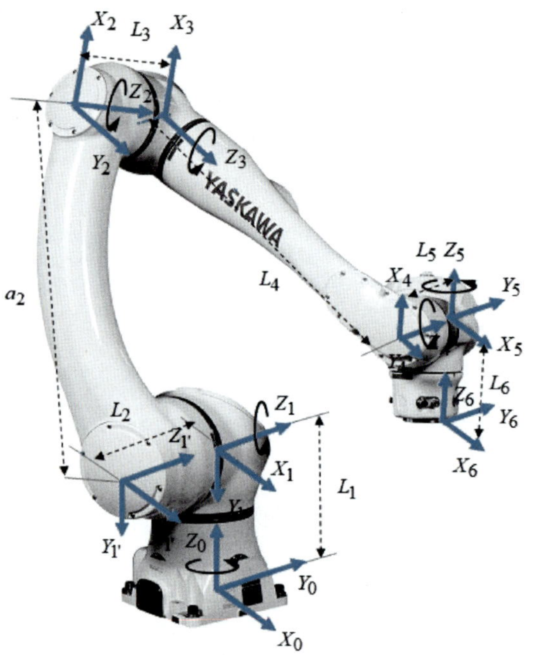

그림 1.32 YASKAWA 로봇

참고문헌

[1] William A. Wolovich, "ROBOTICS: Basic Analysis and Design", CBS College Publishing, 1981

[2] K. S. FU, R. C. Gonzales, C. S. G. Lee, "ROBOTICS", McGraw-Hill, 1987

[3] M. W. Spong and M. Vidyasagar, "Robot Dynamics and Control", John Wiley & Sons, 1989

[4] H. Asada and J. J. Slotine, "Robot Analysis and Control", John Wiley and Sons, 1986

[5] John J. Craig, "Introduction to Robotics", Addison-Wesley Publishing, 1989

[6] Phillip J. Mckerrow, "Introduction to ROBOTICS", Addison-Wesley Publishing, 1991

[7] 정 슬, "공학도를 MATLAB 및 SIMULINK의 기초", 교문사, 2001

[8] 정 슬, "로봇공학", 충남대학교 출판부, 2002

[9] 정 슬, "지능시스템 I: 신경회로망", 충남대학교 출판부, 2004

Control of Robot Manipulators

CHAPTER 2

로봇의 기본 제어 방식

CHAPTER 2

로봇의 기본 제어 방식

2.1 로봇의 선형 제어 방식

로봇 팔을 제어한다는 것은 로봇 팔 끝(end-effector)의 위치와 회전을 제어하는 것을 말한다. 로봇 팔은 각 조인트의 모터를 통해 링크가 움직이는 구조이므로, 로봇 팔 끝의 움직임을 제어한다는 것은 결국 각 조인트의 모터를 제어해서 팔 끝의 움직임을 간접적으로 제어하는 것과 같다. 따라서 로봇의 각 모터의 움직임을 직접 제어하는 방식이 조인트 공간의 제어 방식이고, 팔 끝의 움직임을 제어하는 방식이 카테시안 공간의 제어 방식이다.

동적 시스템을 제어하는 가장 간단한 방법은 선형 제어기를 사용하는 것이다. PD, PI나 PID 제어기는 간단하여 사용하기 편하지만 로봇 팔은 대표적인 비선형 시스템이므로 성능에는 한계가 있다.

2.1.1 조인트 공간에서의 PD 제어 방식

로봇의 안정성을 보장하는 가장 간단한 제어 법칙은 PD(Proportional-Derivative) 제어 방법이다. 로봇의 조인트 각도는 엔코더로부터 카운트하여 구할 수 있고, 각속도는 각도를 미분하여 구할 수 있다고 가정한다. PD 제어 방식은 다음과 같이 표현한다.

$$\tau = K_D(\dot{q}_d - \dot{q}) + K_P(q_d - q) \tag{2.1}$$

q_d는 $n \times 1$벡터의 지시된 기준 조인트 경로, q는 $n \times 1$벡터의 조인트 경로이고, K_D와 K_P는 $n \times n$ 제어기 이득행렬이다.

로봇 동역학 식 (1.42)와 식 (2.1)을 등식으로 놓으면 다음과 같다.

$$K_D(\dot{q}_d - \dot{q}) + K_P(q_d - q) = D(q)\ddot{q} + C(q, \dot{q}) + G(q) + f_f(\dot{q}) \tag{2.2}$$

양변에 $D\ddot{q}_d$을 더하고 정리하면 다음과 같다.

$$D\ddot{e} + K_D\dot{e} + K_P e = D(q)\ddot{q}_d + C(q,\ \dot{q}) + G(q) + f_f(\dot{q}) \tag{2.3}$$

여기서 추종 오차는 $e = q_d - q,\ \dot{e} = \dot{q}_d - \dot{q}$이다.

정리하면 다음과 같은 **폐루프 오차방정식**(closed loop error equation)을 얻을 수 있다.

$$\ddot{e} + D^{-1}K_D\dot{e} + D^{-1}K_P e = D^{-1}(D\ddot{q}_d + C + G + f_f) \tag{2.4}$$

오차방정식을 보면 각 조인트의 오차방정식이 로봇의 관성행렬 $D^{-1}(q)$에 의해 서로 커플되어 상관되는 것을 알 수 있다. 이는 로봇 동역학의 모델오차를 포함하는 불확실성에 의해 위치 오차가 로봇 팔의 위치에 따라 달라지게 되므로 로봇의 위치를 정확하게 제어하기 어렵다.

정상상태(steady state)에서는 미분텀과 가속도텀은 모두 0이므로 식 (2.4)로부터 다음과 같이 오차를 나타낸다.

$$e = K_P^{-1}G(q) \tag{2.5}$$

일반적으로, 로봇의 위치 제어에 PD 제어기를 사용하면 안전성이 보장된다. 식 (2.5)에서 K_p이득값을 크게 하면 중력을 줄여주므로 추종 오차가 줄어듦을 알 수 있다.

식 (2.4)에서 SISO라는 가정하에 라플라스 변환을 통해 정상상태 오차를 살펴보자.

$$E(s) = \frac{\delta/d}{s^2 + k_d/ds + k_p/d} \tag{2.6}$$

정상상태 오차는

$$e_{ss} = \lim_{s\to 0} sE(s) = \lim_{s\to 0}\frac{s\delta/d}{s^2 + k_d/ds + k_p/d} \tag{2.7}$$

만약 불확실성이 스텝함수이면

$$e_{ss} = \lim_{s\to 0} sE(s) = \lim_{s\to 0}\frac{\frac{1}{s}s/d}{s^2 + k_d/ds + k_p/d} = \frac{1}{k_p} \tag{2.8}$$

항상 정상상태 오차가 존재하는 것을 볼 수 있다.

안정성이 보장되는 한도 안에서 위치 오차는 대각(diagonal)의 큰 이득값을 사용하면 각 조인트의 상관관계가 약해지고 중력이 보상되므로 성능이 향상된다. 하지만 제어기 이득값이 클 경우에 성능을 어느 한도까지 향상시킬 수는 있으나 구동기가 포화상태가 되므로 제어가 어렵게 된다. 또한 비선형적인 움직임에 대한 불확실성은 보상하기 어려울 뿐만 아니라 시스템의 안정성에 영향을 끼칠 수 있다.

그림 2.1은 PD 제어블록도이다.

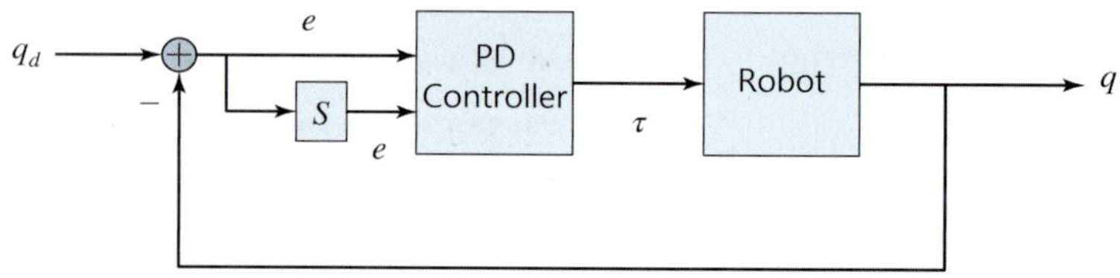

(a) 구조 1

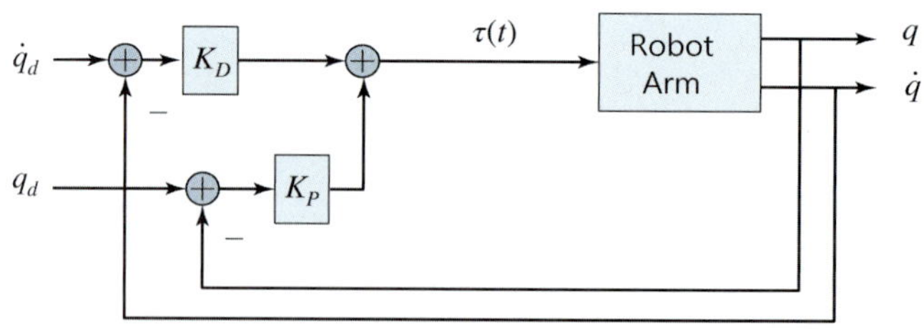

(b) 구조 2

그림 2.1 로봇의 PD 제어

점검문제 2.1

그림 2.1에서 **구조 1**과 **구조 2**의 차이를 설명해 보시오.

2.1.2 PD+G 제어 방식

앞에서 PD 제어기를 사용하는 경우에 중력을 보상해야 하는 것을 알 수 있었다. 로봇 팔의 동역학에서 큰 비중을 차지하는 것이 중력이다. PD 제어기에 중력을 보상하면 안정성이 보상되고 오차가 0으로 수렴할 수 있게 된다. 중력 보상 PD 제어 방식의 제어 법칙은 다음과 같다.

$$\tau = K_D\dot{e} + K_P e + \hat{G} \tag{2.9}$$

로봇은 비선형 시스템이므로 **리아푸노프(Lyapunov) 안정성 방법**을 통해 안정성을 조사해 보자. 리아푸노프 함수는 시스템의 에너지를 나타내는 양의 상수 $L>0$이다. 시스템의 에너지가 시간에 따라 줄어들면 안정하다고 판별한다. 시스템이 안정하기 위한 리아푸노프 함수는 다음을 만족한다.

1. 리아푸노프 함수 후보는 양의 수이다. $L>0$
2. 리아푸노프 함수는 미분가능하다.
3. 리아푸노프 함수의 미분은 $\dot{L}<0$.

예제 2.1

다음 선형 시스템의 안정성을 리아푸노프 방식으로 조사해 보자.

$$\dot{x}=Ax$$

여기서 A는 시스템 행렬이다.
리아푸노프 함수를 다음과 같이 정하자.

$$L(x)=x^TPx$$

여기서 P는 양의 상수 행렬이다.
미분을 취하면

$$\begin{aligned}\dot{L}&=\dot{x}^TPx+x^T\dot{P}x+x^TP\dot{x}\\&=x^TA^TPx+x^TPAx\\&=x^T(A^TP+PA)x\\&=-x^TQx<0\end{aligned}$$

여기서 $A^TP+PA=-Q$를 만족하는 양의 행렬 Q가 존재한다고 한다.
리아푸노프 안정성 판별법은 충분조건이다.
그렇다면 PD+G 제어 방식의 안정성을 조사해 보자. 리아푸노프 함수를 다음과 같이 정하자.

$$L=\frac{1}{2}\dot{q}^TD(q)\dot{q}+\frac{1}{2}e^TK_Pe \tag{2.10}$$

여기서 $D(q)$는 관성행렬이고 $L>0$이다.

식 (2.10)을 미분하면

$$\dot{L}=\frac{1}{2}\dot{q}^T\dot{D}(q)\dot{q}+\dot{q}^T D(q)\ddot{q}+e^T K_P\dot{e} \tag{2.11}$$

동역학 식 (1.43)으로부터 간단히 하기 위해 불확실성을 무시하면

$$D\ddot{q}+C_m\dot{q}+G=K_D\dot{e}+K_P e+G \tag{2.12}$$

식 (2.12)로부터 중력이 보상되어

$$D\ddot{q}=K_D\dot{e}+K_P e-C_m\dot{q} \tag{2.13}$$

식 (2.13)을 (2.11)에 대입하면 다음과 같다.

$$\begin{aligned}\dot{L}&=\frac{1}{2}\dot{q}^T\dot{D}\dot{q}+\dot{q}^T K_P e+\dot{q}^T K_D\dot{e}-\dot{q}^T C_m\dot{q}+e^T K_P\dot{e} \qquad (2.14)\\ &=\frac{1}{2}\dot{q}^T(\dot{D}-2C_{m)}\dot{q}+\dot{q}^T K_P e+\dot{q}^T K_D\dot{e}+e^T K_P\dot{e}\\ &=\frac{1}{2}\dot{q}^T(\dot{D}-2C_m)\dot{q}+\dot{q}^T K_P e-\dot{q}^T K_D\dot{q}-e^T K_P\dot{q}\end{aligned}$$

Skew symmetry 특성 $\dot{q}^T(\dot{D}-2C_m)\dot{q}=0$을 이용하면 음수가 되어 에너지가 줄어드는 것을 증명할 수 있어 간단하게 안정성을 만족한다.

$$\dot{L}=-\dot{q}^T K_D\dot{q}<0 \tag{2.15}$$

단, 여기서 $\dot{e}=-\dot{q}$로 기준 경로가 상수인 경우 $\dot{q}_d=0$로 한정된다.

점검문제 2.2

G가 완전히 보상이 안 될 경우에 안정성은 어떻게 되는가? 식을 유도하여 생각해 보시오.

$$\tau=K_D\dot{e}+K_P e+\hat{G}$$

점검문제 2.3

Skew symmetry 특성 $\dot{q}^T(\dot{D}-2C_m)\dot{q}=0$이 되는지 (1.50)과 (1.51)의 2축 로봇의 동역학식을 이용하여 증명해 보시오.

2.1.3 PID 제어

PD 제어의 오차방정식 (2.4)를 보면 각 조인트의 오차가 로봇의 관성행렬 $D^{-1}(q)$에 의해 달라지는 것을 알 수 있다. 이는 로봇 동역학의 불확실성에 의해 위치 오차가 로봇 팔의 위치에 따라 달라지게 되므로 로봇의 위치를 정확하게 제어하기 어렵다. 로봇의 위치 제어에 PD 제어기를 사용하면 안정성이 보장되므로 한도 안에서 높은 이득을 사용하면 성능이 향상된다. 하지만, 제어기 이득이 높을 경우에 구동기가 포화상태가 되므로 제어가 어렵게 된다. 또한 비선형적인 움직임에 대한 불확실성은 보상하기 어려울 뿐만 아니라 시스템의 안정성에 영향을 끼칠 수 있다.

정상상태에서 오차를 줄여주는 가장 간단한 제어 법칙은 PID 제어 방법이다. PD 제어기에 적분 제어기를 추가함으로써 오차를 없앤다. PID 제어기의 형태는 다음과 같다.

$$\tau(t)=K_P e(t)+K_I\int e(t)dt+K_D\dot{e}(t) \tag{2.16}$$

로봇 동역학식과 (2.16)을 등식으로 놓으면 다음과 같다.

$$K_P e(t)+K_I\int e(t)dt+K_D\dot{e}(t)=D(q)\ddot{q}+C(q,\ \dot{q})+G(q)+f_f(\dot{q}) \tag{2.17}$$

식 (2.17)에서 SISO라는 가정하에 라플라스 변환을 통해 정상상태 오차를 살펴보자.

$$E(s)=\frac{\dfrac{\delta}{d}}{k_p+\dfrac{k_i}{ds}+s\dfrac{k_d}{d}}=\frac{s\dfrac{\delta}{d}}{sk_p+\dfrac{k_i}{d}+s^2\dfrac{k_d}{d}} \tag{2.18}$$

만약 불확실성이 스텝함수일 경우에 정상상태 오차는

$$e_{ss}=\lim_{s\to 0}sE(s)=\lim_{s\to 0}\frac{s^2\delta/d}{sk_p+k_i/d+s^2k_d/d}=0 \tag{2.19}$$

PD 제어와 다르게 오차가 0이 되는 것을 알 수 있다. 따라서 간단하게 PID 제어가 PD 제어보다 오차를 줄이는 성능이 좋은 것을 확인할 수 있다.

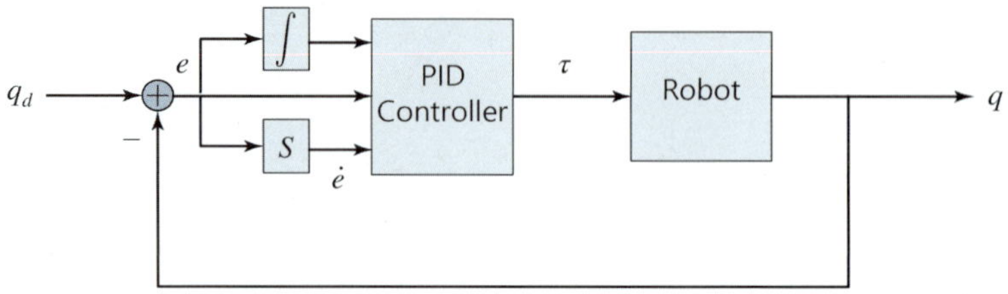

(a) 구조 1

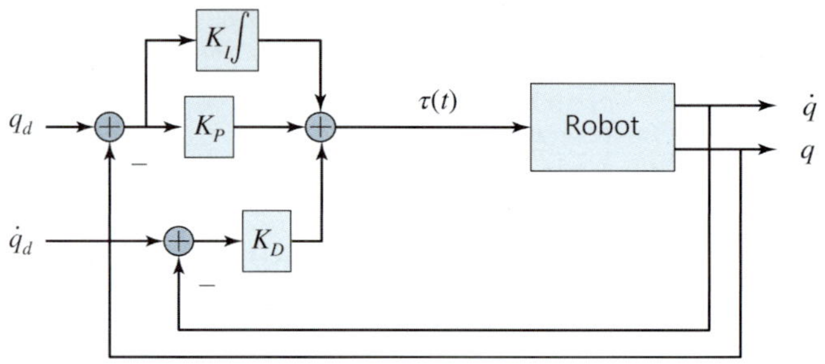

(b) 구조 2

그림 2.2 **로봇의 PID 제어**

점검문제 2.4

그림 2.2에서 구조 1과 구조 2의 차이를 설명해 보시오.

2.1.4 PID+G 제어

실제로 산업체에서 가장 많이 사용하는 제어 방식은 PID 제어에 중력 보상을 하는 방식이다. PID는 PD 제어에 비해 오차를 0으로 수렴하게 한다. 따라서 중력을 보상하면 나머지 동역학에 대해 오차를 줄이면 되므로 효과가 있다.

$$\tau(t) = K_P e(t) + K_I \int e(t)dt + K_D \dot{e}(t) + \hat{G}(q) \qquad (2.20)$$

2.1.5 PD 제어 시뮬레이션

로봇을 시뮬레이션하는 이유는 실제 로봇으로 실험하기 어려운 부분이 있고 시뮬레이션으로는 실험하는 모든 것이 가능하기 때문이다. 아래는 3축 로봇을 PD 제어기로 제어하는 것을 SIMULINK로 보여주고 있다.

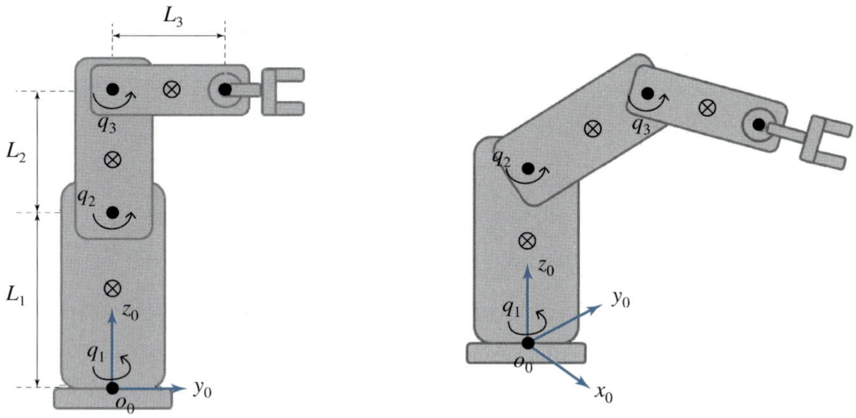

(a) 초기 자세　　　　(b) 목표 자세

그림 2.3 3축 로봇의 자세

3축 로봇의 변수는 다음과 같다.

표 2.1 3축 로봇의 제원

Joint	Mass	Length	Initial angles	Final angles
1	$m_1 = 30$ kg	$L_1 = 0.66$ m	$\frac{\pi}{2}$	$-\frac{\pi}{4}$
2	$m_2 = 17.4$ kg	$L_2 = 0.43$ m	$\frac{\pi}{2}$	$\frac{\pi}{3}$
3	$m_3 = 4.8$ kg	$L_3 = 0.43$ m	$-\frac{\pi}{2}$	$-\frac{\pi}{4}$

간단히 벡터의 형태로 나타내면 다음과 같다.

$$D(q)\ddot{q} + C(q, \dot{q}) + G(q) = \tau$$

또는 간단히 $h = C(q, \dot{q}) + G(q)$

$$D(q)\ddot{q} + h = \tau$$

시뮬레이션을 수행하기 위해서는 다음의 순서로 하면 된다.

① 먼저 추종 오차를 정의한다.

$$\dot{e} = \dot{q}_d - \dot{q},\ e = q_d - q$$

② 제어기를 구성한다.

여기서 τ_c는 PD 제어기를 나타낸다.

$$\tau_c = K_D \dot{e} + K_P e$$

③ 제어 시뮬레이션을 하기 위해서는 동역학식을 다음과 같이 각가속도 식으로 표현한다. D와 h는 실제 로봇의 동역학식이다.

$$\ddot{q} = D^{-1}(\tau_c - h)$$

④ $\ddot{q}$를 적분하여 $\dot{q}$, q를 구한다.

⑤ q, $\dot{q}$를 귀환하여 ①에서와 같이 오차를 다시 계산한다.

SIMULINK에서 추종 오차를 만들고 PD 제어기를 블록으로 구성한다.

⑥ 다음에 $\ddot{q} = D^{-1}(\tau_c - h)$부분을 구성하기 위해서는 MATLAB function을 사용한다.

SIMULINK 예제 2.1 | 3축 로봇 팔의 PD 제어

PD 제어기로 움직이는 로봇을 시뮬레이션해 보자. 로봇의 초기 위치는 다음 그림과 같다. 초기 각도는 $q_0 = (\frac{\pi}{2}, \frac{\pi}{2}, -\frac{\pi}{2})$이다. 목표 각도는 $q_f = (-\frac{\pi}{4}, \frac{\pi}{3}, -\frac{\pi}{4})$이다.

① 제어 법칙

$$\tau = K_D(\dot{q}_d - \dot{q}) + K_P(q_d - q)$$

② SIMULIMK 프로그램

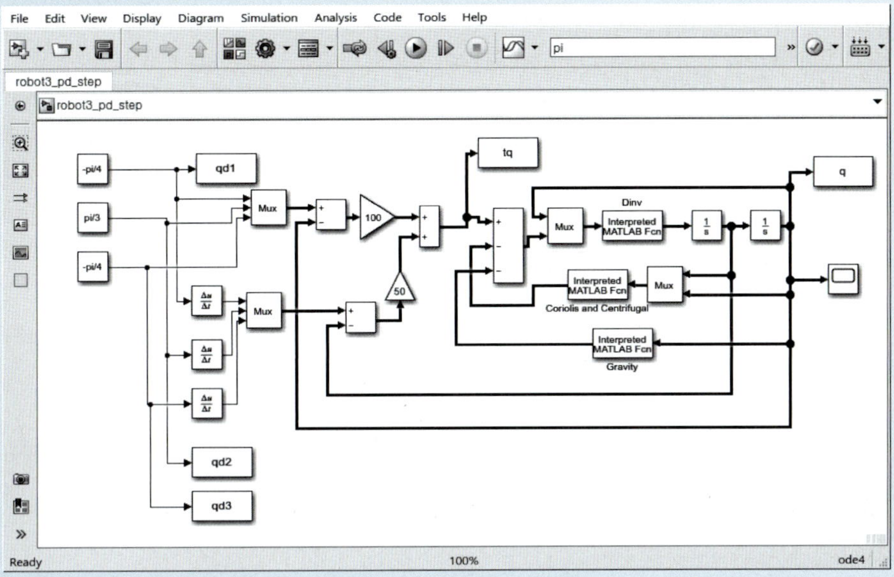

그림 2.4 로봇의 PD 제어

③ MATLAB function 프로그램

```
function qddot = Dinv3(u)
m1 = 30; m2 = 17.4; m3 = 4.8; l1 = 0.66; l2 = 0.43; l3 = 0.43; %PUMA
q1 = u(1); q2 = u(2); q3 = u(3);
alpha = 1.0;
d11=1/3*m2*l2^2*cos(q2)^2+1/3*m3*l3^2+(cos(q2+q3))^2+m3*l2*l3*cos(q2)*cos(q2+q3)+m3*l2^
2 *cos(q2)^2;
d12 = 0;
d13 = 0;
d21 = 0;
d22 = 1/3*m2*l2^2+1/3*m3*l3^2+m3*l2^2+m3*l2*l3*cos(q3);
d23 = 1/3*m3*l3^2+1/2*m3*l2*l3*cos(q3);
d31= 0;
d32 = d23;
d33 = 1/3*m3*l3^2;
D= alpha*[d11 d12 d13; d21 d22 d23; d31 d32 d33];
D_inv = inv(D);
T_h = [u(4);u(5);u(6)];
qddot = D_inv*T_h;
```

코리올리스 힘도 마찬가지로 MATLAB function을 사용한다.

```
function h = Coriolis3(u)
dotq1 = u(1); dotq2 = u(2); dotq3 = u(3); q1 = u(4); q2 = u(5); q3 = u(6);
m1 = 30; m2 = 17.4; m3 = 4.8; l1 = 0.66; l2 = 0.43; l3 = 0.43; %PUMA
h1 =
(-2/3*m2*l2^2*sin(q2)*cos(q2)-2/3*m3*l3^2*cos(q2+q3)*sin(q2+q3)-m3*l2*l3*(cos(q2)*sin(q
2+q3)+sin(q2)*cos(q2+q3))-2*m3*l2^2*sin(q2)*cos(q2))*dotq1*dotq2-(2/3*m3+l3^2*sin(q2+q3
)*cos(q2+q3) +m3*l2*l3*cos(q2)*sin(q2+q3))*dotq1*dotq3;
h2 = (1/3*m3*l2^2*sin(q2)*cos(q2) +
1/3*m3*l3^2*cos(q2+q3)*sin(q2+q3)+1/2*m3*l2*l3*(cos(q2)*sin(q2+q3)+sin(q2)*cos(q2+q3))+
m3*l2^2*sin(q2)*cos(q2))*dotq1^2 -m3*l2*l3*sin(q3)*dotq2*dotq3 -
1/2*m3*l2*l3*sin(q3)*dotq3^2;
h3 = (1/3*m3*l3^2*sin(q2+q3)*cos(q2+q3)+1/2*m3*l2*l3*cos(q2)*sin(q2+q3))*dotq1^2
+(1/2*m3*l2*l3*sin(q3))*dotq2^2;
h = [h1;h2;h3];
```

중력도 마찬가지로 MATLAB function을 사용한다.

```
function G = Gravity3(u)
m1 = 30; m2 = 17.4; m3 = 4.8; l1 = 0.66; l2 = 0.43; l3 = 0.43; %PUMA
g = 9.8;
q1 = u(1); q2 = u(2); q3 = u(3);
G1 = 0;
G2 = 1/2*m2*l2*g*cos(q2) + m3*g*(1/2*l3*cos(q2+q3)+l2*cos(q2));
G3 = 1/2*m3*l3*g*cos(q2+q3);
G = [G1;G2;G3];
```

④ 시뮬레이션 내용

적분 블록을 사용할 경우에는 초기값을 설정하여야 하는데 $\dot{q}$의 초기값은 0으로 하고 q의 초기값은 아래와 같이 $q_0 = (\frac{\pi}{2}, \frac{\pi}{2}, -\frac{\pi}{2})$rad으로 설정하였다. 목표 각도는 $q_f = (-\frac{\pi}{4}, \frac{\pi}{3}, -\frac{\pi}{4})$ rad로 설정하였다. 제어기 이득값은 $K_D = \text{diag}(20)$, $K_P = \text{diag}(100)$으로 하였다. 샘플링 시간은 0.001로 설정하였다.

⑤ 시뮬레이션 결과

그림 2.5를 보면 추종 오차가 발생하는 것을 볼 수 있다. 추종 오차의 원인은 중력 보상이 안 된 것이 가장 영향이 크다. 그리고 관성이나 다른 동역학에 의한 영향도 포함되어 있다. 이득값을 크게 하면 오차는 줄겠지만 현실성이 결여되는 문제가 있다.

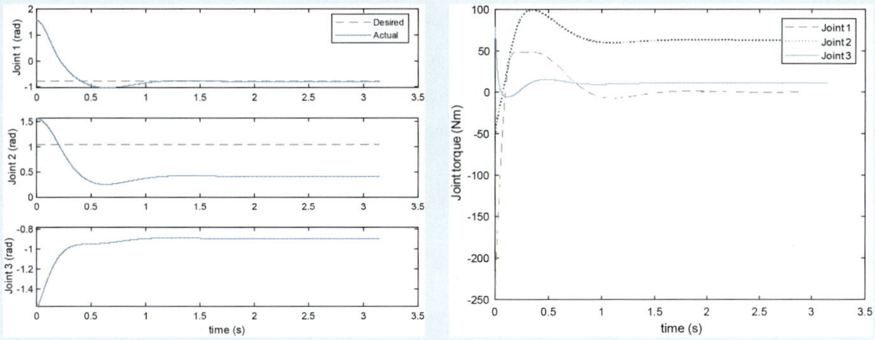

(a) Joint tracking results (b) Joint torques

그림 2.5 PD 제어의 응답

PD 제어기 이득값을 크게 하여 제어기 이득값은 $K_D = \mathrm{diag}(100)$, $K_P = \mathrm{diag}(500)$으로 하였다. 오차가 많이 줄어든 것을 볼 수 있다. 1축과 3축은 오차가 많이 줄어든 반면 2축의 경우에는 오차가 크게 나타나고 있다. 하지만 이 경우에 조인트 토크를 살펴보면 초기에 큰 값이라는 것을 알 수 있다. 구동기를 보호하기 위해서는 이득값을 크게만 할 수 없으므로 제한해야 한다.

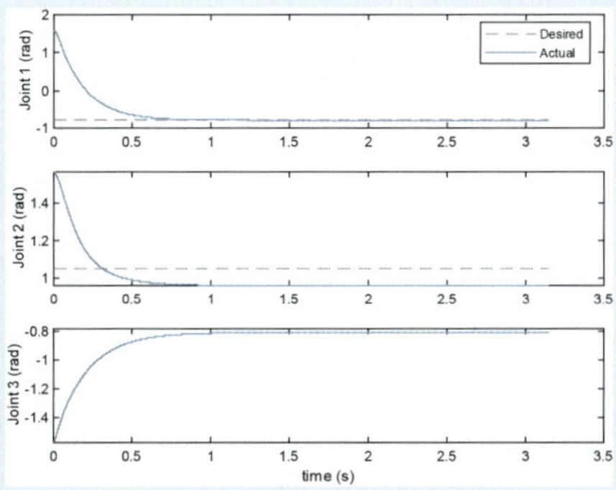

그림 2.6 PD 제어의 응답

SIMULINK 예제 2.2 | 3축 로봇 팔의 PD+G 제어

PD+G 제어기로 움직이는 로봇을 시뮬레이션해 보자. 로봇의 초기 위치는 다음 그림과 같다. 초기 각도는 $q_0 = (\frac{\pi}{2}, \frac{\pi}{2}, -\frac{\pi}{2})$이다. 목표 각도는 $q_f = (-\frac{\pi}{4}, \frac{\pi}{3}, -\frac{\pi}{4})$이다.

① 제어 법칙

$$\tau = K_D(\dot{q}_d - \dot{q}) + K_P(q_d - q) + \hat{G}(q)$$

② SIMULIMK 프로그램

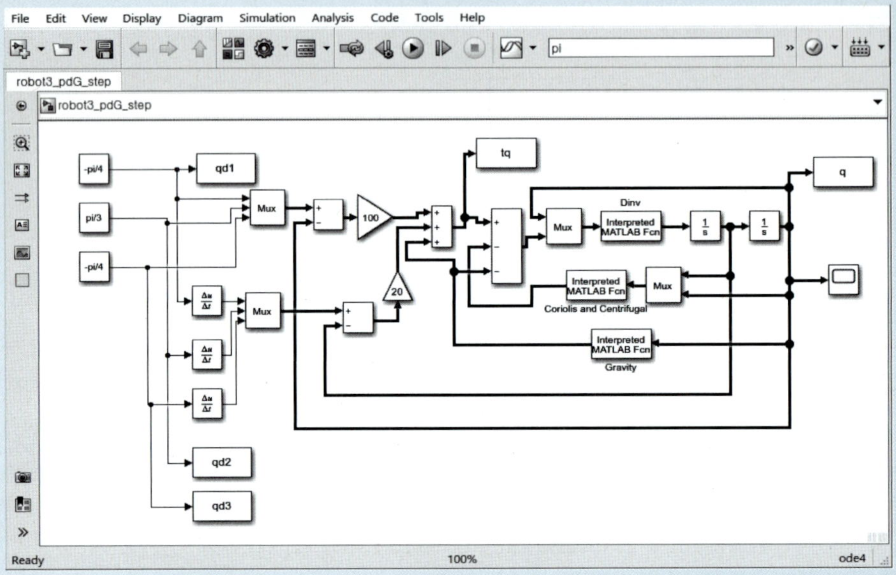

그림 2.7 로봇의 PD+G 제어

그림 2.8(a)의 결과를 보면 심지어 낮은 이득값에서도 오차가 많이 줄어든 것을 볼 수 있다. 이득값을 크게 하지 않고 중력 모델만 보상해도 오차가 많이 줄어드는 것을 알 수 있다. 특히 2축의 오차가 많이 줄어들었다. 중력 보상이 경로 추종에 큰 영향을 주는 것을 알 수 있다. 중력 보상 방법은 실제로 산업체에서 많이 사용되는 방식이다.

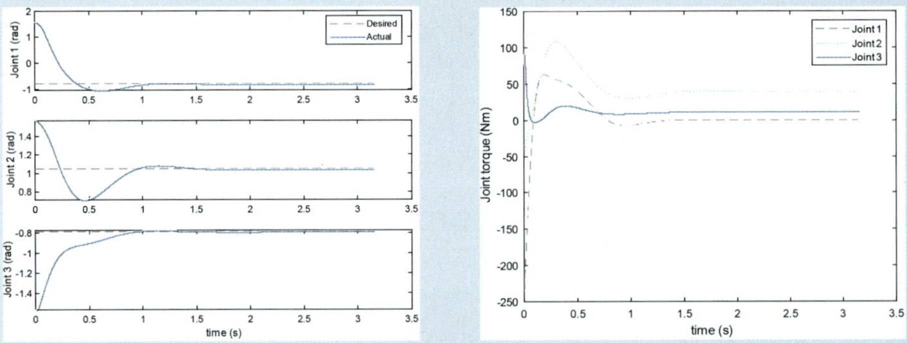

(a) Joint tracking results (b) Joint torques

그림 2.8 PD+G 제어의 응답

점검문제 2.5

앞의 예제에서 PD 이득값을 달리하면서 시뮬레이션해 보시오.

점검문제 2.6

그림 2.8의 오차를 더 줄일 수 있도록 PID 이득값을 찾아 시뮬레이션해 보시오.

2.2 로봇의 모델 기반 제어 방식

2.2.1 계산 토크 제어 방식

지금까지는 로봇의 동적방정식의 모델을 모르는 경우에 사용할 수 있는 기본적인 선형 제어기를 사용한 로봇 제어 방식을 알아보았다. 로봇은 비선형 시스템이므로 선형 제어기로는 한계적 제어만 가능하다. 로봇의 비선형적인 요소들은 로봇 팔 끝의 하중의 변화, 각 조인트 간의 상관관계, 중력의 변화, 기어박스에서의 백래쉬, 진동, 마찰력 등 다양하다. 또한 로봇의 빠른 움직임은 로봇의 관성의 변화에 상당한 영향을 미치게 되고 결과적으로 제어가 불가능하게 되므로 위치 추종에 오차가 생기게 된다. 이러한 비선형적인 요소들은 모델하기도 어려울 뿐만 아니라 기존의 제어기로는 제어하기가 매우 어렵다.

하지만 실제 로봇에 가깝게 모델하여 그 모델을 제어에 사용하는 방식이 바로 모델을 근거로 하는 제어 방식(Model-based control)이다. 모델을 근거로 하는 제어 방식에서는 로봇을 원하는 위치로 움직이는 데 필요한 토크값을 미리 계산하여야 한다. 이는 전체적인 로봇의 동적 모델을 통해 토크를 계산하는 역동역학, 즉 모델이 필요하게 된다.

그림 2.9에 보여진 계산 토크 제어 방식(Computed-torque control)은 로봇의 동역학식을 알고 있을 경우에 사용하는 모델을 근거로 하는 로봇 제어의 기본적인 방식이다. 계산 토크 방식이란 이름은 토크값을 로봇의 동적 모델을 근거로 계산한다는 데서 비롯되었다. 구조적으로 두 가지 구조로 나눌 수 있는데, 기준 경로 정보인 q_d, $\dot{q}_d$를 사용하는 feedforward 방식과 실제 경로 정보인 q, $\dot{q}$를 사용하는 feedback 방식이 있다. 계산 토크 방식의 기본적인 이론은 로봇의 동역학을 모델해서 각 조인트의 비선형성과 서로 연관된 성분을 없애므로 선형화시켜서 각 조인트를 독립적으로 제어하고자 하는 것이다. 따라서 계산 토크 방식의 성능은 로봇 모델의 정확성에 의해 좌우된다.

계산 토크 방식의 구조를 살펴보면 앞먹임(feedforward) 가속도와 PD 제어기의 합이 로봇의 관성 모델과 곱해진 뒤에 코리올리스, 원심력 및 중력의 모델과 더해져서 토크를 생성하게 된다. 자세한 수식을 통해 알아보자.

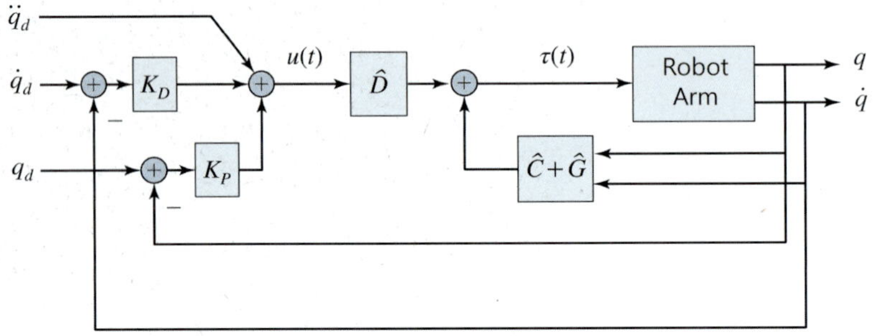

(a) Feedback scheme

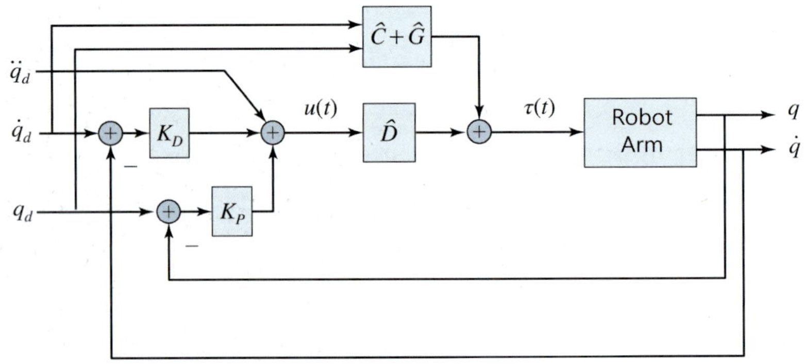

(b) Feedforward scheme

그림 2.9 계산 토크 제어 방식

그림 2.9(a) feedback 방식인 경우에 제어 법칙은 다음과 같다.

$$\tau = \hat{D}(q)u(t) + \hat{C}(q, \dot{q}) + \hat{G}(q) \tag{2.21a}$$

$\hat{D}(q)$는 로봇 관성행렬로 $D(q)$의 대략적인 값이고, $\hat{C}(q, \dot{q})$는 로봇의 코리올리스 및 원심력, $\hat{G}(q)$는 중력 $G(q)$의 대략적인 값, 즉 모델이다.

그림 2.9(b) feedforward 방식인 경우에 제어 법칙은 다음과 같다. 모델을 구성한 변수가 기준 경로의 함수로 구성된다.

$$\tau = \hat{D}(q_d)u(t) + \hat{C}(q_d, \dot{q}_d) + \hat{G}(q_d) \tag{2.21b}$$

제어 입력 $u(t)$는 PD 형태의 제어 입력으로 다음과 같이 주어진다.

$$u(t)=\ddot{q}_d+K_D(\dot{q}_d-\dot{q})+K_P(q_d-q) \tag{2.22}$$

여기서 K_P와 K_D는 n×n 크기의 symmetric positive definite 이득행렬이고, q_d는 원하는 기준 경로이다. 식 (2.22)를 식 (2.21)에 대입하여 동역학식과 함께 연립하면 다음과 같다.

$$\hat{D}(\ddot{q}_d+K_D(\dot{q}_d-\dot{q})+K_P(q_d-q))+\hat{h}=D\ddot{q}+h \tag{2.23}$$

양변에 $\hat{D}\ddot{q}$를 빼면

$$\hat{D}((\ddot{q}_d-\ddot{q})+K_D(\dot{q}_d-\dot{q})+K_P(q_d-q))+\hat{h}=(D-\hat{D})\ddot{q}+h \tag{2.24}$$

정리하면 다음과 같은 이차 오차방정식을 얻는다.

$$\begin{aligned}\ddot{e}+K_D\dot{e}+K_Pe &= \hat{D}^{-1}(\varDelta D(q)\ddot{q}+\varDelta h(q,\ \dot{q})) \\ &= \varLambda\end{aligned} \tag{2.25}$$

여기서 $\varDelta D(q)=D(q)-\hat{D}(q)$, $\varDelta h(q,\ \dot{q})=h(q,\ \dot{q})-\hat{h}(q,\ \dot{q})$이고 $e=q_d-q$, $\varLambda=\hat{D}^{-1}(\varDelta D(q)\ddot{q}+\varDelta h(q,\ \dot{q}))$로 로봇의 불확실성을 나타낸다.

식 (2.25)를 보면 이차방정식의 해는 로봇의 동적인 요소에 좌우되는 각 조인트가 서로 연관되어 있는 우변의 forcing 함수, $\varLambda$에 의해 좌우된다.

식 (2.25)를 상태방정식으로 표현하면 아래와 같다.

$$\dot{\varepsilon}=A\varepsilon+B\varLambda \tag{2.26}$$

여기서 $\varepsilon=\begin{bmatrix} e \\ \dot{e}\end{bmatrix}$, $A=\begin{bmatrix} 0 & I \\ -K_P & -K_D\end{bmatrix}$, $B=\begin{bmatrix} 0 \\ I\end{bmatrix}$이다.

식 (2.26)을 보면 시스템이 점근적으로 안정한 것을 보여준다.

또한 각 조인트가 서로 연관되어 있어 독립적인 제어가 어렵다. 따라서 간단하게 $\hat{D}=D$, $\hat{h}=h(q,\ \dot{q})$로 모델 오차가 없으면, 즉 $\varDelta D(q)=\varDelta h(q,\ \dot{q})=\tau_f=0$이면 식 (2.25)는 이상적인 오차방정식이 된다.

$$\ddot{e}+K_D\dot{e}+K_Pe=0 \tag{2.27}$$

이는 각 조인트를 독립적으로 제어할 수 있다는 것이다. 행렬 K_P와 K_D의 이득값을 대각

행렬로 선택하면 각 조인트의 간섭을 없앨 수 있게 된다. 따라서, i 조인트에 대한 식 (2.27)은 다음과 같다.

$$\ddot{e}_i + k_{d_i}\dot{e}_i + k_{p_i}e_i = 0 \tag{2.28}$$

따라서 계산 토크 방식의 목적은 로봇의 각 조인트를 독립적으로 제어할 수 있게 만든 다음 선형화하는 것이라 할 수 있다.

(2.22)에서 PID 형태를 사용하면

$$u = \ddot{q}_d + K_D(\dot{q}_d - \dot{q}) + K_P(q_d - q) + K_I\int e(t)dt \tag{2.29}$$

여기서 K_I는 n×n 크기의 이득행렬이다.

식 (2.29)를 (1.42)에 대입하여 정리하면 다음과 같은 이차 오차방정식을 얻는다.

$$\ddot{e} + K_D\dot{e} + K_P e + K_I\int e(t)dt = \hat{D}^{-1}(\Delta D(q)\ddot{q} + \Delta h(q,\ \dot{q})) \tag{2.30}$$

점검문제 2.7

그림 2.9에서 각 구조의 장단점을 설명해 보시오.

점검문제 2.8

식 (2.26)을 유도해 보시오.

2.2.2 계산 토크 제어 방식의 문제점

그렇지만 식 (2.25)에 보여진 것처럼 로봇의 동적 모델에는 항상 불확실성이 내포되어 있으므로 일반적으로 식 (2.27)과 같은 이상적인 응답은 얻기가 어렵다. 따라서 모델을 근거로 하는 제어 방식은 다음과 같은 문제점들을 해결해야 한다.

첫째, 실시간으로 로봇의 모델을 계산하여야 한다. 6축 로봇의 경우 역동역학을 계산하는 시간이 오래 걸리므로 병렬 컴퓨터를 사용하거나 복잡한 수식을 빨리 계산할 수 있는 하드웨어가 필요하다.

둘째, 마찰력과 같은 다른 비선형 요소들은 실제로 모델링하기가 어렵고 제어에 큰 영향을 미친다.

마지막으로 실제 로봇을 정확하게 모델링하기가 어렵고 앞에서 설명한 다양한 비선형적 특징은 모델링하기 어려우므로 실제 시스템 응답은 식 (2.25)에 의해 나타난다.

이는 로봇의 위치 추종에 오차를 생기게 한다. 따라서 계산 토크 방식은 강건하지 못하다고 할 수 있다. 이러한 문제점을 해결하기 위해 적응 제어(adaptive control), 강건 제어(robust control) 그리고 지능 제어(intelligent control) 방식들이 많이 사용되고 있는 실정이다. 지능 제어의 예로 신경망 제어기를 들 수 있는데, 신경망은 그 자체의 비선형적인 특성과 학습능력 때문에 비선형 시스템에 많이 쓰인다. 주로 신경망은 식 (2.25)의 오른쪽에 나타난 불확실성, $\Lambda = \hat{D}^{-1}(\Delta D(q)\ddot{q} + \Delta h(q,\ \dot{q}))$를 없애는 데 사용된다. 신경망 제어 방식에서는 신경회로망이 보상 신호 Φ를 만들어 불확실성에서 빼줌으로써 아래와 같이 불확실성을 없애도록, 즉 $\Phi = \Lambda$가 되도록 학습하는 것이 목적이다.

$$\ddot{e} + K_D\dot{e} + K_P e = \Lambda - \Phi \tag{2.31}$$

실제적으로 동역학의 계산량이 많으므로 최근에는 DSP 기술을 활용하여 실시간으로 제어한다.

결론적으로 말하면 로봇의 모델인 동역학식이 있으면 제어기가 하는 일이 그만큼 줄어드므로 모델을 사용하는 것이 좋다. 모델을 구하기가 어려우면 최소한의 모델만 필요로 하는 제어 방식을 사용하면 추종 오차를 줄일 수 있게 된다. 뒤에서 다루게 되는 시간지연 제어 방식이 최소의 모델을 사용한다. 지능 제어 방식의 경우에는 모델을 전혀 사용하지 않는다.

2.2.3 계산 토크 제어 방식 시뮬레이션

SIMULINK 예제 2.3 | 로봇 팔의 계산 토크 제어: feedback scheme

① 제어 법칙

$$\tau = \hat{D}(q)u(t) + \hat{C}(q,\ \dot{q}) + \hat{G}(q),$$
$$u = \ddot{q}_d + K_D(\dot{q}_d - \dot{q}) + K_P(q_d - q)$$

② SIMULINK 프로그램

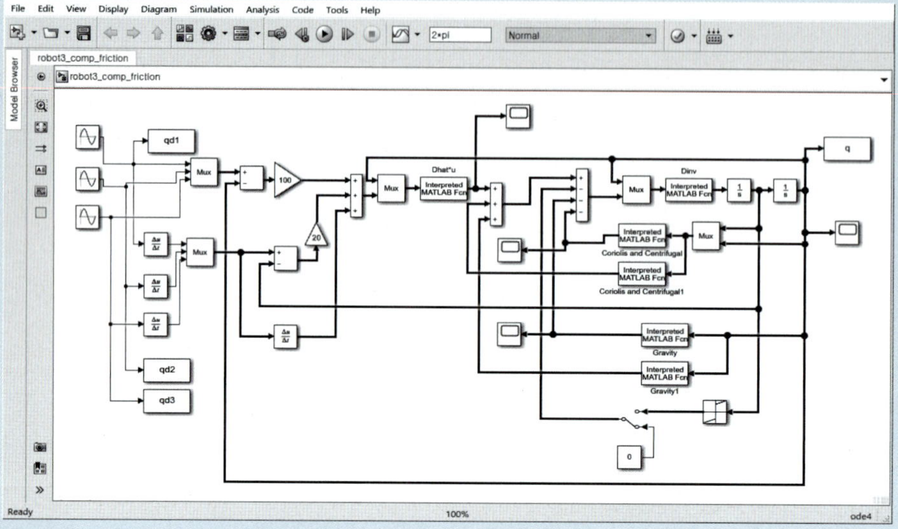

그림 2.10 계산 토크 방식의 제어 구조

③ 시뮬레이션 내용

경로는 각 축에 사인파형을 기준 경로로 하고 추종하는 시뮬레이션을 수행하였다. 그림 2.10은 모델을 100% 정확하게 아는 경우와 50%만 아는 경우로 나누어 시뮬레이션을 수행하였다. 모델을 100% 아는 경우, 두 축 모두 정확하게 추종하지만 50%의 경우에는 추종 오차가 나타나는 것을 볼 수 있다.

④ 시뮬레이션 결과

그림 2.11(a)는 모델에 오차가 없는 경우이고 그림 2.11(b)는 50%의 오차가 있는 경우이다. 그림에서 보면 출력이 기준 입력과 비교해 오차가 있음을 알 수 있다. 이는 모델링의 부정확성에 의한 것이다. 정상상태(steady state)에서는 식 (2.19)가 $e = K_P^{-1}\hat{D}^{-1}(\Delta G)$로 간략화되므로, 결국 오차는 중력때문에 생김을 알 수 있다. 따라서, 중력만 완전하게 모델하여 보상되면 정상상태 오차는 0이 될 수 있다.

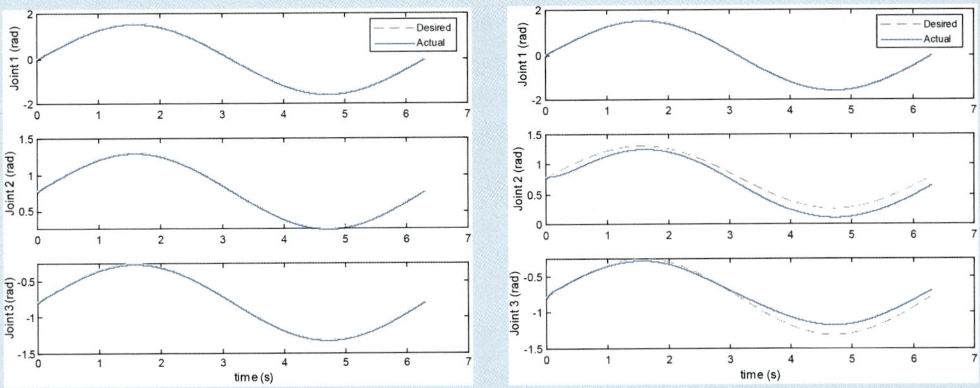

(a) 100% 정확도 (b) 50% 정확도

그림 2.11 위치 추종 응답

SIMULINK 예제 2.4 | 로봇 팔의 계산 토크 제어: feedforward scheme

① 제어 법칙

$$\tau = \hat{D}(q_d)u(t) + \hat{C}(q_d,\ \dot{q}_d) + \hat{G}(q_d),$$

$$u = \ddot{q}_d + K_D(\dot{q}_d - \dot{q}) + K_P(q_d - q)$$

② SIMULINK 프로그램

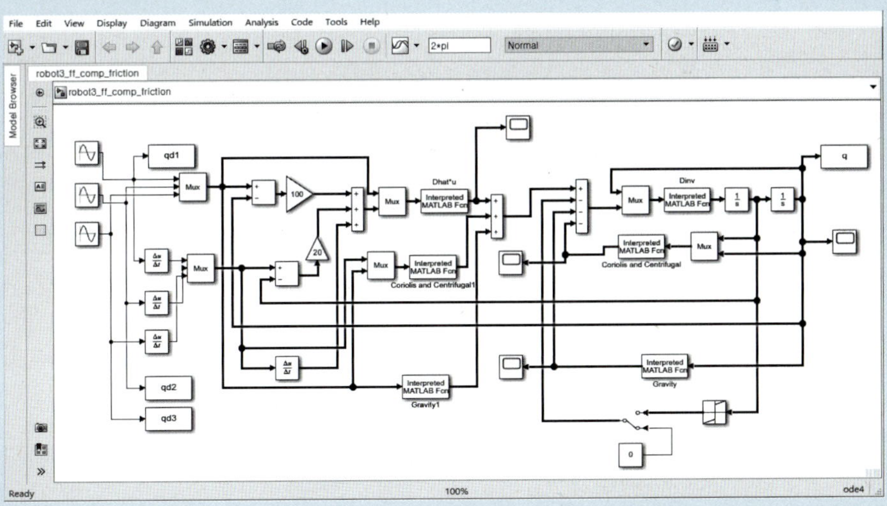

그림 2.12 계산 토크 방식의 제어 구조

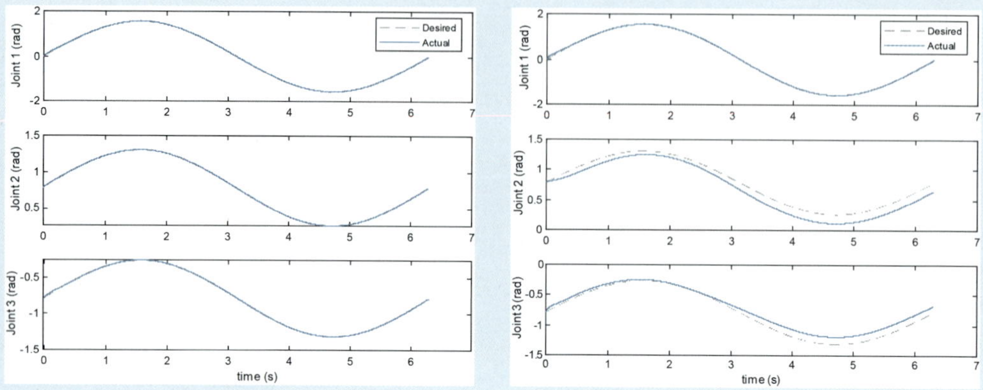

(a) 100% 정확도 (b) 50% 정확도

그림 2.13 위치 추종 응답

SIMULINK 예제 2.5 | 로봇 팔의 계산 토크 제어: feedback scheme

① 원 경로 추종

카테시안에서 원 경로를 역기구학을 통해 조인트 공간에서 제어하고 각 조인트의 마찰력의 영향을 살펴본다. 모델은 100% 일치한다는 가정하에 조인트 마찰력 모델은 다음과 같다.

$$y = sign(x) \cdot (3 \cdot abs(x) + 5)$$

② 제어 법칙

$$\tau = \hat{D}(q)u(t) + \hat{C}(q,\ \dot{q}) + \hat{G}(q),$$
$$u = \ddot{q}_d + K_D(\dot{q}_d - \dot{q}) + K_P(q_d - q)$$

② SIMULINK 프로그램

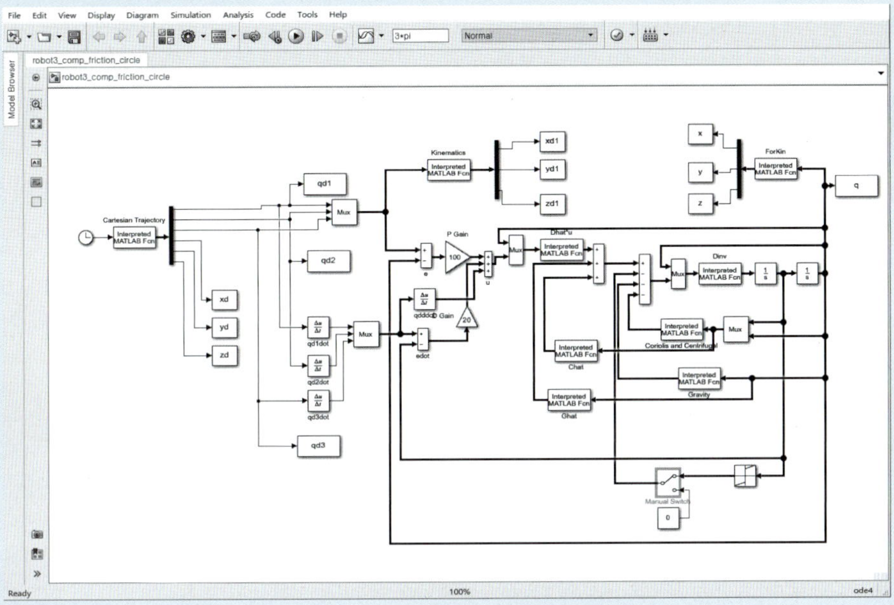

그림 2.14 계산 토크 방식의 제어 구조

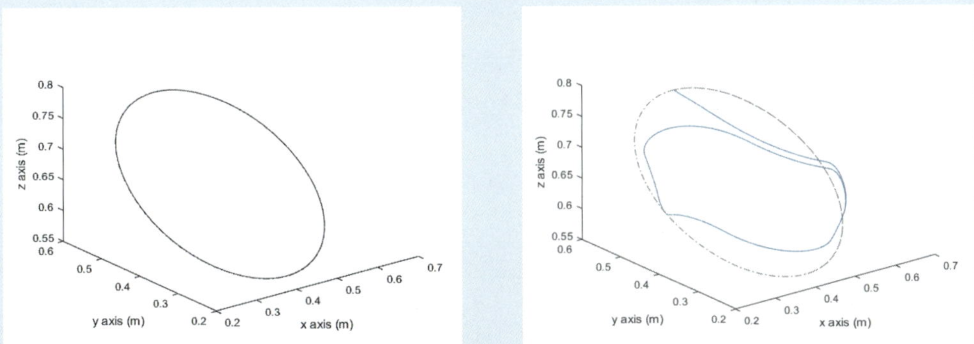

(a) 마찰력이 없는 경우 (b) 마찰력이 있는 경우

그림 2.15 계산 토크 방식의 제어 구조

마찰력이 있는 경우에 추종 오차가 크게 나타난다. 따라서 고급 제어를 추가적으로 사용하여 마찰력을 보상해야 한다.

점검문제 2.9

계산 토크 방식의 feedback과 feedforward 방식의 차이와 장단점을 적어 보시오.

점검문제 2.10

계산 토크 방식의 모델링($\hat{D}$, $\hat{C}$, $\hat{G}$) 오차를 100%, 50%로 달리하면서 시뮬레이션해 보시오.

점검문제 2.11

계산 토크 방식에서 모델링 되지 않는 마찰력($\tau = 3\dot{q} + 5sign(\dot{q})$)을 넣고 시뮬레이션해 보시오.

참고문헌

[1] R. P. Paul, "Robot Manipulators: Mathematics, Programming, and Control", The MIT Press, 1981
[2] William A. Wolovich, "ROBOTICS: Basic Analysis and Design", CBS College Publishing, 1981
[3] H. Asada and J. J. Slotine, "Robot Analysis and Control", John Wiley and Sons, 1986
[4] K. S. FU, R. C. Gonzales, C. S. G. Lee, "ROBOTICS", McGrawHill, 1987
[5] M. W. Spong and M. Vidyasagar, "Robot Dynamics and Control", John Wiley & Sons, 1989
[6] John J. Craig, "Introduction to Robotics", Addison-Wesley Publishing, 1989
[7] Phillip J. Mckerrow, "Introduction to ROBOTICS", Addison-Wesley Publishing, 1991
[8] J. J. Slotine and W. Li, "Applied nonlinear control", Prentice Hall, 1991
[9] F. L. Lewis, C. T. Abdallah, and D. M. Dawson, "Control of Robot Manipulators", Mc millan Publishing Company, 1993
[10] R. C. Dorf and R. H. Bishop, "Modern Control Systems", Addison-Wesley, 1995
[11] Z. Qu and D. M. Dawson, "Robust Tracking Control of Robot Manipulators", IEEE Press, 1996
[12] L. Sciavicco and B. Siciliano, "Modeling and Control of Robot Manipulators", McGraw-Hill Company, 1996
[13] 정 슬, "공학도를 MATLAB 및 SIMULINK의 기초", 교문사, 2001
[14] 정 슬, "로봇공학", 충남대학교 출판부, 2002
[15] 정 슬, "지능시스템 I: 신경회로망의 구조와 사용법", 충남대학교 출판부, 2004
[16] 정 슬, "지능시스템 II: 지능제어", 충남대학교 출판부, 2005
[17] 정 슬, "제어시스템 분석과 MATLAB 및 SIMULINK의 활용", 교문사, 2010

Cartesian Space Control

CHAPTER 3

직교좌표공간 제어

CHAPTER 3

직교좌표공간 제어

3.1 소개

로봇이 작업하는 공간은 조인트 공간이 아닌 직교좌표공간이다. 우리 인간도 직교좌표공간에서 모든 것을 설정하고 해석하기 때문에 직교공간에서 경로를 설정하는 것이 중요하다. 특히, 힘 제어의 경우에 직교좌표공간에서 해석이 되므로 경로 계획이나 제어를 직교좌표공간에서 실행해야 한다. 하지만 로봇이 직접 구동되고 제어되는 공간은 조인트 공간이므로 직교좌표공간과 조인트 공간과의 상관관계가 매우 중요하다.

이전의 모션 기구학에서 살펴본 것처럼 조인트 공간과 직교좌표공간은 자코비안 행렬 $J(q)$에 의해 관계된다. 순기구학식이 $x = F(q)$일 때 직교공간에서의 속도는 다음과 같다.

$$\dot{x} = J(q)\dot{q} \tag{3.1}$$

여기서 $J(q) = \dfrac{\partial F(q)}{\partial q}$이다. 자코비안 행렬은 조인트 공간의 속도가 직교좌표공간의 속도로 표현될 수 있게 한다. 따라서, 직교공간의 속도로 표현하기 위해서는 자코비안의 역행렬을 구해야 한다. 일반적으로 역행렬은 정방행렬일 경우에 가능하고 역행렬을 계산할 때 행렬의 크기 $\|J(q)\|$가 0이 되지 않도록 해야 하는 점을 고려해야 한다. 이는 로봇 기구학의 특이치 문제(singularity)와도 연관된다.

또한 자코비안 행렬은 카테시안 공간에서의 힘을 조인트 공간에서의 토크로 변환한다.

$$\tau = J^T(q)F \tag{3.2}$$

여기서 F는 힘 벡터이고 τ는 토크 벡터이다. 카테시안 공간에서 제어 법칙을 설계한 후에 자코비안으로 변환하면 조인트 공간의 토크로 변환이 가능하다는 것이다.

3.2 직교좌표에서의 로봇의 동역학

힘 제어는 직교공간 좌표에서 적용되므로 로봇을 직교공간에서 제어하면 편리하다. 직교공간에서의 로봇 동역학을 구해 보자.

관절이 n인 로봇의 동적 방정식은 다음과 같다.

$$D(q)\ddot{q}+C(q,\ \dot{q})+G(q)+\tau_f(\dot{q})=\tau \tag{3.3}$$

$D(q)$는 $n\times n$ 관성행렬, $C(q,\ \dot{q})$는 $n\times 1$ Coriolis, 원심력과 $G(q)$는 중력 벡터, q, $\dot{q}$, $\ddot{q}$는 각각 $n\times 1$ 관절의 각도, 각속도, 각가속도 벡터이고, τ_f는 $n\times 1$ 마찰력이고, τ는 $n\times 1$ 토크 벡터이다. 관절 공간에서 카테시안(Cartesian) 공간으로의 변환은 자코비안 행렬을 사용하는 동기구학(Motion Kinematics)을 통해 이루어진다.

$$\dot{q}=J^{-1}\dot{x} \tag{3.4}$$

여기서 x는 $n\times 1$ 직교좌표의 위치이다.

식 (3.4)를 미분하면 각가속도를 얻는다.

$$\ddot{q}=J^{-1}(\ddot{x}-\dot{J}\dot{q}) \tag{3.5}$$

식 (3.4)와 (3.5)를 식 (3.3)에 대입하면 다음과 같다.

$$D(q)(J^{-1}(\ddot{x}-\dot{J}\ \dot{q}))+h(q,\ \dot{q})+\tau_f(\dot{q})=J^TF \tag{3.6}$$

여기서 $h(q,\ \dot{q})=C(q,\ \dot{q})+G(q)$이다.

식 (3.4)를 (3.6)에 대입한 뒤에 양변을 J^{-T}로 곱하고 정리하면

$$J^{-T}D(q)J^{-1}\ddot{x}-J^{-T}M(q)J^{-1}\dot{J}(J^{-1}\dot{x})+J^{-T}h(q,\ \dot{q})+J^{-T}\tau_f=F \tag{3.7}$$

카테시안 공간에서의 로봇 동적 모형을 다음과 같이 구할 수 있다.

$$D^*(x)\ddot{x}+h^*(x,\ \dot{x})\dot{x}+F_f^*=F \tag{3.8}$$

$D^*=J^{-T}DJ^{-1}$는 Cartesian 관성행렬, $h^*\dot{x}=J^{-T}h-D^*\dot{J}J^{-1}\dot{x}$는 Cartesian Coriolis, 원심력, 중력, $F_f^*=J^{-T}\tau_f$는 마찰력, F는 실제 구동하는 힘이다. 식 (3.8)은 비선형이고 각 방향이 서로 연관되어 있기 때문에 토크 계산 방식(computed-torque)을 사용하여 선형화하고 분

리시켜 제어한다.

3.3 직교공간에서의 PD 제어

3.3.1 중력을 정확하게 보상할 경우

PD 제어기에 중력을 보상하면 안정성이 보상된다. 제어 법칙은 다음과 같다.

$$\tau = J^T(q)(K_D\dot{e} + K_P e) + G(q) \tag{3.9}$$

여기서 $e = x_d - x$로 직교좌표공간에서 추종 오차이다. 마찰력과 같은 불확실성 요소를 무시하고 동역학식에 대입하면 다음과 같다.

$$D(q)\ddot{q} + C_m(q, \dot{q})\dot{q} = J^T(q)(K_D\dot{e} + K_P e) \tag{3.10}$$

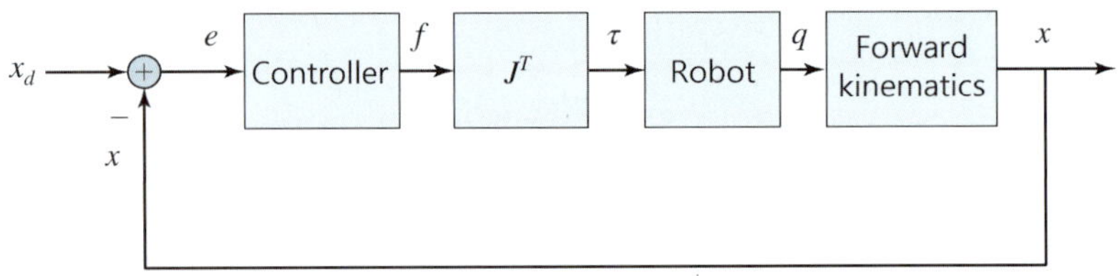

그림 3.1 직교공간에서 PD 제어

안정성을 고려해 보자.

Lyapunov 함수를 다음과 같이 정하자.

$$L = \frac{1}{2}\dot{q}^T D(q)\dot{q} + \frac{1}{2}e^T K_P e \tag{3.11}$$

미분하면

$$\dot{L} = \frac{1}{2}\dot{q}^T \dot{D}(q)\dot{q} + \dot{q}^T D(q)\ddot{q} + e^T K_P \dot{e} \tag{3.12}$$

여기서 (3.10)으로부터 $D(q)\ddot{q}$를 구하면, $D(q)\ddot{q} = J^T(K_P e + K_D\dot{e}) + G - (C_m\dot{q} + G)$이고 이를 식 (3.12)에 대입하면 다음과 같다.

$$\dot{L}=\frac{1}{2}\dot{q}^T\dot{D}(q)\dot{q}+\dot{q}^TJ^TK_Pe+\dot{q}^TJ^TK_D\dot{e}-\dot{q}^TC_m\dot{q}+e^TK_P\dot{e} \tag{3.13}$$

$$=\frac{1}{2}\dot{q}^T(\dot{D}(q)-2C_m)\dot{q}+\dot{q}^TJ^TK_Pe+\dot{q}^TJ^TK_D\dot{e}+e^TK_P\dot{e}$$

$$=\frac{1}{2}\dot{q}^T(\dot{D}(q)-2C_m)\dot{q}+\dot{x}^TK_Pe-\dot{x}^TK_D\dot{x}-e^TK_P\dot{x}$$

Skew symmetry 특성 $\dot{q}^T(\dot{D}-2C_m)\dot{q}=0$과 $\dot{x}^T=\dot{q}^TJ^T$ 이용하여 대입하면 간단하게 안정성을 만족한다. 단, 여기서 $\dot{e}=-\dot{x}$로 기준 경로가 상수인 경우로 한정된다.

$$\dot{L}=-\dot{x}^TK_D\dot{x}<0 \tag{3.14}$$

3.3.2 중력을 정확하게 보상하지 않을 경우

앞 절에서 PD 제어기에 중력을 보상하면 안정성이 보상된다는 것을 증명했다. 만약에 중력을 정확하게 보상하지 못하는 경우에 안정성 증명은 어떻게 될까?

중력을 고려한 제어 법칙은 다음과 같다.

$$\tau=J^T(q)(K_D\dot{e}+K_Pe)+\hat{G}(q) \tag{3.15}$$

여기서 $\hat{G}(q)$는 $G(q)$의 모델 평가치이다. 마찰력과 같은 불확실성 요소를 무시하고 동역학식에 대입하면 다음과 같다.

$$D(q)\ddot{q}+C(q,\dot{q})+\Delta G(q)=J^T(q)(K_D\dot{e}+K_Pe) \tag{3.16}$$

여기서 $\Delta G(q)=G(q)-\hat{G}(q)$이다.

평형점 q_e에서 식 (3.16)은 다음과 같다.

$$J^T(q_e)K_P(x_d-x_e)-\Delta G(q_e)=0 \tag{3.17}$$

식 (3.17)에서 정리하면

$$x_e=x_d-K_P^{-1}J^{-T}(q_e)\Delta G(q_e) \tag{3.18}$$

중력 보상에 오차가 있는 한 위치 추종은 오차가 발생하므로 $x_e\neq x_d$가 된다.

안정성을 고려해 보자.

Lyapunov 함수를 다음과 같이 정하자.

$$L=\frac{1}{2}\dot{q}^{T}D(q)\dot{q}+\int_{q_e}^{q}<J^{T}(q)K_{P}(x-x_{e})-f(q),\ dq> \tag{3.19}$$

여기서 $<,>$는 두 벡터의 내적을 가리킨다. $f(q)=J^{T}(q)K_{P}(x_{d}-x_{e})-\Delta G(q)$로 정한다. 평형점에서 $f(q_{e})=0$이다. Lyapunov의 함수의 조건 $L>0$을 만족해야 한다. 따라서, 다음을 증명해야 한다.

$$[\int_{q_e}^{q}<J^{T}(q)K_{P}(x-x_{e})-f(q),\ dq>]\geq 0 \tag{3.20}$$

식 (3.20)에서 적분텀은 다음과 같이 쓸 수 있다.

$$<J^{T}(q)K_{P}(x-x_{e})-f(q),\ dq>=<J^{T}(q)(K_{P}(x-x_{e})-J^{-T}f(q)),\ dq> \tag{3.21}$$

벡터의 크기를 살펴보면

$$\| K_{P}(x-x_{e})-J^{-T}f(q)\| > \| K_{P}(x-x_{e})\| - \| | J^{-T}f(q)\| \tag{3.22}$$

(3.22)에서 만약 다음 조건을 만족한다면

$$\| J^{-T}f(q)\| \leq \rho \| K_{P}(x-x_{e})\|,\quad 0<\rho<1 \tag{3.23}$$

$$\| K_{P}(x-x_{e})\| - \| J^{-T}f(q)\| > \| K_{P}(x-x_{e})\| - \rho \| K_{P}(x-x_{e})\| \tag{3.24}$$

그러므로

$$J^{T}(q)\,(K_{P}(x-x_{e})-J^{-T}f(q))\geqq (1-\rho)J^{T}(q)K_{P}(x-x_{e}) \tag{3.25}$$

식 (3.25)는 양수가 된다. 따라서 Lyapunov 함수는 양수이다.

$$\begin{aligned}\int_{q_e}^{q}<(1-\rho)^{T}(q)K_{P}(x-x_{e}),\ dq> &= (1-\rho)\int_{X_e}^{X}<K_{P}(x-x_{e}),\ dX> \\ &= (1-\rho)\frac{1}{2}(x-x_{e})^{T}K_{P}(x-x_{e})\geqq 0\end{aligned} \tag{3.26}$$

Lyapunov 함수를 미분하면 다음과 같다.

$$\dot{L}=\frac{1}{2}\dot{q}^T\dot{D}(q)\dot{q}+\dot{q}^TD(q)\ddot{q}+e^TK_P\dot{e} \quad (3.27)$$

앞에서 구한 $D(q)\ddot{q}=J^T(K_Pe+K_D\dot{e})-C_m\dot{q}-\Delta G$를 대입하면 다음과 같다. 결과적으로 로봇 팔 제어에서 중력텀이 정확하게 보상되지 못해도 안정성은 확보되는 것을 알 수 있다.

$$\begin{aligned}\dot{L}&=\frac{1}{2}\dot{q}^T\dot{D}(q)\dot{q}+\dot{q}^TD(q)\ddot{q}+\dot{q}^T[J^TK_P(x-x_e)-f(q)] \quad (3.28)\\&=\dot{q}^T[(\frac{1}{2}\dot{D}(q)-C_m)\dot{q}+J^T(K_Pe+K_D\dot{e})-\Delta G]+\dot{q}^TD(q)\ddot{q}+\dot{q}^T[J^TK_P(x-x_e)-f(q)]\\&=-\dot{x}^TK_D\dot{x}<0\end{aligned}$$

3.4 직교공간에서의 계산 토크 제어

직교공간의 경우 조인트 공간과 마찬가지로 계산 토크 방식의 제어 법칙은 다음과 같이 표현할 수 있다.

$$F=\hat{D}^*(x)v+\hat{h}^* \quad (3.29)$$

$\hat{D}^*(x)$는 로봇 관성행렬 $D^*(x)$의 대략적인 값이고, $\hat{h}^*(x,\dot{x})=\hat{C}^*+\hat{G}^*$이다. 제어 입력 $v(t)$는 PD 형태의 제어 입력으로 다음과 같이 주어진다.

$$v=\ddot{x}_d+K_D(\dot{x}_d-\dot{x})+K_P(x_d-x) \quad (3.30)$$

여기서 K_P와 K_D는 n×n 크기의 symmetric positive definite 이득행렬이고, x_d는 원하는 경로이다. 식 (3.30)을 식 (3.29)에 대입하여 식 (3.8)과 함께 연립하면

$$\hat{D}^*(\ddot{x}_d+K_D(\dot{x}_d-\dot{x})+K_P(x_d-x))+\hat{h}^*=D^*\ddot{x}+h^* \quad (3.31)$$

양변에서 $\hat{D}^*\ddot{x}$를 빼면

$$\hat{D}^*((\ddot{x}_d-\ddot{x})+K_D(\dot{x}_d-\dot{x})+K_P(x_d-x))+\hat{h}^*=(D^*-\hat{D}^*)\ddot{x}+h^* \quad (3.32)$$

정리하면 다음과 같은 이차 오차방정식을 얻는다.

$$\ddot{e}+K_D\dot{e}+K_Pe=\hat{D}^{*-1}(\Delta D^*(x)\ddot{x}+\Delta h^*(x,\ \dot{x}))\tag{3.33}$$

여기서 $\Delta D^*(x)=D^*(x)-\hat{D}^*(x)$, $\Delta h^*(x,\ \dot{x})=h^*(x,\ \dot{x})-\hat{h}^*(x,\ \dot{x})$ 그리고 $e=(x_d-x)$.

모델 오차가 없으면, 즉 $\Delta D^*(x)=\Delta h^*(x,\ \dot{x})=0$, $\tau_f=0$이면 식 (3.33)은 이상적인 오차방정식이 된다.

$$\ddot{e}+K_D\dot{e}+K_Pe=0\tag{3.34}$$

여기서 $e=x_d-x$이다.

카테시안 공간에서의 제어는 4가지 방식으로 시뮬레이션이 가능하다.

① 카테시안 동역학 기반 제어

첫 번째로 식 (3.29)에서처럼 모든 것을 카테시안 공간에서 처리한다. 나중에 실제로 입력되는 것은 힘과 토크와의 관계를 이용한다. 모델 기반 제어를 하는 데 있어 카테시안 동역학식 (3.29)가 필요하게 된다.

먼저 카테시안 제어 입력을 계산하고

$$v=\ddot{x}_d+K_D(\dot{x}_d-\dot{x})+K_P(x_d-x)$$

카테시안 동역학 모델에 근거한 제어 법칙을 계산한다.

$$F=\hat{D}^*(x)v+\hat{C}^*(x,\ \dot{x})+\hat{G}^*(x)$$

자코비안을 이용하여 힘을 토크로 변환한다.

$$\tau=J^TF$$

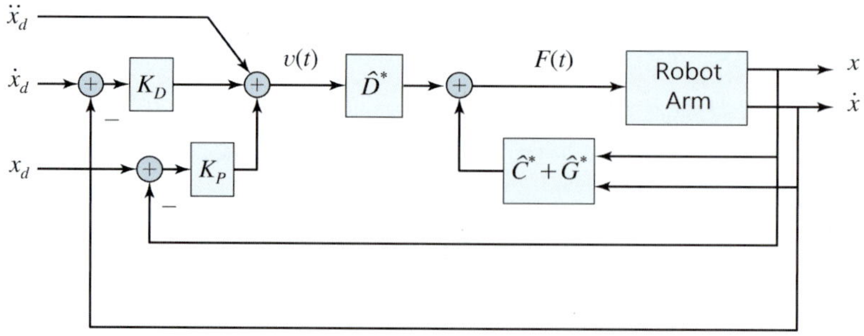

그림 3.2 직교공간에서 계산 토크 제어 방식 1

② 조인트 동역학 기반 모델 제어

두 번째로는 조인트 가속도와 카테시안 가속도와의 상관관계를 이용한다. 자코비안의 역행렬을 구해야 하는 부담이 있다. 카테시안의 제어 입력, 즉 식 (3.30)의 v를 조인트 공간의 가속도로 변형하여 앞에서 제어한 방식을 그대로 사용하면 된다. 카테시안 공간의 동역학 모델을 사용하지 않고 조인트 공간에서의 동역학 모델을 그대로 사용하면 된다.

먼저 카테시안 제어 입력을 계산하고

$$v = \ddot{x}_d + K_D(\dot{x}_d - \dot{x}) + K_P(x_d - x)$$

자코비안을 이용하여 조인트 공간으로 변환한다.

$$u = \ddot{q} = J^{-1}(v - \dot{J}\dot{q})$$

조인트 공간 동역학 모델에 근거한 제어 법칙을 계산한다.

$$\tau = \hat{D}(q)u + \hat{h}(q,\ \dot{q})$$

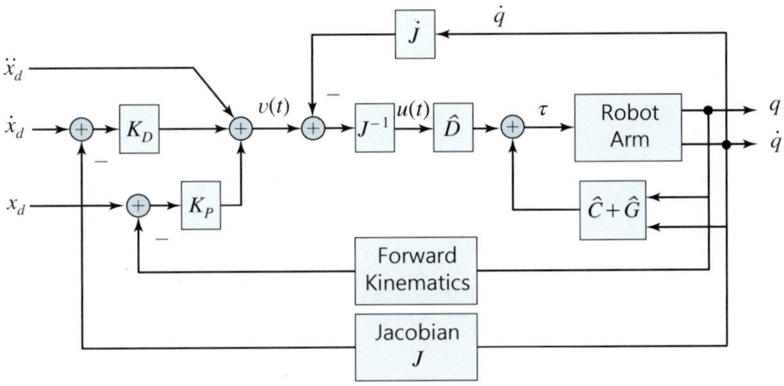

그림 3.3 직교공간에서 계산 토크 제어 방식 2

③ 조인트 동역학 기반 무모델 제어 1

세 번째로는 조인트 동역학을 사용하지만 카테시안 제어기를 사용하여 제어한다. 카테시안 제어 입력 v를 계산하고

$$v = K_D(\dot{x}_d - \dot{x}) + K_P(x_d - x)$$

조인트 공간 동역학 모델에 근거한 제어 법칙을 계산한다.

$$\tau = K_\tau J^T v$$

④ **조인트 동역학 기반 무모델 제어 2**

다음으로 조인트 동역학을 사용하지만 자코비안 관계식을 이용하여 카테시안 제어기를 사용하여 제어하는 방법이다.

$$u = \ddot{q} = J^{-1}(v - \dot{J}\dot{q})$$

카테시안 공간에서 제어식은 다음과 같다.

$$\begin{aligned}\tau &= K_\tau u = K_\tau J^{-1}(v(t) - \dot{J}\dot{q}(t)) \\ &= K_\tau J^{-1}(K_D(\dot{x}_d(t) - \dot{x}(t)) + K_P(x_d(t) - x(t)) - \dot{J}\dot{q}(t))\end{aligned}$$

여기서 K_τ는 카테시안과 조인트 공간을 연결하는 토크상수이다.

SIMULINK 예제 3.1 | 직교좌표공간에서 3축 로봇 팔의 PD 제어

① **제어 법칙**

$$F = K_D(\dot{x}_d - \dot{x}) + K_P(x_d - x)$$

$$\tau = J^T K_\tau F$$

② **SIMULINK 프로그램**

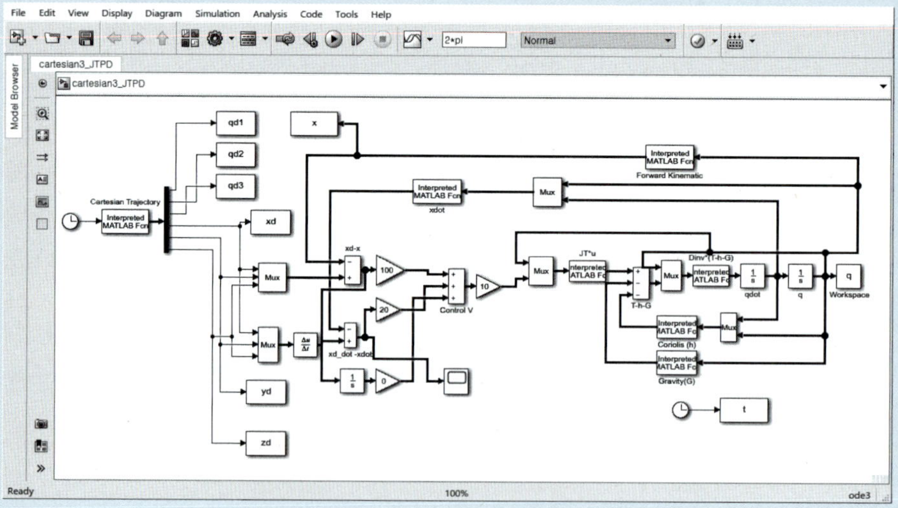

그림 3.4 직교공간에서의 로봇 제어

③ MATLAB function

– MATLAB function: Forward Kinematics

```
function P = Forward_kin3(u)
l1 = 0.66; l2 = 0.43; l3 = 0.53;
q1 = u(1); q2=u(2); q3=u(3);
Px = cos(q1)*(l3*cos(q2+q3) + l2*cos(q2));
Py = sin(q1)*(l3*cos(q2+q3) + l2*cos(q2));
Pz = l1+l2*sin(q2)+l3*sin(q2+q3);
P = [Px;Py;Pz];
```

$\dot{x}$는 자코비안에 $\dot{q}$를 곱해 구한다. $\dot{x}=J\dot{q}$

– MATLAB function: J*qdot

```
function Pdot = Jacobian3(u)
l1 = 0.66; l2 = 0.43; l3 = 0.53; % PUMA with tool
q1 = u(1); q2=u(2); q3=u(3);
J11 = -sin(q1)*(l3*cos(q2+q3)+l2*cos(q2));
J12 = -cos(q1)*(l3*sin(q2+q3)+l2*sin(q2));
J13 = -cos(q1)*l3*sin(q2+q3);
J21 = cos(q1)*(l3*cos(q2+q3)+ l2*cos(q2));
J22 = -sin(q1)*(l3*sin(q2+q3)+l2*sin(q2));
J23 = -sin(q1)*l3*sin(q2+q3);
J31 = 0;
J32 = l2*cos(q2)+l3*cos(q2+q3);
J33 = l3*cos(q2+q3);

J = [J11 J12 J13;J21 J22 J23;J31 J32 J33];
qdot = [u(4); u(5); u(6)];
Pdot = J * qdot;
```

J^Tf는 다음과 같이 구한다.

– MATLAB function: JT*u

```
function JT_u = JT3(u)
l1 = 0.66; l2 = 0.43; l3 = 0.53; % PUMA with tool
q1 = u(1); q2=u(2); q3=u(3);
J11 = -sin(q1)*(l3*cos(q2+q3)+l2*cos(q2));
J12 = -cos(q1)*(l3*sin(q2+q3)+l2*sin(q2));
J13 = -cos(q1)*l3*sin(q2+q3);
```

```
J21 = cos(q1)*(l3*cos(q2+q3)+l2*cos(q2));
J22 = -sin(q1)*(l3*sin(q2+q3)+l2*sin(q2));
J23 = -sin(q1)*l3*sin(q2+q3);
J31 = 0;
J32 = l2*cos(q2)+l3*cos(q2+q3);
J33 = l3*cos(q2+q3);
J = [J11 J12 J13;J21 J22 J23;J31 J32 J33];
JT = J';
u_input = [u(4);u(5);u(6)];
JT_u = JT*u_input;
```

④ 시뮬레이션 내용

원 경로를 추종하는 시뮬레이션을 수행해 보자. 먼저 원 경로를 정해야 한다. 초기 위치를 (0.4 m, 0.4 m)라 하고, 반지름이 0.2 m인 원을 추종하도록 기준 경로를 설정한다.

```
function tr = Cartesian_trajectory(u)
% 3축 로봇의 원 경로 그리기
 i = u;
% Link parameters
l1 = 0.66; l2 = 0.43; l3 = 0.53; % PUMA with tool
x0=0.408; y0=0.408; r = 0.2;
% Circular trajectory
        yd = y0+cos(-pi/6)*(r*cos(i));
        xd = x0+r*sin(i);
        zd = l1-sin(-pi/6)*(r*cos(i));

 % Inverse kiematics
        d = sqrt(xd^2+yd^2+(zd-l1)^2);
        a=(d^2 -l2^2-l3^2)/(2*l2*l3);
        qd3 = atan2(-sqrt(1-a^2),a);
        alpha =atan2(zd-l1, sqrt(xd^2+yd^2));
        E=(l2^2 +d^2 -l3^2)/(2*l2*d);
        beta = atan2(sqrt(1-E^2),E);
        qd2 = alpha+ beta;
        qd1 = atan2(yd,xd);

tr=[qd1,qd2,qd3,xd,yd,zd];
```

⑤ **시뮬레이션 결과**

카테시안 PD 제어 방식의 경우 제어기 이득값이 적절치 않으면 아래 그림과 같이 추종 오차가 발생한다. 순기구학을 통해 조인트에서 카테시안 좌표를 구한다. 그림 3.5의 시뮬레이션 결과를 살펴보면 초기에 원의 중심에서 시작해서 원을 추종하려 하나 오차가 크게 나타나는 것을 볼 수 있다. 이는 모델을 사용하지 않고 제어기 이득값으로만 제어했기 때문이다. $f = 20(\dot{x}_d - \dot{x}) + 100(x_d - x)$.

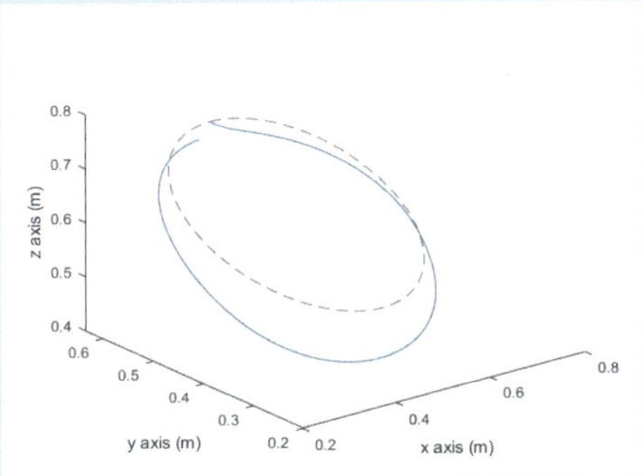

(a) $K_\tau = 10$

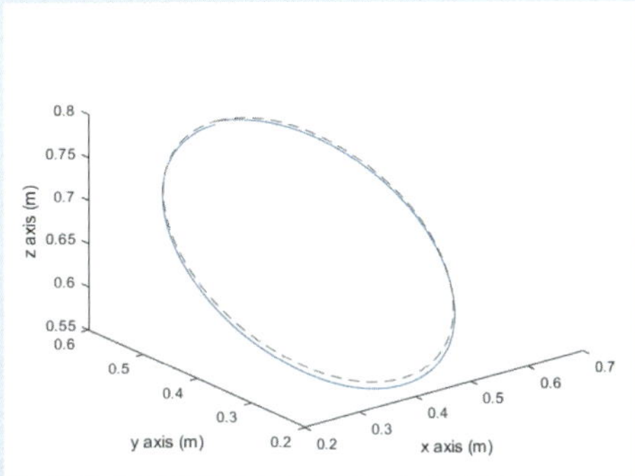

(b) $K_\tau = 100$

그림 3.5 직교공간에서의 위치 추종

SIMULINK 예제 3.2 | 직교좌표공간에서 2축 로봇 팔의 계산 토크 제어

① **제어 법칙**

$$v = \ddot{x}_d + K_D(\dot{x}_d - \dot{x}) + K_P(x_d - x),\ u = J^{-1}(v - \dot{J}\dot{q}),\ \tau = \hat{D}(q)u + \hat{h}(q,\ \dot{q})$$

② **SIMULINIK 프로그램**

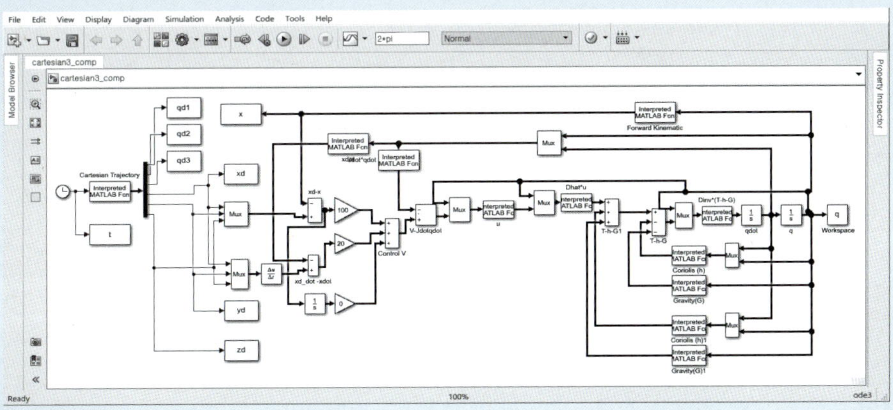

그림 3.6 계산 토크 방식 시뮬레이션(100% 모델)

③ 시뮬레이션 결과

모델이 100% 일치하는 경우의 제어 방식을 시뮬레이션해 보았다.

$$v = \ddot{x}_d + 20(\dot{x}_d - \dot{x}) + 100(x_d - x)$$

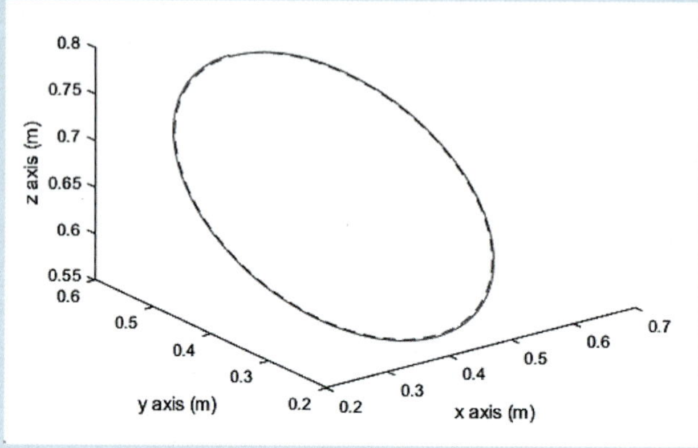

그림 3.7 계산 토크 방식의 위치 추종 결과 1

그림 3.5의 PD 제어의 경우와 비교해 보면 원을 잘 추종하는 것을 볼 수 있다.

제어기의 이득값이

$$v = \ddot{x}_d + 60(\dot{x}_d - \dot{x}) + 300(x_d - x)$$

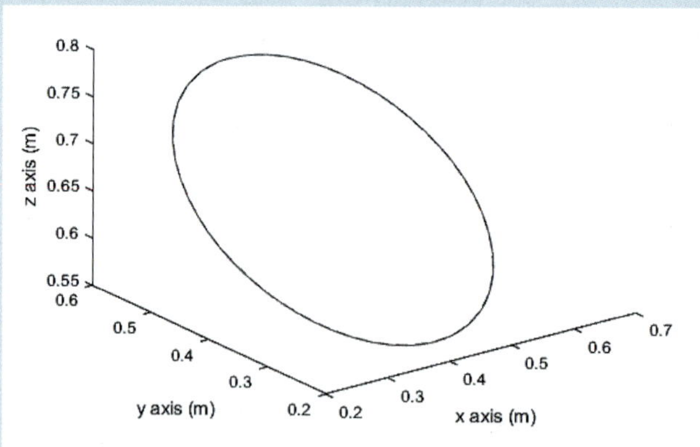

그림 3.8 계산 토크 방식의 위치 추종 결과 2

실제로 추종 오차를 계산하면 다음과 같다.

$$E = \sqrt{\sum[(x_d - x)^2 + (y_d - y)^2 + (z_d - z)^2]}$$

결과 1의 오차는 0.1827이고, 결과 2의 오차는 0.0612이다. 결과 2의 경우, 추종 오차가 작게 나타났다.

참고문헌

[1] R. P. Paul, "Robot Manipulators: Mathematics, Programming, and Control", The MIT Press, 1981

[2] William A. Wolovich, "ROBOTICS: Basic Analysis and Design", CBS College Publishing, 1981

[3] H. Asada and J. J. Slotine, "Robot Analysis and Control", John Wiley and Sons, 1986

[4] K. S. FU, R. C. Gonzales, C. S. G. Lee, "ROBOTICS", McGraw-Hill, 1987

[5] M. W. Spong and M. Vidyasagar, "Robot Dynamics and Control", John Wiley & Sons, 1989

[6] John J. Craig, "Introduction to Robotics", Addison-Wesley Publishing, 1989

[7] Phillip J. Mckerrow, "Introduction to ROBOTICS", Addison-Wesley Publishing, 1991

[8] J. J. Slotine and W. Li, "Applied nonlinear control", Prentice Hall, 1991

[9] F. L. Lewis, C. T. Abdallah, and D. M. Dawson, "Control of Robot Manipulators", Mc millan Publishing Company, 1993

[10] R. C. Dorf and R. H. Bishop, "Modern Control Systems", Addison-Wesley, 1995

[11] Z. Qu and D. M. Dawson, "Robust Tracking Control of Robot Manipulators", IEEE Press, 1996

[12] L. Sciavicco and B. Siciliano, "Modeling and Control of Robot Manipulators", McGraw-Hill Company, 1996

[13] 정 슬, "공학도를 MATLAB 및 SIMULINK의 기초", 교문사, 2001

[14] 정 슬, "로봇공학", 충남대학교 출판부, 2002

[15] 정 슬, "지능시스템 I: 신경회로망의 구조와 사용법", 충남대학교 출판부, 2004

[16] 정 슬, "지능시스템 II: 지능제어", 충남대학교 출판부, 2005

[17] 정 슬, "제어시스템 분석과 MATLAB 및 SIMULINK의 활용", 교문사, 2010

[18] 임선빈, 정 슬, "미정보 환경하에서의 신경회로망 힘추종 로봇제어 기술의 실험적 연구", 제어 자동화 시스템 공학 논문지, 8권 4호, pp. 338-344, 2002

[19] 전풍우, 정 슬, "장님 이동로봇의 힘제어: 분석, 시뮬레이션 및 실험", 제어 자동화 시스템 공학 논문지, 9권 10호, pp. 798-807, 2003

[20] 전풍우, 정 슬, "힘제어 기반의 틈새 추종 로봇의 제작 및 제어에 관한 연구: Part II. 힘제어", 제어 자동화 시스템 공학 논문지, 11권 4호, pp. 337-343, 2005

[21] 엄일용, 석진영, 정 슬, "힘자율 주행 헬리콥터의 위치 추종 제어를 위한 LQR 제어 및 신경회로망 보상 방식", 제어 자동화 시스템 공학 논문지, 11권 11호, pp. 930-935, 2005

[22] 정 슬, 하천장, "자율 주행 이동 로봇의 슬립을 고려한 횡방향 임피던스 힘제어에 대한 연구", 제어 자동화 시스템 공학 논문지, 12권 2호, pp. 161-167, 2006

[23] 전효원, 정 슬, "힘제어 기반의 로봇 팔과 인간팔의 상호 작용을 위한 임베디드 시스템 설계", 제어 자동화 시스템 공학 논문지, 15권 11호, pp. 1096-1101, 2009

[24] 배영걸, 최호진, 정 슬, "원격제어 시스템의 종로봇인 이동 로봇의 제작과 힘 추종 제어 구현", 제어 자동화 시스템 공학 논문지, 16권 7호, pp. 681-687, 2010

Adaptive Control

CHAPTER 4

적응 제어

CHAPTER 4

적응 제어

4.1 소개

계산 토크 방식은 로봇의 역동역학, 순기구학, 자코비안 및 자코비안의 미분 형태 등의 정보를 필요로 한다. 실제적으로 6축 로봇에 대한 이러한 정보를 on-line으로 계산하기는 쉽지 않다. 특히 역동역학을 계산하기 위해서는 매우 정확한 로봇 모델이 필요하게 된다. 실제로 로봇은 팔 끝의 하중, 각 조인트의 마찰력 등 다양한 불확실성을 포함하고 있다. 앞 장에서 시뮬레이션을 통해 보여진 것처럼 이러한 불확실성을 제어하지 못하면 결과적인 위치 오차를 초래하게 된다.

로봇 모형의 오차와 불확실성을 보상하기 위한 다양한 비선형 알고리즘들이 있다. 우선, 잘 알려진 대표적인 제어 방식으로는 변수를 최적화하는 적응 제어와 외란을 제거하는 강건 제어(disturbance rejection) 알고리즘들이 있다. 적응 제어는 1960년대부터 이론적으로 잘 정립된 제어 이론 중 하나로, 시스템의 불확실성이 내재해 있을 경우에도 제어를 잘 하는 것이 특징이다. 적응 제어의 목적은 매 샘플마다 위치 오차를 감소시키는 방향으로 변수들을 변화시키는 것이다. 간단한 예로, 로봇의 동적 모델을 구하였는데 로봇 변수들, 관성, 코리올리스 힘, 중력 등과 같은 동적 변수들이 정확하지 않을 경우, 그 변수들을 변화시키면서 위치 오차를 감소시킨다.

반면에 강건 제어는 변수의 변화에 대한 적응 능력은 떨어지나 외란에 대한 대처 능력이 우수하다. 강건 제어의 일종인 시간지연 제어 알고리즘은 계산 토크(computed torque) 방식의 단순화된 형태로서, 간단하고 안전성이 보장되기 때문에 강건(robust)한 제어 방식의 한 종류로 로봇 제어뿐만 아니라 모터 제어에도 널리 적용되고 있다. 특히 계산 토크 방식에서는 알지 못하는 하중(payload)이 로봇 팔 끝에 달려 있다면 수행 능력이 떨어지게 되는데 시간지연 제어 알고리즘은 이를 보상한다. 시간지연 알고리즘의 기본적인 아이디어는 바로 전 추출 시간(sampling time)에서의 로봇 방정식의 정보를 이용하여 불확실성을 없애는 것이다. 추출 시간이 빠르면 빠를수록 정확하게 보상을 할 수 있다.

4.2 적응 제어 방식

4.2.1 적응 제어 방식의 소개

적응 제어 방식은 로봇의 동적 불확실성의 변수들이 시간에 따라 변할 경우에 위치 추종에 미치는 영향을 최소화하기 위해 동역학의 변수들, 예를 들면 링크 길이, 링크 무게, 마찰력 계수 등을 변화시키는 것이다. 적응 제어를 하기 위해서는 시스템의 모델이 필요하며, 시스템의 모델링 오차를 줄여 나가도록 변수 값들을 변화시킨다. 이때 오차를 만드는 방법에 따라 적응 제어 방식은 크게 둘로 나뉜다. 하나는 모델이 주어지고 그 모델과 시스템과의 차이가 오차가 되는 **모델 추종 방식**(Model Reference Adaptive Control)이고, 다른 하나는 모델 없이 입력과 출력의 관계로부터 설정된 오차를 최소화하는 **자가 적응 방식**(Self Tuning Control)이다.

모델 추종 적응 제어 방식에서는 모델이 있어 시스템의 출력이 모델의 출력을 추종하도록 한다. 이 출력은 실제 시스템의 출력과 비교되어 오차를 만들며, 이 오차는 적응 법칙에 의해 최소화되는 방향으로 제어기를 업데이트한다. 아래 그림 4.1은 MRAC 방식의 블록 다이어그램을 나타낸다.

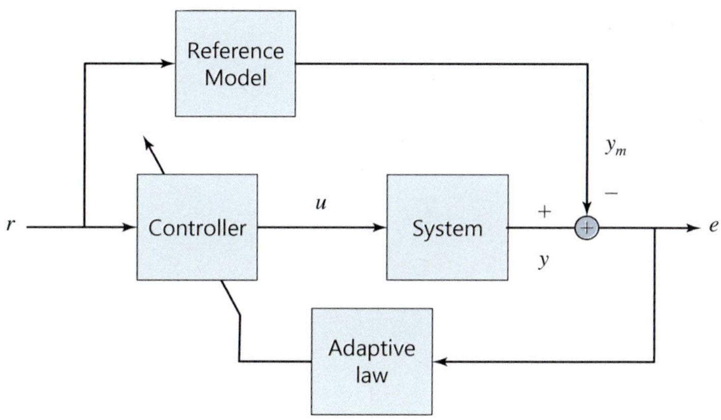

그림 4.1 MRAC 구조

예를 들어 기준 모델을 이차식으로 나타내면 다음과 같다.

$$kr = m\ddot{y}_m + b\dot{y}_m + ky_m \tag{4.1}$$

라플라스 변환을 하면

$$\frac{Y_m(s)}{R(s)} = \frac{k}{ms^2 + bs + k} \tag{4.2}$$

여기서 계수값 m, b, k를 설정하면 원하는 응답을 만들어 낼 수 있다. 만약 기준 입력이 스텝일 경우에는 모델을 통한 출력 y_m은 부드러운 스텝함수로 만들 수 있다. 이러한 경우 시스템에 무리를 주지 않는다.

그림 4.2는 STC(Self Tuning Control)의 구조를 나타낸다. 제어기의 이득값들을 오차가 줄어들도록 갱신하는 것을 나타낸다.

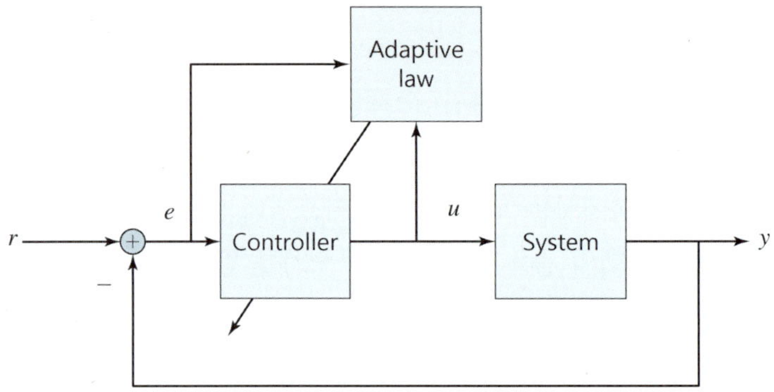

그림 4.2 STC 구조

4.2.2 로봇의 적응 제어 알고리즘

다음은 MRAC의 방식 중 하나인 Lyapunov 안정성에 근거한 로봇의 적응 제어 법칙을 소개한다.

로봇의 동역학식은 다음과 같다.

$$D\ddot{q} + h = \tau \tag{4.3}$$

여기서 $h = C + G$로 간략화하였다.

제어 법칙은 다음과 같이 모델의 변수로 설정하였다.

$$\tau = \hat{D}u + \hat{h} \tag{4.4}$$

제어 입력은 PD 제어 형태이다.

$$u = \ddot{q}_d + K_D\dot{e} + K_P e \tag{4.5}$$

여기서 $e = q_d - q$이다.

(4.4)와 (4.5), 두 식을 합쳐 (4.3)과 등식으로 놓으면 다음과 같다.

$$D\ddot{q} + h = \hat{D}(\ddot{q}_d + K_D\dot{e} + K_P e) + \hat{h} \tag{4.6}$$

식 (4.6)의 양변에 $\hat{D}\ddot{q}$를 빼준 뒤에 정리하면 다음과 같다.

$$\hat{D}(\ddot{e} + K_D\dot{e} + K_P e) = (D - \hat{D})\ddot{q} + h - \hat{h} \tag{4.7}$$

양변에 $\hat{D}^{-1}$를 곱하면

$$\ddot{e} + K_D\dot{e} + K_P e = \hat{D}^{-1}(\varDelta D\ddot{q} + \varDelta h) \tag{4.8}$$

여기서 $\varDelta D = D - \hat{D}$, $\varDelta h = h - \hat{h}$로 모델링 오차를 나타낸다. 모델이 정확하면 식 (4.8)의 우항이 0이 되므로 오차가 0으로 기하급수적으로 수렴함을 알 수 있다. 하지만 일반적으로 모델링 오차는 항상 존재하고 그 밖의 불확실성이 존재하므로 (4.8)의 우항은 항상 존재한다. 이 불확실성을 줄이기 위해 적응 제어 방식을 채택하면 로봇의 동적 변수에 의한 오차를 줄일 수 있다.

위 식의 우항을 적응 제어 법칙을 적용하여 다시 쓰면 다음과 같다.

$$\ddot{e} + K_D\dot{e} + K_P e = \hat{D}(q)^{-1} Y(q,\ \dot{q},\ \ddot{q})\tilde{\Theta} \tag{4.9}$$

여기서 $\tilde{\Theta} = \Theta^* - \Theta$로 Θ^*는 최적화된 변수 벡터이고, Θ는 Θ^*의 평가치이다. 결국 모델링 오차 $\hat{D}^{-1}(\varDelta D\ddot{q} + \varDelta h)$를 $\hat{D}(q)^{-1}Y(q,\ \dot{q},\ \ddot{q})\tilde{\Theta}$로 표현하고자 한다. $Y(q,\ \dot{q},\ \ddot{q})$는 동역학식으로부터 구할 수 있는 함수의 행렬, 즉 regression 함수이다. 적응 제어에서 어려운 문제 중의 하나가 이 regression 함수를 어떻게 설정하는가 하는 것이다. 따라서, 위 식에서 적응 제어는 오차를 기반으로 Θ를 계속적으로 갱신하여 결국에는 실제 변수 벡터 Θ^*와 같게 하여 우항을 0으로 만드는 것이 목적이다.

4.2.3 적응 제어 법칙

제어 방식의 안정성을 증명하기 위해 Lyapunov 안정성 방식을 적용해 보자. 먼저 두 제어 방식의 폐회로 방정식 (4.8)과 (4.9)를 다음과 같이 하나의 공통된 식으로 표현한다.

$$\ddot{e}+K_D\dot{e}+K_Pe=\hat{D}^{-1}(\Lambda-\Phi) \tag{4.10}$$

식 (4.10)에서 Λ와 Φ는 다음과 같이 표현할 수 있다.

$$\hat{D}(\ddot{e}+K_D\dot{e}+K_Pe)=Y(q,\ \dot{q},\ \ddot{q})\Theta^*-Y(q,\ \dot{q},\ \ddot{q})\Theta \tag{4.11}$$

여기서 Y는 관절의 위치, 속도, 가속도로 된 $n\times r$의 함수 행렬, Θ^*는 로봇의 변수들(링크의 무게, 길이 등)로 된 $r\times 1$ 크기의 최적화된 벡터, Θ는 적응 제어기의 가중치이다. 결과적으로 보면 적응 제어기가 가중치 Θ를 변화시키면서 로봇 링크의 길이, 무게 또는 알지 못하는 비선형 변수들을 평가하게 된다. 여기서 $\tilde{\Theta}=\Theta^*-\Theta$로 변수의 평가 오차이다.

식 (4.11)을 상태방정식으로 표현하면 아래와 같다.

$$\dot{\varepsilon}=A\varepsilon+B\hat{D}^{-1}Y(q,\ \dot{q},\ \ddot{q})\tilde{\Theta} \tag{4.12}$$

여기서 $\varepsilon=\begin{bmatrix} e \\ \dot{e} \end{bmatrix}$, $A=\begin{bmatrix} 0 & I \\ -K_P & -K_D \end{bmatrix}$, $B=\begin{bmatrix} 0 \\ I \end{bmatrix}$이다.

Lyapunov 함수 후보를 아래와 같이 설정한다.

$$L(t)=\frac{1}{2}\varepsilon^TP\varepsilon+\frac{1}{2}\tilde{\Theta}^T\Gamma\tilde{\Theta} \tag{4.13}$$

여기서 P와 Γ는 각각 $n\times n$, $n\times r$크기의 positive definite 행렬이다.

Lyapunov 함수는 positive definite이고, 즉 $L(t)\geqq 0$이다. 전역적으로 안정하기 위해서는 다음의 조건을 만족해야 한다.

i) $L(x)>0$: Positive definite

ii) $\dot{L}(x)<0$: Negative definite

iii) $\|x\|\to\infty$, $L(x)\to\infty$

Kalman-Yakubovich Lemma에 의해 아래와 같은 식이 성립함을 알 수 있다.

$$A^TP+PA=-Q \tag{4.14}$$

여기서 Q는 positive definite 행렬이다.

식 (4.13)에서 Lyapunov 함수 후보를 미분한 뒤에 식 (4.14)를 대입해서 정리하면 다음과 같다.

$$\dot{L}(t) = \frac{1}{2}\dot{\varepsilon}^T P\varepsilon + \frac{1}{2}\varepsilon^T P\dot{\varepsilon} + \frac{1}{2}\dot{\tilde{\Theta}}^T \Gamma\tilde{\Theta} + \frac{1}{2}\tilde{w}^T \Gamma\dot{\tilde{\Theta}} \tag{4.15}$$

$$= \frac{1}{2}\varepsilon^T [A^T P + PA]\varepsilon + \frac{1}{2}\tilde{\Theta}^T Y^T \hat{D}^{-T} B^T P\varepsilon + \frac{1}{2}\varepsilon^T PB\hat{D}^{-1} Y\tilde{\Theta} + \frac{1}{2}\dot{\tilde{\Theta}}^T \Gamma\tilde{\Theta} + \frac{1}{2}\tilde{\Theta}^T \Gamma\dot{\tilde{\Theta}}$$

$$= -\frac{1}{2}\varepsilon^T Q\varepsilon + \tilde{\Theta}^T (\Gamma\dot{\tilde{\Theta}} + Y^T \hat{D}^{-T} B^T P\varepsilon)$$

시스템이 안정하기 위해서는 $\dot{L}(t) < 0$ 조건을 만족해야 하므로 식 (4.15)에서 다음 식을 만족해야 한다.

$$\tilde{\Theta}^T (\Gamma\dot{\tilde{\Theta}} + Y^T \hat{D}^{-T} B^T P\varepsilon) = 0 \tag{4.16}$$

따라서 변수의 평가오차는 다음과 같다.

$$\dot{\tilde{\Theta}} = -\Gamma^{-1} Y^T \hat{D}^{-T} B^T P\varepsilon \tag{4.17}$$

식 (4.17)로부터 적응 제어기의 가중치의 미분식은 다음과 같이 설정되는데 이는 적응 제어 알고리즘과 부합함을 알 수 있다.

$$\dot{\Theta} = \Gamma^{-1} Y^T \hat{D}^{-T} B^T P\varepsilon \tag{4.18}$$

이를 정리하면 적응 제어 법칙, 즉 가중치는 매 샘플마다 업데이트된다.

$$\Theta(t+1) = \Theta(t) + \Gamma^{-1} Y^T \hat{D}^{-T} B^T P\varepsilon \tag{4.19}$$

여기서 Γ, $\hat{D}$, Y, B, P 행렬은 로봇 동역학 모델에서 모두 주어지므로 매 샘플마다 오차 ε에 대해 Θ를 업데이트할 수 있다. Γ는 가중치 업데이트 변수임을 알 수 있다. 결과적으로 식 (4.18)을 사용하면 식 (4.14)는 다음 식 (4.20)을 만족하게 되므로 시스템은 안정하게 되고 위치 오차는 0으로 수렴하게 된다.

$$\dot{L}(t) = -\frac{1}{2}\varepsilon^T Q\varepsilon \leq 0 \tag{4.20}$$

결국 적응 제어기에서는 모델을 알아야 한다는 단점이 있고, regression 함수 Y값을 구하는 것이 어렵다는 것을 알 수 있다.

4.2.4 2축 로봇의 적응 제어 예제

그림 4.3은 2축 평면 로봇을 나타낸다.

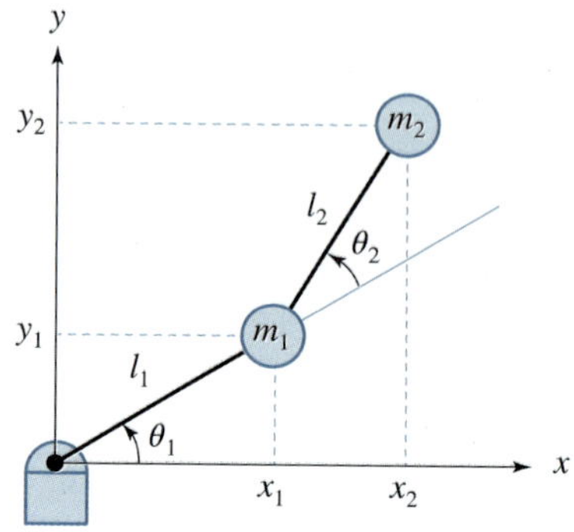

그림 4.3 2축 로봇

마찰력을 포함한 2축 로봇의 동역학식은 다음과 같다.

$$\begin{bmatrix} m_1l_1^2+m_2l_1^2+m_2l_2^2+2m_2l_1l_2c_2 & m_2l_2^2+m_2l_1l_2c_2 \\ m_2l_2^2+m_2l_1l_2c_2 & m_2l_2^2 \end{bmatrix}\begin{bmatrix} \ddot{\theta}_1 \\ \ddot{\theta}_2 \end{bmatrix}+\begin{bmatrix} -2m_2l_1l_2s_2\dot{\theta}_1\dot{\theta}_2-m_2l_1l_2s_2\dot{\theta}_2^2 \\ m_2l_1l_2s_2\dot{\theta}_1^2 \end{bmatrix}$$

$$+\begin{bmatrix} m_1gl_1c_1+m_2g(l_1c_1+l_2c_{12}) \\ m_2gl_2c_{12} \end{bmatrix}+\begin{bmatrix} k_{11}\dot{\theta}_1+k_{12}sgn(\dot{\theta}_1) \\ k_{21}\dot{\theta}_2+k_{22}sgn(\dot{\theta}_2) \end{bmatrix}=\begin{bmatrix} \tau_1 \\ \tau_2 \end{bmatrix}$$

위의 동역학식에서 시간에 따라 변하고 정확하게 측정하기 어려운 변수들은 각 링크의 질량과 마찰계수이다. 위의 식에서 질량과 마찰계수들의 변수 벡터 Φ를 정의하면 다음과 같이 성분을 나누어서 나타낼 수 있다.

$$\tau = Y\widetilde{\Theta} = Y\Phi \tag{4.21}$$

여기서 Φ는 변수들의 평가치를 구하고자 하는 벡터로 다음과 같이 링크의 무게와 마찰상수로 되어 있다.

$$\Phi = [m_1\ m_2\ k_{11}\ k_{12}\ k_{21}\ k_{22}]^T \tag{4.22}$$

따라서 2축 로봇이므로 regression 함수 행렬은 다음과 같다.

$$Y = \begin{bmatrix} y_{11} & y_{12} & y_{13} & y_{14} & y_{15} & y_{16} \\ y_{21} & y_{22} & y_{23} & y_{24} & y_{25} & y_{26} \end{bmatrix} \tag{4.23}$$

식 (4.21)은 다음과 같다.

$$\tau_1 = m_1 y_{11} + m_2 y_{12} + k_{11} y_{13} + k_{12} y_{14} + k_{21} y_{15} + k_{22} y_{16}$$
$$\tau_2 = m_1 y_{21} + m_2 y_{22} + k_{11} y_{23} + k_{12} y_{24} + k_{21} y_{25} + k_{22} y_{26} \tag{4.24}$$

동역학식으로부터 각 regression 함수의 구성 요소는 다음과 같다.

$$\begin{aligned}
y_{11} &= l_1^2 \ddot{\theta}_1 + g l_1 c_1 \\
y_{12} &= (l_1^2 + l_2^2 + 2 l_1 l_2 c_2)\ddot{\theta}_1 + (l_2^2 + l_1 l_2 c_2)\ddot{\theta}_2 - l_1 l_2 (2\dot{\theta}_1 \dot{\theta}_2 + \dot{\theta}_2^2) s_2 + g(l_1 c_1 + l_2 c_{12}) \\
y_{13} &= \dot{\theta}_1 \\
y_{14} &= sign(\dot{\theta}_1) \\
y_{15} &= 0 = y_{16} \\
y_{21} &= 0 \\
y_{22} &= (l_2^2 + l_1 l_2 c_2)\ddot{\theta}_1 + l_2^2 \ddot{\theta}_2 + l_1 l_2 \dot{\theta}_1^2 s_2 + l_2 g c_{12} \\
y_{23} &= 0 = y_{24} \\
y_{25} &= \dot{\theta}_2 \\
y_{26} &= sign(\dot{\theta}_2)
\end{aligned} \tag{4.25}$$

식 (4.24)를 보면 m과 k의 계수값을 가중치로 간주하였음을 알 수 있다. 이처럼 regression 함수는 모델로부터 구해지게 되므로 모델 기반 적응 제어 방식이 된다.

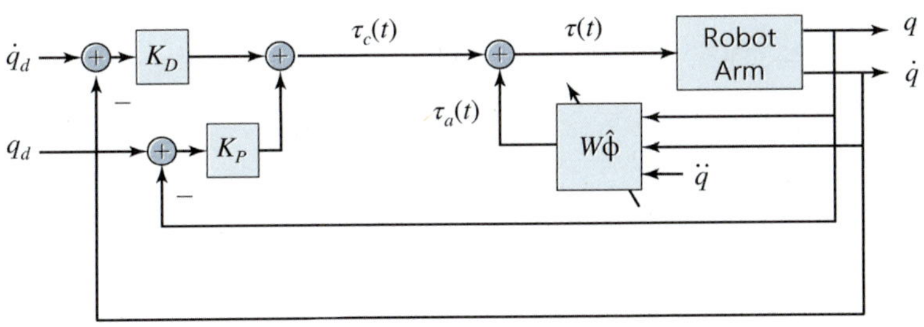

그림 4.4 적응 제어블록도

점검문제 4.1

위의 예제를 시뮬레이션해 보시오. 초기 조인트의 위치는 $q_0 = (\frac{\pi}{4}, \frac{\pi}{4})$이고, 목표 각도는

$q_f = (\frac{\pi}{2}, \frac{\pi}{3})$이다.

4.2.5 Filtered 적응 제어 예

로봇 동역학식을 다음과 같이 표현해 보자. 코리올리스와 원심력을 행렬과 벡터로 나누어 표현하면 다음과 같다.

$$D\ddot{q} + C_m\dot{q} + G = \tau \tag{4.26}$$

여기서 C_m은 n×n 행렬이다. 다음과 같이 오차에 대한 1차 필터를 정의하자.

$$\begin{aligned} s &= \dot{e} + \lambda e \\ &= (\dot{q}_d - \dot{q}) + \lambda(q_d - q) \end{aligned} \tag{4.27}$$

여기서 λ는 양의 상수이고 $e = q_d - q$이다. (4.27)을 미분하면 다음과 같다.

$$\begin{aligned} \dot{s} &= \ddot{e} + \lambda\dot{e} \\ &= (\ddot{q}_d - \ddot{q}) + \lambda(\dot{q}_d - \dot{q}) \end{aligned} \tag{4.28}$$

식 (4.27)과 (4.28)로부터

$$\begin{aligned} \dot{q} &= \dot{q}_d - s + \lambda e \\ \ddot{q} &= \ddot{q}_d - \dot{s} + \lambda\dot{e} \end{aligned} \tag{4.29}$$

(4.29)를 동역학식 (4.26)에 대입하여 정리하면 다음과 같이 변수 s로 표현되는데, 이를 'filtered **동역학식**'이라 한다.

$$D\dot{s} + C_m s = \tau_u - \tau \tag{4.30}$$

여기서 $\tau_u = D(\ddot{q}_d + \lambda\dot{e}) + C_m(\dot{q}_d + \lambda e) + G$이다.

제어 법칙을 다음과 같이 귀환 제어와 적응 제어 법칙의 합으로 정의하자.

$$\tau = W\hat{\Theta} + Ks \tag{4.31}$$

여기서 W는 regression 함수이고, $\hat{\Theta}$는 추정 변수 벡터이고, K는 이득행렬이다.

리아푸노프 함수를 다음과 같이 정의한다.

$$L(t) = \frac{1}{2}s^T Ds + \frac{1}{2}Tr\{\widetilde{\Theta}^T \Gamma^{-1}\widetilde{\Theta}\} \tag{4.32}$$

(4.32)를 미분하여 정리하면

$$\dot{L}(t) = \frac{1}{2}(\dot{s}^T Ds + s^T \dot{D}s + s^T D\dot{s}) + \frac{1}{2}Tr(\dot{\widetilde{\Theta}}^T \Gamma^{-1}\widetilde{\Theta} + \widetilde{\Theta}^T \dot{\Gamma}^{-1}\widetilde{\Theta} + \widetilde{\Theta}^T \Gamma^{-1}\dot{\widetilde{\Theta}}) \tag{4.33}$$

$$= s^T D\dot{s} + \frac{1}{2}s^T \dot{D}s + Tr(\widetilde{\Theta}^T \Gamma^{-1}\dot{\widetilde{\Theta}})$$

(4.30)과 (4.31)로부터

$$D\dot{s} + C_m s = W\Theta - W\widehat{\Theta} - Ks = W\widetilde{\Theta} - Ks \tag{4.34}$$

(4.34)에서 $D\dot{s} = W\widetilde{\Theta} - (K + C_m)s$를 (4.33)에 대입하여 정리하면

$$\dot{L}(t) = s^T(W\widetilde{\Theta} - (K + C_m)s) + \frac{1}{2}s^T \dot{D}s + Tr(\widetilde{\Theta}^T \Gamma^{-1}\dot{\widetilde{\Theta}}) \tag{4.35}$$

$$= s^T W\widetilde{\Theta} - s^T Ks + \frac{1}{2}s^T(\dot{D} - 2C_m)s + Tr(\widetilde{\Theta}^T \Gamma^{-1}\dot{\widetilde{\Theta}})$$

Skew symmetry를 적용하여 정리하면

$$\dot{L}(t) = s^T W\widetilde{\Theta} - s^T Ks + Tr(\widetilde{\Theta}^T \Gamma^{-1}\dot{\widetilde{\Theta}}) \tag{4.36}$$

$$= -s^T Ks + Tr(\widetilde{\Theta}^T(W^T s + \Gamma^{-1}\dot{\widetilde{\Theta}}))$$

(4.36)에서 안정성을 확보하는 $\dot{L}(t) < 0$을 만들기 위해 적응 제어 법칙을 다음과 같이 선택한다.

$$\dot{\widetilde{\Theta}} = -\Gamma W^T s \tag{4.37}$$

(4.37)을 (4.36)에 대입하면 $\dot{L}(t) < 0$을 만족하고 적응 제어 법칙은 다음과 같이 매우 간단해진다. Regression 함수 W만 필요하게 된다.

$$\widehat{\Theta}(t+1) = \widehat{\Theta}(t) + \Gamma W^T s \tag{4.38}$$

참고문헌

[1] R. P. Paul, "Robot Manipulators: Mathematics, Programming, and Control", The MIT Press, 1981

[2] William A. Wolovich, "ROBOTICS: Basic Analysis and Design", CBS College Publishing, 1981

[3] H. Asada and J. J. Slotine, "Robot Analysis and Control", John Wiley and Sons, 1986

[4] K. S. FU, R. C. Gonzales, C. S. G. Lee, "ROBOTICS", McGraw-Hill, 1987

[5] M. W. Spong and M. Vidyasagar, "Robot Dynamics and Control", John Wiley & Sons, 1989

[6] John J. Craig, "Introduction to Robotics", Addison-Wesley Publishing, 1989

[7] Phillip J. Mckerrow, "Introduction to ROBOTICS", Addison-Wesley Publishing, 1991

[8] J. J. Slotine and W. Li, "Applied nonlinear control", Prentice Hall, 1991

[9] F. L. Lewis, C. T. Abdallah, and D. M. Dawson, "Control of Robot Manipulators", Mc millan Publishing Company, 1993

[10] R. C. Dorf and R. H. Bishop, "Modern Control Systems", Addison-Wesley, 1995

[11] Z. Qu and D. M. Dawson, "Robust Tracking Control of Robot Manipulators", IEEE Press, 1996

[12] L. Sciavicco and B. Siciliano, "Modeling and Control of Robot Manipulators", McGraw-Hill Company, 1996

[13] 정 슬, "공학도를 MATLAB 및 SIMULINK의 기초", 교문사, 2001

[14] 정 슬, "로봇공학", 충남대학교 출판부, 2002

[15] 정 슬, "지능시스템 I: 신경회로망의 구조와 사용법", 충남대학교 출판부, 2004

[16] 정 슬, "지능시스템 II: 지능제어", 충남대학교 출판부, 2005

[17] 정 슬, "제어시스템 분석과 MATLAB 및 SIMULINK의 활용", 교문사, 2010

[18] 임선빈, 정 슬, "미정보 환경하에서의 신경회로망 힘추종 로봇제어 기술의 실험적 연구", 제어 자동화 시스템 공학 논문지, 8권 4호, pp. 338-344, 2002

[19] 전풍우, 정 슬, "장님 이동로봇의 힘제어: 분석, 시뮬레이션 및 실험", 제어 자동화 시스템 공학 논문지, 9권 10호, pp. 798-807, 2003

[20] 전풍우, 정 슬, "힘제어 기반의 틈새 추종 로봇의 제작 및 제어에 관한 연구: Part II. 힘제어", 제어 자동화 시스템 공학 논문지, 11권 4호, pp. 337-343, 2005

[21] 엄일용, 석진영, 정 슬, "힘자율 주행 헬리콥터의 위치 추종 제어를 위한 LQR 제어 및 신경회로망 보상 방식", 제어 자동화 시스템 공학 논문지, 11권 11호, pp. 930-935, 2005

[22] 정 슬, 하천장, "자율 주행 이동 로봇의 슬립을 고려한 횡방향 임피던스 힘제어에 대한 연구", 제어 자동화 시스템 공학 논문지, 12권 2호, pp. 161-167, 2006

[23] 전효원, 정 슬, "힘제어 기반의 로봇 팔과 인간팔의 상호 작용을 위한 임베디드 시스템 설계", 제어 자동화 시스템 공학 논문지, 15권 11호, pp. 1096-1101, 2009

[24] 배영걸, 최호진, 정 슬, "원격제어 시스템의 종로봇인 이동 로봇의 제작과 힘 추종 제어 구현", 제어 자동화 시스템 공학 논문지, 16권 7호, pp. 681-687, 2010

Sliding Mode Control

X

Y

CHAPTER 5

슬라이딩 모드 제어

CHAPTER 5

슬라이딩 모드 제어

5.1 소개

슬라이딩 모드 제어는 일명 '뱅뱅제어'라 하며 비선형 강건 제어의 대표적인 방식이다. 그림 5.1에 보여진 것처럼 슬라이딩 표면을 정의하고 어떤 상태를 슬라이딩 표면으로 가도록 제어기 입력을 설계하는 방식이다. 일단 슬라이딩 표면으로 가게 되면 $s(t)=0$인 조건을 만족하게 되어 원하는 상태로 수렴하게 된다. 슬라이딩 제어 방식은 시스템의 불확실성이나 외란 등에 의한 문제를 해결하기 위해 사용한다.

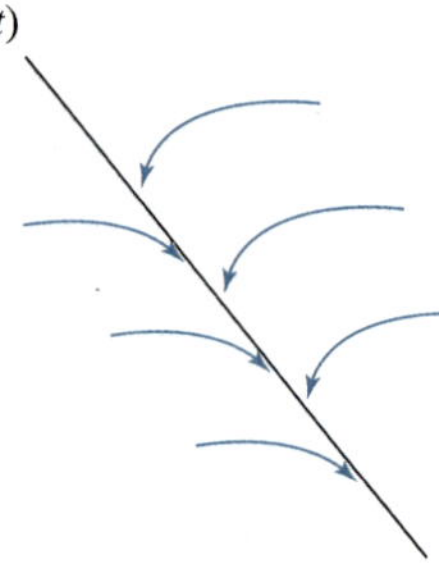

그림 5.1 슬라이딩 표면

슬라이딩 표면은 다음과 같이 정의된다.

$$s(x,\ t)=(\frac{d}{dt}+\lambda)^{n-1}x(t)=0 \tag{5.1}$$

여기서 $\lambda>0$으로 상수이다. 그림 5.2를 보면 슬라이딩 표면에서 상태의 움직임을 예시하고 있다. 현재 상태 $(x_a,\ \dot{x}_a)$에서 목표 상태 $(x_d,\ \dot{x}_d)$로 가기 위해 먼저 슬라이딩 표면 $s(x,\ \dot{x})$으로 가야 한다. 일단 슬라이딩 표면에 다다르면 미끄러지듯이 목표 상태 $(x_d,\ \dot{x}_d)$에 도달하게 된다. 이것이 슬라이딩 제어 방식의 원리이다.

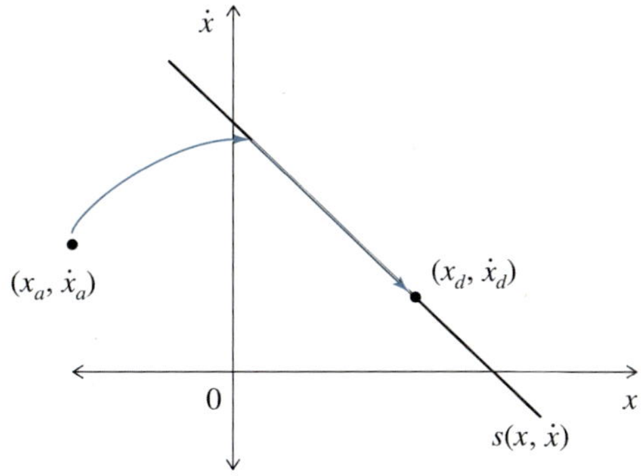

그림 5.2 슬라이딩 표면에서 상태의 움직임

간단히 $n=2$, 즉 2차 시스템인 경우를 살펴보면 다음과 같다.

$$s(x,\ t) = (\frac{d}{dt} + \lambda)x(t) = \dot{x}(t) + \lambda x(t) = 0 \tag{5.2}$$

슬라이딩 표면은 x, $\dot{x}$의 선의 방정식으로 표현된다. 그렇다면 슬라이딩 표면을 다음과 같이 추종 오차의 함수로 나타내 보자.

$$s(e,\ \dot{e}) = \dot{e}(t) + \lambda e(t) = 0 \tag{5.3}$$

그림 5.2로부터 기울기 λ인 오차 평면에서의 관계식은 다음과 같다.

$$\dot{e} = -\lambda e \tag{5.4}$$

그림 5.2에서 보면 슬라이딩 라인을 중심으로 크게 두 영역으로 나뉜다.

i) $s = \dot{e} + \lambda e > 0$, 슬라이딩 라인의 윗부분
   $\dot{s} > 0$이면 슬라이딩 라인에서 벗어남
ii) $s = \dot{e} + \lambda e < 0$, 슬라이딩 라인의 아랫부분
   $\dot{s} < 0$이면 슬라이딩 라인에서 벗어남

따라서 슬라이딩 라인에서 벗어나지 않도록 하고 슬라이딩 라인으로 향하도록 만족하는 조건은 다음과 같이 구할 수 있다.

$$\dot{s}s < 0 \tag{5.5}$$

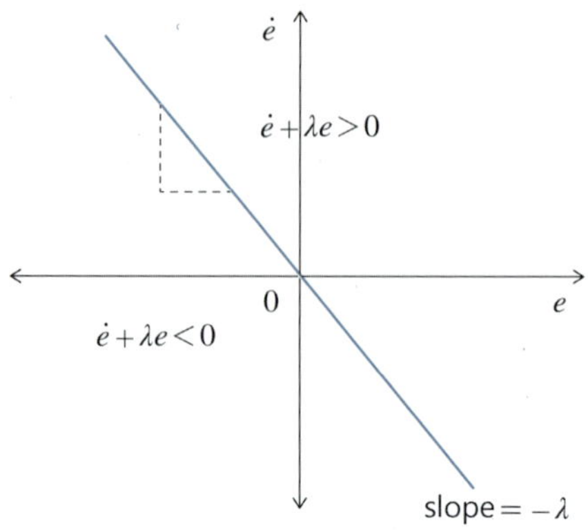

그림 5.3 슬라이딩 오차 표면

예제 5.1

다음의 비선형 시스템을 슬라이딩 제어기로 제어해 보자.

$$\ddot{x}=f+u \tag{5.6}$$

슬라이딩 표면은 다음과 같다.

$$s=(\frac{d}{dt}+\lambda)e=\dot{e}+\lambda e \tag{5.7}$$

추종 오차는 다음과 같다.

$$e=x_d-x \tag{5.8}$$

여기서 x_d는 원하는 상태이다. (5.7)에서 s를 미분하고 (5.8)을 대입하면

$$\begin{aligned}\dot{s}&=\ddot{e}+\lambda\dot{e}\\&=\ddot{x}_d-\ddot{x}+\lambda\dot{e}\\&=-f-u+\ddot{x}_d+\lambda\dot{e}\end{aligned} \tag{5.9}$$

모델 기반 제어 입력은 다음과 같다.

$$\hat{u}=\hat{f}-\ddot{x}_d \tag{5.10}$$

여기서 $\hat{f}$는 동역학 모델이다.

제어 입력은 슬라이딩 조건을 만족하기 위해 다음과 같이 설정한다. 제어기는 모델과 비선형 함수 $ksign(s)$를 포함하여 불연속 함수를 구성한다. $sign(s)$ 함수는 이산 신호이므로 시스템의 응답이 불연속으로 나타난다.

$$u = -\hat{u} + ksign(s) = -\hat{f} + \ddot{x}_d + ksign(s) \tag{5.11}$$

5.2 안정성

다음의 Lyapunov 함수를 고려해 보자.

$$V = \frac{1}{2}s^2 \tag{5.12}$$

미분하면

$$\begin{aligned} \dot{V} &= s\dot{s} \\ &= s(\ddot{e} + \lambda\dot{e}) \\ &= s(\ddot{x}_d - \ddot{x} + \lambda\dot{e}) \\ &= s(-f - u + \ddot{x}_d + \lambda\dot{e}) \\ &= s(-f + \hat{f} - ksign(s)) \\ &= s\Delta f - k|s| \end{aligned} \tag{5.13}$$

여기서 $|s| = s \cdot sign(s)$. 만약 모델이 정확하다면, 즉 $\hat{f} = f$이면 $\Delta f = 0$이므로 안정하게 된다.

$$\dot{V} = -k|s| \leq 0 \tag{5.14}$$

이는 다음과 같은 슬라이딩 조건식을 만족한다.

$$\dot{V} = \frac{1}{2}\frac{d}{dt}s^2 \leq -\eta|s| \tag{5.15}$$

즉, 슬라이딩 조건은 다음과 같다.

$$\dot{s}s \leq -\eta |s| \leq 0 \tag{5.16}$$

5.3 채터링 현상

식 (5.11)에서 보면 슬라이딩 라인으로 보내기 위해 비선형 함수 sign 함수를 사용한 것을 볼 수 있다. 이는 제어 입력에서 연속이 아닌 불연속 제어 입력 신호를 발생시키므로 시스템 응답에 있어 불연속적인 응답, 즉 채터링(chattering)이 발생한다. 구동기의 채터링은 실제로 시스템이 저역통과 필터 역할을 하므로 시스템의 출력에는 잘 나타나진 않지만 구동기에 무리가 갈 수 있다. 이 점이 슬라이딩 제어 방식의 가장 큰 단점이다.

이 채터링 현상을 줄이기 위해 다음과 같은 saturation 비선형 함수를 사용해 보자.

$$sat(x) = \begin{cases} x, & |x| < 1 \\ sign(x), & |x| \geq 1 \end{cases} \tag{5.17}$$

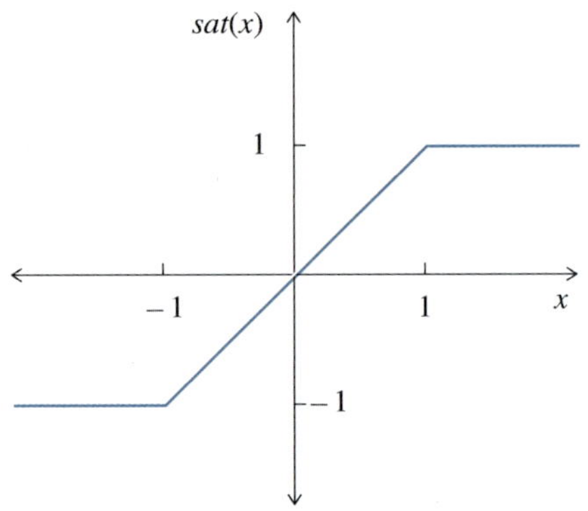

그림 5.4 sat(x) 함수

제어 입력은 다음과 같다.

$$u = \hat{u} - k\,sat\left(\frac{s}{\phi}\right), \quad \phi > 0,\ k > 0 \tag{5.18}$$

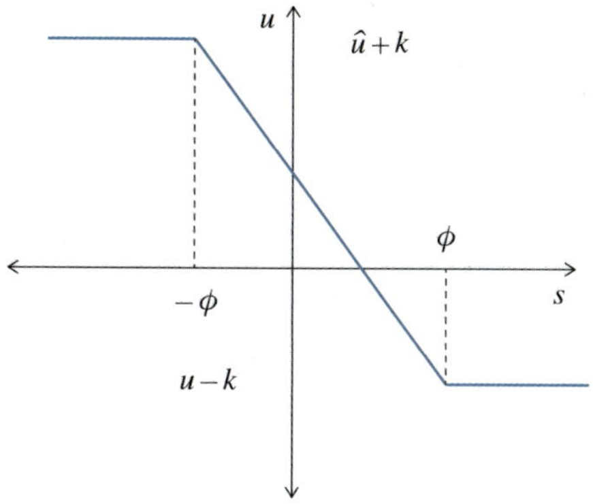

그림 5.5 sat(x) 함수

다음 시스템을 고려해 보자.

$$\ddot{x}(t) = f(x,\ t) + u + d \tag{5.19}$$

여기서 u는 제어 입력, d는 외란이다.

식 (5.9)에서 식 (5.19)를 대입하면

$$\dot{s}(x,\ t) = -f - u - d + \ddot{x}_d + \lambda\dot{e} \tag{5.20}$$

슬라이딩 표면 $s(x,\ t) = 0$이면 $e = 0$이 되므로 $x \to x_d$임을 알 수 있다.

$\dot{s}(x,\ t) = 0$으로 하기 위해 제어 입력 u를 다음과 같이 선택한다.

$$u = -\hat{f} + \ddot{x}_d + \lambda\dot{e} + k \cdot sat(\frac{s}{\phi}) \tag{5.21}$$

식 (5.21)을 식 (5.20)에 대입하면

$$\dot{s}(x,\ t) = \Delta f + d - ksat(\frac{s}{\phi}) \tag{5.22}$$

여기서 모델링 오차 $\Delta f = \hat{f} - f$이다.

일반적으로 많이 사용하는 슬라이딩 제어기는 제어 변수의 갑작스런 변화를 줄이기 위해 sign 함수를 sat 함수로 바꾸어서 사용한다.

(5.13)에서 안정성을 만족하기 위해 적절한 k값의 선택이 중요하다. 시스템의 동역학 모델을 정확하게 알면 알수록 모델에 의한 불확실성 Δf가 작아지게 되어 k의 값도 작게 설정할 수 있게 된다. 하지만 모델을 모르는 경우, 즉 모델을 사용하지 않는다면 k값으로 보상해

야 하므로 k값을 잘 설정해야 한다.

따라서 최근에는 k값을 지능적으로 선정하기 위해 다음과 같은 퍼지 슬라이딩 모드 제어기를 사용하기도 한다. 즉, 슬라이딩 모드 제어기 부분을 퍼지 제어기로 대체하는 것이다. 퍼지는 비선형이므로 동역학 모델과 불확실성을 모두 보상하는 방식으로 정하면 제어 법칙은 다음과 같다.

$$u = \ddot{x}_d + \lambda\dot{e} + Fuzzy(s) \tag{5.23}$$

식 (5.20)에 대입하여 정리하면

$$\begin{aligned}\dot{s}(x,\ t) &= -f + \ddot{x}_d + \lambda\dot{e} + Fuzzy(s) - d - \ddot{x}_d - \lambda\dot{e} \\ &= -(f + d) + Fuzzy(s)\end{aligned} \tag{5.24}$$

마찬가지로 신경회로망을 보상기로 사용하는 경우에 제어 법칙은 다음과 같다.

$$u = \ddot{x}_d + \lambda\dot{e} + NN(s) \tag{5.25}$$

식 (5.20)에 대입하여 정리하면 신경회로망이 동역학과 불확실성을 보상하도록 학습 신호를 $\dot{s}$로 정한다.

$$\begin{aligned}\dot{s}(x,\ t) &= -f + \ddot{x}_d + \lambda\dot{e} + NN(s) - d - \ddot{x}_d - \lambda\dot{e} \\ &= -(f + d) + NN(s)\end{aligned} \tag{5.26}$$

5.4 슬라이딩 모드 제어 시뮬레이션

SIMULINK 예제 5.1 | 로봇 팔의 모델 기반 슬라이딩 모드 제어

① 제어 법칙

$$\tau = \hat{D}(q)u(t) + \hat{h}(q,\ \dot{q})$$

$$\text{CTC:}\ \ u = \ddot{q}_d + K_D(\dot{q}_d - \dot{q}) + K_P(q_d - q)$$

$$\text{SMC:}\ \ u = \ddot{q}_d + \lambda(\dot{q}_d - \dot{q}) + k \cdot sat\left(\frac{s}{\phi}\right)$$

$$K_P = 100\mathrm{I},\ K_D = 20\mathrm{I},\ \mathrm{k} = [100\ \ 200\ \ 200],\ \lambda = 10$$

② SIMULINK 프로그램

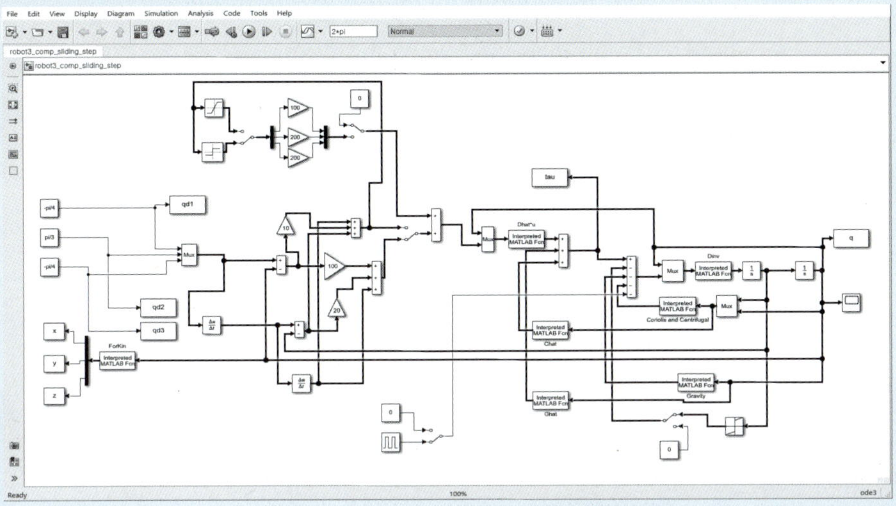

그림 5.6 슬라이딩 모드 제어 시뮬레이션

③ 결과

그림 5.7은 2축 로봇을 계산 토크 방식 제어기와 슬라이딩 모드 제어기로 제어한 것이다. 모델 오차가 있는 계산 토크 방식의 제어기로 제어한 경우보다 오차와 외란에 의한 영향이 많이 줄어든 것을 확인할 수 있다. 그러나, 그림 5.7(b)를 보면 조인트 3에서 마찰력이 추종에 미친 영향을 볼 수 있다.

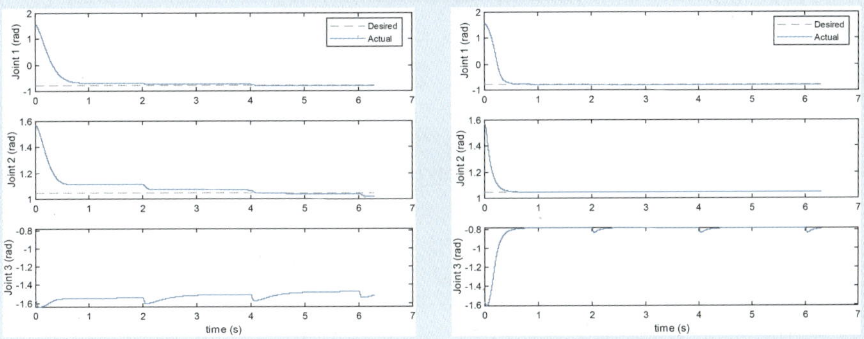

(a) Computed torque method (50% model and disturbance)

(b) Sliding mode control method (50% model and disturbance)

그림 5.7 슬라이딩 모드 제어 조인트 추종 결과

SIMULINK 예제 5.2 | 로봇 팔의 무모델 기반 슬라이딩 모드 제어

① 외란 및 조인트 마찰력

$$d = 100^{*}pulse,\ \tau_f = sign(\dot{q})(5|\dot{q}| + 10)$$

② 제어 법칙

$$\text{PD: } \tau = 20(\dot{q}_d - \dot{q}) + 100(q_d - q)$$

$$\text{SMC: } \tau = \ddot{q}_d + \lambda(\dot{q}_d - \dot{q}) + k \cdot sign(s)$$

$$\text{k} = [100\ \ 200\ \ 100],\ \lambda = 20$$

③ SIMULINK 프로그램

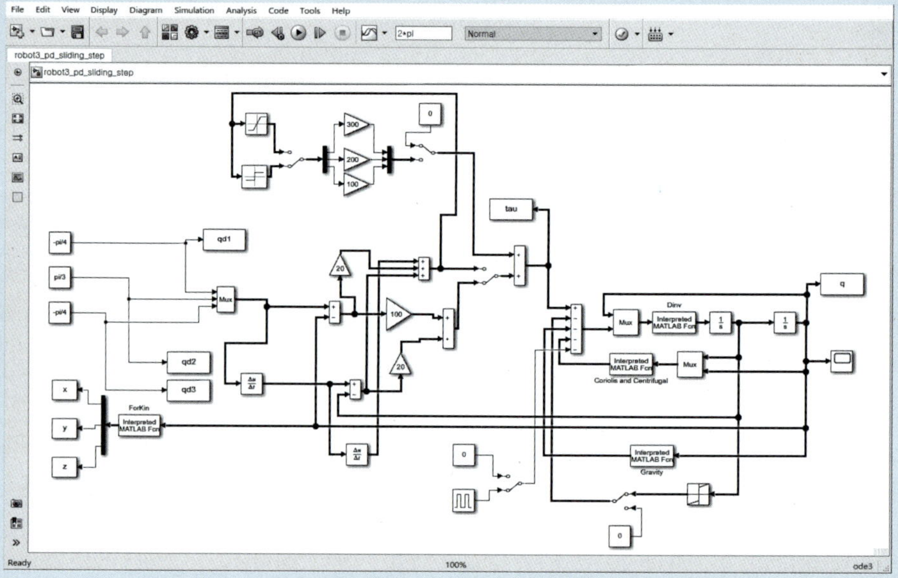

그림 5.8 무모델 슬라이딩 모드 제어 시뮬레이션

④ **결과**

그림 5.9(b)에서 보면 슬라이딩 모드 제어기의 추종 성능이 향상된 것을 볼 수 있지만 오버슈트가 발생하였다. 이에 $\lambda = 10$으로 낮춰 그림 5.10에서 오버슈트를 줄였다.

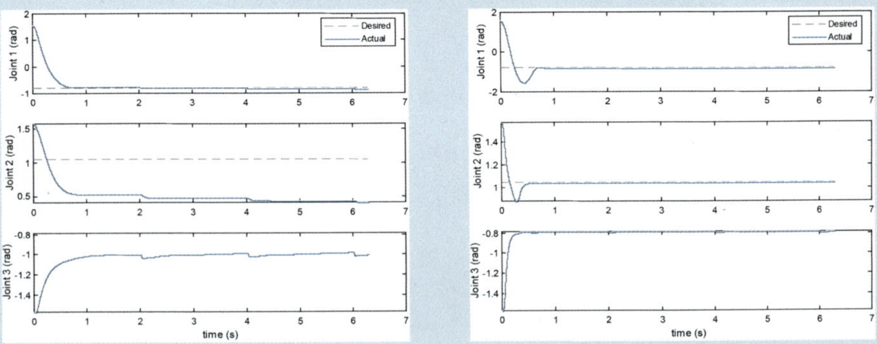

(a) PD control　　(b) Sliding mode control

그림 5.9 슬라이딩 모드 제어 결과($\lambda = 20$)

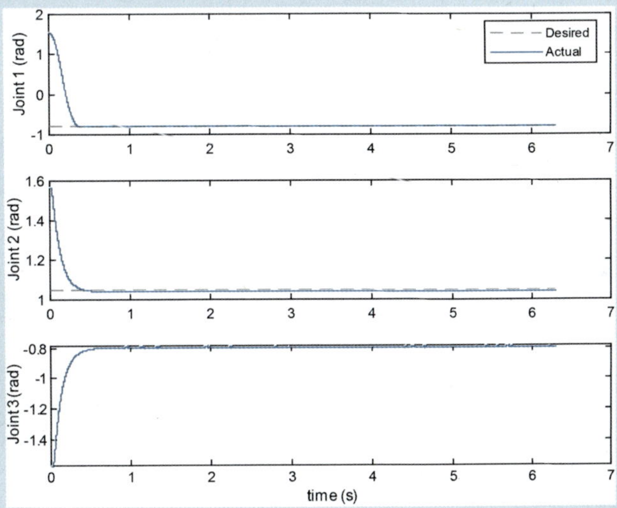

그림 5.10 슬라이딩 모드 제어 결과($\lambda = 10$)

SIMULINK 예제 5.3 | 로봇 팔의 무모델 기반 슬라이딩 모드 제어: 마찰력 추가

① 외란 및 조인트 마찰력

$$d = 100^* pulse, \ \ \tau_f = sign(\dot{q})(5|\dot{q}| + 10)$$

② 제어 법칙

$$\text{PD:} \ \ \tau = 20(\dot{q}_d - \dot{q}) + 100(q_d - q)$$

$$\text{SMC:} \ \ \tau = \ddot{q}_d + \lambda(\dot{q}_d - \dot{q}) + k \cdot sign(s)$$

$$\text{k} = [100 \ \ 200 \ \ 100], \ \ \lambda = 20$$

③ SIMULINK 프로그램

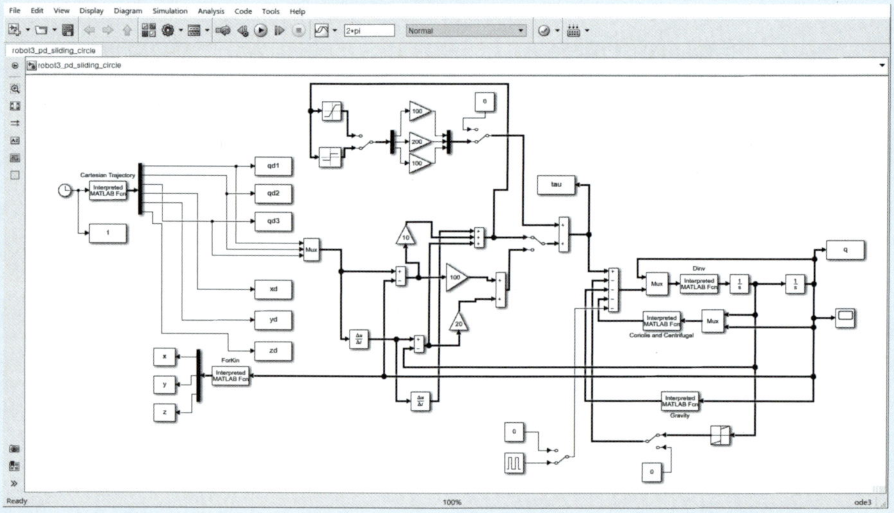

그림 5.11 무모델 슬라이딩 모드 제어 시뮬레이션(마찰력 추가)

④ 결과

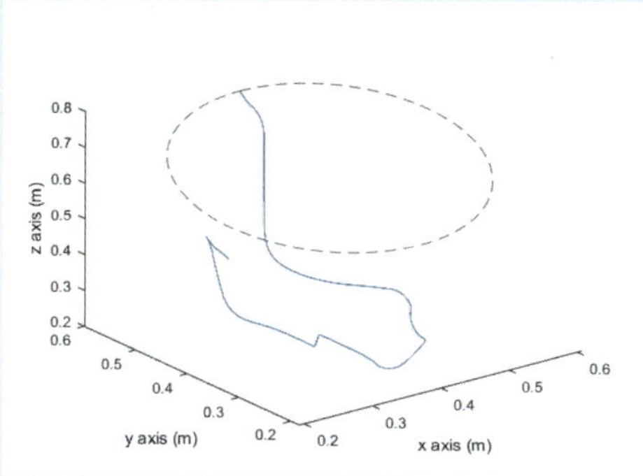

(a) PD 제어

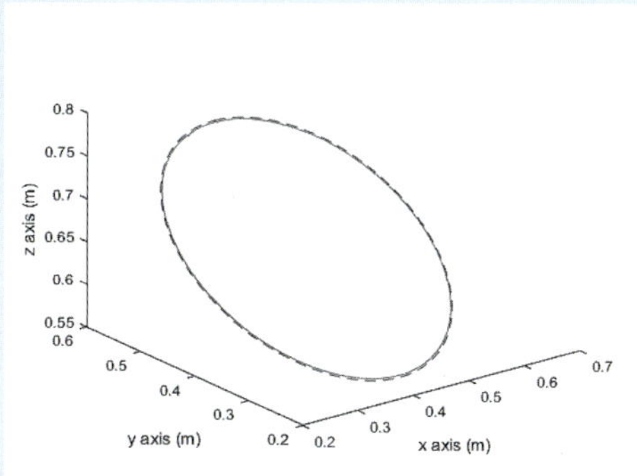

(b) 슬라이딩 모드 제어

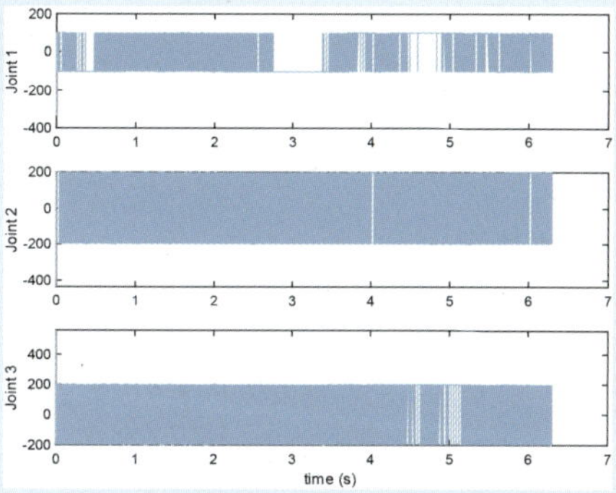

(c) 슬라이딩 모드 제어 토크

그림 5.12 **원 경로 추종**(signum function)

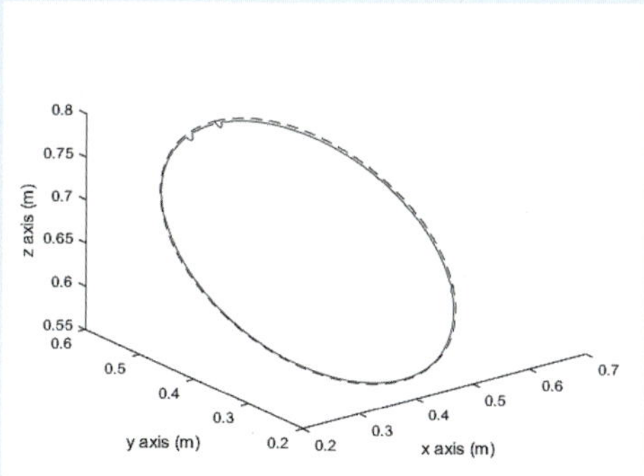

(a) SMC 원 경로 추종

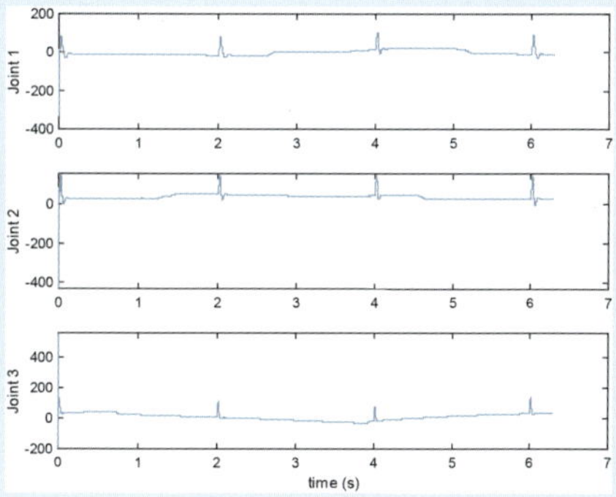

(b) Joint Torques

그림 5.13 SMC **원 경로 추종**(saturation function)

그림 5.12에서 sign 함수를 사용해서 추종 성능을 높일 수 있지만 토크 입력을 보면 계속적인 채터링 현상이 나타난다. 따라서 sign 함수 대신에 sat 함수를 사용해서 구동기에 무리를 주는 채터링을 방지하는 것이 중요하다. 그림 5.13(b)에서 토크를 보면 채터링이 사라진 것을 볼 수 있다.

점검문제 5.1

점검문제 4.1(p.145)의 로봇을 슬라이딩 모드 제어를 사용하여 시뮬레이션해 보시오. 슬라이딩 제어기의 이득값 k를 조절하여 시뮬레이션해 보시오.

Robust Control

CHAPTER 6

강건 제어

CHAPTER 6

강건 제어

6.1 선형 외란 관측기

관측기(observer)는 시스템 모델을 통해 실제 시스템이 필요한 상태나 외란을 추정하는 것을 말한다. 관측기에는 시스템의 상태를 추정하는 상태 관측기, 외란을 관측하는 외란 관측기가 있다. 상태 관측기는 센서를 통해 시스템의 위치나 각도는 측정할 수 있지만 속도나 각속도는 직접 측정할 수 없는 경우에 시스템의 모델을 통해 추정하는 것을 말한다.

외란 관측기(Disturbance Observer: DOB)는 관측기의 일종으로 모델을 기준으로 외란을 검출해 내어 제거하는 제어 방식이므로 강건 제어 방식에 속한다. 외란 관측기는 그 구조가 매우 간단하여 실제 시스템에 적용이 쉬운 제어 방법 중 하나이다. 주로 외란이 있을 경우에 그 외란을 평가하여 서로 상쇄시키는 제어 방식이다.

그림 6.1은 간단한 외란 관측기 구조를 보여준다. 외란 $D(s)$가 제어 입력 $U(s)$와 더해진 입력 $\tilde{U}(s)$가 시스템에 입력되면 시스템의 $Y(s)$가 출력되고 역으로 시스템의 역모델 $\frac{1}{G_m(s)}$을 거치게 되면 $\tilde{U}(s)$의 추정값 $\hat{\tilde{U}}(s)$를 만들게 된다.

여기서 추정값은 다음과 같다.

$$\hat{\tilde{U}}(s) \approx \tilde{U}(s) = D(s) + U(s) \tag{6.1}$$

추정값에서 $U(s)$를 빼면 외란을 추정할 수 있다.

$$\hat{\tilde{U}}(s) - U(s) = \hat{D}(s) \tag{6.2}$$

외란은

$$\hat{D}(s) = \frac{1}{G_m(s)} Y(s) - U(s) \tag{6.3}$$

$$= \frac{1}{G_m(s)} G(s)\tilde{U}(s) - U(s)$$

모델이 정확하면, 즉 $G_m(s) = G(s)$이면 다음과 같이 외란을 추종한다.

$$\begin{aligned} \hat{D}(s) &= \tilde{U}(s) - U(s) \\ &= D(s) \end{aligned} \tag{6.4}$$

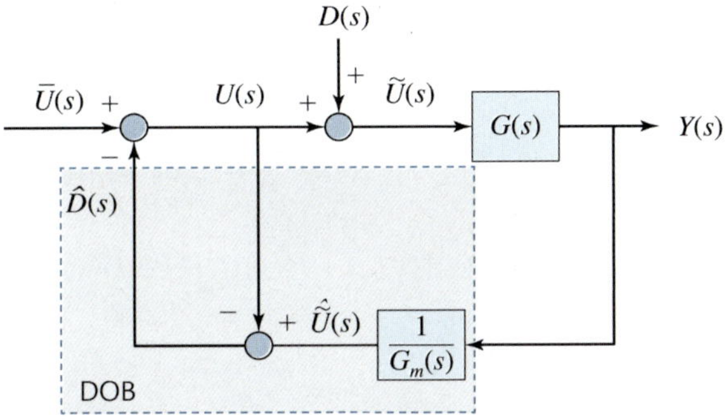

그림 6.1 외란 관측기 구조

따라서 모델이 정확하지 않을 경우에는 외란을 정확하게 관측할 수 없으므로 모델의 정확도에 따라 그 성능이 좌우된다. 이 경우에 Q필터를 추가하여 문제를 해결한다. 그림 6.2는 Q필터가 포함된 외란 관측기를 포함하는 전체 제어 구조를 보여준다.

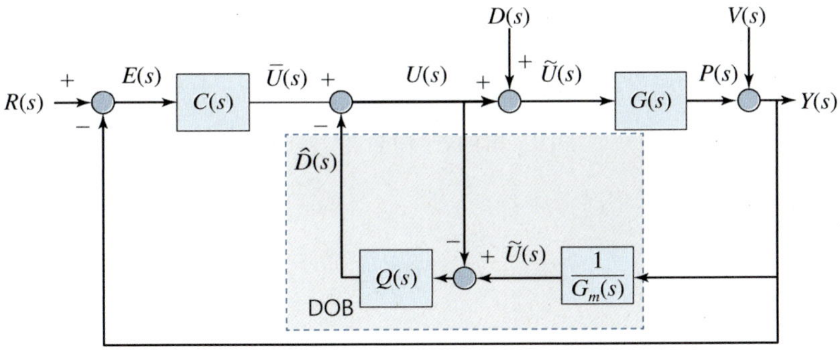

그림 6.2 외란 관측기 제어 구조

출력은

$$Y(s) = V(s) + G(s)\tilde{U}(s) \qquad (6.5)$$
$$= V(s) + G(s)(U(s) + D(s))$$

외란 추정은 다음과 같다.

$$\hat{D}(s) = Q(\frac{Y(s)}{G_m(s)} - U(s)) \qquad (6.6)$$

식 (6.6)에 (6.5)를 대입하면

$$G_m(s)\hat{D}(s) = Q(s)[(V(s) + G(s)(U(s) + D(s))) - G_m(s)U(s))] \qquad (6.7)$$

제어 입력은 $U(s) = \bar{U}(s) - \hat{D}(s)$ 이므로, $G_m(s)$를 곱한 뒤에 식 (6.7)을 대입하면 다음과 같다.

$$G_m(s)U(s) = G_m(s)\bar{U}(s) - Q(s)[(V(s) + G(s)(U(s) + D(s))) - G_m(s)U(s))] \qquad (6.8)$$

식 (6.8)을 $U(s)$로 정리하면 다음과 같다.

$$U(s) = \frac{G_m(s)\bar{U}(s) - Q(s)(V(s) + G(s)D(s))}{G_m(s) + Q(s)(G(s) - G_m(s))} \qquad (6.9)$$

출력 $P(s)$는 다음과 같다.

$$P(s) = G(s)U(s) + G(s)D(s) \qquad (6.10)$$
$$= \frac{1}{G_m(s) + Q(s)(G(s) - G_m(s)}[G_m(s)G(s)\bar{U}(s) - G(s)Q(s)V(s) + G_m(s)G(s)(1 - Q(s))D(s)]$$

식 (6.10)에서 외란의 영향을 최소화하기 위한 조건은 $|Q(s)| = 1$로 하고 모델이 정확하다고 가정하면, 즉 $G_m(s) = G(s)$이면 출력은 다음과 같이 외란의 영향이 없어지지만 센서 잡음의 영향이 남게 된다.

$$P(s) = G_m(s)\bar{U}(s) - V(s) \qquad (6.11)$$

식 (6.10)에서 $Q(s)$를 저역통과 필터로 정하면 센서의 고주파 잡음은 걸러질 수 있다. 그러므로 외란과 잡음에 강건하기 위해서 Q필터는 크기가 1인 저역통과 필터로 선정한다.

점검문제 6.1

다음 DOB 구조는 어떤 문제가 있는지 적어 보시오.

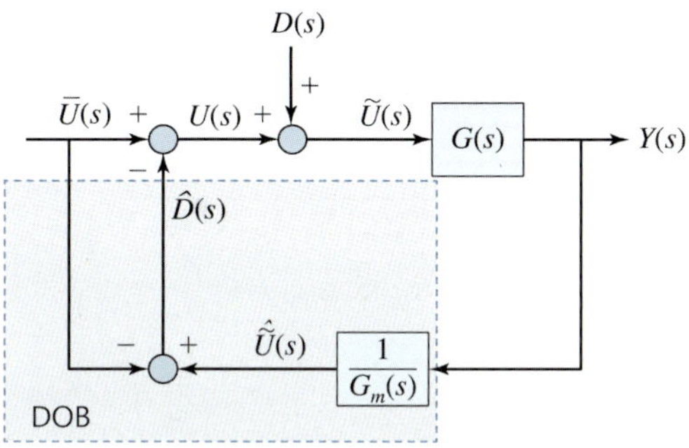

(a) 구조 1

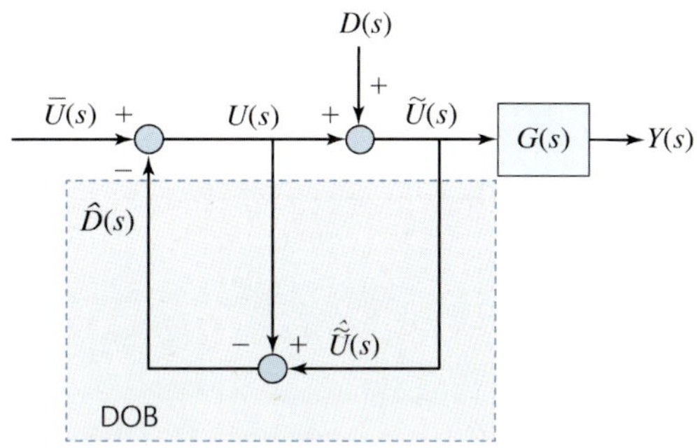

(b) 구조 2

그림 6.3 외란 관측기 구조 예

SIMULINK 예제 6.1 | 선형 시스템의 외란 관측기

$G(s)=\dfrac{s^2+2s+1}{s^2}$, $C(s)=10+5s+0.1\dfrac{1}{s}$ 인 경우에 외란 관측기를 설계해 보자.

그림 6.5는 응답으로 DOB를 사용하면 오차가 줄어드는 것을 볼 수 있다.

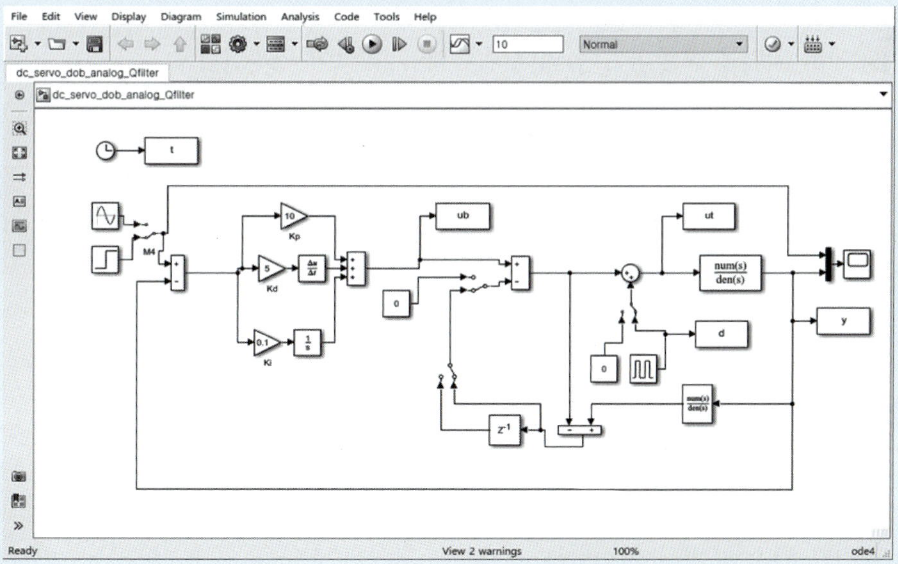

그림 6.4 선형 시스템을 위한 외란 관측기 구조

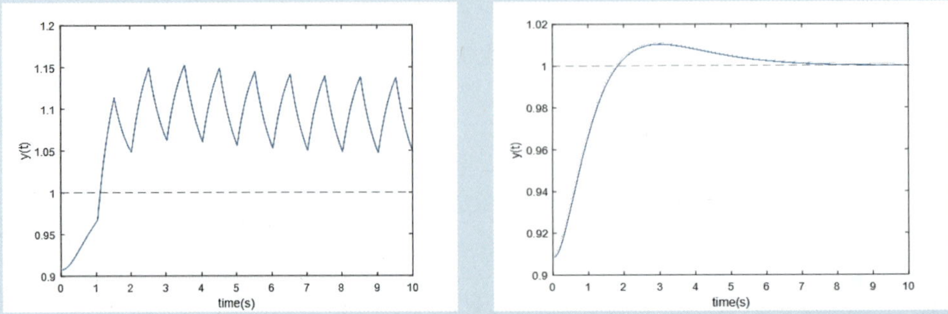

(a) No DOB (b) DOB

그림 6.5 선형 시스템 응답

6.2 비선형 외란 관측기

6.2.1 모델 기반 DOB 방식

비선형 외란 관측기는 그림 6.2에서 시스템의 역모델 부분 $\frac{1}{G_m(s)}$을 역동역학으로 대체한다. 또한 역동역학 모델에 외란이 포함되어 있다고 가정한다. 로봇 팔을 제어하는 외란 관측기를 설계해 보자.

그림 6.6에서 외란을 포함하는 동역학식은 다음과 같이 가정한다.

$$\tilde{\tau}(t) = D(t)\ddot{q}(t) + C(t) + G(t) + \tau_d(t) \tag{6.12}$$

$D(t) = D(q)$, $C(t) = C(q, \dot{q})$, $G(t) = G(q)$이고 제어 입력 $\tau(t)$는 다음과 같다.

$$\tau(t) = \hat{D}(t)u(t) + \hat{C}(t) + \hat{G}(t) - \hat{\tau}_d(t-T) \tag{6.13}$$

$\hat{D}(t) = \hat{D}(q)$, $\hat{C}(t) = C(q, \dot{q})$, $\hat{G}(t) = G(q)$이고 여기서 T는 샘플링 시간이다.

PD 제어는

$$u(t) = \ddot{q}_d(t) + K_D\dot{e}(t) + K_P e(t) \tag{6.14}$$

실제 외란은 다음과 같이 정의된다.

$$\tau_d(t) = \tilde{\tau}(t) - \tau(t) \tag{6.15}$$

하지만 $\tilde{\tau}(t)$를 측정할 수 없으므로 이를 역동역학 모델 τ_{est}를 이용하여 평가한다. 모델이 정확하면 외란은 다음과 같이 나타난다.

$$\begin{aligned}\hat{\tau}_d(t) &= \tau_{est}(t) - \tau(t) \\ &= \tau_d(t) + \tau(t) - \tau(t) = \tau_d(t)\end{aligned} \tag{6.16}$$

식 (6.16)에서 역동역학 모델은 다음과 같다.

$$\tau_{est}(t) = \hat{D}(t)\ddot{q}(t) + \hat{C}(t) + \hat{G}(t) \tag{6.17}$$

식 (6.17)에서 보듯이 모델과 가속도 측정의 정확도에 따라 외란 관측의 정확도가 증가한다. (6.13)과 (6.16)을 통해 전체적인 제어 법칙은 다음과 같다.

$$\tau(t) = \hat{D}(t)u(t) + \hat{C}(t) + \hat{G}(t) - (\tau_{est}(t-T) - \tau(t-T)) \tag{6.18}$$

(6.17)을 (6.18)에 대입하면

$$\begin{aligned}\tau(t) &= \hat{D}(t)u(t) + \hat{C}(t) + \hat{G}(t) - (\hat{D}(t-T)\ddot{q}(t-T) + \hat{C}(t-T) + \hat{G}(t-T) - \tau(t-T)) \\ &= \hat{D}(t)u(t) - \hat{D}(t-T)\ddot{q}(t-T) + \hat{C}(t) + \hat{G}(t) - \hat{C}(t-T) - \hat{G}(t-T) + \tau(t-T))\end{aligned} \tag{6.19}$$

만약 샘플링 시간이 충분히 빠르다고 가정하면

즉, $\tau(t) = \tau(t-T)$, $\hat{C}(t) = \hat{C}(t-T)$, $\hat{G}(t) = \hat{G}(t-T)$ 이면 (6.19)는 다음과 같다.

$$\hat{D}(u(t) - \ddot{q}(t-T)) = 0 \tag{6.20}$$

(6.14)를 대입하여 정리하면 독립적인 조인트 제어가 가능하게 된다.

$$\hat{D}(\ddot{e}(t) + K_D\dot{e}(t) + K_P e(t)) = 0 \tag{6.21}$$

또한 중요한 것은 가속도를 정확하게 측정해야 한다.

그림 6.6은 로봇 팔을 외란 관측기로 제어하는 블록도를 나타낸다.

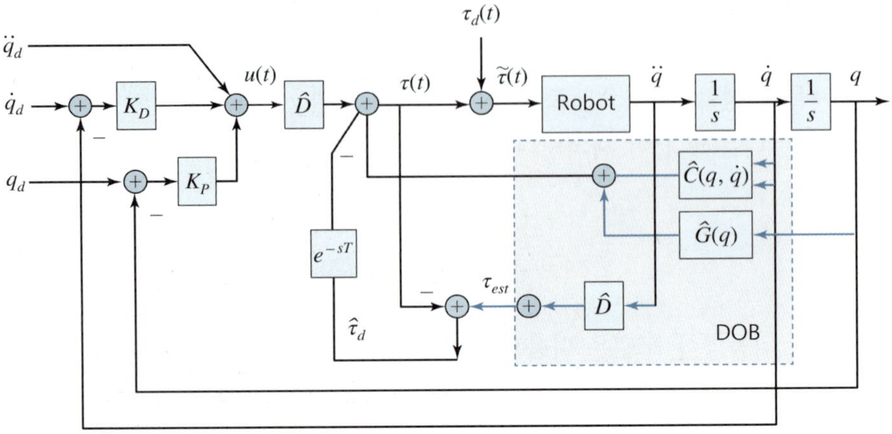

그림 6.6 로봇 팔의 비선형 DOB의 구조

SIMULINK 예제 6.2 | 3축 로봇 팔의 비선형 DOB 제어

① 그림 6.7은 주기 2초의 펄스 형태의 외란이 각 조인트에 주어졌다.

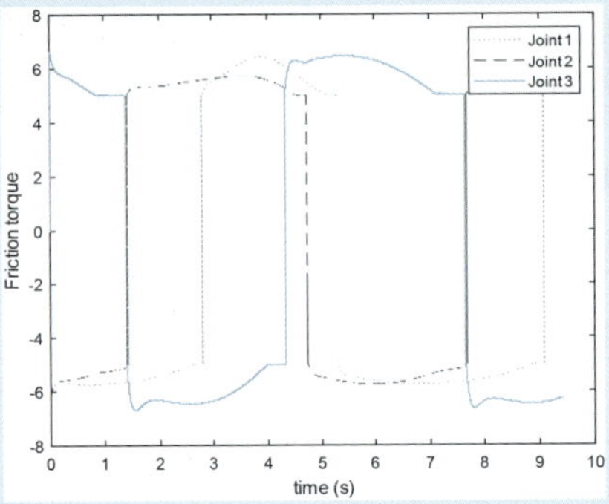

(a) Friction

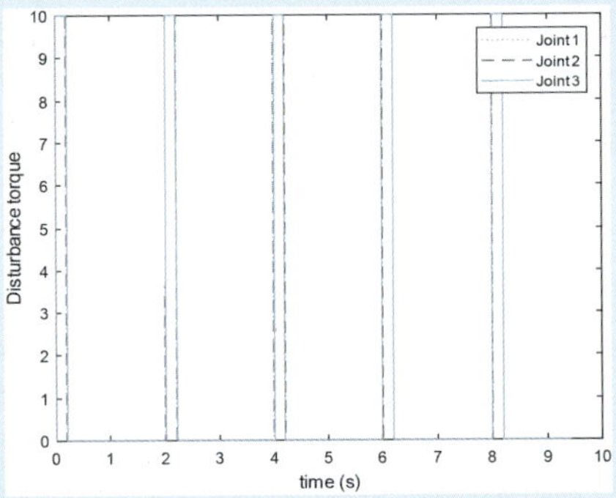

(b) Disturbance

그림 6.7 로봇의 불확실성

② 제어 법칙

$$\tau(t) = \hat{D}(t)u(t) + \hat{C}(t) + \hat{G}(t) + \hat{\tau}_d(t),\ \ u(t) = \ddot{q}_d(t) + K_D\dot{e}(t) + K_P e(t)$$

$$\hat{\tau}_d(t) = \tau_{est}(t) - \tau(t),\ \ \tau_{est} = \hat{D}(t)\ddot{q}(t) + \hat{C}(t) + \hat{G}(t)$$

$$K_D = 20I,\ K_P = 100I,\quad t_s = 0.001s$$

③ SIMULINK 프로그램

아래 그림에서 외란과 마찰력을 주기적으로 주고 시뮬레이션을 해보았다.

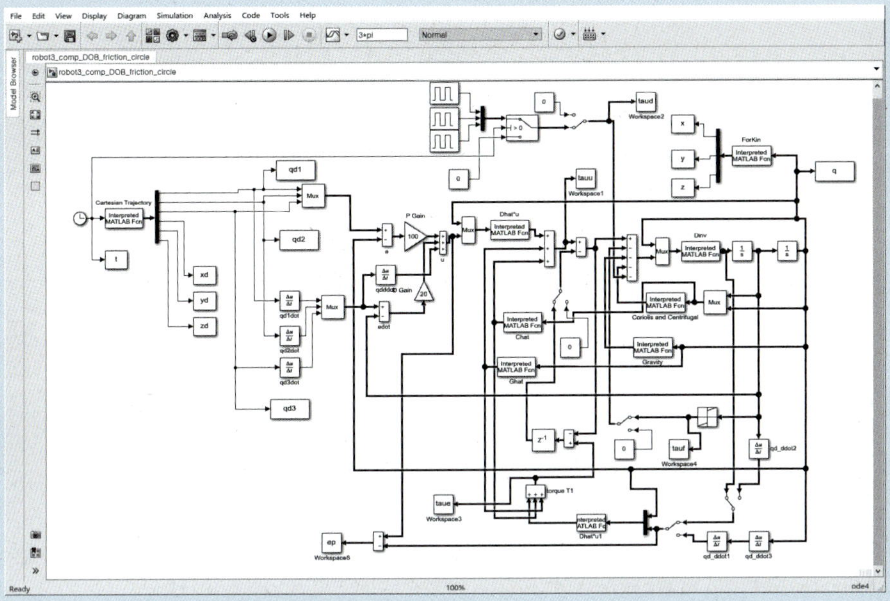

그림 6.8 3축 로봇 팔의 DOB 제어의 시뮬레이션

④ 결과

1) 외란이 주어질 경우

그림 6.9(a)를 보면 추종에 있어 진동이 발생하는데, 이는 0.2초마다 발생하는 펄스 형태의 외란의 영향이다. 그림 6.9(b)를 보면 DOB를 사용하는 경우 오차가 줄어든 것을 볼 수 있다. 하지만 그림 6.10(b)처럼 마찰력의 경우에는 오차가 발생하는 것을 볼 수 있다.

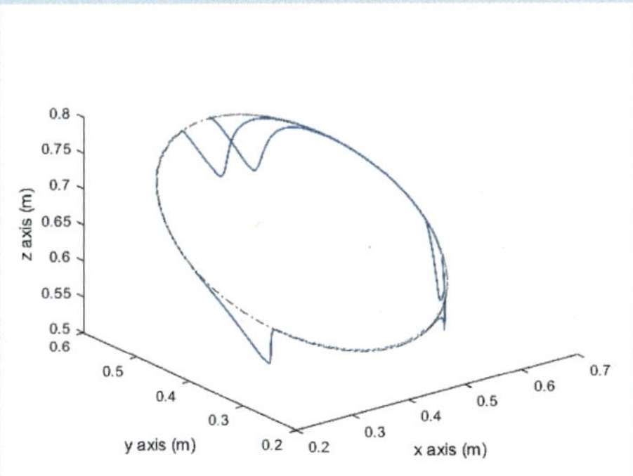

(a) DOB를 사용하지 않은 경우

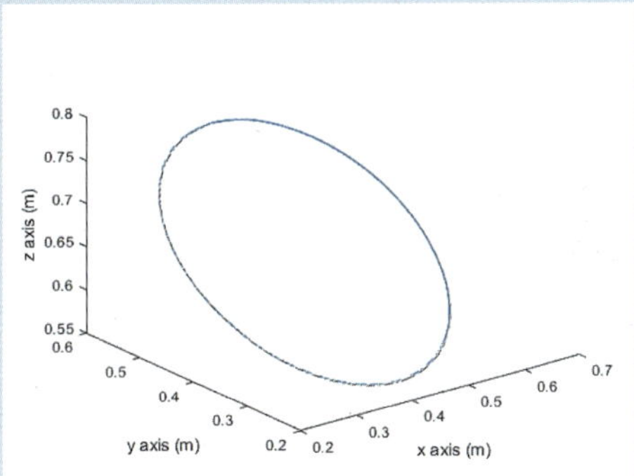

(b) DOB를 사용한 경우

그림 6.9 외란이 주어질 경우 비선형 DOB의 응답

2) 마찰력이 주어질 경우

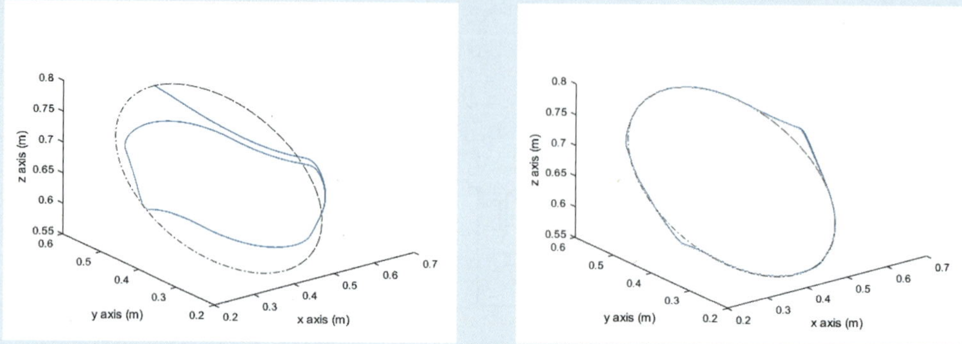

(a) DOB를 사용하지 않은 경우 (b) DOB를 사용한 경우

그림 6.10 마찰력이 주어질 경우 비선형 DOB의 응답

3) 모두 주어질 경우

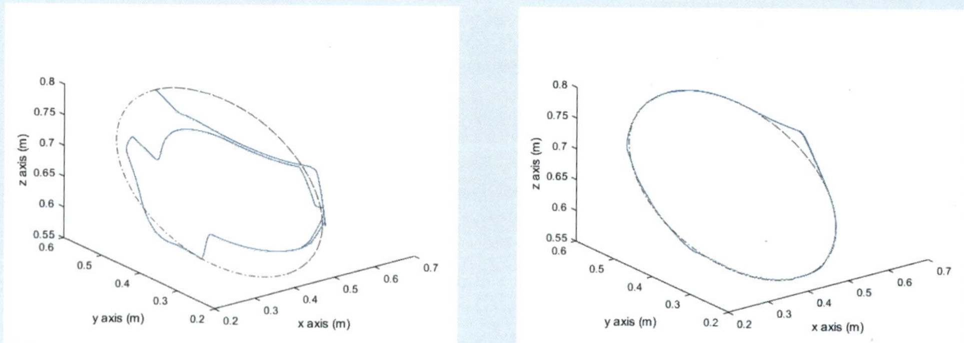

(a) DOB를 사용하지 않은 경우 (b) DOB를 사용한 경우

그림 6.11 모두 주어질 경우 비선형 DOB의 응답

위 결과는 모델이 100% 일치한다고 가정할 경우의 결과이다.

결과를 보면, 주기적인 스텝 외란에 대해서는 보상을 잘 하는 반면에 마찰력에 대한 보상이 어려운 것을 알 수 있다. 그림 6.12의 조인트 추종을 살펴보면 조인트 3에서 오버슈트가 크게 발생하는 것을 볼 수 있다.

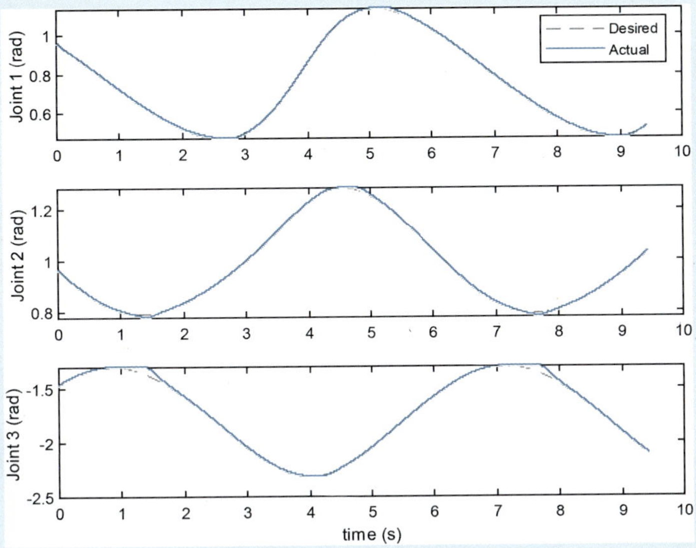

그림 6.12 조인트 추종 응답

따라서 조인트 3의 제어기 이득값을 크게 하여 달리해 보았다. $K_D = diag[40, 40, 100]$, $K_P = diag[100, 100, 300]$. 그림 6.13을 보면 오버슈트가 줄어든 것을 알 수 있다. 기본적으로 이득값을 크게 하면 추종 오차는 줄어든다.

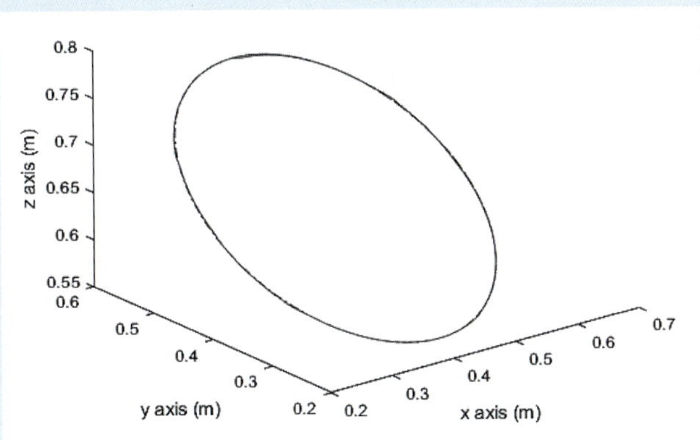

그림 6.13 비선형 DOB 응답

그러면 모델에 오차가 50% 있을 경우의 응답을 살펴보자. 그림 6.13의 응답과 비교하면 같은 조건에서 추종 오차가 나타나는 것을 볼 수 있다.

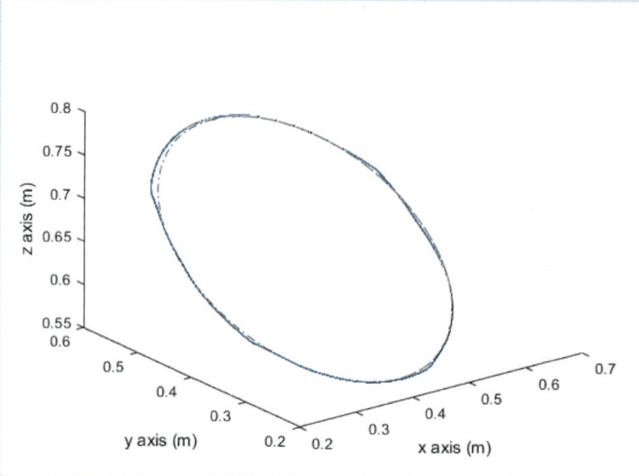

그림 6.14 50% 오차가 있을 경우 비선형 DOB 응답

비선형 외란 관측기의 해결해야 할 문제점은 다음과 같다.

1. 동역학식, 즉 모델이 정확하지 않으면 외란을 정확하게 관측하지 못한다.
2. 외란을 정확하게 관측하지 못하면 성능이 저하된다.
3. 가속도를 정확하게 측정해야 한다.

결국 외란 관측기 기반 제어 방식은 모델과 가속도 측정, 그리고 제어기 이득값 설정에 의존하고 있으며 정확도에 따라 성능이 좌우되는 것을 알 수 있다. 다음 절 6.3에서는 모델에 대한 의존도가 상대적으로 적은 시간지연 제어 방식을 소개하고자 한다.

6.2.2 무모델 기반 DOB 방식

식 (6.18)에서 모델을 포함하지 않는 제어 법칙은 다음과 같다.

$$\tau(t) = \overline{D}u(t) - (\tau_{est}(t-T) - \tau(t-T)) \tag{6.22}$$

여기서 $\overline{D} = \alpha I$로 α는 상수이고, $\tau_{est}(t-T)$는 추정 모델이다.

PD 제어 $u(t)$는

$$u(t) = \ddot{q}_d(t) + K_D\dot{e}(t) + K_P e(t) \tag{6.23}$$

무모델 기반이므로 모델 추정 $\tau_{est}(t-T)$는 다음과 같이 관성만 모델된다고 가정한다.

$$\tau_{est}(t-T) = \overline{D}\ddot{q}(t-T) \tag{6.24}$$

(6.23)과 (6.24)를 (6.22)에 대입하여 정리하면 무모델 DOB의 제어 법칙은 다음과 같다.

$$\begin{aligned}\tau(t) &= \overline{D}u(t) - (\overline{D}\ddot{q}(t-T) - \tau(t-T)) \\ &= \overline{D}(\ddot{q}_d(t) + K_D\dot{e}(t) + K_P e(t)) + \tau(t-T) - \overline{D}\ddot{q}(t-T)\end{aligned} \tag{6.25}$$

식 (6.25)는 다음 장에서 소개될 시간지연 제어 법칙과 같게 된다. 무모델 DOB를 구현하기 위해서는 이전 제어 입력 $\tau(t-T)$, 상수로 된 관성행렬 $\overline{D}$와 각가속도 $\ddot{q}(t-T)$가 필요하다. $\tau(t-T)$는 이전 정보를 저장했다가 사용하면 되지만 $\overline{D}$의 상수값을 설정하는 것은 시스템의 안정성에 주의해서 정해야 한다. 또한 $\ddot{q}(t-T)$를 정확하게 추정하는 것이 필요하다.

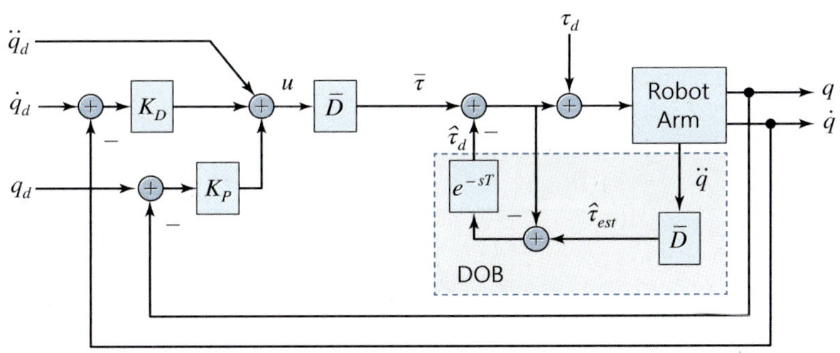

그림 6.15 로봇 팔의 비선형 무모델 기반 DOB의 구조

점검문제 6.2

DOB 구조에서 모델링의 오차에 대한 성능을 확인해 보시오.

점검문제 6.3

비선형 DOB 구조에서 가속도를 구하는 방법을 논하시오.

6.3 모델 기반 시간지연 제어 방식

6.3.1 시간지연 제어 방식의 소개

시스템의 불확실성을 없애는 방법 중의 하나로 **시간지연 제어 방식**(Time-delayed control)이 있다. 이 방식은 매우 간단하여 실시간으로 응용 가능하므로 제어 효과가 매우 좋다. 이 제어 방식은 시간지연을 이용하여 현재 모델에서 이전 동적 모델을 뺌으로써 불확실성 요소를 제거하는 방식이다. 역모델을 이용하는 앞 절의 비선형 DOB와 유사한 구조로 되어있다. 다만 역모델 중에서 관성행렬만 사용하는 점이 다르다. 시간지연과 관계되므로 샘플링 시간이 매우 중요하다.

그림 6.16은 이상적인 시간지연 제어기를 나타낸다. 여기서 이상적인 방식이라는 의미는 현실적으로 불가능한 구조임을 나타낸다. 그 이유는 외란이 포함된 제어 입력 $\tilde{U}(s)$를 측정하는 것이 불가능하기 때문이다.

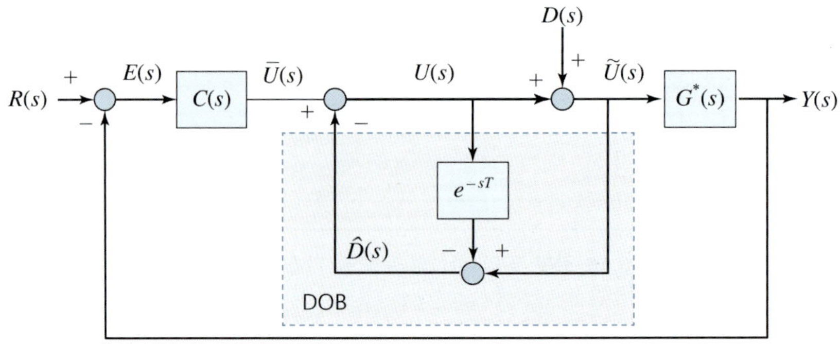

그림 6.16 이상적인 시간지연 제어 방식

만약 제어 입력 $\tilde{U}(s)$가 측정 가능하다면 출력은 다음과 같다.

$$Y(s) = \frac{G(s)}{\Delta_D(s)}\bar{U}(s) + \frac{(1-e^{-sT})G(s)}{\Delta_D(s)}D(s) \tag{6.26}$$

여기서 e^{-sT}는 시간지연의 라플라스 변환을 나타내고 $\Delta_D(s) = 1 + (1 - e^{-sT})$이다. 시간지연을 나타내는 e^{-sT}의 경우, 크기는 1이고 위상을 나타낸다.

6.3.2 가속도 기반 시간지연 제어 방식

외란이 포함된 입력 $\tilde{U}(s)$를 측정하는 것은 불가능하지만 시스템의 가속도는 센서를 사용하는 경우에 측정이 가능하다. 그림 6.17은 센서를 사용해서 가속도를 측정하는 경우의 시간지연 제어 방식을 나타낸다.

공정 시스템이 다음과 같은 2차 시스템이라 하자.

$$G(s) = \frac{1}{ms^2 + bs + k} \tag{6.27}$$

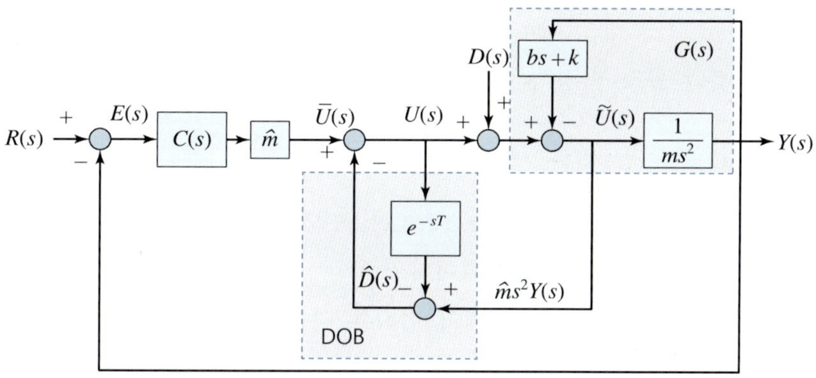

그림 6.17 가속도 기반 시간지연 제어 방식

이 시스템의 가속도 $\hat{m}s^2Y(s)$를 측정할 수 있다고 가정하면 출력은 다음과 같다.

$$Y(s) = \frac{\hat{m}C(s)R(s) + (1 - e^{-sT})D(s)}{(1 - e^{-sT})(ms^2 + bs + k) + \hat{m}s^2 + \hat{m}C(s)} \tag{6.28}$$

만약 샘플링이 빨라 시간지연을 무시한다고 하면, 즉 $|e^{-sT}| = 1$인 경우에 출력을 살펴보면 다음과 같은 간단한 식이 된다.

$$Y(s) = \frac{C(s)}{s^2 + C(s)}R(s) \tag{6.29}$$

제어기로 PD 제어기를 사용한다면

$$C(s) = K_D s + K_P \tag{6.30}$$

출력은

$$Y(s) = \frac{K_D s + K_P}{s^2 + K_D s + K_P} R(s) \tag{6.31}$$

이는 시스템의 모델에 상관없이 제어기의 이득값에 의한 항상 같은 응답을 나타낸다는 것을 의미한다. 시스템의 모델은 시간지연 정보에 의해 상쇄되었기 때문이다.

하지만 앞에서 설명한 외란 관측 제어 방식의 경우에 선형 시스템을 가정한 것으로 비선형 시스템의 경우에는 적용하기가 어렵다. 따라서 로봇 시스템과 같은 비선형 시스템에 적용하기 위해서는 다음과 같이 구현해야 한다.

6.3.3 조인트 공간에서 로봇의 시간지연 제어 방식

관절 공간에서 로봇의 동적 방정식은 다음과 같다.

$$D(t)\ddot{q}(t) + h(t) = \tau(t) \tag{6.32}$$

$D(t)$는 $n \times n$ 관성행렬이고, $h(t)$는 $n \times 1$ Coriolis와 원심력 그리고 중력, $\tau(t)$는 $n \times 1$ 관절 토크이다. 여기서 $h(t) = C(t) + G(t)$이다.

모델 기반의 로봇을 제어하기 위한 제어 법칙은 다음과 같이 나타낼 수 있다.

$$\tau(t) = \hat{D}(t)u(t) + \hat{h}(t) \tag{6.33}$$

$\hat{D}$과 $\hat{h}$는 각각 D와 h의 모델한 값이다.

제어 입력 $u(t)$는 다음과 같이 PD 제어기 형태로 나타낼 수 있다.

$$u(t) \approx \ddot{q}(t) = \ddot{q}_d(t) + K_D \dot{e}(t) + K_P e(t) \tag{6.34}$$

식 (6.32)와 (6.33), (6.34)를 연립하면 $\hat{h}(t)$는 다음과 같이 표현될 수 있다.

$$\hat{h}(t) = (D(t) - \hat{D}(t))\ddot{q}(t) + h(t) \tag{6.35}$$

식 (6.32)로부터 $\hat{h}(t)$는 다음과 같이 나타낼 수 있다.

$$\hat{h}(t) = \tau(t) - \hat{D}(t)\ddot{q}(t) \tag{6.36}$$

하지만 식 (6.36)의 성분들이 모두 같은 시간의 값이므로 $\hat{h}(t)$를 계산하기는 불가능하다. 따라서 짧은 시간의 샘플링 시간 λ를 사용하여 이전 정보를 사용하면 $\hat{h}(t) \approx \hat{h}(t-\lambda)$으로 나타낼 수 있다. 최근에 많이 사용하는 상용 DSP 보드를 사용하면 충분히 빠른 샘플링을 얻을 수 있다.

따라서 식 (6.36)로부터 $\bar{h}(t)$는 다음과 같이 이전의 정보를 사용해서 $\hat{h}(t)$를 대략적인 값으로 나타낼 수 있다.

$$\bar{h}(t) = h(t-\lambda) = \tau(t-\lambda) - \hat{D}(t-\lambda)\ddot{q}(t-\lambda) \tag{6.37}$$

새로운 제어 법칙은 아래와 같고 그림 6.18에 나타나 있다.

$$\begin{aligned}\tau(t) &= \hat{D}(t)u(t) + \bar{h}(t) \\ &= \hat{D}(t)(\ddot{q}_d(t) + K_D\dot{e}(t) + K_P e(t)) + \tau(t-\lambda) - \hat{D}(t-\lambda)\ddot{q}(t-\lambda)\end{aligned} \tag{6.38}$$

식 (6.38)의 제어 법칙과 동역학식을 같게 놓으면

$$D(t)\ddot{q}(t) + h(t) = \hat{D}(t)(\ddot{q}_d(t) + K_D\dot{e}(t) + K_P e(t)) + \tau(t-\lambda) - \hat{D}(t-\lambda)\ddot{q}(t-\lambda) \tag{6.39}$$

양변에 $\hat{D}(t)\ddot{q}(t)$를 뺀 뒤에 정리하면 다음과 같다.

$$\begin{aligned}\hat{D}(t)(\ddot{e}(t) + K_D\dot{e}(t) + K_P e(t)) &= D(t)\ddot{q}(t) - \hat{D}(t)\ddot{q}(t) + h(t) - \tau(t-\lambda) + \hat{D}(t-\lambda)\ddot{q}(t-\lambda) \\ &= (D(t) - \hat{D}(t))\ddot{q}(t) + h(t) - \bar{h}(t)\end{aligned} \tag{6.40}$$

만약

$$\bar{h}(t) = (D(t) - \hat{D}(t))\ddot{q}(t) + h(t) \tag{6.41}$$

이면 다음과 같이 이상적인 오차방정식을 만족한다.

$$\ddot{e}(t) + K_D\dot{e}(t) + K_P e(t) = 0 \tag{6.42}$$

따라서 독립적인 조인트 제어가 가능하다.

결과적으로 위치 추종 성능은 관성행렬의 평가치 $\hat{D}(t)$를 얼마나 정확하게 설정하였는가에 달려있다. 하지만, $\hat{D}(t)$는 로봇의 관성 모델과 관계되어 있으므로 이를 정확하게 모델링하는 것이 쉽지 않다. 시간지연 제어 방식에서 고려할 사항은 다음과 같다.

1. 가속도 평가치의 정확도
2. 관성 모델의 정확도
3. 샘플링 시간의 빠름

비선형 DOB와 시간지연 제어 법칙은 아래와 같이 비교된다.

$$\text{TDC:}\ \tau(t) = \hat{D}(t)(\ddot{q}_d(t) + K_D\dot{e}(t) + K_P e(t)) + \tau(t-\lambda) - \hat{D}(t-\lambda)\ddot{q}(t-\lambda) \tag{6.43}$$

$$\text{DOB:}\ \tau(t) = \hat{D}(t)(\ddot{q}_d(t) + K_D\dot{e}(t) + K_P e(t)) + \hat{C}(t) + \hat{G}(t) - (\tau_{est}(t-\lambda) - \tau(t-\lambda))$$

식 (6.43)에서 DOB를 정리하면

$$\tau(t) = \hat{D}(t)(\ddot{q}_d(t) + K_D\dot{e}(t) + K_P e(t)) + \tau(t-\lambda) + \hat{C}(t) + \hat{G}(t) - (\hat{D}(t-\lambda)\ddot{q}(t-\lambda) + \hat{C}(t-\lambda) + \hat{G}(t-\lambda))$$

$\hat{D}(t) = \hat{D}(t-\lambda)$, $\hat{C}(t) = \hat{C}(t-\lambda)$, $\hat{G}(t) = \hat{G}(t-\lambda)$이면 다음과 같이 (6.38)의 TDC와 같게 된다.

$$\tau(t) = \hat{D}(t)(\ddot{q}_d(t) + K_D\dot{e}(t) + K_P e(t)) + \tau(t-\lambda) - \hat{D}(t-\lambda)\ddot{q}(t-\lambda) \tag{6.44}$$

결과적으로 비선형 DOB는 TDC인 것이다. 식 (6.44)를 보면 제어 입력에서 빠른 샘플링 시간 λ, 관성행렬 $\hat{D}$, 그리고 가속도 $\ddot{q}(t-\lambda)$정보가 필요한 것을 알 수 있다. 샘플링 시간과 가속도 정보는 하드웨어에 의한 것인 반면에 관성행렬은 모델에 의한 것이다. 관성행렬 $\hat{D}$가 정확하면 성능은 좋아진다.

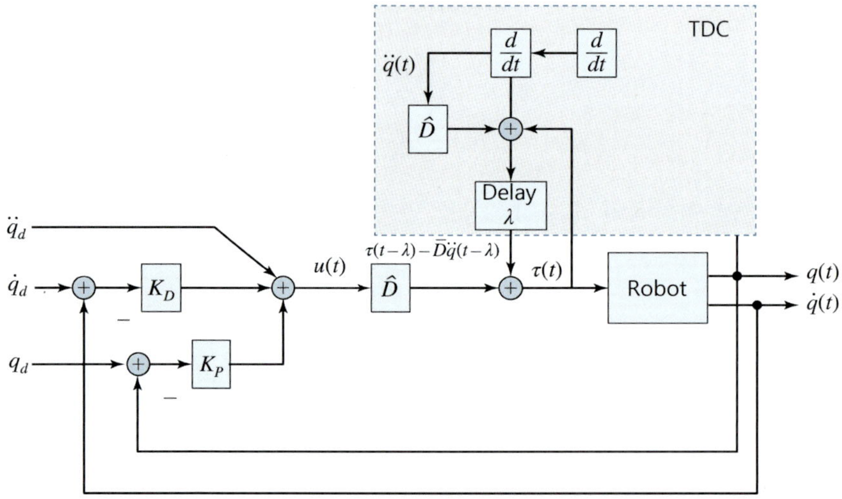

그림 6.18 시간지연 제어기

6.4 Model free 시간지연 제어 방식

6.4.1 조인트 공간에서 Model free 시간지연 제어 방식

그렇다면 TDC의 제어 법칙 (6.44)에서 관성행렬의 평가치 $\hat{D}$는 어떻게 구하는가? 동역학을 구하면 되는데 6축 로봇의 관성행렬을 구하는 것이 쉽지 않다. 로봇의 관성행렬은 로봇의 움직임마다 값이 변하므로 정확한 값을 구하는 것이 어렵다.

하지만, 링크가 균일하고 무게 중심점이 중앙에 위치할 경우 일반적으로 관성은 대각 요소에 의해 크게 좌우된다. 따라서 다음과 같이 관성행렬을 상수로 정의하자.

$$\overline{D} = \alpha I \tag{6.45}$$

α는 상수이다.

로봇 동역학식을 다음과 같이 변형시키면

$$\overline{D}\ddot{q}(t) - \overline{D}\ddot{q}(t) + D\ddot{q}(t) + C(t) + G(t) = \tau(t) \tag{6.46}$$

여기서 간단히 하기 위해

$$\begin{aligned} h(t) &= D(t)\ddot{q}(t) - \overline{D}\ddot{q}(t) + C(t) + G(t) \\ &= (D(t) - \overline{D})\ddot{q}(t) + C(t) + G(t) \end{aligned} \tag{6.47}$$

라 놓으면 식 (6.46)은 다음과 같이 된다. 상수 관성행렬에 의한 동역학식이다. 모든 텀을 $h(t)$로 포함시켜 시간지연으로 구한다.

$$\overline{D}\ddot{q}(t) + h(q,\ \dot{q},\ \ddot{q})(t) = \tau(t) \tag{6.48}$$

$h(t)$의 값을 구하기 위해 식 (6.48)로부터 정리하면

$$h(q,\ \dot{q},\ \ddot{q})(t) = \tau(t) - \overline{D}\ddot{q}(t) \tag{6.49}$$

식 (6.49)에서 같은 시간에 값이 존재하지 못하므로 시간지연값을 사용하면

$$\overline{h}(t) \cong h(t-\lambda) = \tau(t-\lambda) - \overline{D}\ddot{q}(t-\lambda) \tag{6.50}$$

결과적으로 제어 법칙은 다음과 같다.

$$\tau(t) = \bar{D}(\ddot{q}_d(t) + K_D\dot{e}(t) + K_P e(t)) + \tau(t-\lambda) - \bar{D}\ddot{q}(t-\lambda) \tag{6.51}$$

제어 법칙에서 시간지연된 정보를 사용하므로 '**시간지연 제어기**'라 한다.

결과적으로 제어 법칙을 다음과 같이 설정하면

$$\begin{aligned} \tau(t) &= \bar{D}u(t) + \bar{h}(t) \\ u(t) &= \ddot{q}_d(t) + K_D\dot{e}(t) + K_P e(t) \end{aligned} \tag{6.52}$$

여기서 $\bar{D}$는 상수행렬로 로봇의 관성행렬로부터 얻을 수 있고, $\bar{h}$는 식 (6.52)에서 구한다. 만약 $h(t) = \bar{h}(t)$이면 각 조인트가 독립적이고 선형적인 오차방정식을 얻게 된다.

$$\ddot{e} + K_D\dot{e} + K_P e = 0 \tag{6.53}$$

위 식 (6.53)을 조인트 i에 대해 표현하면 다음과 같이 나타낼 수 있다. 각 조인트가 독립적으로 제어됨을 볼 수 있다. 각 조인트의 α_i값과 제어기 이득값 k_{d_i}, k_{p_i} 그리고 각가속도 $\ddot{q}_i$의 정보가 필요하지만 로봇의 모델은 불필요함을 알 수 있다.

$$\tau_i(t) = \alpha_i(\ddot{q}_{d_i}(t) + k_{d_i}\dot{e}_i(t) + k_{p_i}e_i(t)) + \tau_i(t-\lambda) - \alpha_i\ddot{q}_i(t-\lambda) \tag{6.54}$$

그림 6.19에는 자세한 model free TDC 제어 블록이 나타나 있다.

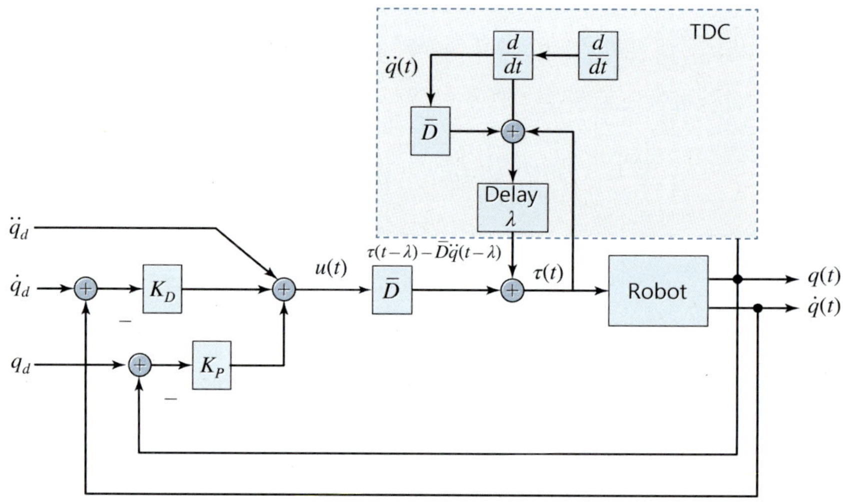

그림 6.19 Model free 시간 지연 제어기

6.4.2 Model free 시간지연 제어 방식의 안정성

식 (6.48)과 (6.52)를 같게 놓으면

$$\bar{D}\ddot{q}(t)+h(t)=\bar{D}u(t)+\bar{h}(t) \qquad (6.55)$$
$$=\bar{D}u(t)+h(t-\lambda)$$

정리하면

$$\bar{D}(\ddot{q}(t)-u(t))=h(t-\lambda)-h(t) \qquad (6.56)$$

오차 벡터를 다음과 같이 정의하자.

$$\varepsilon(t)=\ddot{q}(t)-u(t) \qquad (6.57)$$

식 (6.52)로부터 식 (6.57)을 다시 풀어쓰면 다음과 같다.

$$\ddot{e}(t)+K_D\dot{e}(t)+K_Pe(t)=-\varepsilon(t) \qquad (6.58)$$

위 식에서 우항이 한정되면 좌항도 한정되어 안정하게 되고, 따라서 전체적인 시스템은 안정하다. 그렇다면 forcing 함수인 우항이 안정한지를 조사하여야 한다.

식 (6.57)로부터

$$\bar{D}\varepsilon(t)=h(t-\lambda)-h(t) \qquad (6.59)$$

정리하면

$$\varepsilon(t)=\bar{D}^{-1}(h(t-\lambda)-h(t)) \qquad (6.60)$$

양변에 $D(t)$를 곱하고 식 (6.60)에서 $\ddot{q}$를 대입하면 다음과 같다.

$$D(t)\varepsilon(t)=D(t)(\ddot{q}(t)-u(t)) \qquad (6.61)$$
$$=D(t)(D^{-1}(t)(\tau(t)-C(t)-G(t)-\tau_e(t))-u(t))$$
$$=\tau(t)-C(t)-G(t)-D(t)u(t)$$

식 (6.50)으로부터

$$\bar{h}(t)=\tau(t-\lambda)-\bar{D}\ddot{q}(t-\lambda) \qquad (6.62)$$
$$=D(t-\lambda)\ddot{q}(t-\lambda)+C(t-\lambda)+G(t-\lambda)-\bar{D}\ddot{q}(t-\lambda)$$

$$= (D(t-\lambda) - \overline{D})\ddot{q}(t-\lambda) + C(t-\lambda) + G(t-\lambda)$$

제어 법칙은

$$\begin{aligned} \tau(t) &= \overline{D}u(t) + \overline{h}(t) \\ &= \overline{D}u(t) + (D(t-\lambda) - \overline{D})\ddot{q}(t-\lambda) + C(t-\lambda) + G(t-\lambda) \end{aligned} \tag{6.63}$$

식 (6.63)을 식 (6.61)에 대입하여 정리하면

$$\begin{aligned} D(t)\varepsilon(t) &= \overline{D}u(t) + (D(t-\lambda) - \overline{D})\ddot{q}(t-\lambda) + C(t-\lambda) + G(t-\lambda) \\ &\quad - C(t) - G(t) - D(t)u(t) \\ &= (\overline{D} - D(t))u(t) + (D(t-\lambda) - \overline{D})\ddot{q}(t-\lambda) + C(t-\lambda) - C(t) \\ &\quad + G(t-\lambda) - G(t) \end{aligned} \tag{6.64}$$

식 (6.57)로부터

$$\ddot{q}(t-\lambda) = \varepsilon(t-\lambda) + u(t-\lambda) \tag{6.65}$$

식 (6.65)를 식 (6.64)에 대입하면

$$\begin{aligned} D(t)\varepsilon(t) &= \overline{D}u(t) + (D(t-\lambda) - \overline{D})(\varepsilon(t-\lambda) + u(t-\lambda)) + C(t-\lambda) + G(t-\lambda) \\ &\quad - C(t) - G(t) - D(t)u(t) \\ &= (\overline{D} - D(t))u(t) + (D(t-\lambda) - \overline{D})\varepsilon(t-\lambda) + (D(t-\lambda) - \overline{D})u(t-\lambda) \\ &\quad - \Delta C(t) - \Delta G(t) \\ &= \overline{D}(u(t) - u(t-\lambda)) - Du(t) + D(t-\lambda)(\varepsilon(t-\lambda) + u(t-\lambda)) - \overline{D}\varepsilon(t-\lambda) \\ &\quad - \Delta C(t) - \Delta G(t) \end{aligned} \tag{6.66}$$

여기서 $\Delta C = C(t) - C(t-\lambda)$, $\Delta G = G(t) - G(t-\lambda)$이다.

위 식 (6.66) $\varepsilon(t-\lambda)$와 $u(t-\lambda)$를 더하고 뺀 뒤에 $D(t)$로 나누면 다음과 같다.

$$\begin{aligned} \varepsilon(t) &= D^{-1}(t)\overline{D}(u(t) - u(t-\lambda)) + D^{-1}(t)D(t-\lambda)\ddot{q}(t-\lambda) \\ &\quad - \Delta + \varepsilon(t-\lambda) - D^{-1}(t)\overline{D}\varepsilon(t-\lambda) - \varepsilon(t-\lambda) \\ &\quad - u(t) + u(t-\lambda) - u(t-\lambda) \end{aligned} \tag{6.67}$$

여기서 $\Delta = \Delta C + \Delta G + \Delta\tau_e$이다.

결국 (6.67)은 다음과 같은 오차 $\varepsilon(t)$에 대한 방정식으로 표현된다. 이 식은 시변이고 시간지연 방정식이므로 분석하기 매우 어렵다.

$$\begin{aligned}\varepsilon(t) &= [I - D^{-1}(t)\overline{D}]\varepsilon(t-\lambda) - [I - D^{-1}(t)\overline{D}](u(t) - u(t-\lambda)) \\ &\quad - (\varepsilon(t-\lambda) + u(t-\lambda)) + D^{-1}(t)D(t-\lambda)\ddot{q}(t-\lambda) - \Delta \\ &= [I - D^{-1}(t)\overline{D}]\varepsilon(t-\lambda) - [I - D^{-1}(t)\overline{D}](u(t) - u(t-\lambda)) \\ &\quad + D^{-1}(t)[D(t-\lambda) - D(t)]\ddot{q}(t-\lambda) - \Delta\end{aligned} \tag{6.68}$$

하지만 위 식은 다음과 같이 1차 시변 이산 시스템으로 근사화될 수 있다.

$$\begin{aligned}\varepsilon(k) = &\ [I - D^{-1}(k)\overline{D}]\varepsilon(k-1) - [I - D^{-1}(k)\overline{D}](u(k) - u(k-1)) \\ &+ D^{-1}(k)[D(k-1) - D(k)]\ddot{q}(k-1) + \Delta\end{aligned} \tag{6.69}$$

위 식은 1차 이산 방정식이다.

$-[I - D^{-1}(k)\overline{D}](u(k) - u(k-1)) + D^{-1}(k)[D(k-1) - D(k)]\ddot{q}(k-1) + \Delta$는 외부 외란 입력으로 간주되며 bound되어있다고 가정한다.

식 (6.69)에서

$$\begin{aligned}A(k) &= [I - D^{-1}(k)\overline{D}], \\ \eta_1(t-1) &= D^{-1}(k)[D(k-1) - D(k)]\ddot{q}(k-1) + \Delta \\ \eta_2(t-1) &= u(k) - u(k-1)\end{aligned} \tag{6.70}$$

라 놓으면

$$\varepsilon(k) = A(k)\varepsilon(k-1) - A(k)\eta_2(t-1) + \eta_1(t-1) \tag{6.71}$$

안정성을 고려하기 위해 특성방정식을 구한다.

$$\det(zI - A) = 0$$

모든 근이 단위원 안에 놓이게 되면, 즉 $|p| < 1$이면 안정하다. 그러므로 안정성 조건은 다음과 같다.

$$\|I - D^{-1}(k)\overline{D}\| < 1$$

6.4.3 각가속도 평가

Model free TDC 방식의 경우 관성 상수를 정하는 것 외에 중요한 것은 가속도를 정확하게 측정하는 것이다. 측정된 가속도 정보에 외란의 정보가 포함되어 있어 가속도의 정확한 측정이 성능을 좌우한다. 일반적으로 가속도는 측정하기 어려운 값으로, 이러한 가속도 정보의 정확성에 성능이 좌우되는 것은 TDC의 단점이기도 하다.

가속도를 측정 및 추정하는 방법은 다양하다.

① 가속도 센서(accelerometer) 사용

가속도 센서를 사용하면 되지만 선가속도를 각가속도로 변환하는 과정이 필요하다.

② 자이로 센서를 사용하는 경우

자이로 센서는 각속도를 측정하므로 각속도를 1차 필터를 통해 각가속도를 추정하는 방법이다.

$$\ddot{q}(t) = \frac{\dot{q}(t) - \dot{q}(t-1)}{T} \tag{6.72}$$

③ 엔코더 센서를 사용하는 경우

실제로 각가속도를 평가하기 위해서는 엔코더의 각도 정보를 두 번 미분하여 구하는 방법이 일반적이다. 먼저 각도를 미분하여 각속도를 구한 뒤 한 번 미분한다.

$$\dot{q}(t) = \frac{q(t) - q(t-1)}{T}, \quad \ddot{q}(t) = \frac{\dot{q}(t) - \dot{q}(t-1)}{T}$$

대입하면 다음과 같이 가속도를 평가할 수 있다.

$$\ddot{q}(t) = \frac{q(t) - 2q(t-1) + q(t-2)}{T^2}$$

하지만 두 번의 미분은 잡음이 많아 필터링을 잘 해야 한다. 고차 필터를 사용하거나 칼만 필터를 사용하여 정확한 각가속도를 추정하는 것이 필요하다.

④ 칼만 필터를 사용하는 경우 1: Two－staged Kalman filter

식 (6.72)를 사용하는 Two-staged Kalman filter를 사용해 보자. 현재 주어진 정보는 엔코더를 통한 각도값이므로 이를 통해 각속도를 추정하고 추정된 각속도값을 통해 각가속도값을 추정한다. 먼저 첫 번째 단계에서 $\dot{q}(t) = \dfrac{q(t) - q(t-1)}{T}$를 나타내는 이산 상태방정식을 구해 보자. 상태를 다음과 같이 각도와 각속도로 정의한다.

$$x[k] = \begin{bmatrix} q[k] \\ \triangle q[k] \end{bmatrix}$$

$q(t+1) = q(t) + \triangle q(t)T$이므로 잡음 $w[k]$, $v[k]$을 고려하면 식은 다음과 같다.

$$x_1[k+1] = x_1[k] + x_2[k]T + w[k]$$

$$x_2[k+1] = x_2[k]$$

상태방정식은 다음과 같고

$$x[k+1] = \begin{bmatrix} 1 & T \\ 0 & 1 \end{bmatrix} x[k] + Q = Ax[k] + Q$$

출력은 다음과 같다.

$$y[k] = [1 \quad 0]x[k] + R = Hx[k] + R$$

다음으로 두 번째 단계에서

$\ddot{q}(t) = \dfrac{\dot{q}(t) - \dot{q}(t-1)}{T}$를 나타내는 이산 상태방정식을 구해 보자. 상태를 다음과 같이 각속도와 각가속도로 정의한다.

$$x[k] = \begin{bmatrix} \triangle q[k] \\ \triangle^2 q[k] \end{bmatrix}$$

상태방정식은 앞과 같다.

⑤ 칼만 필터를 사용하는 경우 2: One-staged Kalman filter

$$q[k+1] = q[k] + v[k]T + a[k]\frac{T^2}{2}$$

$$v[k+1] = v[k] + a[k]T$$

$$a[k+1] = a[k]$$

상태 벡터를 다음과 같이 정의한다. $x[k] = [q[k]\, v[k]\, a[k]]^T$.

상태방정식은 다음과 같다.

$$x[k+1] = \begin{bmatrix} 1 & T & \frac{T^2}{2} \\ 0 & 1 & T \\ 0 & 0 & 1 \end{bmatrix} x[k] + Q = Ax[k] + Q$$

$$y[k]=[1\ \ 0\ \ 0]x[k]+R=Hx[k]+R$$

Kalman process는 다음과 같다.

$$P_0=\lambda I,\quad \lambda\geq 0$$

$$\hat{x}_{\bar{k}}=A\hat{x}_{k-1}$$

$$P_{\bar{k}}=AP_{k-1}A^T+Q_{k-1}$$

$$K_k=P_{\bar{k}}H_k^T[H_kP_{\bar{k}}H_k^T+R_k]^{-1}$$

$$\hat{x}_k=\hat{x}_{\bar{k}}+K_k(z_k-H_k\hat{x}_{\bar{k}})$$

$$P_k=(I-K_kH_k)P_{\bar{k}}$$

6.4.4 시간지연 제어 방식의 시뮬레이션

SIMULINK 예제 6.3 | 로봇 팔의 시간지연 제어

가속도 평가: 연속 미분을 사용하는 경우

① 제어 법칙

$$\tau(t)=\hat{D}(t)(\ddot{q}_d(t)+K_D\dot{e}(t)+K_Pe(t))+\tau(t-\lambda)-\hat{D}(t-\lambda)\ddot{q}(t-\lambda) \tag{6.73}$$

② SIMULINK 시뮬레이션

시간지연 방식을 시뮬레이션해 보자. 계산 토크 방식을 변형하여 시간지연 제어 방식을 구현하였다. 앞의 3링크 로봇 팔을 대상으로 같은 조건, 즉 모델링 오차가 50%라 하고 마찰텀과 외란이 추가되었다. 그림 6.21에 보면 마찰텀은 $\tau_f=3\dot{q}+5sign(\dot{q})$이고, 외란은 크기가 10이고, 주기가 2초, 펄스 폭이 10%인 $\tau_f=10pulse(2)$다. 제어 입력은 $u=\ddot{q}_d+20\dot{e}+100e$이다.

③ 시뮬레이션 결과

그림 6.20은 시간지연 제어기를 사용하지 않은 경우의 응답이다. 각각 모델 오차, 외란, 마찰력 등의 불확실성의 영향을 보여주는데, 모두 추종 오차가 크게 나타나는 것을 볼 수 있다. 그림 6.20(a)는 외란과 마찰력이 없는 경우로, 추종 오차가 크게 나타난다. 마찰력이 추가된 그림 6.20(b)의 경우는 오차가 더 크게 나타나고 그림 6.20(c)의 외란이 있는 경우에는 굴곡진 파형으로 나타난다. 그림 6.20(d)는 관성행렬이 50% 오차가 있을 경우의 추종 결과이다.

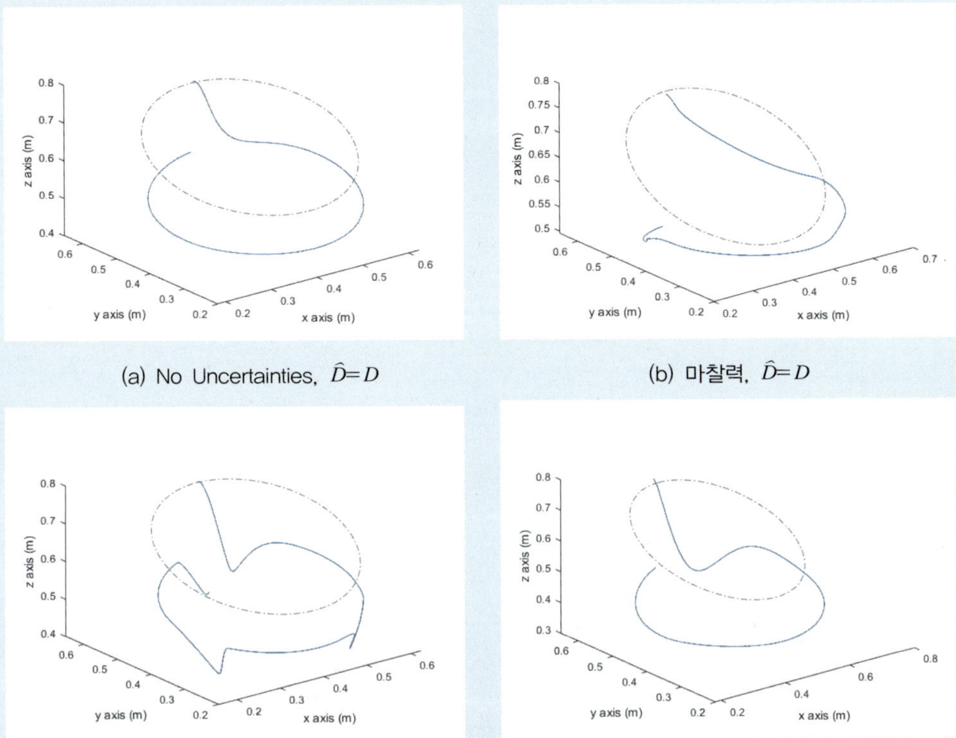

(a) No Uncertainties, $\hat{D}=D$ (b) 마찰력, $\hat{D}=D$

(c) 외란, $\hat{D}=D$ (d) $\hat{D}=0.5D$

그림 6.20 TDC를 사용하지 않은 경우

이 모든 불확실성이 존재하는 경우에 시간지연 제어기를 사용하면 그림 6.21에 나타난 것과 같이 오차가 많이 줄어든 것을 알 수 있다. 초기 오차는 로봇의 초기 위치와 원 경로의 초기 위치를 의도적으로 다르게 했기 때문이다. 그림 6.21(c)의 경우에는 외란과 마찰력을 나타낸다. 그림 6.21(d)는 각 조인트의 토크를 나타내는데, 외란을 보상하기 위해 외란의 파형과 같은 토크값이 나타나는 것을 볼 수 있다.

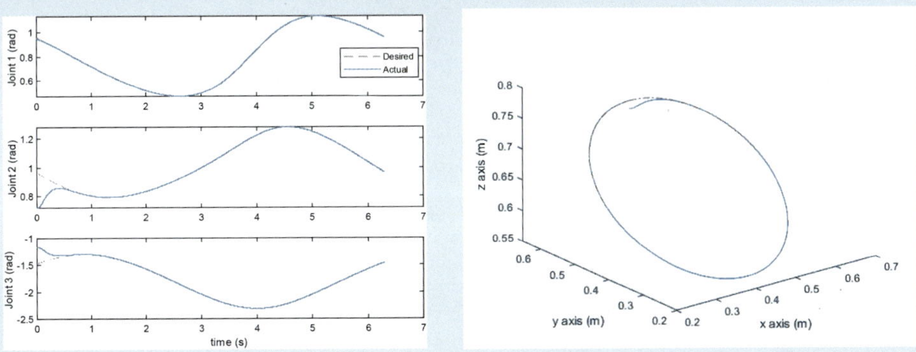

(a) Joint angle tracking (b) Circular trajectory tracking

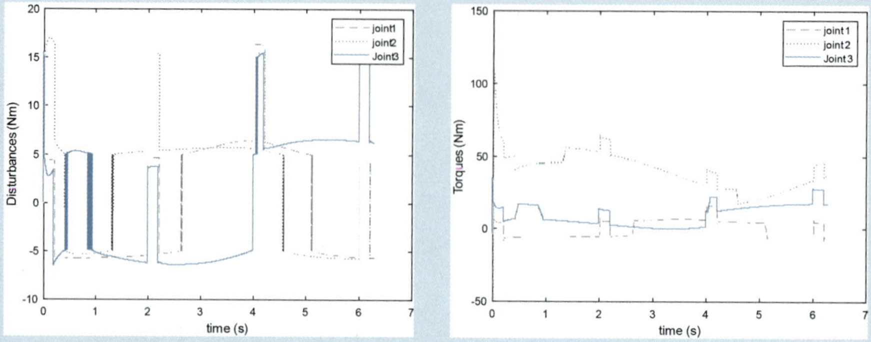

(c) Uncertainties (d) Control torques

그림 6.21 시간지연 제어 방식의 원 경로 추종

SIMULINK 예제 6.4 | 로봇 팔의 Model free 시간지연 제어

① 제어 법칙

$$\tau(t) = \overline{D}(\ddot{q}_d(t) + K_D\dot{e}(t) + K_P e(t)) + \tau(t-\lambda) - \overline{D}\ddot{q}(t-\lambda)$$

② SIMULINK 시뮬레이션

시간지연 방식을 시뮬레이션해 보자. 계산 토크 방식을 변형하여 시간지연 제어 방식을 구현하였다. 앞의 2링크 로봇 팔을 대상으로 같은 조건, 즉 관성행렬을 상수로 하고 마찰텀이 추가되었다. 그림 6.21에 보면 마찰텀은 $\tau_f = 3\dot{q} + 5sign(\dot{q})$이다. 제어 입력은 $u = \ddot{q}_d + 20\dot{e} + 100e$이다.

③ 시뮬레이션 결과

그림 6.22는 관성행렬의 상수값 α를 달리하며 원 경로 추종 결과를 나타낸 것이다. 관성행렬의 상수값 α는 안정성 영역이 있으며 $a \leqq \alpha \leqq b$ 그 영역 안에서 최적의 값을 찾아야 한다. $\alpha = 0.01$의 경우는 발산하지는 않지만 추종하지 못하고, $\alpha = 0.05$, $\alpha = 0.1$의 경우 추종 성능이 점점 좋아지고 $\alpha = 0.2$일 때에 최적의 결과를 얻었다. 이를 통해 로봇의 모델 없이도 잘 추종하는 것을 볼 수 있다. 원 경로 추종을 나타내는 그림 6.22(d)와 그림 6.21(b)의 경우에는 비슷한 성능을 보여주고 있다.

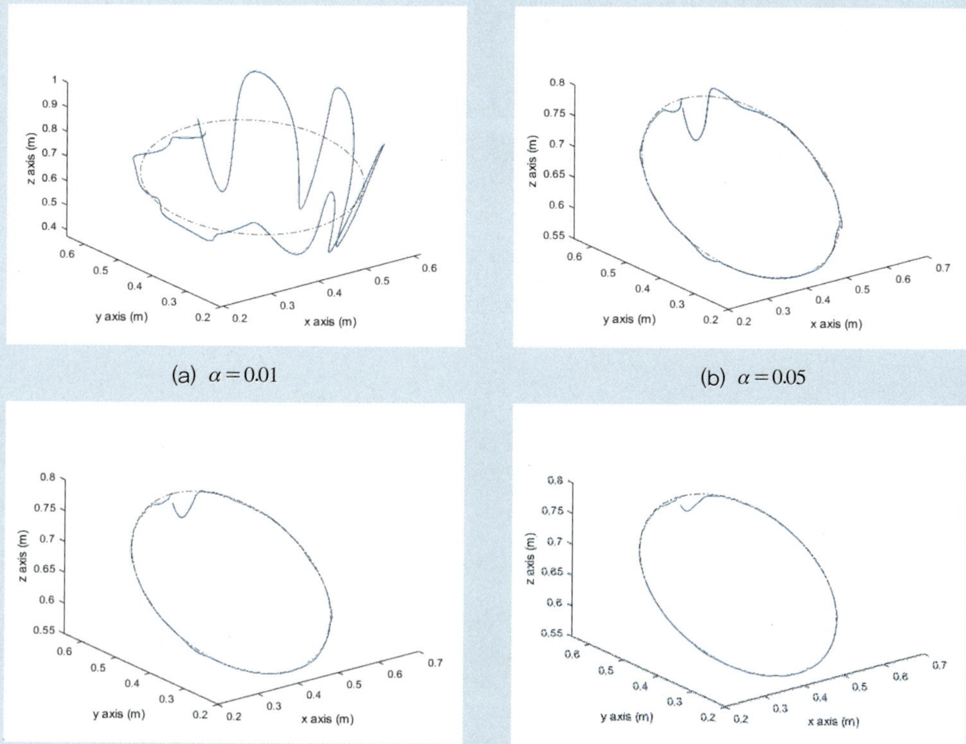

(a) $\alpha = 0.01$ (b) $\alpha = 0.05$

(c) $\alpha = 0.1$ (d) $\alpha = 0.2$

그림 6.22 Model free 시간지연 제어 방식의 원 경로 추종

점검문제 6.4

시간지연 제어기의 성능은 샘플링이 얼마나 빠른가에 달려있다. 샘플링의 영향을 비교해 보시오.

점검문제 6.5

시간지연 제어기의 성능은 가속도를 얼마나 정확하게 구했는가에 달려있다. 가속도의 영향을 비교해 보시오.

점검문제 6.6

시간지연 제어기의 성능은 관성행렬을 얼마나 정확하게 구했는가에 달려있다. 관성행렬의 영향을 비교해 보시오.

6.5 직교좌표공간에서 시간지연 제어

6.5.1 카테시안 Model 기반 시간지연 제어 방식

카테시안 동역학식은 다음과 같다.

$$D^*(x)\ddot{x}(t) + H^*(x(t)) = F(t)$$

지연된 정보는 다음과 같다.

$$\overline{H}^*(x(t)) = F(t-\lambda) - \widehat{D}^*(x)\ddot{x}(t-\lambda)$$

모델에 근거한 제어 법칙은 다음과 같다.

$$\begin{aligned} F(t) &= \widehat{D}^*(x)v(t) + \overline{H}^*(x(t)) \\ &= \widehat{D}^*(x)v(t) + F(t-\lambda) - \widehat{D}^*\ddot{x}(t-\lambda)) \end{aligned}$$

여기서

$$v(t) = \ddot{x}_d(t) + K_D(\dot{x}_d(t) - \dot{x}(t)) + K_P(x_d(t) - x(t))$$

자코비안을 이용하여 힘을 토크로 변환한다.

$$\tau(t) = J^T F(t)$$

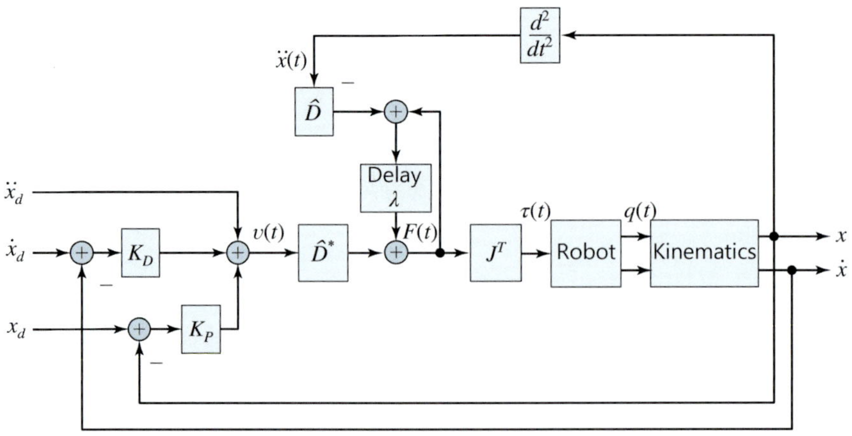

그림 6.23 카테시안 Model 기반 시간지연 제어 방식

제어 법칙을 구현하기 위해서는 카테시안 모델 $\hat{D}^*(x)$, $\hat{H}^*(x(t))$와 선가속도 $\ddot{x}(t-\lambda)$정보가 필요하다.

6.5.2 조인트 Model 기반 시간지연 제어 방식

조인트 공간에서 동역학식은 다음과 같다.

$$D(t)\ddot{q}(t)+H(t)=\tau(t)$$

지연된 정보는 다음과 같다.

$$\overline{H}(t)=\tau(t-\lambda)-\hat{D}(t-\lambda)\ddot{q}(t-\lambda)$$

제어 법칙은 다음과 같다.

$$\begin{aligned}\tau(t)&=\hat{D}(t)u(t)+\overline{H}(t)\\&=\hat{D}(t)u(t)+\tau(t-\lambda)-\hat{D}(t-\lambda)\ddot{q}(t-\lambda)\end{aligned}$$

여기서 제어 입력 $u(t)$는 다음과 같다.

$$u(t)=J^{-1}(v(t)-\dot{J}\dot{q}(t))$$

결과적으로 제어 법칙은

$$\begin{aligned}\tau(t)&=\hat{D}(t)u(t)+\overline{H}(t)\\&=\hat{D}(t)J^{-1}(v(t)-\dot{J}\dot{q}(t))+\tau(t-\lambda)-\hat{D}(t-\lambda)\ddot{q}(t-\lambda)\end{aligned}$$

무모델인 경우에는 상수로 된 관성행렬 $\overline{D}$를 사용한다.

$$\begin{aligned}\tau(t)&=\overline{D}u(t)+\overline{H}(t)\\&=\overline{D}J^{-1}(v(t)-\dot{J}\dot{q}(t))+\tau(t-\lambda)-\overline{D}\ddot{q}(t-\lambda)\end{aligned}$$

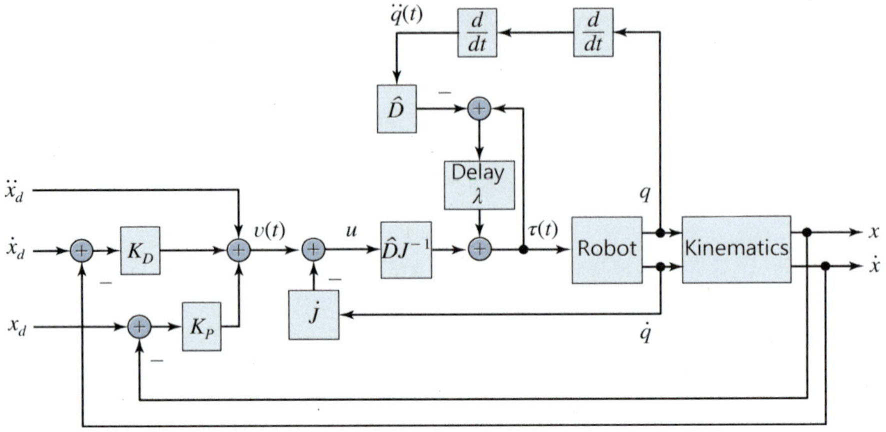

그림 6.24 조인트 Model 기반 시간지연 제어 방식

6.6 실험 결과

6.6.1 조인트 제어

실제 로봇 팔을 대상으로 실험을 수행하였다. 기존의 PD 제어기와 시간지연 제어기를 사용하였을 경우를 비교하였다. 그림 6.25는 두 팔을 가진 모바일 매니퓰레이터이다. 한쪽 팔의 움직임을 제어해 보았다.

그림 6.26에 PD 제어 방식의 경로 추종 결과가 나타나 있다. PD 제어기의 경우에도 로봇이 잘 추종하는 것을 볼 수 있으나 그림 6.27의 시간지연 제어기를 사용했을 경우 더 잘 추종하는 것을 볼 수 있다.

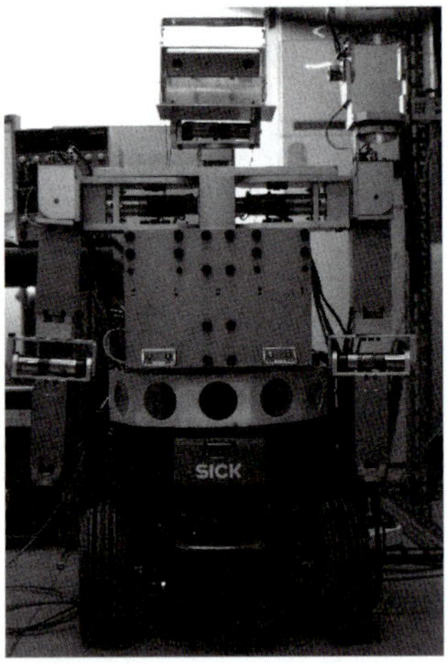

그림 6.25 모바일 매니퓰레이터

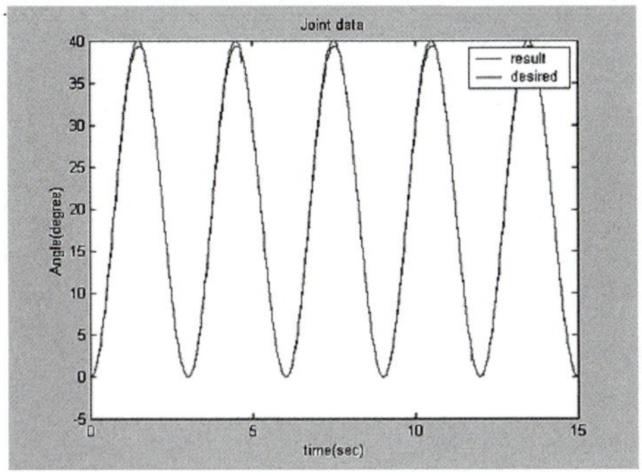

(a) Joint 3

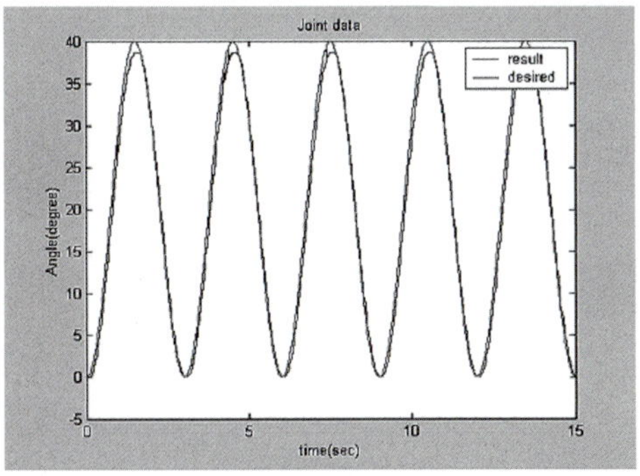

(b) Joint 4

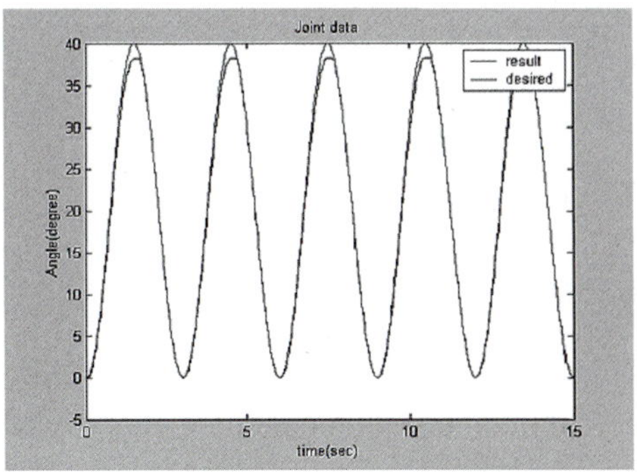

(c) Joint 5

그림 6.26 PD 제어기 경로 추종 결과

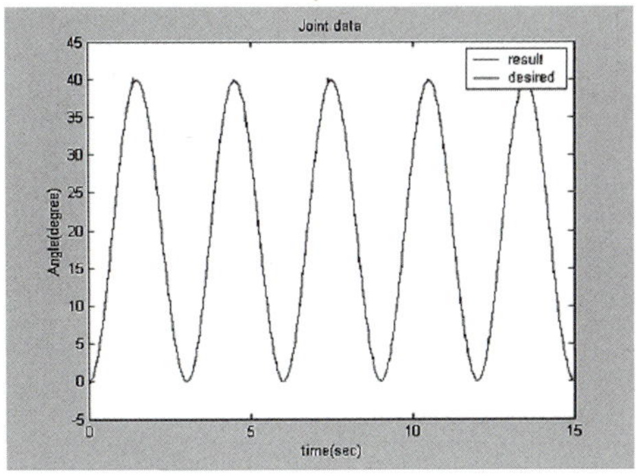

(a) Joint 3

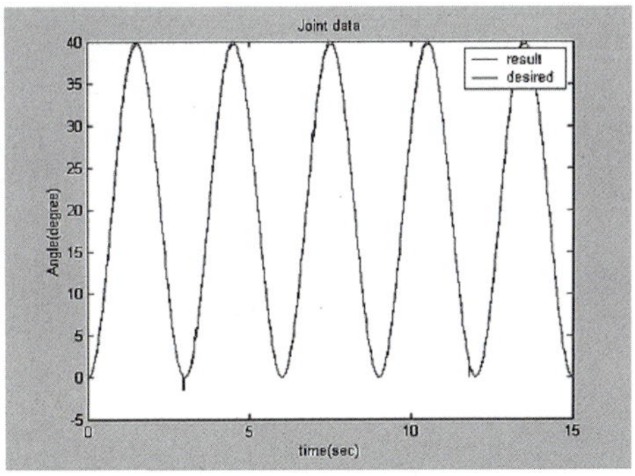

(b) Joint 4

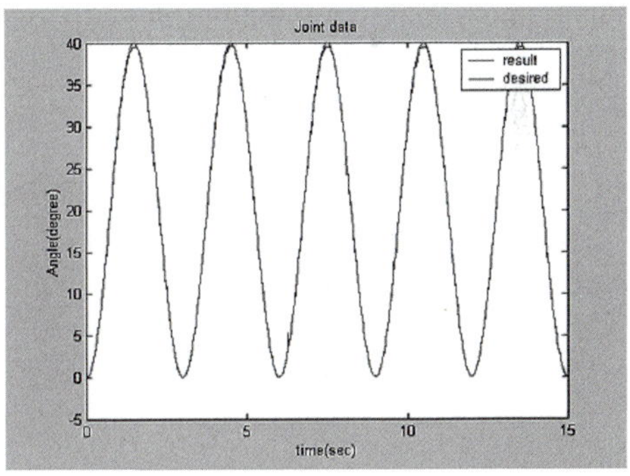

(c) Joint 5

그림 6.27 시간지연 제어기 경로 추종 결과

6.6.2 카테시안 제어

그림 6.28은 이륜 구동의 양팔 로봇을 나타낸다. 오른쪽 3축을 사용하여 시간지연 제어기의 원 경로 추종 성능을 수행하였다. Kalman 필터를 사용하여 속도와 가속도를 추정하였다.

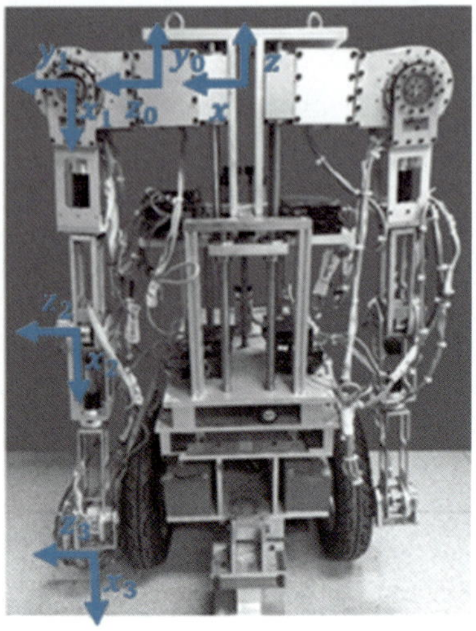

그림 6.28 KOBOKER

그림 6.29(a)에 원 경로 추종 결과가 나타나 있다. 위치와 속도, 가속도 추종 결과가 각각 그림 6.29(b), (c), (d)에 나타나 있다.

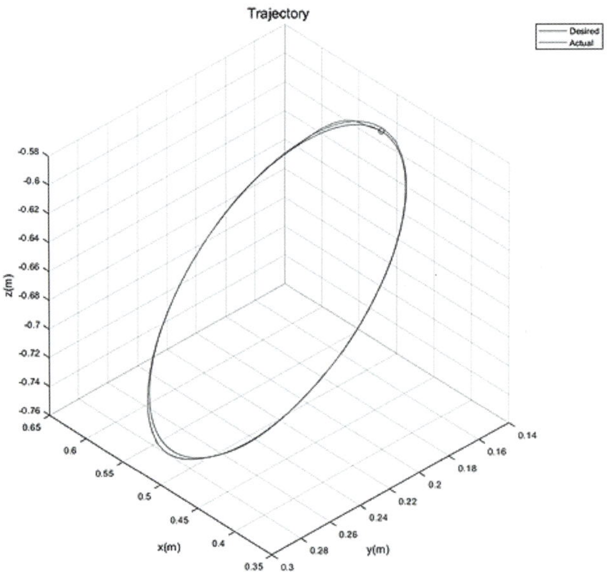

(a) 원 경로 추종

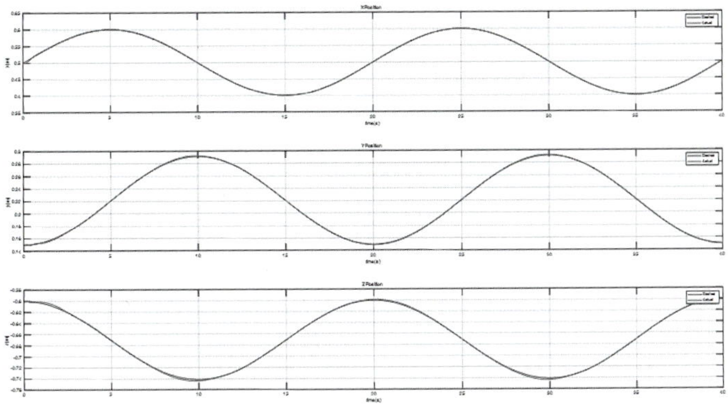

(b) 각 축의 위치 추종 결과

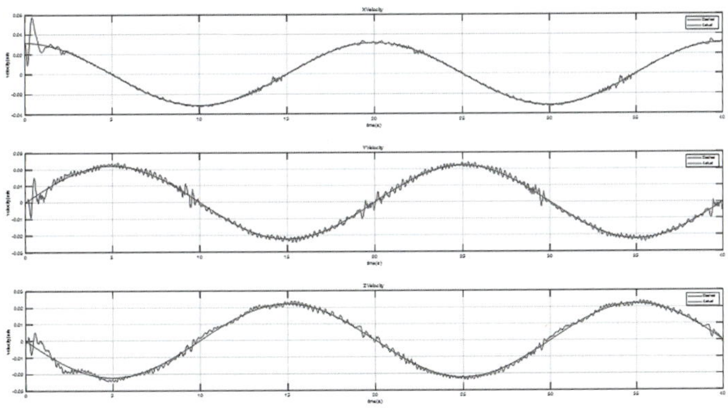

(c) 각 축의 속도 추종 결과

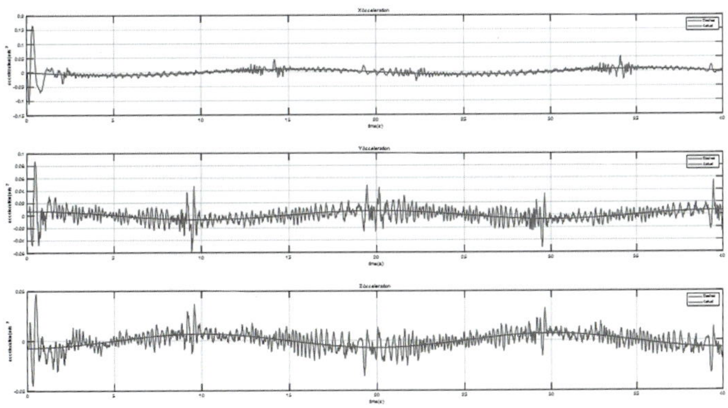

(d) 각 축의 가속도 추종 결과

그림 6.29 원 경로 추종 결과

참고문헌

[1] R. P. Paul, "Robot Manipulators: Mathematics, Programming, and Control", The MIT Press, 1981
[2] William A. Wolovich, "ROBOTICS: Basic Analysis and Design", CBS College Publishing, 1981
[3] H. Asada and J. J. Slotine, "Robot Analysis and Control", John Wiley and Sons, 1986
[4] K. S. FU, R. C. Gonzales, C. S. G. Lee, "ROBOTICS", McGraw-Hill, 1987
[5] M. W. Spong and M. Vidyasagar, "Robot Dynamics and Control", John Wiley & Sons, 1989
[6] John J. Craig, "Introduction to Robotics", Addison-Wesley Publishing, 1989
[7] Phillip J. Mckerrow, "Introduction to ROBOTICS", Addison-Wesley Publishing, 1991
[8] J. J. Slotine and W. Li, "Applied nonlinear control", Prentice Hall, 1991
[9] F. L. Lewis, C. T. Abdallah, and D. M. Dawson, "Control of Robot Manipulators", Mc millan Publishing Company, 1993
[10] R. C. Dorf and R. H. Bishop, "Modern Control Systems", Addison-Wesley, 1995
[11] Z. Qu and D. M. Dawson, "Robust Tracking Control of Robot Manipulators", IEEE Press, 1996
[12] L. Sciavicco and B. Siciliano, "Modeling and Control of Robot Manipulators", McGraw-Hill Company, 1996
[13] 정 슬, "공학도를 MATLAB 및 SIMULINK의 기초", 교문사, 2001
[14] 정 슬, "로봇공학", 충남대학교 출판부, 2002
[15] 정 슬, "지능시스템 I: 신경회로망의 구조와 사용법", 충남대학교 출판부, 2004
[16] 정 슬, "지능시스템 II: 지능제어", 충남대학교 출판부, 2005
[17] 정 슬, "제어시스템 분석과 MATLAB 및 SIMULINK의 활용", 교문사, 2010
[18] J. J. Graig, Ping Hsu, and S. S. Sastry "Adaptive Control of Mechanical Manipulator", Proc. of IEEE International Conference on Robotics and Automation, pp. 130-135, 1986

Intelligent Control

CHAPTER 7

지능 제어

CHAPTER 7

지능 제어

7.1 소개

로봇 팔의 제어에 있어 모델 기반 제어 방식과 무모델 기반 제어 방식을 다루었다. 물론 모델이 주어지는 경우에 성능이 좋게 나타났다. 하지만 모델은 항상 불확실성을 포함하고 있으므로 이를 해결하지 않으면 추종 오차가 발생한다. 시간지연 제어기를 사용하여 최소한의 모델 정보, 즉 관성 정보만 있으면 제어를 할 수 있었다. 적응 제어, 시간지연 제어 등을 통해 외란의 영향을 최소화할 수 있음을 확인했다. 하지만 적응 제어의 경우 모델이 필요하고 리아푸노프 식을 통해 적응 제어 식을 유도하는 것이 어렵고, 시간지연 제어 방식도 3가지 문제, 즉 시간지연이 빨라야 한다는 것과 가속도를 구해야 하는 점, 관성행렬 모델을 정확하게 알아야 하는 점 등의 어려움이 있었다. Model free 시간지연 제어의 경우에는 모델이 필요 없으나 상수 관성값의 안정성 영역과 최적화를 찾아야 한다. 즉, 환경이 바뀌면 그 환경에 맞는 변수를 찾아야 한다는 것이다.

이 장에서는 이러한 어려움 없이 불확실성 문제를 해결하는 지능 제어 방식을 제안한다. 지능 제어 방식이란 말 그 자체에서 알 수 있듯이 지능 기술을 이용하여 제어하는 방식을 말한다. 지능이란 주변 환경의 정보를 이용하여 학습하거나 적응함으로써 목적함수를 실시간으로 만족하도록 하는 기술이다. 따라서 환경이 바뀌어도 스스로 적응과 학습을 할 수 있는 제어기이다.

지능 기술로는 크게 신경회로망과 퍼지 논리가 있다. 신경회로망은 인간의 뇌를 모방하여 모델링한 네트워크로 병렬처리시스템 구조를 갖는다. 신경회로망의 큰 장점은 주변의 환경에 적응하며 학습할 수 있다는 것이다.

최근에 여러 개의 층을 가진 신경회로망을 deep learning을 통한 학습 방법으로 패턴 인식 부분에서 성능을 높이며 많이 사용하고 있다. 하지만 제어에서 신경회로망을 사용하려면 실시간 학습이 보장되어야 하므로 여러 층의 deep learning을 사용하기보다 2개 층에 역전파(backpropagaion) 알고리즘을 적용한 형태가 적절하다.

제어 시스템에서 신경회로망의 다양한 구조가 사용된다. 다층 퍼셉트론 넷(multi-layered perceptron net)이나 방사 기반 함수 넷(radial basis function net) 등이 사용된다. 이는 미리 학습을 하는 offline 제어 방식과 실시간으로 제어하는 online 제어 방식으로 나뉜다. 실제에서는 online 제어 방식을 선호한다. 특히 로봇은 반복적인 작업을 많이 하므로 신경회로망의 학습 제어가 두드러지게 나타날 수 있다.

기본적인 신경망 제어는 그림 7.1의 선행 제어 방식을 사용한다.

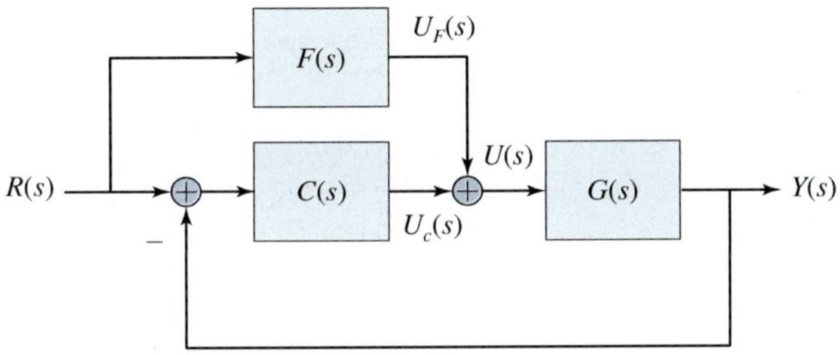

그림 7.1 선행(feedforward) 제어 구조

출력을 계산하면 다음과 같다.

$$Y(s) = \frac{G(s)(F(s)+C(s))}{1+G(s)C(s)}R(s) \tag{7.1}$$

선행 제어기를 시스템의 역모델, 즉 역동역학으로 정하면 $F(s) = G^{-1}(s)$가 된다. 식 (7.1)의 출력은 다음과 같이 입력과 같게 된다.

$$Y(s) = \frac{G(s)(G^{-1}(s)+C(s))}{1+G(s)C(s)}R(s) = \frac{1+G(s)C(s)}{1+G(s)C(s)}R(s) = R(s) \tag{7.2}$$

선형일 경우에는 (7.2)로 표현하는 것이 가능하지만 시스템이 비선형인 경우에는 불가능하다. 따라서 비선형 시스템의 경우에는 그림 7.2처럼 선행 제어기를 신경회로망으로 대체하여 비슷한 효과를 얻고자 한다.

제어 입력은 다음과 같다.

$$u(t) = u_N(t) + u_C(t) \tag{7.3}$$

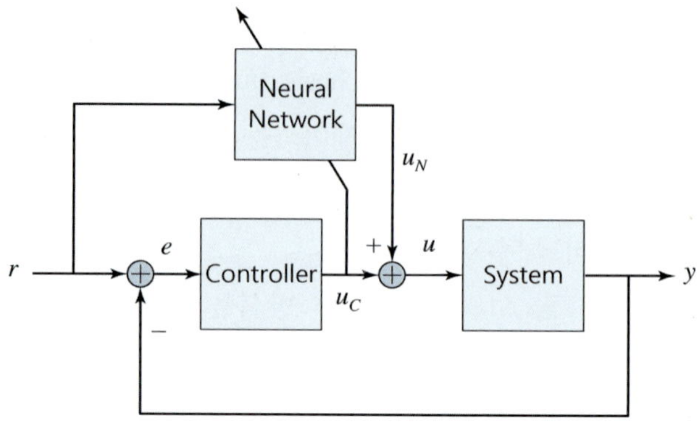

그림 7.2 Feedback Error Learning 제어 구조

학습 신호를 다음과 같이 정하고 0으로 수렴하게 만들면 신경회로망은 시스템의 역동역학 $u_N(t) = u(t)$이 된다.

$$u_C(t) = u(t) - u_N(t) \tag{7.4}$$

로봇 제어에서 신경회로망은 실시간이 필요하므로 기존의 제어기와 함께 보조 제어기로 사용되는 것이 일반적이다. 신경회로망 제어기의 장점은 다음과 같다.

- 학습 능력이 있다.
- 적응 능력이 있다.
- Fault tolerant 가능이 있다.

점검문제 7.1

식 (7.1)을 유도해 보시오.

점검문제 7.2

다음 구조의 문제점은 무엇인가?

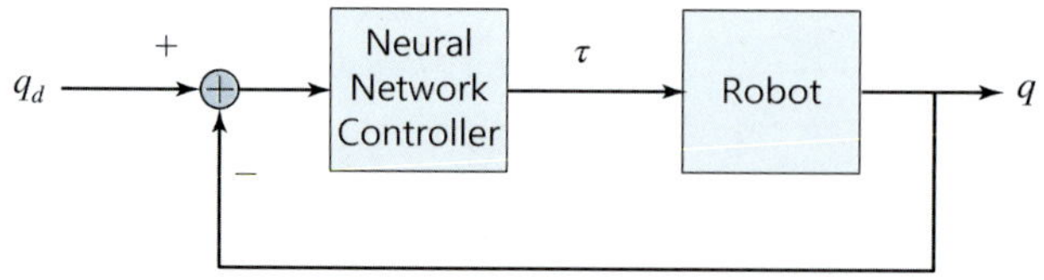

그림 7.3 Specialized Learning 제어 구조

7.2 신경회로망 구조

신경회로망의 종류는 다양하게 있으나 실시간 제어에 사용하는 구조는 다층 퍼셉트론 넷(multi-layered perceptron net)과 RBF 넷(radial basis function network)이 대표적이다. 그림 7.4의 신경회로망은 입력층(input layer) – 은닉층(hidden layer) – 출력층(output layer)의 구조를 가진 2층 선행(two-layer feedforward)식의 퍼셉트론 넷이다. 신경망 제어기는 N_I가 입력의 수, N_H가 은닉 신경의 수, 그리고 N_O가 출력의 수일 경우 전체의 가중치(weight)의 개수는 $W_T = (N_I + 1)N_H + (N_H + 1)N_O$가 된다.

입력값 x_i은 입력층과 은닉층 사이의 가중값($w_{ij}^{(1)}$)과 곱해지고, 은닉층에서 다시 더해진 뒤 활성화 함수(activation function) f를 통하여 은닉층 출력 $y_j^{(2)}$를 생성한다. 이 활성화 함수는 비선형으로 다양한 종류의 함수들이 있다.

하이퍼볼릭 탄젠트 함수는 's자 함수'라고도 불리는데, 그 값이 -1부터 1 사이에 존재하는 함수이다.

$$f(x) = \frac{e^x - e^{-x}}{e^x + e^{-x}}, \; f(x) = \frac{1 - e^{-x}}{1 + e^{-x}} \tag{7.5}$$

시그모이드 함수는 그 값이 0부터 1 사이에 존재하는 함수이다.

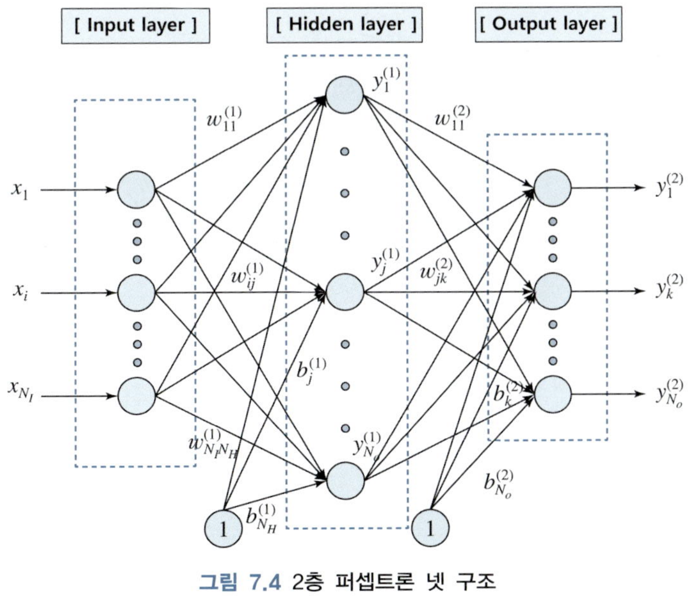

그림 7.4 2층 퍼셉트론 넷 구조

$$f(x) = \frac{1}{1+e^{-x}} \tag{7.6}$$

RBF 넷에 사용되는 가오시안 함수는 다음과 같다.

$$f(x) = e^{-\frac{(x-\mu)^2}{2\sigma^2}} \tag{7.7}$$

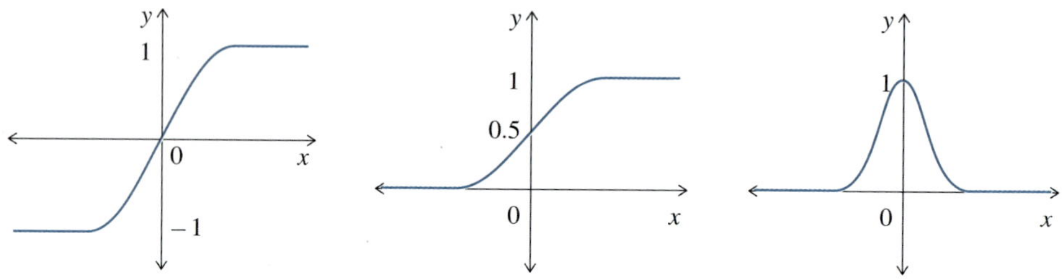

(a) 탄젠트　　(b) 시그모이드　　(c) 가오시안

그림 7.5 비선형 함수들

예를 들어 활성화 함수(activation function)를 통한 값들은 다시 은닉층과 출력층 사이의 가중값(w_{jk})과 곱해진 후, 각 출력층 마디(node)에서 더해져서 신경회로망의 출력($y_k^{(2)}$)이 된다. 신경망 제어기의 출력으로 선형이 사용되면 출력층의 k번째 출력 $y_k^{(2)}$는 다음과 같이 나타난다.

$$y_k^{(2)} = \sum_{j=1}^{N_H}[w_{jk}^{(2)}(\frac{1-\exp(-\sum_{i=1}^{N_I}x_i w_{ij}^{(1)}+b_j^{(1)})}{1+\exp(-\sum_{i=1}^{N_I}x_i w_{ij}^{(1)}+b_j^{(1)})})+b_k^{(2)}] \tag{7.8}$$

여기서 $b_j^{(1)}$는 j번째 은닉층 신경의 바이어스 가중치(biased weight)이고, $b_k^{(2)}$는 출력층 k번째 출력 신경(neuron)의 바이어스 가중치인데 다른 가중들과 마찬가지로 매번 새롭게 바뀌게 된다.

7.3 Feedback Error Learning(FEL) 방식

7.3.1 Feedback Error Learning 구조

Feedback Error Learning(FEL) **방식**은 신경회로망 제어의 대표적인 방식이다. 그림 7.6에 나타난 것처럼 신경회로망을 feedforward 제어기로 사용하여 시스템의 역동역학을 구현하도록 설계되어 있다. 기본적으로 선형 제어기와 함께 사용하며 보조 제어기로 사용한다.

로봇 제어에 FEL 방식을 사용해 보자. 제어 초기에 PD 제어기가 안정성을 확보하면 역전파 알고리즘을 이용하여 점차적으로 신경회로망이 학습을 통해 PD 제어기의 역할을 건네받는다. 결국 PD 제어기의 출력은 0으로 수렴하게 되어 신경회로망이 시스템의 역동역학을 나타내게 된다.

로봇의 동역학식은 다음과 같다.

$$D(q)\ddot{q}+C(q,\ \dot{q})+G(q)=\tau \tag{7.9}$$

PD 제어기를 사용하면

$$\tau_C=K_P e(t)+K_D\dot{e}(t) \tag{7.10}$$

여기서 $e(t)=q_d(t)-q(t)$이다.

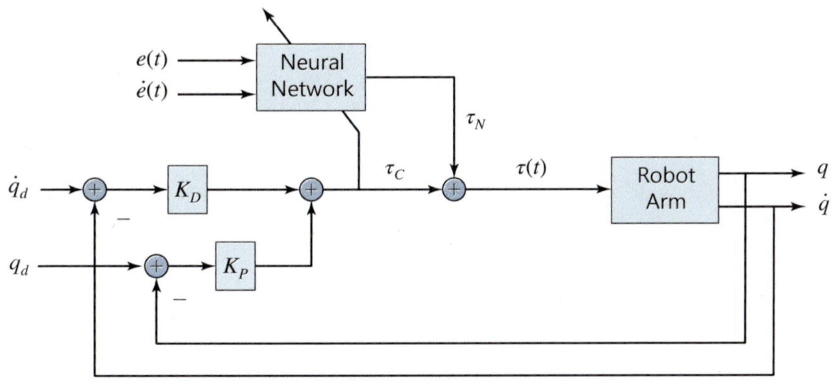

그림 7.6 FEL 제어 방식의 구조

그림 7.6에서 신경회로망의 출력과 더해 제어 입력을 구성한다.

$$\tau=\tau_C+\tau_N \tag{7.11}$$

그림 7.6에 FEL 제어 방식의 구조가 나타나 있다. 학습이 되어 오차가 0으로 되면, 즉 $\tau_C = 0$이면 결국 신경회로망의 출력은 $\tau_N = \tau$가 된다. 즉, 신경회로망은 역동역학 제어기(inverse dynamics controller)가 된다.

따라서 중요한 것은 τ_C가 0이 되도록 신경회로망이 출력해야 하는 것이다. 이는 역전파의 학습 방법에 의해 가능하다.

7.3.2 학습 알고리즘

신경망 제어에서 가장 중요한 것이 학습 방법이다. 실시간으로 신경망을 구성하는 가중치 값들을 매 샘플링마다 갱신해야 하는데, 오차를 줄이는 방향으로 갱신하는 것이 필요하다.

먼저 목적함수를 다음과 같이 정한다. 일반적으로 목적함수는 양의 상수이며 오차의 함수로 구성한다. FEL 방식에서는 목적함수를 다음과 같이 제어 입력으로 설정한다.

$$E = \frac{1}{2}\tau_C^T \tau_C \tag{7.12}$$

여기서 τ_C는 (7.10)에서 보면 제어기의 출력이다. 역전파는 그래디언트를 구해 목적함수의 최솟값을 찾는 것이므로 다음과 같다.

$$\Delta w(t) = -\frac{\partial E}{\partial w} \tag{7.13}$$

그래디언트를 풀어쓰면 다음과 같다.

$$\begin{aligned} \Delta w &= -\frac{\partial E}{\partial \tau_C}\frac{\partial \tau_C}{\partial w} \\ &= -[\frac{\partial \tau_C}{\partial w}]^T \tau_C \end{aligned} \tag{7.14}$$

여기서 $\frac{\partial \tau_C}{\partial w}$는 (7.11)로부터 다음과 같이 구할 수 있다.

$$\tau_C = \tau - \tau_N \tag{7.15}$$

식 (7.15)의 그래디언트는 다음과 같다.

$$\frac{\partial \tau_C}{\partial w} = -\frac{\partial \tau_N}{\partial w} \tag{7.16}$$

가중치를 $w(t)$라 하면 다음과 같이 갱신한다.

$$w(t+1) = w(t) + \eta \Delta w(t) \tag{7.17}$$

여기서 η는 학습률이다. 결국 역전파 알고리즘은 다음과 같다.

$$w(t+1) = w(t) + \eta \left[\frac{\partial \tau_N}{\partial w}\right]^T \tau_C \tag{7.18}$$

SIMULINK 예제 7.1 | 3축 로봇 팔의 신경망 제어(FEL 방식)

① 제어 법칙

$$\tau = K_D(\dot{q}_d - \dot{q}) + K_P(q_d - q) + \tau_N$$

$$w(t+1) = w(t) + \eta \left[\frac{\partial \tau_N}{\partial w}\right]^T \tau_C$$

학습 신호: $\tau_C = K_P e(t) + K_D \dot{e}(t)$

② SIMULINK 프로그램

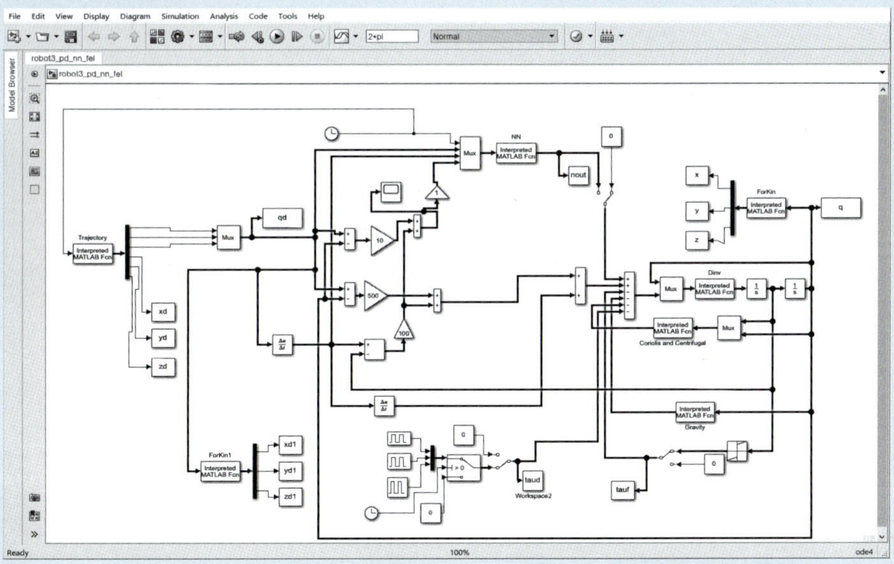

그림 7.7 3축 로봇 팔 제어를 위한 FEL 제어 방식의 시뮬레이션

③ 시뮬레이션 내용

PD 제어의 경우 $K_P = 500$, $K_D = 100$을 사용하였다.

④ 시뮬레이션 결과

1) PD 제어

PD 제어 방식의 경우 그림 7.8에서 보면 오차가 나타남을 볼 수 있다. 이는 커플된 링크의 영향으로 첫 번째 조인트의 사인파 움직임의 영향을 받아 오차가 나타나는 것을 볼 수 있다.

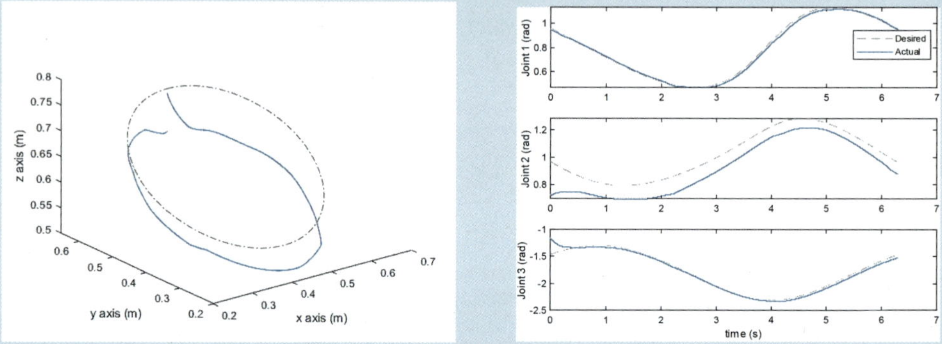

(a) 원 경로 추종 (b) 조인트 추종

그림 7.8 PD 제어 방식의 추종 결과

2) FEL 제어

이러한 커플된 링크의 영향을 최소화하고 추종 오차를 줄이기 위해 신경회로망 제어 방식을 구현해 보자. 신경회로망 구조는 입력은 6개, 은닉층의 뉴론의 개수는 9개, 출력은 3개이다. 은닉층은 비선형 함수를 사용하고 출력층은 선형을 사용하였다. 학습률 $\eta = 0.0001$, $\alpha = 0.9$를 사용하였다. 샘플링은 1KH로 하였다. 그림 7.9에 나타난 것처럼 신경회로망 제어의 경우 조인트 2의 오차가 현저하게 줄어든 것을 볼 수 있다.

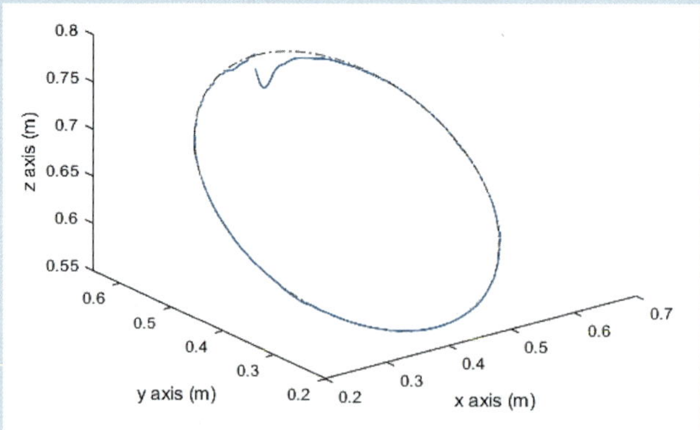

그림 7.9 FEL 제어 방식의 추종 결과

그림 7.10에는 신경회로망의 출력과 학습 신호가 나타나 있다. 추종 오차가 0에 수렴하므로 학습 신호 역시 0에 수렴하는 것을 볼 수 있다. 또한 각 조인트에 보상하는 토크값이 나타나 있다.

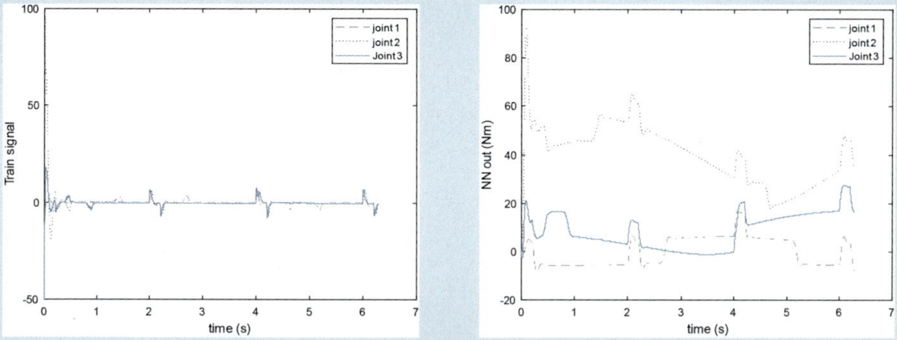

(a) Training signal (b) NN output

그림 7.10 FEL 제어 방식의 학습 신호와 신경망 출력

학습률을 높여 실행하면 $\eta = 0.001$일 때 응답은 다음과 같다. 초기에 오실레이션을 보이지만 이후에는 잘 추종하는 것을 볼 수 있다.

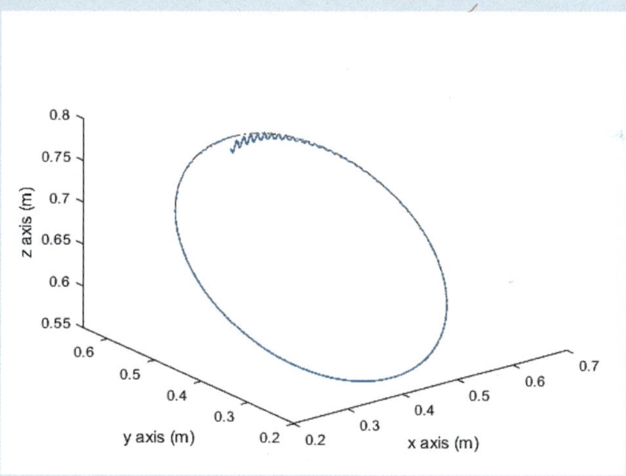

그림 7.11 FEL 제어 방식의 추종 결과($\eta = 0.001$)

점검문제 7.3

FEL 방식을 시뮬레이션해 보시오. 학습률을 달리하며 성능을 비교해 보시오.

점검문제 7.4

FEL 방식에서 출력을 선형으로 하지 않고 비선형 함수를 사용하게 되면 어떻게 처리해야 하는지 설명해 보시오.

7.4 Reference Compensation Technique(RCT) 방식

FEL 방식이 토크에 보상하는 것이면 RCT 방식은 기준 입력에 보상하는 방식이다. 신경회로망을 토크에 보상하게 되면 기존의 제어 방식을 수정해야 한다. 하지만 기준 입력에 보상하게 되면 기존의 제어 방식을 수정할 필요 없이 제어 가능하다. 따라서 RCT 방식은 다음과 같은 장점이 있다.

첫째로, 제어할 대상이 PD(Proportional and Derivative) 제어기로 먼저 안정된 후에 보상이 되기 때문에 안정성이 높다. 둘째로, 그림 7.12에서 보여진 것처럼 불확실성을 보상하는 신경망의 위치가 시스템을 제어하는 공정 밖에서 이루어지기 때문에 기존에 설치되어 있는 실제 시스템들의 제어기들을 수정할 필요 없이 제안한 방식을 적용하기가 쉬운 이점이 있다.

그림 7.12에는 로봇 제어를 위한 RCT 제어 방식의 구조를 보여준다. 기존의 PD 제어 방식에 신경회로망이 입력에 추가로 놓여 있어 신경회로망의 출력이 기준 입력과 더해진다.

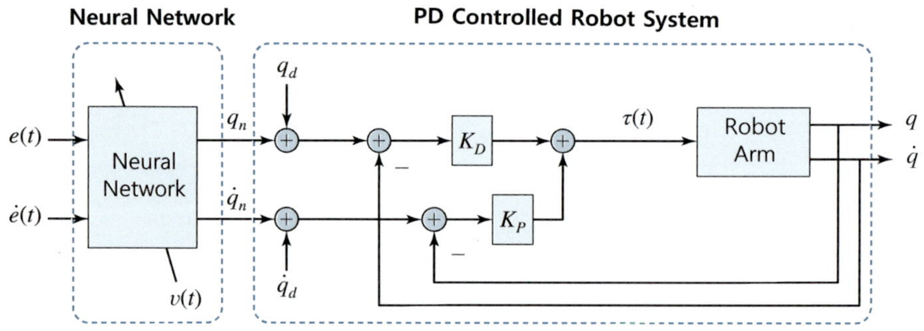

그림 7.12 RCT 신경회로망 제어 구조

그림 7.12의 제어 구조를 살펴보면, 제어기 입력 신호 $\dot{q}_n$, q_n은 신경회로망의 출력으로서 경로 오차와 신경회로망의 내부 가중치에 따라 매번 갱신되는 것을 알 수 있다. 보상 신호, 즉 신경회로망의 출력은 기준 경로 q_d, $\dot{q}_d$에 더해진 다음 비교되어서 오차 신호 ε, $\dot{\varepsilon}$를 만든다. 이 오차 신호는 제어기의 이득을 통하게 되므로 증폭되어 직접 공정을 제어할 제어 입력 신호(예를 들면 토크)를 형성한다.

그림 7.12에서처럼 원하는 경로(desired trajectory) $\dot{q}_d$와 q_d를 더해서 새로운 오차 변수 ε으로 구성된 새로운 오차방정식을 구하면 다음과 같은 관계식을 얻는다.

$$K_D\dot{\varepsilon}+K_P\varepsilon=D(q)\ddot{q}+C(q,\ \dot{q})+G(q) \tag{7.19}$$

여기서 $\dot{\varepsilon}=\dot{q}_d-\dot{q}+\dot{q}_{n,}$ $\varepsilon=q_d-q+q_n$이다. 대입하여 정리하면 다음과 같다.

$$K_D\dot{e}+K_Pe=D(q)\ddot{q}+C(q,\ \dot{q})+G(q)-(K_D\dot{q}_n+K_Pq_n) \tag{7.20}$$

제어 입력 신호 q_n, $\dot{q}_n$은 신경회로망의 출력이다. 간단히 하기 위해서는 속도에 보상하는 것을 생략하고 위치에만 보상할 수도 있다. 따라서 식 (7.20)은 다음과 같이 표현할 수 있다.

$$K_D\dot{e}+K_Pe=\tau-K_Pq_n \tag{7.21}$$

FEL과 마찬가지로 PD 출력을 학습 신호로 정하면

$$v(t)=K_D\dot{e}(t)+K_Pe(t) \tag{7.22}$$

식 (7.21)는 다음과 같다.

$$v=\tau-K_Pq_n \tag{7.23}$$

마찬가지로 신경회로망을 역전파 알고리즘을 이용하여 학습하기 위해서 다음과 같이 목적함수를 설정한다.

$$E=\frac{1}{2}v^Tv \tag{7.24}$$

식 (7.24)로부터 그래디언트를 구하면

$$\frac{\partial E}{\partial w}=\frac{\partial E}{\partial v}\frac{\partial v}{\partial w} \tag{7.25}$$

$$= [\frac{\partial v}{\partial w}]^T v$$

이 경우에 그래디언트 $\frac{\partial v}{\partial w}$는 식 (7.23)으로부터 구한다.

$$\frac{\partial v}{\partial w} = -K_P \frac{\partial q_n}{\partial w} \tag{7.26}$$

FEL 방식과의 차이는 이득값이 곱해지는 것으로, 이는 RCT 방식에서는 학습률이 더 작게 설정되는 것을 알 수 있다. 가중치값들을 다음과 같이 새롭게 하기 위해 역전파(back-propagation) 알고리즘에 사용된다.

$$w(t+1) = w(t) + \Delta w(t)$$
$$\Delta w(t) = -\eta \frac{\partial E}{\partial w} + \alpha \Delta w(t-1) \tag{7.27}$$

여기서 η값은 학습률이고, α는 운동량(momentum) 상수이다.

SIMULINK 예제 7.2 | 3축 로봇 팔의 신경망 제어(RCT 방식)

① 제어 법칙

$$\tau = K_D(\dot{q}_d - \dot{q} + \dot{q}_n) + K_P(q_d - q + q_n)$$
$$w(t+1) = w(t) + \eta K_P [\frac{\partial q_n}{\partial w}]^T v$$

학습 신호: $v(t) = K_D \dot{e}(t) + K_P e(t)$

② SIMULINK 프로그램

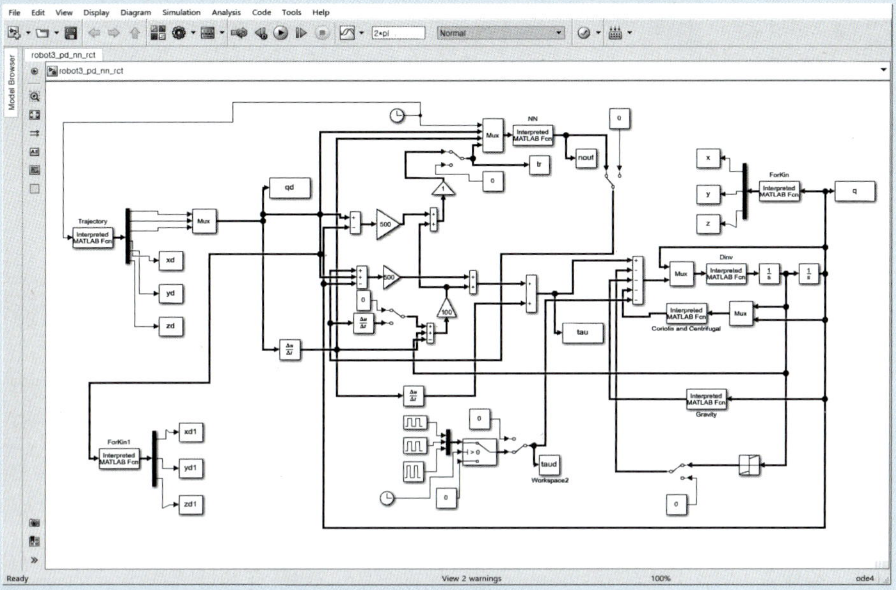

그림 7.13 RCT 신경회로망 제어 시뮬레이션

③ 시뮬레이션 결과

그림 7.14에서 보면 빠르게 수렴하고 추종을 잘 하는 것을 볼 수 있다. 그림 7.15는 신경회로망의 학습 신호와 출력을 나타낸다.

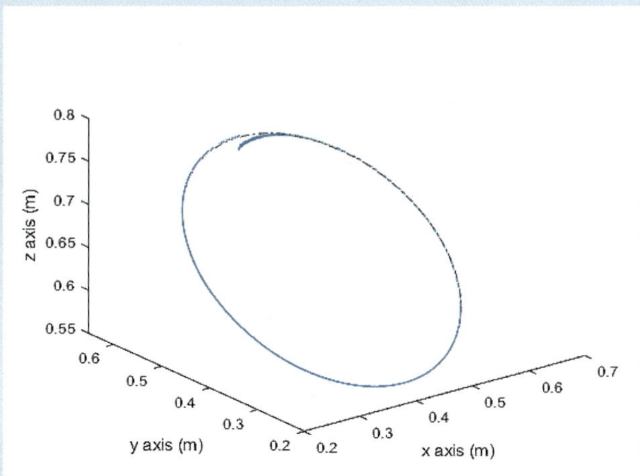

그림 7.14 RCT 신경회로망 제어 추종 결과

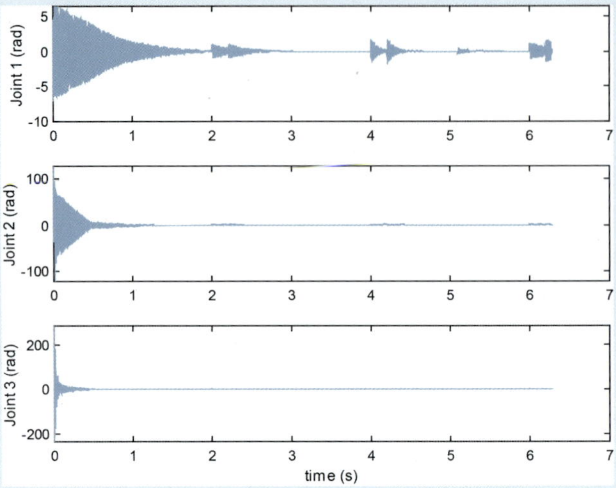

그림 7.15 RCT 신경회로망 학습 신호와 출력

점검문제 7.5

RCT 방식을 시뮬레이션해 보시오. 위치에만 보상하는 경우와 위치와 속도에 모두 보상하는 방식의 결과를 비교해 보시오.

SIMULINK 예제 7.3 | 직교좌표공간에서 3축 로봇 팔의 신경망 제어(FEL 방식)

그림 7.16은 조인트 공간에서 외란 τ_d와 마찰력 τ_f가 있을 경우에 카테시안 PD 제어 방식에 신경회로망이 보상하는 FEL 제어 방식을 나타낸다. 카테시안에서 제어기의 출력은 다음과 같다.

$$F_C(t) = K_D\dot{e}(t) + K_P e(t), \ F(t) = F_N(t) + F_C(t)$$

조인트 토크값은 다음과 같다. 이득행렬 K_C는 조인트 공간과 직교좌표공간과의 변환을 맞추어 주는 상수이다.

$$\tau(t) = K_C J^T F(t)$$

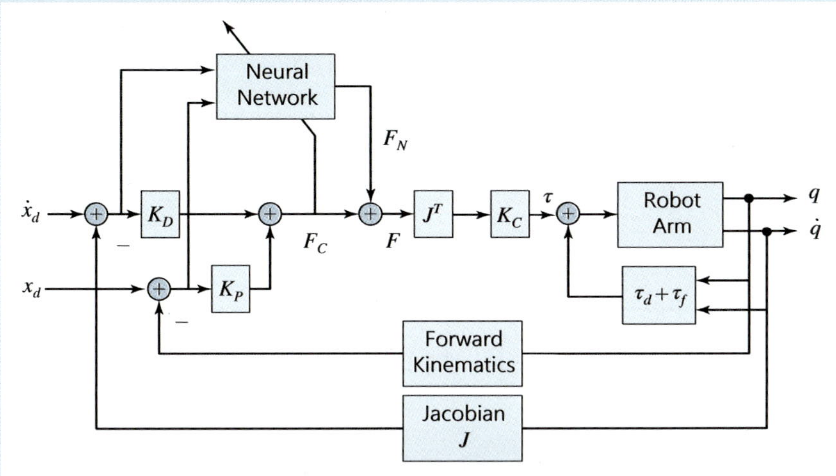

그림 7.16 카테시안 공간 FEL 제어 방식

그림 7.17에 보면 FEL 방식의 경우 오차가 줄었지만 추종오차가 줄어든 것을 알 수 있다.

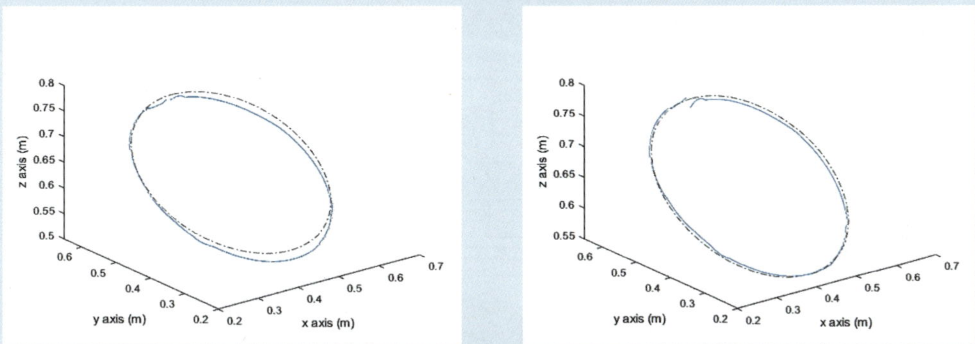

(a) 카테시안 제어 (b) FEL 제어 방식

그림 7.17 카테시안 공간 제어 결과

SIMULINK 예제 7.4 | 직교좌표공간에서 3축 로봇 팔의 신경망 제어(RCT 방식)

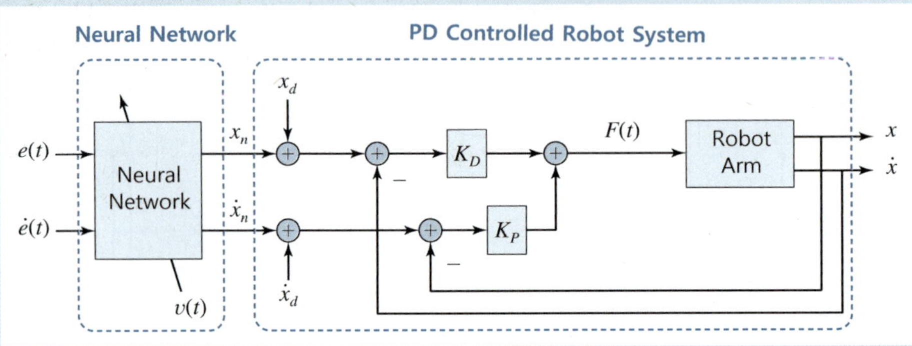

그림 7.18 직교좌표공간에서 신경회로망 RCT 보상 방식

① 제어 법칙

$$F = \widehat{M}^*(x)v + \widehat{h}^*(x,\ \dot{x}),\ v = \ddot{x}_d + K_D(\dot{x}_d - \dot{x} + \dot{x}_n) + K_P(x_d - x + x_n),\ \tau = J^T F$$

② SIMULINIK 프로그램

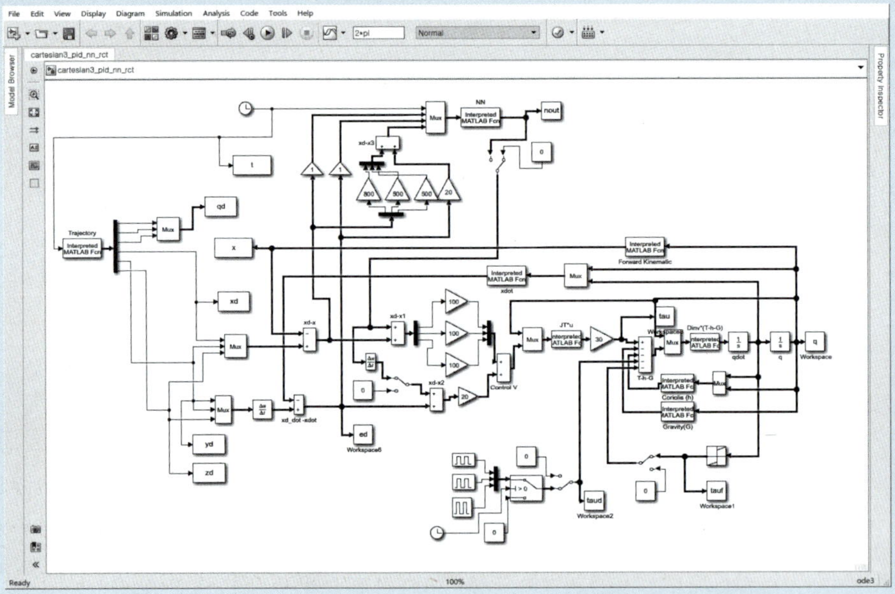

그림 7.19 직교좌표공간에서 신경회로망 RCT 보상 방식 시뮬레이션

③ 시뮬레이션 내용

모델을 사용하지 않고 PD 제어에서 발생하는 추종 오차를 줄이기 위해 RCT 신경회로망 제어 방식을 사용하였다. 3축 로봇 팔의 제어를 위해 각 축을 보상하기 위해 신경망의 출력은 3개로 하였지만 미분해서 각 조인트의 위치와 속도에 보상하였다. 그 이유는 위치에만 보상하는 경우

보다 위치와 속도에 모두 보상하는 경우 제어가 더 잘 되었기 때문이다.

신경회로망 구조로는 학습율 $\eta = 0.001$, 모멘텀 상수 $\alpha = 0.9$, 은닉층 뉴론의 개수는 6개를 사용하였다.

④ 시뮬레이션 결과

그림 7.20의 원 경로 추종 결과를 살펴보면 매우 잘 추종하는 것을 볼 수 있다.

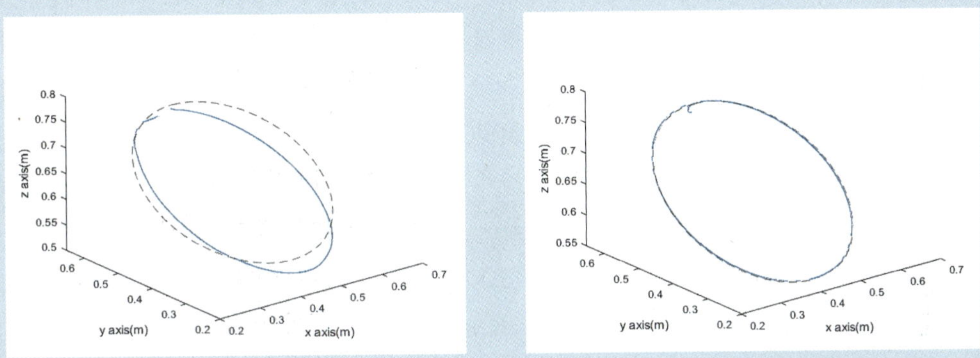

(a) PD control (b) RCT control

그림 7.20 신경회로망 RCT 방식의 위치 추종 결과

신경회로망의 출력을 살펴보면 조인트 1과 2의 보상값이 반대로 나타나는 것을 볼 수 있다. 또한 학습 신호는 초기에 오차를 보이다가 빠르게 0에 수렴한다. 이는 추종 오차가 0에 수렴했음을 말한다.

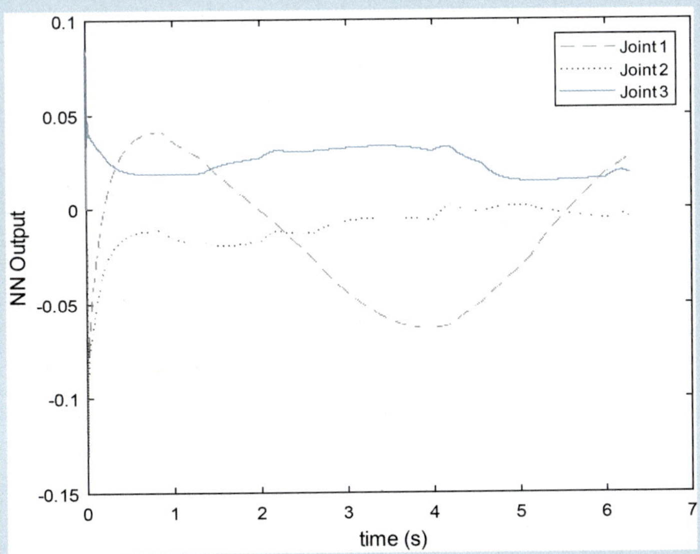

그림 7.21 신경회로망의 출력

7.5 퍼지 기반 신경망 보상 방식

7.5.1 소개

Zadeh의 퍼지 논리(fuzzy logic) 발표 이후 Sugeno, Mamdani 등을 거쳐 지금까지 퍼지 제어기에 대한 연구는 매우 활발하게 이루어지고 있다. 특히 비선형이거나 복잡한 시스템에 대해서도 전문가의 경험에 의해 잘 제어되는 경우가 많아 이러한 연구는 더욱 활발해지고 있다.

퍼지 제어를 하기 위해서는 제어 변수와 이에 따른 소속 함수의 설정, 제어 규칙의 정의, 그리고 제어 변수의 정규화 과정 등이 필요하다. 그러나 퍼지 제어기의 설계에 있어 이러한 과정들이 결코 간단한 것만은 아니다. 시스템이 복잡해질수록 전문가의 의견이 서로 달라지고 이에 따라 소속 함수의 설정 및 제어 규칙의 정의 등이 설계자의 주관에 따라 달라질 수 있다. 그리고 이는 제어기의 성능에 큰 차이를 가져오게 된다. 또한 이미 작성한 퍼지 제어기는 시스템의 변화에 능동적으로 대처하기가 어려운 단점이 있다. 즉, 시스템이 변화하게 되면 이에 맞춰 정규화 값을 변경해 주거나 제어기의 규칙을 수정해야 하는 번거로움을 안고 있다.

이러한 단점들을 해결하기 위해 신경회로망을 결합한 다양한 방법이 여러 연구가들에 의해 제안되었다. 그중에서 가장 활발하게 이루어지고 있는 연구가 신경회로망을 이용한 퍼지 규칙의 자동 생성 기법으로, '**뉴로-퍼지 제어**'라 한다. 다층 신경회로망의 각 층은 퍼지화, 추론, 디퍼지화 등과 같은 각 퍼지 제어 방식의 진행과정을 나타내고, 이는 신경회로망과 퍼지 제어의 장점만을 사용하여 시스템의 성능을 좋게 하는 결과를 보여 주었다.

여기에서는 기존의 뉴로-퍼지 제어 방식과는 달리 퍼지 제어기의 외부에 신경망을 이용한 제어기를 첨가하는 방법을 다룬다. 이것은 시스템의 변화로 인해 퍼지 제어기의 성능에 문제가 발생했을 경우, 퍼지 제어기를 다시 설계하는 번거로움을 없애고, 외부에 신경망 제어기를 설계하여 시스템 오차를 보상해 줌으로써 퍼지 제어기의 수정 없이 시스템 오차를 개선하는 방법이다. 또한 퍼지 제어기의 소속 함수 설정 및 제어 규칙의 정의는 이미 보편적으로 사용되는 일반적 형태를 사용함으로써 최적의 퍼지 법칙을 구현하기 위한 문제를 없앨 수 있다. 이미 설계되어 있는 퍼지 제어기를 다시 수정하는 것보다는 시스템의 외부에 새로운 제어기를 설계하여 시스템의 오차를 개선한다. 이러한 방법을 **입력 보상 방식**(Reference Compensation Technique: RCT)이라 하는데, 기존의 PD나 PID 제어기와 함께 기준 입력에 신경회로망의 출력을 더하여 시스템의 불확실성을 보상하는 방법으로 사용하였다. 입력 보상 방식은 비선형 시스템에 적용되어 그 성능이 실험적으로 평가되어 왔다.

신경회로망의 보상 신호를 어디에 더하느냐에 따라 제어 방식의 특성이 달라지게 되는데, 제어 입력에 보상하는 FEL(Feedback Error Learning) 제어 방식과 기준 입력에 보상하는 RCT 방식 등 두 가지 제어 방식이 있다. RCT 방식을 기본으로 하는 신경회로망과 퍼지 제어 방식 모두 퍼지 제어기를 기본 제어기로 사용한다. FEL 방식의 경우 신경회로망의 보상 입력을 제어 입력에 더하게 되고, RCT 방식에서는 기준 입력에 더하게 된다. 신경망의 학습 방법은 역전파 알고리즘을 사용하며, 퍼지 제어 기반의 실시간 학습이 가능하도록 학습 알고리즘을 유도해야 한다.

따라서 일반적인 형태의 제어 규칙을 사용하여 퍼지 제어기를 설계하고 신경회로망을 연결시키고, 제어 성능을 향상 시킬 수 있는 제어 구조를 사용하여 오차를 보상함으로써 제어 성능을 개선하게 된다.

7.5.2 퍼지 제어 기반 RCT 신경망 보상 방식

퍼지 제어기의 성능 개선을 위한 신경회로망을 첨가한 제어 구조가 그림 7.22에 나타나 있다. 이 구조는 퍼지 제어기를 시스템의 주 제어기로 사용하고 퍼지 제어기 앞에 신경회로망을 첨가함으로써 입력으로 사용되는 오차값을 보상하는 형태이다.

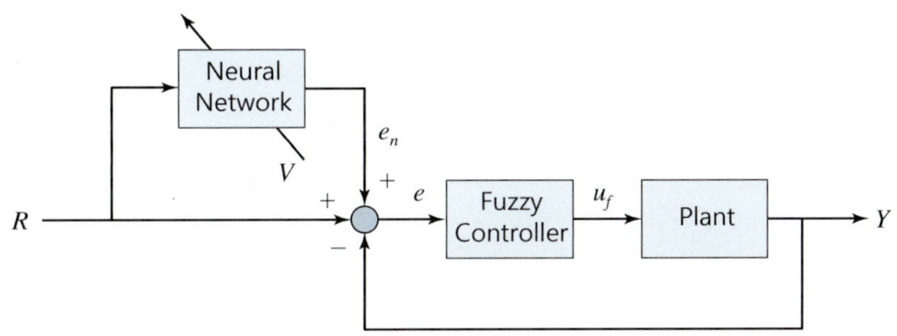

그림 7.22 RCT 기반의 신경회로망과 퍼지 제어 방식

시스템에 새로운 외란이 발생하거나, 시스템의 상태값이 변하는 경우 퍼지 제어기만으로는 이를 효과적으로 제어하는 데 어려움이 따른다. 또한 퍼지 제어기에 사용되는 규칙이 표 7.1과 같이 일반적 형태의 규칙을 사용하므로 시스템에 따라 제어가 효율적으로 이루어지지 않는 경우도 나타날 수 있다.

표 7.1 퍼지 제어기의 제어 규칙

		$\dot{e}$						
		NB	NM	NS	ZO	PS	PM	PB
e	NB	PB	PB	PM	PM	PM	PS	ZO
	NM	PB	PM	PM	PM	PS	ZO	NS
	NS	PM	PM	PM	PS	ZO	NS	NM
	ZO	PM	PM	PS	ZO	NS	NM	NM
	PS	PM	PS	ZO	NS	NM	NM	NM
	PM	PS	ZO	NS	NM	NM	NM	NB
	PB	ZO	NS	NM	NM	NM	NB	NB

ZO: Zero
PS(NS): Positive(Negative) Small
PM(NM): Positive(Negative) Medium
PB(NB): Positive(Negative) Big

표 7.1과 같은 일반적 형태의 규칙 테이블의 사용은 전문가의 경험이나 지식 없이도 쉽게 퍼지 제어기를 사용할 수 있도록 한다. 따라서 소속 함수의 설정 및 제어 규칙의 작성을 용이하게 해준다. 여기에 신경회로망을 사용하여 오차를 보상해 줌으로써 퍼지 제어기의 성능을 향상시키게 된다.

RCT 기반의 방식은 그림 7.23과 같이 시스템의 오차를 이동시켜 원하는 출력이 나오도록 하는 방식이다.

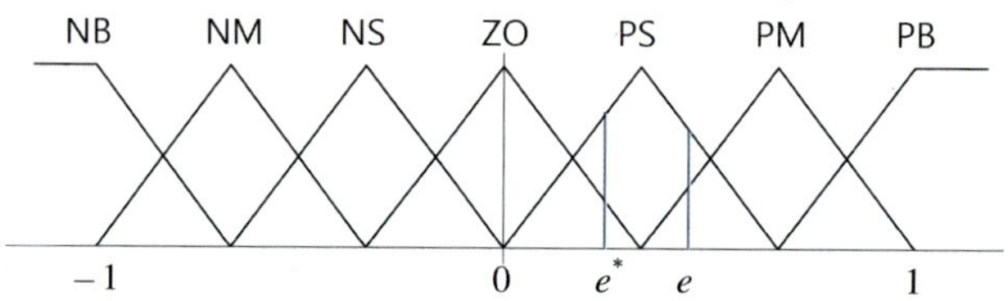

그림 7.23 퍼지 법칙

시스템의 오차로 e^*가 발생하였을 경우, 이 값에 신경회로망의 출력값을 더하여 새로운 오차 e값을 퍼지 제어기의 입력값으로 사용하게 된다. 이 방식은 FEL 기반의 방식과 구조적으로 비교해서 시스템의 내부를 건드리지 않고 외부에서 보상하는 장점이 있다.

이 시스템에서의 오차 신호는 다음과 같이 구성된다.

$$e = R - Y + e_N \tag{7.28}$$

퍼지 제어기의 출력 u_f는 다음과 같다.

$$\begin{aligned} u_f &= k_1 e + k_2 \dot{e} \\ &= k_1 (R - Y + e_N) + k_2 (\dot{R} - \dot{Y} + \dot{e}_N) \\ &= k_1 \varepsilon + k_2 \dot{\varepsilon} + k_1 e_N + k_2 \dot{e}_N \end{aligned} \tag{7.29}$$

토크를 τ라 하면

$$k_1 \varepsilon + k_2 \dot{\varepsilon} + k_1 e_N + k_2 \dot{e}_N = \tau \tag{7.30}$$

정리하면

$$v = k_1 \varepsilon + k_2 \dot{\varepsilon} = \tau - (k_1 e_N + k_2 \dot{e}_N) \tag{7.31}$$

따라서 신경망의 학습 신호를 다음과 같이 정의한다.

$$v = k_1 \varepsilon + k_2 \dot{\varepsilon} \tag{7.32}$$

신경망의 목적함수는

$$E = \frac{1}{2} v^T v \tag{7.33}$$

그리고 역전파 알고리즘을 유도하기 위해 목적함수를 가중치로 편미분하면 다음과 같다.

$$\begin{aligned} \frac{\partial E}{\partial w} &= \frac{\partial E}{\partial v} \frac{\partial v}{\partial w} \\ &= -(k_1 [\frac{\partial e_N}{\partial w}]^T + k_2 [\frac{\partial \dot{e}_N}{\partial w}]^T) v \end{aligned} \tag{7.34}$$

이 값을 역전파 알고리즘에 적용한다. 각각 편미분이 가능하므로 자코비안 없이 역전파 알고리즘에 적용할 수 있다.

7.5.3 퍼지 제어 기반 FEL 신경망 보상 방식

퍼지 제어기를 보상하기 위한 신경회로망의 첨가는 RCT 방식 외에도 그림 7.24과 같은 FEL 방식이 있다. 이 방식은 퍼지 제어기의 출력을 보상해 주는 방식으로 제어기 출력을 가감해 줌으로써 원하는 제어 입력을 가해주는 방식이다.

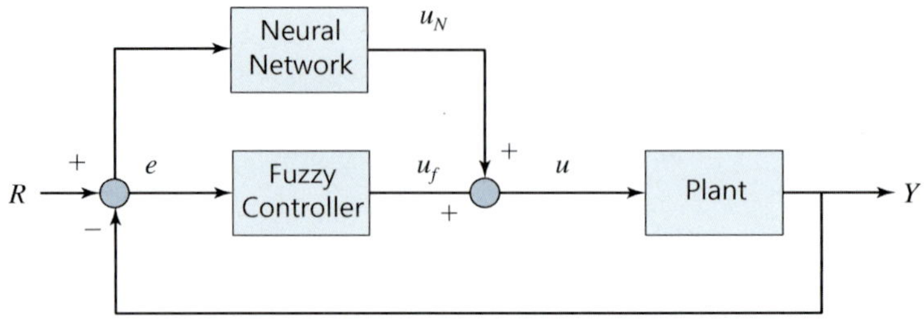

그림 7.24 FEL 기반의 신경회로망과 퍼지 제어 방식

FEL 기반의 신경회로망과 퍼지 제어 방식의 경우 목적함수는 제어기의 오차로 구성한다.

$$E = \frac{1}{2} u_f^T u_f \tag{7.35}$$

제어 입력은 퍼지 제어기의 출력과 신경망의 출력의 합으로 다음과 같이 나타난다.

$$u = u_f + u_N \tag{7.36}$$

따라서 역전파 알고리즘에 적용하기 위해 목적함수를 가중치로 편미분하면 다음과 같다.

$$\begin{aligned} \frac{\partial E}{\partial w} &= \frac{\partial E}{\partial u_f}\frac{\partial u_f}{\partial w} \\ &= \frac{\partial (u - u_N)}{\partial u_N}[\frac{\partial u_N}{\partial w}]^T u_f \\ &= -[\frac{\partial u_N}{\partial w}]^T u_f \end{aligned} \tag{7.37}$$

이 그래디언트를 역전파 알고리즘에 적용한다. 여기서 미분 가능하므로 자코비안 없이 역전파 알고리즘에 적용할 수 있다.

7.5.4 3축 로봇의 예

7.5.4.1 여유자유도 로봇(Redundant robot)

그림 7.25은 손가락 모양의 3축 로봇으로 xy평면상에서 움직이는 로봇이다. 각 로봇의 D-H

변수는 다음 표 7.2와 같다. 그림 7.26은 순기구학과 역기구학을 검증한 그림이다.

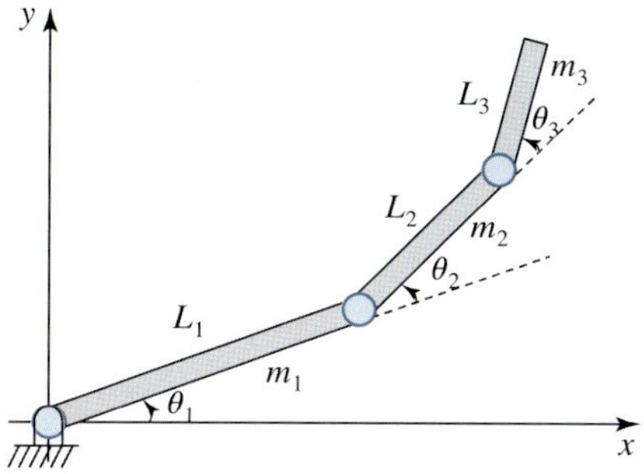

그림 7.25 3축 손가락 로봇

표 7.2 여유자유도 로봇의 D-H 변수

Joint	θ_i	α_i	d_i	a_i
1	θ_1	0	0	L_1
2	θ_2	0	0	L_2
3	θ_3	0	0	L_3

그림 7.26은 D-H 변수로부터 순기구학을 구해 시뮬레이션한 것이다.

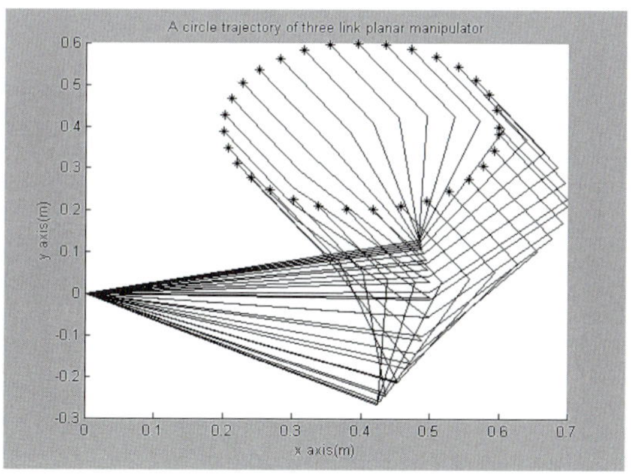

그림 7.26 3축 로봇의 원 경로

점검문제 7.6

표 7.2로부터 순기구학을 구해 보시오.

7.5.4.2 3축 로터리 로봇(Rotary robot)

그림 7.27은 3축 로터리 로봇을 나타낸다. 그림 7.28은 표 7.3의 D-H 변수를 이용하여 순기구학을 구해 시뮬레이션한 것이다.

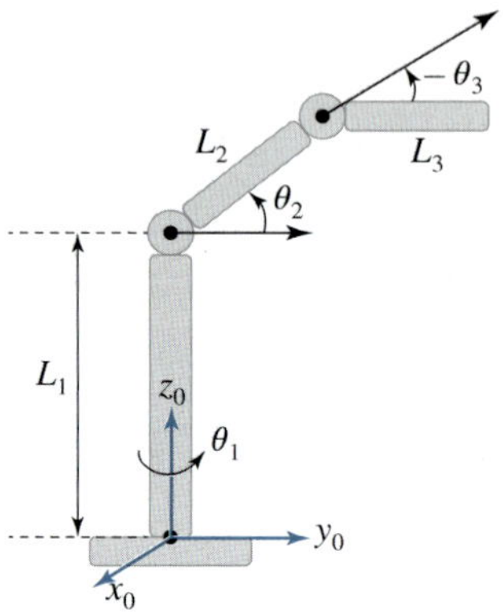

그림 7.27 3축 로터리 로봇

표 7.3 3축 로터리 로봇의 D-H 변수

Joint	θ_i	α_i	d_i	a_i
1	θ_1	90	L_1	0
2	θ_2	0	0	L_2
3	θ_3	0	0	L_3

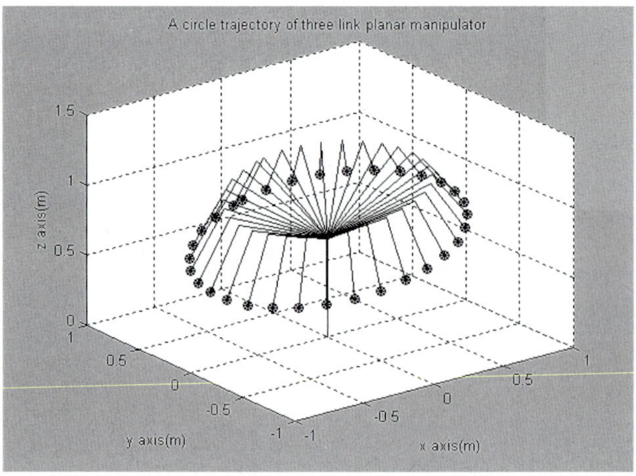

그림 7.28 3축 로봇의 원 경로

점검문제 7.7

표 7.3으로부터 순기구학을 구해 보시오.

7.5.5 시뮬레이션

시뮬레이션에서는 각각의 로봇이 평면 및 공간상에서 원을 그리며 움직이는 것을 제어하였다. 시뮬레이션은 PD 제어, 퍼지 제어, FEL 방식, RCT 방식 1(위치 보상) 및 RCT 방식 2(위치 및 속도 보상)의 5가지의 경우에 대해 실험하였다. 그리고 샘플링 시간은 0.01s로 하였으며, 초기 위치는 여유자유도 로봇을 (0.6, 0.4, 0)이며, 3축 로터리 로봇을 (0, 0.8, 0.7)로 하였다. 그리고 최대 토크는 link1±250, link2±200, link3±150로 제한하였다.

7.5.5.1 손가락 형태의 로봇

이 로봇은 xy평면상에서 직경 0.4 m의 원 경로를 그리고 움직이며, 각 링크의 크기 및 질량은 다음과 같다.

m1 = 10 kg　　L1 = 0.5 m

m2 = 8 kg　　L2 = 0.3 m

m3 = 5 kg　　L3 = 0.2 m

실험① PD 제어기

그림 7.29는 PD 제어기만을 사용한 경우로 로봇 end-effector의 원 경로를 나타낸다.

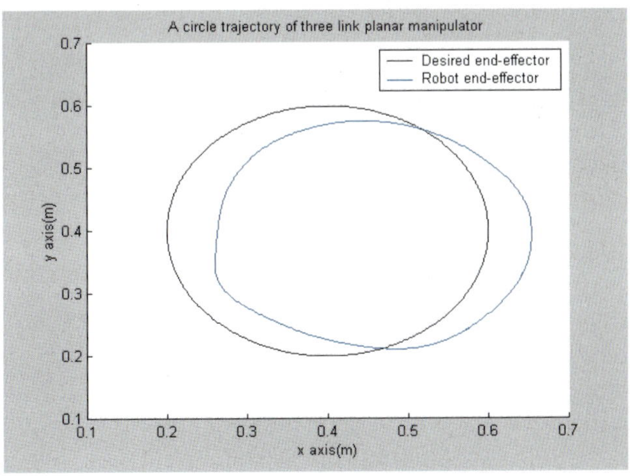

그림 7.29 로봇의 원 경로(m)

결과를 보면 PD 제어기만을 사용하였을 경우 오차가 크게 나타나는 것을 확인할 수 있다. 이는 로봇 동역학식에 마찰력이 더해져 식이 비선형이 되어 PD 제어만으로는 제어가 어렵기 때문이다.

실험② 퍼지 제어기

그림 7.30은 퍼지 제어기만을 사용한 경우로 로봇 end-effector의 원 경로를 나타낸다.

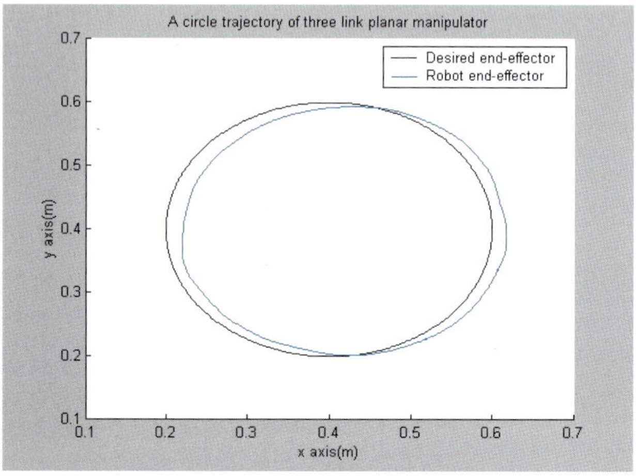

그림 7.30 로봇의 원 경로(m)

퍼지 제어기만을 사용한 경우에는 PD 제어기를 사용한 경우보다 오차가 크게 줄어든 것을 볼 수 있다. 그러나 이 경우에도 오차가 만족할 만큼 줄어들지 않는 것을 알 수 있다.

실험③ 퍼지–신경망 제어기(FEL 방식)

앞의 퍼지 제어에서 나타난 오차를 보상하기 위해 퍼지 제어기에 신경망 제어기를 FEL 방식으로 사용하며, 신경망을 제외한 나머지 부분은 앞의 실험과 같은 조건이다.

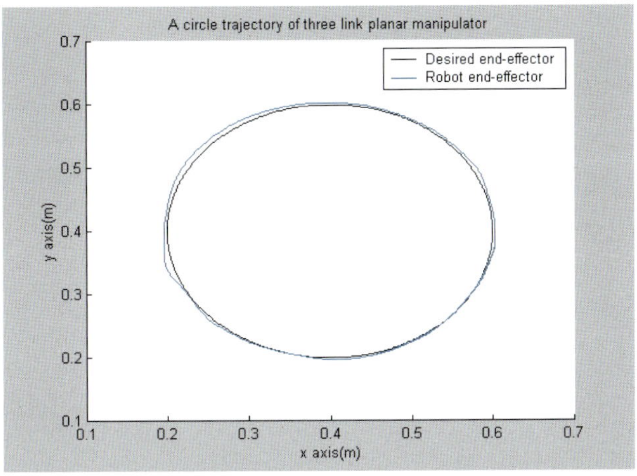

그림 7.31 로봇의 원 경로(m)

그림 7.31을 보면 그림 7.30보다 로봇이 기준 경로를 잘 따라가는 것을 볼 수 있다.

실험④ 퍼지-신경망 제어기(RCT 방식 1)

다음은 퍼지 제어기에 신경망 제어기를 RCT 방식으로 사용한 경우로, 이때 신경망의 출력은 하나이며, 역시 신경망을 제외한 나머지 조건은 실험 2와 동일하다.

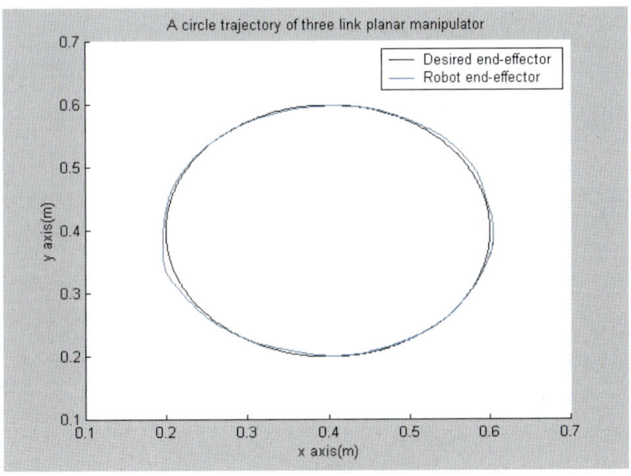

그림 7.32 로봇의 원 경로(m)

이 실험에서도 로봇이 기준 경로를 잘 따라가는 것을 볼 수 있다.

실험⑤ 퍼지-신경망 제어기(RCT 방식 2)

실험 5는 실험 4와 동일한 방식이며, 단지 신경망의 출력으로 2개를 사용하는 방식이다.

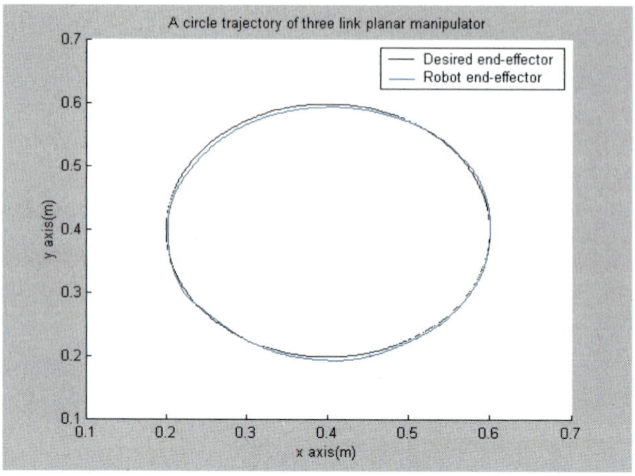

그림 7.33 로봇의 원 경로(m)

실험 5의 경우에도 역시 로봇이 목푯값을 잘 따라가는 것을 확인할 수 있다.

이상의 결과로부터 각각의 MSE(Mean Squared Error)를 구하면 다음의 결과를 얻을 수 있다.

표 7.4 여유자유도 로봇의 MSE

	PD Control	Fuzzy Control	Fuzzy – Neuro Control(FEL)	Fuzzy – Neuro Control(RCT1)	Fuzzy – Neuro Control(RCT2)
MSE	38.8021	18.8283	9.3992	9.8126	5.9479

위 결과를 통해 FEL 및 RCT 방식이 퍼지 제어기에 비해 MSE가 반으로 줄어드는 것을 알 수 있다.

7.5.5.2. 3축 로터리 로봇

이 로봇은 z축을 중심으로 반경 0.8 m의 원 경로를 그리며, 이 원 경로는 다시 기울기가 1/4만큼 기울어져 있는 경로를 움직인다. 각 링크의 크기 및 질량은 다음과 같다.

m1 = 15 kg L1 = 0.7 m

m2 = 10 kg L2 = 0.6 m

m3 = 5 kg L3 = 0.5 m

실험① PD 제어기

실험 1에서는 PD 제어기만을 사용한 경우로 그림 7.34는 로봇 end-effector의 원 경로를 나타낸다.

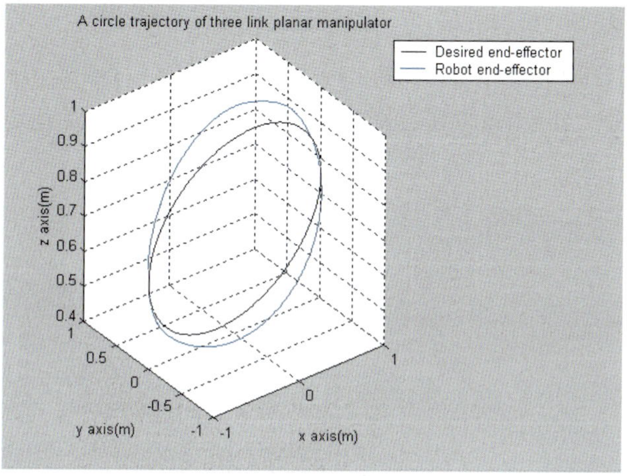

그림 7.34 로봇의 원 경로(m)

실험 1의 결과를 보면 PD 제어기만을 사용하였을 경우 오차가 크게 나타나는 것을 확인할 수 있다.

실험② 퍼지 제어기

실험 2에서는 퍼지 제어기만을 사용한 경우로 그림 7.35는 로봇 end-effector의 원 경로를 나타낸다.

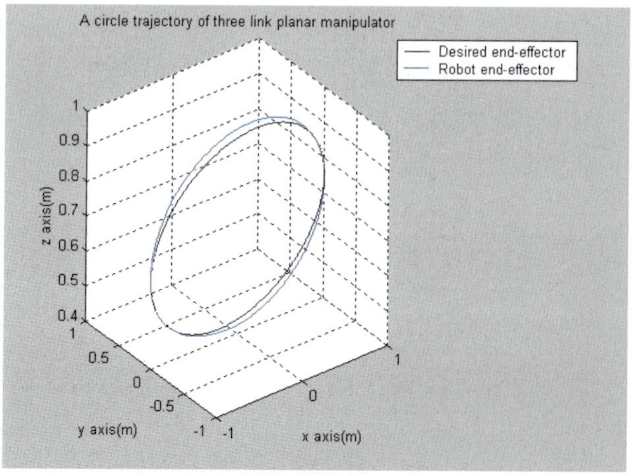

그림 7.35 로봇의 원 경로(m)

퍼지 제어기만을 사용한 경우에는 PD 제어기를 사용한 경우보다 오차가 크게 줄어든 것을 볼 수 있다. 그러나 이 경우에도 오차가 만족할 만큼 줄어들지 않는 것을 알 수 있다.

실험③ 퍼지–신경망 제어기(FEL 방식)

앞의 퍼지 제어에서 나타난 오차를 보상하기 위해 실험 3의 경우는 퍼지 제어기에 신경망 제어기를 FEL 방식으로 사용하며, 신경망을 제외한 나머지 부분은 실험 2의 경우와 같은 조건이다. 그림 7.36은 로봇 end-effector의 원 경로를 나타낸다.

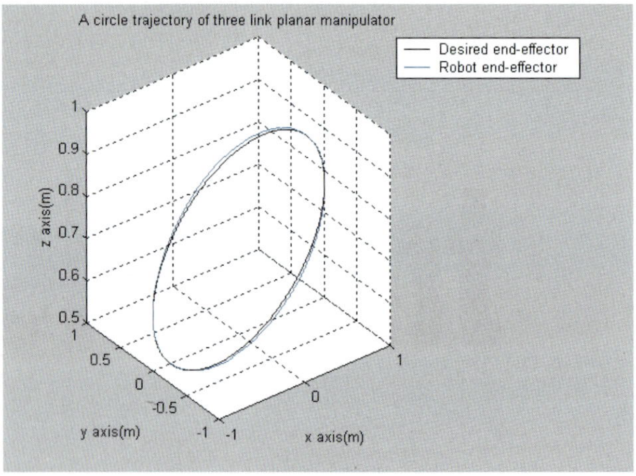

그림 7.36 로봇의 원 경로(m)

실험 3에서는 실험 2에 비해 오차가 크게 줄어든 것을 확인할 수 있다.

실험④ 퍼지 – 신경망 제어기(RCT 방식 1)

이 실험은 퍼지 제어기에 신경망 제어기를 RCT 방식으로 사용한 경우로, 이때 신경망의 출력은 하나이며, 역시 신경망을 제외한 나머지 조건은 실험 2와 동일하다.

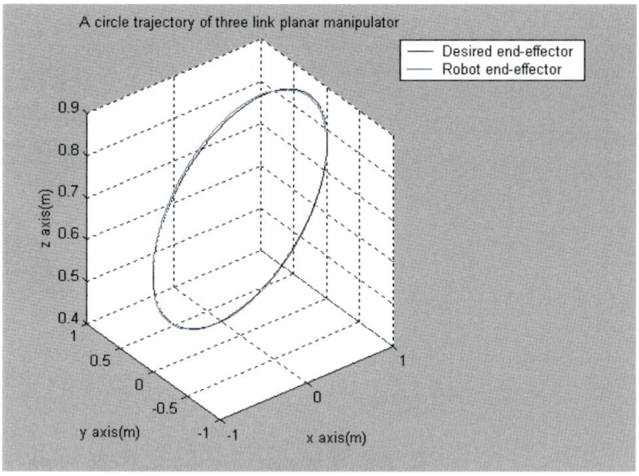

그림 7.37 로봇의 원 경로(m)

실험 4의 경우 오차가 거의 없는 것을 볼 수 있다.

실험⑤ 퍼지-신경망 제어기(RCT 방식 2)

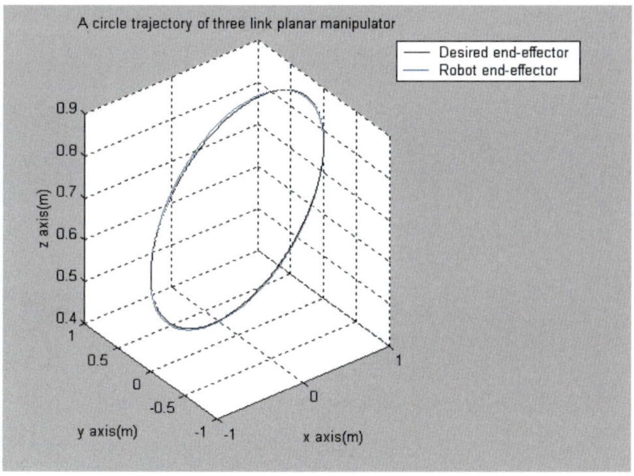

그림 7.38 로봇의 원 경로(m)

실험 5는 실험 4와 동일한 방식이며, 단지 신경망의 출력으로 2개를 사용하는 방식이다. 실험 5의 경우에도 역시 로봇이 오차가 거의 없이 잘 따라가는 것을 확인할 수 있다.

이상의 결과로부터 각각의 MSE(Mean Squared Error)를 구하면 다음의 결과를 얻을 수 있다.

표 7.5 3축 로터리 로봇의 MSE

	PD Control	Fuzzy Control	Fuzzy-Neuro Control(FEL)	Fuzzy-Neuro Control(RCT1)	Fuzzy-Neuro Control(RCT2)
MSE	66.6655	29.2223	20.6801	9.1148	9.3643

위 결과를 보면 FEL 및 RCT 방식이 퍼지 제어기에 비해 MSE가 줄어드는 것을 알 수 있다. 종합해 보면, 퍼지 제어기에 신경망을 첨가한 경우 시스템의 성능이 향상되는 것을 확인할 수 있었다. 또한 그 성능을 비교해 보면, FEL 방식보다 RCT 방식의 성능이 더욱 좋다는 것을 알 수 있다.

이미 설계된 퍼지 제어기의 성능이 시스템의 변화로 인해 감소하였을 경우, 이를 향상시키기 위한 방법으로 시스템의 외부에 신경망을 이용한 새로운 제어기를 설계하는 방법을 제시하였다. 이 방법의 장점은 이전에 설계된 제어기를 다시 수정하지 않아도 외부에 새로운 제어기를 설계하여 시스템의 변화로 인한 제어기의 성능 저하를 보상해 줄 수 있다는 것이다. 보상하는 방법으로는 FEL 방식과 RCT 방식이 있으며, 그중 RCT 방식이 보다 나은 성능을 보임을 확인하였다. 각각의 방식에 대한 시뮬레이션을 통하여, 제안하는 신경회로망과 퍼지 제어 방식이 퍼지 제어만을 사용할 경우보다 성능이 우수함을 알 수 있었으며 퍼지 제어기의 수정 없이도 신경회로망을 이용한 제어기의 성능 개선이 가능함을 알 수 있다.

참고문헌

[1] R. C. Dorf, S. Jung, J. Dawes and L. N "An S-Plane Analytic Technique for Lead-Lag Controller Design",American Control Conference, pp. 2227-2228, Seattle, June, 1995

[2] W. T. Miller, R. S. Sutton, and P. J. Werbos, "Neural Networks for Control", The MIT Press, 1991.

[3] M. W. Spong and M. Vidyasagar, "Robot dynamics and control", John Wiley and Sons, 1984.

[4] M. Miyamoto, M. Kawato, T. Setoyama, and R. Suzuki, "Feedback error learning", Neural Networks, vol.1, pp. 251-265, 1988

[5] A. Ishiguro, T. Furuhashi, S. Okuma, and Y.Uchikawa, "A Neural Network compensator for uncertainties of robot manipulator", IEEE Trans. on Industrial Electronics, vol. 33, pp. 61-66, December,1992

[6] D. Psaltis, A. Sideris, and A. Yamamura, "A multilayered neural network controllers", IEEE Control SystemsMagazine, pp. 17-21, 1986

[7] C. C. Ku and K. Y. Lee, "System Identification and Control Using Diagonal Recurrent Neural Networks", American Control Conference, vol. 1, pp.545-543, 1992

[8] T. Yabuta and T. Yamada, "Learning Control Using Neural Networks", Proc. of IEEE International Conference on Robotics and Automation, pp. 740-745, 1981

[9] F. L. Lewis, S. Jagannathan, and A. Yesldirek, "Neural network control of robot manipulators and nonlinear systems", Taylor & Francis, 1999

[10] J. S. Wang, "Self-Adaptive Recurrent Neuro -Fuzzy Control of an Autonomous Underwater Vehicle", pp. 283-295, IEEE Trans. on Robotics and Automations, Vol. 19, No. 2, 2003

[11] S. Pletl, "Neuro-Fuzzy Control of Rigid and Flexible Joint Robotic Manipulator", IEEE IECON pp. 93-97, 1995

[12] A. J , P. H. Yang, D. M. Auslander, and R. N. Dave, "Real Time Neuro-Fuzzy Control of a Nonlinear Dynamic System", Biennial Conf, of North American Fuzzy Information Processingpp. 210-214,1996

[13] 정 슬, "인공 지능 시스템 I, II," 충남대학교 출판부, 2003

[14] S. Jung and H. Cho, "Balancing and Position Tracking Control of An Inverted Pendulum on An X-Y Plane Using Decentralized Neural networks," IEEE/ASME Advanced Intelligent Mechatronics, p.181-186, 2003.

[15] S. Omatu and M, Khalid, "Neuro-Control and its Applications," Springer, 1995

[16] K. S. Fu, R.C. Gonzalez, C.S.G. Lee, "Robotics", McGraw-Hill, 1987

[17] S. Jung & T. C. Hsia, "A New Neural Network Control Technique for Robot Manipulators", ROBOTICA, vol. 13, pp. 477-484, 1995

[18] T. C. Hsia & S. Jung, "A Simple Alternative to Neural Network Control scheme for Robot manipulators", EEE Transaction on Industrial Electronics, vol. 42, no. 4, pp. 414-416, 1995

[19] S. Jung & T. C. Hsia, "A Study of neural network control of Robot manipulator ", ROBOTICA, vol. 14, no. 1,pp. 7-15, 1996

[20] S. Jung & T. C. Hsia, "On an Effective Design Approach of Cartesian Space Neural Network Control for Robot Manipulators ", ROBOTICA, vol. 15, no. 3,pp. 305-312, 1997

[21] S. Jung & T. C. Hsia, " Neural network Inverse Control Techniques for PD Controlled Robot Manipulator", ROBOTICA, vol. 19, no. 3,pp. 305-314, 2000

[22] S. Jung & H. T. Cho, "Decoupled Neural Network Reference Compensation Technique for a PD Controlled Two Degrees of Freedom Inverted Pendulum", International Journal of Control, Automation, and Systems Engineering, vol.2, no.1, pp. 92-99, 2004

[23] S. S. Kim and S. Jung, "Hardware implementation of a neural network controller with an MCU and am FPGA for nonlinear systems", International Journal of Control, Automation, and Systems Engineering, vol.4, no.5, pp. 567-574, 2006

[23] S. Jung and S. S. Kim, "Hardware implementation of a real-time neural network controller with a DSP and an FPGA for nonlinear systems", EEE Transaction on Industrial Electronics, vol. 54, no. 1, pp. 265-271, 2007

[24] S. Jung, H. T. Cho, and T. C. Hsia, "Neural network control for position tracking of a two-axis inverted pendulum system: Experimental studies", EEE Transaction on Neural Networks, vol. 18, no. 4, pp. 1042-1048, 2007

[25] G. H. Lee, J. S. Noh, and S. Jung, "Implementation and experiment of neural network controllers for intelligent control system education", International Journal of Fuzzy logic and intelligent systems, vol.7, no.4, pp. 267-273, 2007

[26] D. H. Song, G. H. Lee, S. Jung, "Neural network compensation technique for standard PD-like fuzzy controlled nonlinear systems", International Journal of Fuzzy logic and intelligent systems, vol.8, no.1, pp. 68-74, 2008

[27] H. T. Cho, S. S. Kim, and S. Jung, "Experimental studies of real time decentralized neural network control for an x-y table robot", International Journal of Fuzzy logic and intelligent systems, vol.8, no.3, pp. 185-191, 2008

[28] 임선빈, 정 슬, "신경회로망을 이용한 비선형 시스템 제어의 실험적 연구", 제어 자동화 시스템 공학 논문지, 7권 11호, pp. 918-926, 2001

[29] 임선빈, 정 슬, "미정보 환경하에서의 신경회로망 힘추종 로봇제어 기술의 실험적 연구", 제어 자동화 시스템 공학 논문지, 8권 4호, pp. 338-344, 2002

[30] 장평수, 홍섭, 정 슬, "신경회로망을 이용한 비전 기반 로봇의 위치제어에 대한 실험적 연구", 제어 자동화 시스템 공학 논문지, 9권 7호, pp. 515-526, 2003

[31] 전풍우, 정 슬, "장님 이동로봇의 힘제어: 분석, 시뮬레이션 및 실험", 제어 자동화 시스템 공학 논문지, 9권 10호, pp. 798-807, 2003

[32] 조현택, 정 슬, "속도 추정 기반의 2 자유도 도립진자의 안정화를 위한 입력 보상 방식의 분산신경망 제어기에 관한 실험적 연구", 제어 자동화 시스템 공학 논문지, 10권 4호, pp. 342-350, 2004

[33] 장평수, 장은수, 정 슬, "힘레이저 센서 기반의 Cascaded 제어기 및 신경회로망을 이용한 이동로봇의 위치 추종 실험적 연구", 제어 자동화 시스템 공학 논문지, 10권 7호, pp. 625-633, 2004

[34] 김성수, 정 슬, "DSP와 FPGA를 이용한 지능 제어기의 하드웨어 구현", 제어 자동화 시스템 공학 논문지, 10권 10호, pp. 922-929, 2004

[35] 전풍우, 정 슬, "힘제어 기반의 틈새 추종 로봇의 제작 및 제어에 관한 연구: Part II. 힘제어", 제어 자동화 시스템 공학 논문지, 11권 4호, pp. 337-343, 2005

[36] 엄일용, 석진영, 정 슬, "힘자율 주행 헬리콥터의 위치 추종 제어를 위한 LQR 제어 및 신경회로망 보상 방식", 제어 자동화 시스템 공학 논문지, 11권 11호, pp. 930-935, 2005

[37] 조현택, 정 슬, "힘제어 기반의 틈새 추종 로봇의 제작 및 제어에 관한 연구: Part I. 신경회로망을 이용한 레이

저와 카메라에 의한 틈새 검출 및 로봇제작", 제어 자동화 시스템 공학 논문지, 11권 4호, pp. 290-296, 2005
[38] 송덕희, 정 슬, "PD기반의 퍼지제어기로 제어된 로봇의 새로운 신경회로망 보상 제어 기술", 제어 자동화 시스템 공학 논문지, 11권 6호, pp. 524-529, 2005
[39] 김성수, 정 슬, "신경회로망을 이용한 이동로봇 위의 역진자의 각도 및 로봇 위치 제어에 대한 연구", 제어 자동화 시스템 공학 논문지, 11권 10호, pp. 888-894, 2005
[40] 송덕희, 노진석, 정 슬, "다관절 휴머노이드 상체 로봇의 제어를 위한 신경망 보상 퍼지 제어기 구현 및 실험", 제어 자동화 시스템 공학 논문지, 13권 7호, pp. 671-676, 2007
[41] 전효원, 정 슬, "힘제어 기반의 로봇 팔과 인간팔의 상호 작용을 위한 임베디드 시스템 설계", 제어 자동화 시스템 공학 논문지, 15권 11호, pp. 1096-1101, 2009
[42] 배영걸, 최호진, 정 슬, "원격제어 시스템의 종로봇인 이동 로봇의 제작과 힘 추종 제어 구현", 제어 자동화 시스템 공학 논문지, 16권 7호, pp. 681-687, 2010
[43] 최호진, 정 슬, "원격 제어 시스템에서의 신경망을 이용한 시간 지연 보상 제어기 설계", 한국지능시스템논문지, 21권 4호, pp. 449-455, 2011

Force Control

CHAPTER 8

힘 제어

CHAPTER 8

힘 제어

8.1 소개

최근에는 4차 산업 혁명의 영향으로 협업 로봇을 통한 생산 공정이 점차 자동화됨에 따라서 협업 로봇의 역할이나 기여도가 점점 중요해지고 있는 실정이다. 로봇을 제어하는 기술도 물건을 옮기는 단순한 위치 제어에서부터 벗어나 힘과 위치의 동시 제어가 필요한 복잡하고도 세련된 방향으로 요구된다.

힘 제어를 적용한 대표적인 예를 보면 로봇을 사용하는 부품 조립, 디버링, 광택 작업, 그라인딩, peg in hole, opening door, 로봇끼리의 상호작용, 인간과의 상호작용 등이 있다. 최근 미국 NASA에서는 인공위성을 수리하는 로봇을 연구 중인데 움직이는 위성을 같은 속도로 움직이며 수리해야 하므로 로봇과 인공위성과의 접촉에서 오는 힘 제어를 해야 한다. 이처럼 다양한 곳에서 세련된 힘 제어 기술이 요구되고 있는 실정이다.

아래 그림 8.1은 힘 센서를 장착한 로봇의 end-effector와 도구를 보여주고 있다. 힘 센서는 x, y, z축의 힘과 모멘트를 측정한다.

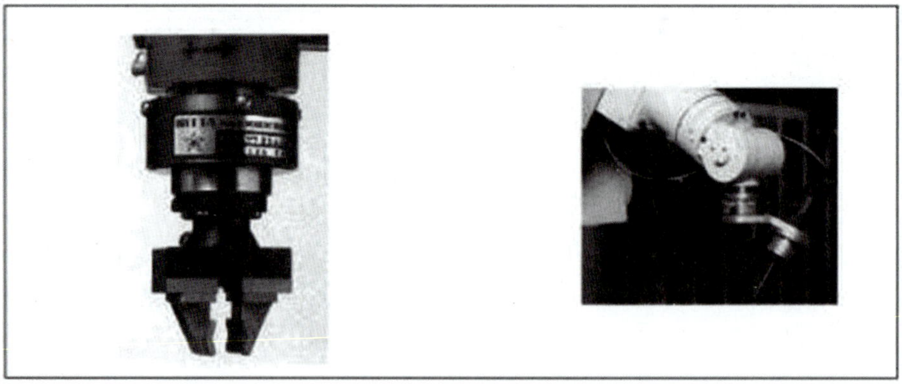

그림 8.1 힘센서를 장착한 로봇

로봇을 응용한 디버링 작업은 힘 제어의 대표적인 한 예로서 일반 산업 공정, 특히 주물 생산 공정이나 절삭 가공 후의 뒷처리 공정으로 많이 쓰인다. 로봇을 사용해서 대상(주물)의 거친 표면을 부드럽게 하려면 적당한 힘을 대상 표면에 가한 상태로 대상의 표면을 따라 움직이면서 로봇 팔 끝(end-effector)에 부착되어 있는 절삭 도구로 버를 없앤다. 버를 없애는 디버링 작업을 하기 위해서는 로봇 팔 끝이 대상과의 접촉을 계속 유지, 대상이 일정한 힘을 받도록 조절하면서 주어진 경로를 따라가야 하는데, 이때 로봇과 대상 사이의 접촉으로 생기는 힘을 제어하는 것이 **힘 제어**이다.

로봇이 대상과 접촉 시 자유 공간(free space)에서 설계된 위치 제어만을 직접 적용해서 로봇을 제어하면 로봇과 대상과의 동적 관계를 무시하게 되므로 안정성이 떨어지게 된다. 위치를 제어함과 동시에 힘을 제어하여야 하는데 이를 '**힘 제어**'라 한다. 디버링 작업 후의 공정으로는 대상의 표면을 문질러서 광택을 내는 공정으로 적당한 힘을 대상에 적용해 매끄럽게 사포질하는 작업이 있다. 이 또한 힘과 위치의 동시 제어가 필요하다. 한 예로 미국의 대표적인 자동차 회사인 GM(General Motors)에서는 차의 표면에 페인트를 칠하기 전에 사람이 사포로 면을 고르게 하였다. 하지만 이처럼 사람이 엎드려서 하는 반복적인 작업은 노동자들의 허리에 많은 고통을 주게 되었고, 그에 따른 문제를 해결하고자 로봇으로 사람을 대체하기 시작하였다. 하지만 아직도 해결해야 할 문제가 많으므로 연구가 계속 되고 있는 실정이다. 힘 제어에서 로봇이 대상체를 누르는 힘의 크기는 주어진 경로(reference trajectory)에 도달하기 위해 로봇의 팔 끝이 얼마만큼 대상에 의해 한정되는가에 따라서 정해진다.

힘 제어에는 다양한 기술이 있지만 대표적인 힘 제어 방법으로는 임피던스 제어 방식과 하이브리드 힘 제어 방식들이 주류를 이룬다. 임피던스 제어 방식은 힘과 위치를 직접 제어하는 것이 아니라 로봇 팔 끝의 위치와 대상으로부터 반영된 힘과의 동적 관계를 조절함으로써 간접적으로 제어하기 때문에 원하는 힘을 직접 기준 입력으로 표시하지 못하는 단점이 있다. 반면에, 하이브리드 힘 제어 방식에서는 힘을 제어할 수 있는 방향과 위치를 제어할 수 있는 방향을 선택행렬을 사용하여 정하기 때문에 원하는 힘과 위치를 직접 제어할 수 있으나, 로봇과 대상 사이의 동적인 상관관계를 무시함으로써 나타나는 힘의 과도응답을 제어하지 못하는 단점이 있다. 임피던스 제어 방식과 하이브리드 제어 방식의 이점을 고려한 제어 방식으로 하이브리드 임피던스 제어 방식이 제안된 바 있다.

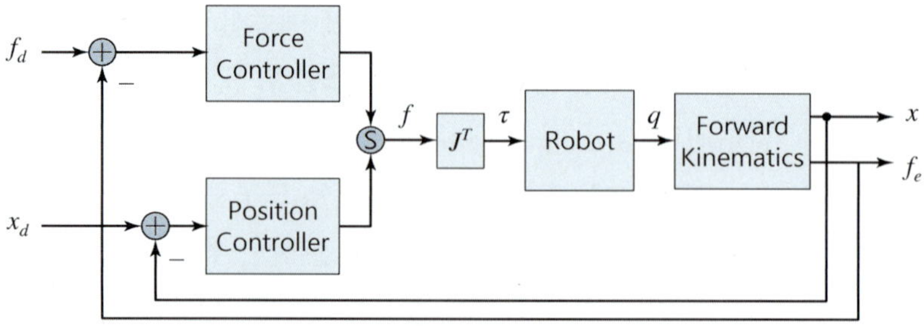

(a) 토크 기반 하이브리드 힘 제어

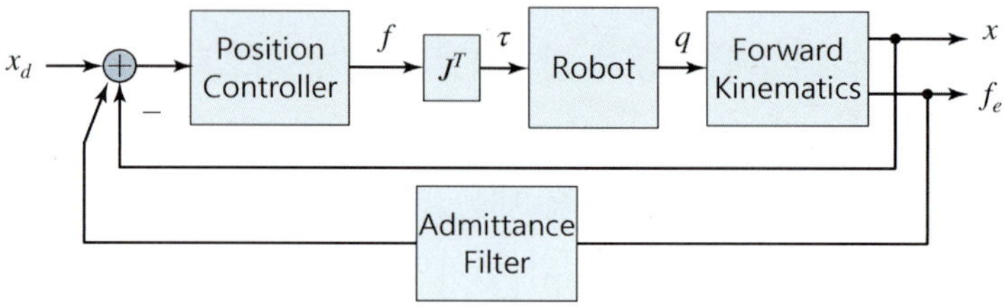

(b) 위치 기반 임피던스 힘 제어(어드미턴스 제어)

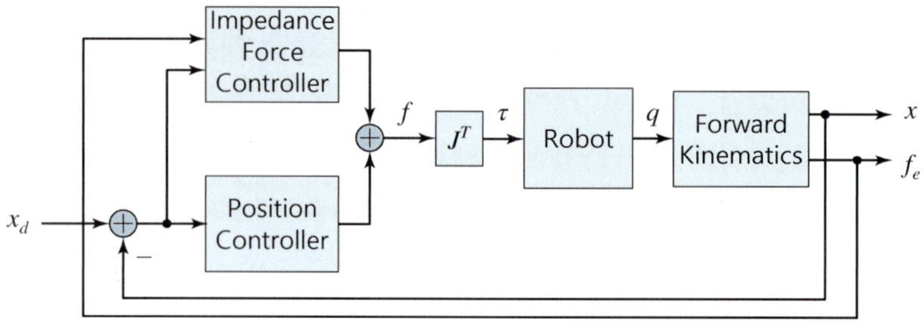

(c) 토크 기반 임피던스 힘 제어

그림 8.2 힘 제어 구조

최근에는 인공 지능의 한 분야인 신경회로망을 이용하여 불확실성을 보상하거나 임피던스 힘 제어 방식에 직접 원하는 기준힘을 따라갈 수 있는 방법에 관한 많은 연구가 진행되고 있다. 여기서 설명하는 제어 방식도 임피던스 제어 방식에 근거하여 하이브리드 힘 제어 방식의 이점인 주어진 힘을 따라가도록 하는 제어 방식이다.

기존의 임피던스 힘 제어를 사용해서 디버링 작업을 하려면 로봇 팔 끝에 부착된 디버링 도구가 전체 로봇 동적 모형에 미치는 영향과 대상(주물)의 강성도(stiffness)와 위치(location) 등에 관한 정확한 사전 지식이 있어야만 원하는 힘을 제어하는 디버링 작업을 잘 수행할 수 있다. 그렇지만 이러한 지식들은 미리 알기도 어렵고 정확하게 측정하기가 어렵기 때문에 어느 정도의 측정 오차를 허용하는 강건한 힘 제어 기술이 필요하다.

먼저 disturbance rejection 알고리즘을 사용하여 로봇 모형과 마찰력 등의 동적 불확실성을 보상하여 위치 제어를 정확하게 하도록 하고, 대상의 강성도를 알 필요 없이 강성도를 측정된 힘과 위치로 인식하는 경로 조정 알고리즘을 사용하여 기존의 임피던스 힘 제어 방식에서 원하는 힘을 따라가도록 한다. 입력으로 힘을 설정할 수 있기 때문에 힘을 따라 갈 수는 있지만 대상의 위치를 정확하게 알지 못하면 오차가 생긴다. 이때 적분 제어 방식을 통해 시각 센서로 얻은 대상의 위치 오차에서 오는 단점을 보완한다. 적분 제어 방식은 부정확한 대상의 위치 측정에서 생기는 힘의 오차를 점차 줄여 가는 것이다.

8.2 힘 제어의 예: 디버링과 표면 광택 작업 환경

디버링 작업은 간단히 버를 없애는 공정으로, 사출 성형이나 주물 공정을 거친 대상의 표면을 다듬는 공정을 말한다. 디버링 작업에 로봇이 쓰이는 이유는 같은 물체의 반복적인 작업을 간단히 할 수 있고, 디버링 작업 중에 생기는 파편이 인체에 해롭기 때문이다. 그림 8.3은 3차원의 버를 가진 대상의 한 예를 나타낸다. 로봇 팔 끝의 절삭 도구는 힘 센서를 통해 연결된다. 그림 8.3에 나타난 버를 제거하는 방법으로 임피던스 힘 제어 방법을 사용하는 경우를 살펴보면, 로봇이 버와 접촉을 했을 때 갑작스러운 힘이 생겨 디버링 도구를 부러뜨리거나 상하게 할 수 있는 안정성의 우려가 있다. 이러한 경우는 임시방편으로 힘을 작게 조절함으로써 해결할 수 있지만, 버가 완전히 제거될 때까지 같은 작업을 여러 번 반복해야 하기 때문에 작업의 효율성이 떨어진다. 따라서 로봇을 응용한 디버링 작업에서는 안정성과 효율성을 함께 고려한 한도 내에서 최대의 효율을 취할 수 있는 힘을 설정하여 버를 제거하는 것이 바람직하다.

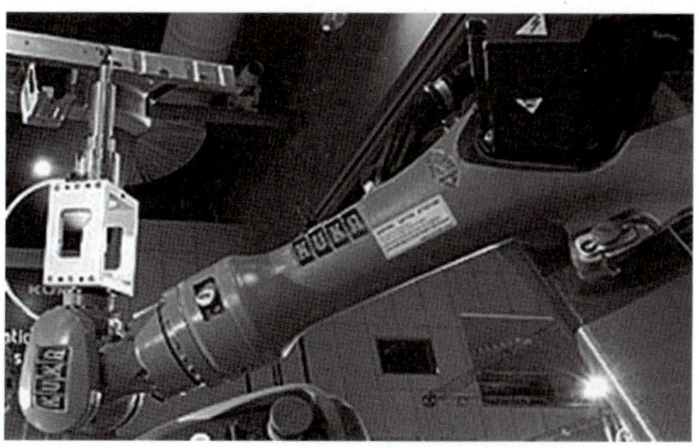

그림 8.3 버 제거 과정

버를 효율적으로 제거하는 하나의 방법으로 버가 있는 곳과 버가 없는 곳을 달리 제어하는 방법이 필요하다. 그림 8.3에서 보는 바와 같이 버가 없는 부분은 위치 제어나 작은 힘을 제어하는 기존의 임피던스 힘 제어 방식을 사용하고, 버가 있는 부분은 힘을 조절할 수 있는 임피던스 힘 제어 방식을 사용하여 힘을 증가시킨다. 그리하면, 버를 한 번에 효율적으로 제거할 수 있다.

시각 센서 시스템은 하나의 부수적인 시스템으로 버의 위치와 모양, 크기 등을 인식함으로써 힘 제어 방식을 돕는다. 기존에 있는 3차 시각 시스템으로는 레이저를 이용한 상업용 CAD 시스템이 있는데 정확도가 떨어지고 가격 또한 비싸다. 또한 버의 위치와 모양이 일정하지 않기 때문에 수시로 구경 측정(calibration)을 해야 하는 단점이 있다. 무작위로 나타나는 버의 모양과 크기 등을 검출하는 3차원 시각 시스템의 개발은 지금 연구가 활발히 진행되고 있는 분야 중 하나로, 아직 디버링 작업에 사용하기에는 시각 인식 기술이 뒷받침하지 못하는 실정이다.

디버링 후에 해야 하는 공정 중의 하나는 표면 광택 작업이다. 표면 광택 작업은 말 그대로 물체의 표면을 매끄럽게 가공하는 일이다. 표면 광택 작업은 대상의 전체 표면에 적당한 힘을 제어하면 되므로 버의 위치를 미리 알아야 하는 디버링 작업보다는 다소 간단하다. 하지만 표면이 고르지 않아 표면에 높낮이가 있다면 작업이 훨씬 어려워진다. 그러므로 시각 시스템의 도움 없이도 디버링이나 표면 광택 작업을 잘 수행할 수 있는 새로운 힘 제어 기술이 필요하다.

8.3 직교좌표에서의 로봇의 동적 모형

힘 제어는 직교공간좌표에서 적용되므로 로봇을 직교공간에서 제어하면 편리하다. 직교공간에서의 로봇 동역학을 구해 보자.

관절이 n인 로봇의 동적 방정식은 다음과 같다.

$$D(q)\ddot{q}+h(q,\ \dot{q})+\tau_f(\dot{q})=\tau \tag{8.1}$$

$D(q)$는 $n\times n$ 관성행렬, h는 $n\times 1$ Coriolis, 원심력과 중력 벡터, q, $\dot{q}$, $\ddot{q}$는 각각 $n\times 1$ 관절의 각도, 각속도, 각가속도 벡터이고, τ_f는 $n\times 1$ 마찰력이고, τ는 $n\times 1$ 토크 벡터이다. 관절 공간에서 카테시안(Cartesian) 공간으로의 변환은 자코비안 행렬을 사용하는 동기구학(Motion Kinematics)을 통해 이루어진다.

$$\dot{q}(t) = J(q)^{-1}\dot{x}(t) \tag{8.2}$$

여기서 $x(t)$는 $n \times 1$ 직교좌표의 위치이고, $J(q)$는 $n \times n$ 자코비안 행렬이다.

식 (8.2)를 미분하면 각가속도를 얻는다.

$$\ddot{q}(t) = J(q)^{-1}(\ddot{x}(t) - \dot{J}\dot{q}(t)) \tag{8.3}$$

식 (8.2)와 (8.3)을 식 (8.1)에 대입하면 다음과 같다.

$$D(q)(J^{-1}(\ddot{x}(t) - \dot{J}\dot{q}(t))) + h(q,\ \dot{q}) + \tau_f(\dot{q})(t) = J(q)^T F(t) \tag{8.4}$$

식 (8.2)를 (8.4)에 대입한 뒤에 양변을 $J(q)^{-T}$로 곱하고 정리하면

$$J^{-T}D(q)J^{-1}\ddot{x} - J^{-T}D(q)J^{-1}\dot{J}(J^{-1}\dot{x}) + J^{-T}h(q,\ \dot{q}) + J^{-T}\tau_f = F \tag{8.5}$$

카테시안 공간에서의 로봇 동적 모형을 다음과 같이 구할 수 있다.

$$D^*(x)\ddot{x} + h^*(x,\ \dot{x}) + F_f^* = F \tag{8.6}$$

$D^* = J^{-T}DJ^{-1}$는 Cartesian 관성행렬, $h^* = J^{-T}h - D^*\dot{J}J^{-1}\dot{x}$는 Cartesian Coriolis, 원심력, 중력, $F_f^* = J^{-T}\tau_f$는 마찰력, F는 실제 구동하는 힘이다. 식 (8.6)은 비선형이고 각 방향이 서로 연관되어 있기 때문에 모델 기반의 계산 토크 방식(computed-torque)을 사용하여 선형화하고 분리시켜 제어한다.

힘 제어 공간에서 동역학식은 다음과 같이 외부 힘을 고려하여 표현한다.

$$D^*(x)\ddot{x} + h^*(x,\ \dot{x}) + F_f^* = F - F_e \tag{8.7}$$

제어기를 표현할 때에 F_e를 더해서 소거한다. 따라서 동역학에 포함된 F_e는 제어기에서 포함시켜 소거하므로 더하고 빼는 결과를 초래한다. 따라서 SIMULINK 시뮬레이션에서는 동역학과 제어 법칙에 F_e를 포함시키지 않는 경우도 있다.

8.4 직교공간에서의 제어

8.4.1 직교공간에서 위치 제어

직교공간의 경우 조인트 공간과 마찬가지로 계산 토크 방식의 제어 법칙은 다음과 같이 쓰여질 수 있다.

$$F = \hat{D}^*(x)v + \hat{h}^*(x, \dot{x}) \tag{8.8}$$

$\hat{D}^*(x)$는 로봇 관성행렬 $D^*(x)$의 대략적인 값이고, $\hat{h}^*(x, \dot{x}) = \hat{C}^* + \hat{G}^*$이다. 제어 입력 v는 PD 형태의 제어 입력으로 다음과 같이 주어진다.

$$v = \ddot{x}_d + K_D(\dot{x}_d - \dot{x}) + K_P(x_d - x) \tag{8.9}$$

여기서 K_P와 K_D는 $n \times n$ 크기의 symmetric positive definite 이득행렬이고, x_d는 원하는 경로이다. 식 (8.9)를 식 (8.8)에 대입하여 식 (8.6)과 함께 연립하면

$$\hat{D}^*(\ddot{x}_d + K_D(\dot{x}_d - \dot{x}) + K_P(x_d - x)) + \hat{h}^* = D^*\ddot{x} + h^* \tag{8.10}$$

양변에서 $\hat{D}^*\ddot{x}$를 빼면

$$\hat{D}^*((\ddot{x}_d - \ddot{x}) + K_D(\dot{x}_d - \dot{x}) + K_P(x_d - x)) + \hat{h}^* = (D^* - \hat{D}^*)\ddot{x} + h^* \tag{8.11}$$

정리하면 다음과 같은 이차 오차방정식을 얻는다.

$$\ddot{e} + K_D\dot{e} + K_Pe = \hat{D}^{*-1}(\Delta D^*(x)\ddot{x} + \Delta h^*(x, \dot{x})) \tag{8.12}$$

여기서 $\Delta D^*(x) = D^*(x) - \hat{D}^*(x)$, $\Delta h^*(x, \dot{x}) = h(x, \dot{x}) - \hat{h}^*(x, \dot{x})$ and $e = (x_d - x)$.

모델 오차가 없으면, 즉 $\Delta D^* = \Delta h^* = 0$이면 식 (8.12)는 이상적인 오차방정식이 된다.

$$\ddot{e} + K_D\dot{e} + K_Pe = 0 \tag{8.13}$$

여기서 $e = x_d - x$이다. 그림 8.4는 직교좌표공간에서 제어 방식을 나타낸다.

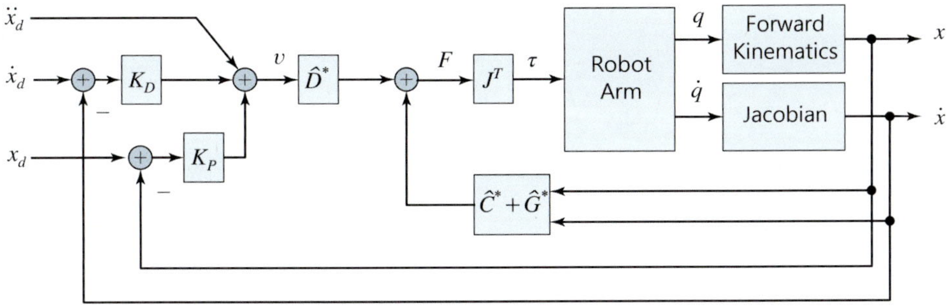

그림 8.4 카테시안 공간에서 계산 토크 제어

8.4.2 조인트 모델 사용 직교공간에서 위치 제어

그림 8.4에서 $\hat{D}^*$, $\hat{C}^*$, $\hat{G}^*$를 계산하는 대신 $\hat{D}$, $\hat{C}$, $\hat{G}$를 사용하면 다음과 같다. 조인트 공간과 카테시안 공간 사이의 가속도 u와 v의 관계식을 이용한다.

$$u(t) = J(q)^{-1}(v(t) - \dot{J}\dot{q}(t)) \tag{8.14}$$

제어 법칙은 다음과 같다.

$$\begin{aligned} \tau(t) &= \hat{D}(q)u + \hat{h} \\ &= \hat{D}(q)J(q)^{-1}(v(t) - \dot{J}\dot{q}(t)) + \hat{h}(t) \end{aligned}$$

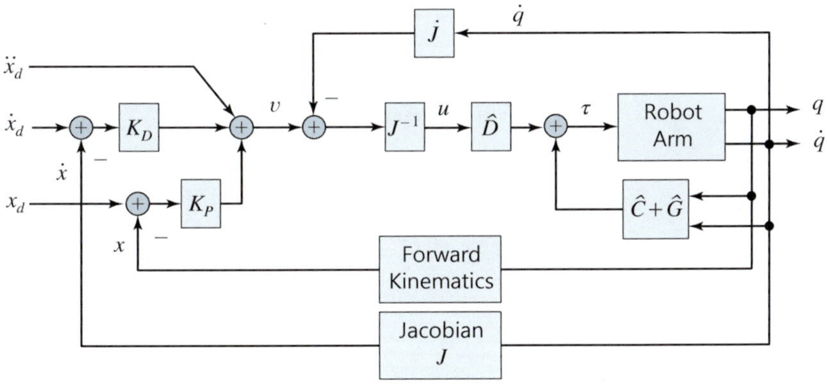

그림 8.5 카테시안 공간에서 계산 토크 제어

8.4.3 직교공간에서 힘 제어

직교공간의 경우 조인트 공간과 마찬가지로 계산 토크 방식의 제어 법칙은 다음과 같이 쓰여질 수 있다.

$$F = \hat{D}^{*}(x)v + \hat{h}^{*}(x,\ \dot{x}) + F_e \tag{8.15}$$

여기서 제어 입력 v는 위치 제어와 힘 제어로 구성된다. 동역학식 (8.7)과 연립하게 되면 원하는 힘 제어식을 얻게 된다.

8.5 로봇과 환경의 관계

그림 8.6은 강성도가 k_e이고 위치가 x_e인 대상체에 질량이 m인 로봇이 적당한 힘 f를 적용하고 있는 것을 나타낸다.

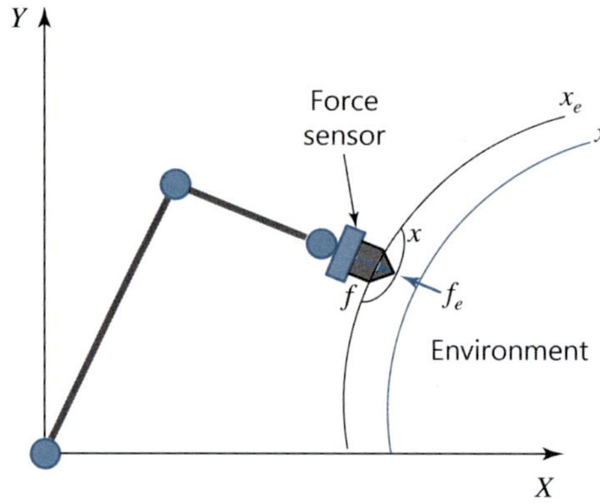

그림 8.6 로봇과 환경

로봇은 주어진 경로 x_d를 추종하기 위해 움직이므로 x_d를 설정하는 것이 중요하다. x_d를 대상의 안쪽으로 설정하면 할수록 누르는 힘의 크기가 커진다. 가상적인 힘은 다음과 같이 모델링할 수 있다. $x < x_e$면 접촉힘은 $f_e = 0$이고, $x > x_e$일 때에 생성되는 힘은 다음과 같다.

$$f_e = k_e(x - x_e) \tag{8.16}$$

8.5.1 강체인 환경

만약 환경을 단순한 강체라 하면 환경의 모델을 간단한 스프링으로 모델할 수 있다.

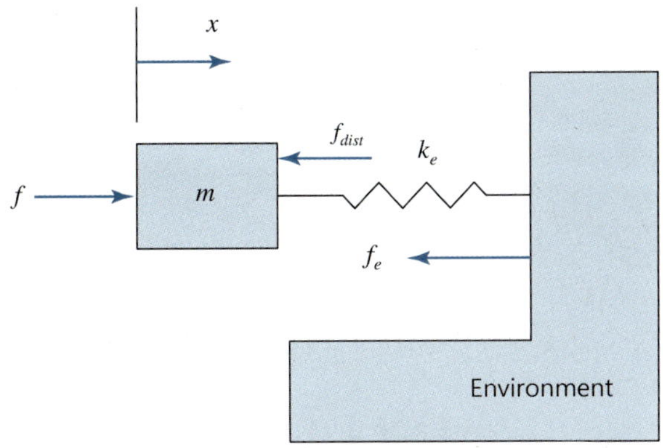

그림 8.7 스프링 모델의 환경

동역학식은 다음과 같다.

$$f = m\ddot{x} + f_e + f_{dist} \tag{8.17}$$

여기서 x는 움직인 변위를 나타내고, f는 로봇이 대상에 누르는 힘이고, f_e는 대상으로부터의 접촉힘, 그리고 f_{dist}는 외란힘이다. 한 방향으로 힘이 적용된다고 가정하면 대상으로부터의 힘, 즉 힘 센서에서 측정되는 힘은 다음과 같이 모델할 수 있다.

$$f_e = k_e x \tag{8.18}$$

여기서 k_e는 대상의 강성도로, 단위는 N/m이다. 일반적으로 스프링의 경우에는 수천 N/m이고 금속의 강성도는 수만에서 수십만 N/m이다.

식 (8.18)을 식 (8.17)에 대입하면 다음과 같다.

$$m\ddot{x} + k_e x + f_{dist} = f \tag{8.19}$$

만약 환경을 댐핑과 강성으로 모델하면 다음과 같다.

$$f = m\ddot{x} + b\dot{x} + k_e x + f_{dist} \tag{8.20}$$

8.5.2 PD 제어의 적용

제어 법칙으로 PD 제어기를 사용하면 다음과 같다.

$$f = k_p(x_d - x) + k_d(\dot{x}_d - \dot{x}) \tag{8.21}$$

기준 경로가 상수라 $\dot{x}_d = 0$이고 $f_{dist} = 0$이라 가정하고 식 (8.21)을 (8.17)에 대입하면 다음과 같다.

$$m\ddot{x} + k_e(x - x_e) = k_p(x_d - x) - k_d\dot{x} \tag{8.22}$$

정리하면 다음과 같다.

$$m\ddot{x} + k_d\dot{x} + (k_e + k_p)x = k_p x_d + k_e x_e \tag{8.23}$$

식 (8.23)에서 정상상태에서 x는 다음과 같다.

$$x = \frac{k_p x_d + k_e x_e}{k_e + k_p} \tag{8.24}$$

식 (8.24)를 식 (8.16)에 대입하면 정상상태에서 힘은 다음과 같이 표현된다.

$$\begin{aligned} f_e &= k_e\left(\frac{k_p x_d + k_e x_e}{k_e + k_p} - x_e\right) \\ &= k_e\left(\frac{k_p x_d + k_e x_e - k_e x_e - k_p x_e}{k_e + k_p}\right) \\ &= \frac{k_e \cdot k_p}{k_e + k_p}(x_d - x_e) \\ &= k_{eff}(x_d - x_e) \end{aligned} \tag{8.25}$$

여기서 $\frac{1}{k_{eff}} = \frac{1}{k_e} + \frac{1}{k_p}$이다.

식 (8.25)에서 힘 f_e를 원하는 힘 f_d로 바꾸면

$$f_d = k_{eff}(x_d - x_e) \tag{8.26}$$

기준 경로 x_d는 다음과 같이 설정할 수 있다.

$$x_d = x_e + \frac{f_d}{k_{eff}} \tag{8.27}$$

따라서 원하는 접촉힘 $f_e = f_d$를 얻기 위해서는 식 (8.27)을 만족하는 힘의 방향으로 위치 경로 x_d를 설정하여야 하는데, 이때 필요한 정보가 대상의 위치 x_e와 대상의 강성도 k_e이다.

하지만 대상의 위치 x_e와 대상의 강성도 k_e은 대상체에 따라 다르고 작업에 따라 달라지므로 정확한 값을 얻는 것이 어렵다.

대상체의 강성도가 너무 크면($k_e \gg k_p$), 식 (8.27)은 다음과 같다.

$$x_d = x_e + \frac{f_d}{k_p} \tag{8.28}$$

결과적으로 강성 제어나 임피던스 제어는 직접 원하는 힘 f_d를 제어하지 못하고 간접적으로 기준 위치 x_d를 조절하므로 힘 f_e를 제어하게 되는데, x_d를 구하기 위해 필요한 정보들인 대상의 위치 x_e와 대상의 강성도 k_e를 정확하게 알아야 하는 문제점이 있다. 이러한 문제점을 보완하기 위해 힘 제어 방식이 연구되고 있고 다음 장에서 소개한다.

8.6 강성 힘 제어 방식 소개

8.6.1 수동 및 능동 힘 제어 방식

힘 제어를 하기 위한 기본적인 방식으로는 수동(passive) 방식과 능동(active) 방식이 있다. 수동 방식은 RCC(Remote Center Compliance)라는 기계적인 도구를 사용하여 로봇과 대상 사이에 컴플라이언스를 주는 것이다. 한 예로 로봇이 구멍에 작은 막대를 넣는 경우를 살펴

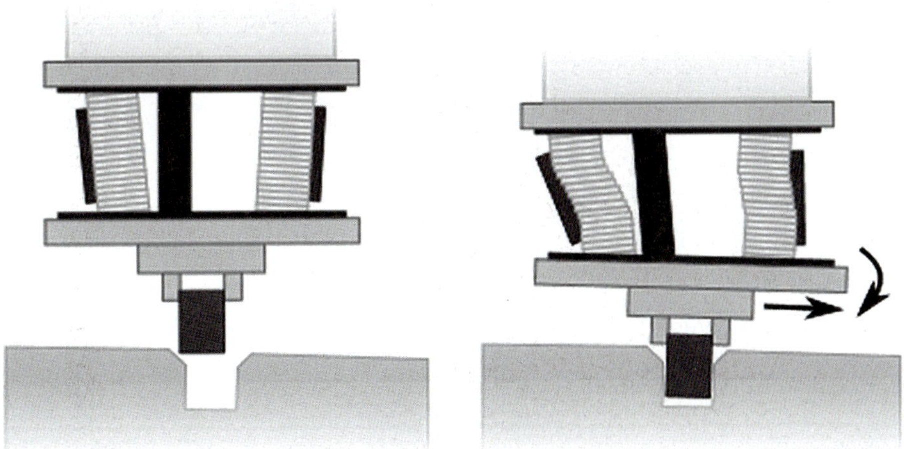

그림 8.8 RCC

보면 정확하게 구멍에 수직인 방향으로 넣지 않으면 옆 벽면에 닿아 넣기가 매우 힘이 든다. 막대가 벽면에 걸려 움직이지 않는다면 막대가 수직 방향으로 들어가도록 틀어서 넣어야 한다. 만약 로봇이 아니라 사람의 손으로 한다면 쉽게 넣을 수 있다. 사람 손은 자유도가 많아 충분한 컴플라이언스를 제공하기 때문이다. 사람은 막대를 넣다가 막히게 되면 막대를 이리저리 움직이며 삽입하면 쉽게 넣을 수 있다. 이처럼 RCC는 사람 손과 같이 충분한 자유도를 갖고 있지 않지만 특별히 물건을 구멍에 삽입하는 힘 제어 작업에 맞도록 설계된 기구이다.

수동 방식에 반해 능동 방식은 컴플라이언스 도구를 사용하지 않는 대신에 힘 센서를 사용한다. 최근에는 기술의 발달로 힘 센서 안에 데이터를 처리하는 회로가 내장되어 있어 더 간편해졌다. 로봇을 사용한 힘 제어용 힘 센서로는 6축의 힘(F_x, F_y, F_z, M_x, M_y, M_z)을 감지하는 센서가 주로 사용된다. 또한 최근에는 다양한 분야에서 다양한 형태로 힘 제어를 적용하므로 힘 센서를 사용하는 능동 방식이 많이 사용되고 있는 실정이다. 일반적으로 힘 제어가 위치 제어보다 더 어려운 이유는 힘 센서의 정확도가 엔코더와 같은 위치 센서보다 떨어지기 때문이다.

그림 8.9 힘 센서

8.6.2 능동 힘 제어 방식

능동 힘 제어 방식의 기본으로는 Salisbury의 **능동 강성 힘 제어 방식**(Active stiffness control)이 있다. 이 방식은 사용자가 제어 법칙에서 강성 행렬(stiffness matrix)을 설정하므로 로봇과 대상 사이에 능동적인 컴플라이언스(compliance)를 생성한다. 사용자는 힘을 제어하는 방향으로는 강성을 작게 설정하고, 위치를 제어하는 방향으로는 크게 설정한다. 사용자가 설정하는 제어 법칙을 보면 다음과 같다.

$$\tau = J^T K_P J(q_d - q) - K_D \dot{q} \tag{8.29}$$

여기서 J는 자코비안 행렬, K_P는 강성 이득 행렬, q, q_d, $\dot{q}$는 각각 실제 조인트 각, 원하는 조인트 각, 그리고 각속도이다. 여기서 $J^T K_P J$를 **조인트 강성 행렬**(Joint stiffness matrix)이라 부른다. 따라서 K_P, K_D를 설정함에 따라 로봇의 강성이 결정되므로 방향성을 고려해 설정한다. 식 (8.29)를 살펴보면 PD 제어 방식과 매우 흡사함을 알 수 있으므로 대략적인 응답을 기대할 수 있다.

직교공간에서 빠른 움직임에 대처하도록 $\dot{x}_d$를 넣어 직교공간에서 제어 법칙을 재설계하면 다음과 같다.

$$\tau = J^T(K_P(x_d - x) + K_D(\dot{x}_d - \dot{x})) \tag{8.30}$$

로봇 동역학을 보상하는 요소들을 함께 넣어 카테시안 공간에서 제어 법칙을 다시 설계하면 다음과 같다.

$$F = K_P(x_d - x) + K_D(\dot{x}_d - \dot{x}) + F_e + h^* \tag{8.31}$$

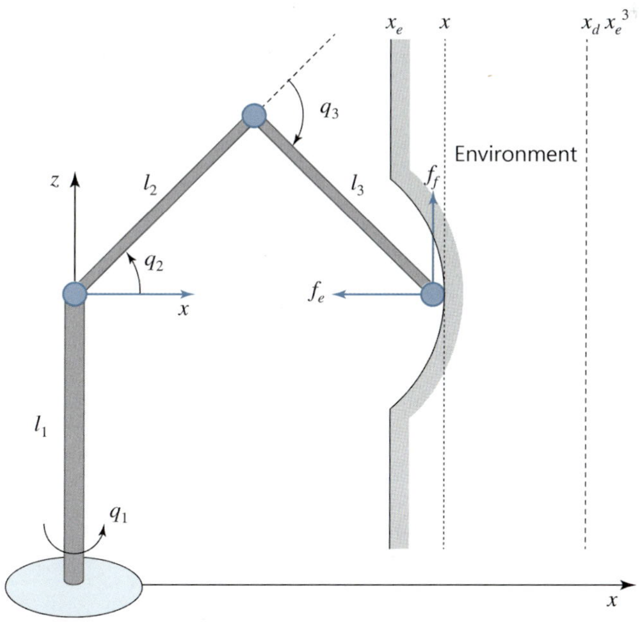

그림 8.10 로봇과 환경의 관계

식 (8.31)과 식 (8.7)을 연립하면 다음과 같은 식이 유도된다.

$$D^{*}\ddot{x} - K_D(\dot{x}_d - \dot{x}) - K_P(x_d - x) = 0 \tag{8.32}$$

식 (8.32)에서 보듯이 능동 강성 힘 제어는 힘 추종 능력이 결여되어 있고 위치 제어에 의해 힘 제어를 하므로 힘 제어가 정확하지 못하다. 디버링이나 표면 광택 작업을 하려면 원하는 힘을 추종해야 하므로 능동 강성 힘 제어 방식으로는 어렵다.

8.7 하이브리드 힘 제어 방식

8.7.1 모델 기반 하이브리드 제어

하이브리드 힘 제어를 할 경우에는 힘을 제어해야 하는 방향과 위치를 제어하는 방향을 선택행렬(selection matrix)을 통해 선택적으로 결정한다. 이처럼 힘을 제어하는 방향과 위치를 제어하는 방향은 1과 0의 원소의 다이아고날로 된 선택행렬 S를 사용하여 구별할 수 있다. 예를 들어, 힘을 제어하는 방향은 1로 설정하고 위치를 제어하는 방향은 0으로 설정하여 나누어서 제어한다.

하이브리드 힘 제어의 제어 법칙은 다음과 같다.

$$F = F_P + F_F + h^{*} + F_e \tag{8.33}$$

여기서 F_P와 F_F는 각각 위치 제어 법칙과 힘 제어 법칙을 나타낸다.

$$F_P = D^{*}(I-S)v_p(t) = D^{*}(I-S)(\ddot{x}_d + K_{DP}\dot{e}_P + K_{PP}e_P) \tag{8.34}$$

$$F_F = D^{*}SK_e^{-1}v_F(t) = D^{*}S(\ddot{f}_d + K_{DF}\dot{e}_F + K_{PF}e_F) \tag{8.35}$$

여기서 $e_P = x_d - x$, $e_F = f_d - f_e$이다. 식 (8.35)에서 보듯이 제어 법칙 F_F는 대상의 강성도 K_e의 정보를 미리 알아야 한다. 한 방향의 선택행렬의 값이 위치 제어를 선택할 경우에 식 (8.33), (8.34)와 식 (8.7)을 연립하면 다음과 같은 위치 오차의 이차방정식으로 표현된다.

$$\ddot{e}_P + K_{DP}\dot{e}_P + K_{PP}e_P = 0 \tag{8.36}$$

마찬가지로 식 (8.33)과 식 (8.35)를 연립하면 힘의 오차로 된 이차방정식으로 표현된다.

$$\ddot{e}_F + K_{DF}\dot{e}_F + K_{PF}e_F = 0 \tag{8.37}$$

따라서 위치나 힘이 각각 제어되는 방향에서 식 (8.36)에서는 위치 제어를, 식 (8.37)에서는 힘 제어를 0으로 수렴하게 하여 원하는 위치와 힘을 만족하게 하는 것이다.

그림 8.11에 하이브리드 힘 제어 방식이 나타나 있다. 위치 제어 부분과 힘 제어 부분이 선택행렬에 의해 각각 구별되어 제어 법칙을 이루고 있다. 그림 8.11에서 보여진 것처럼 하이브리드 힘 제어 방식에서는 원하는 힘을 직접 설정할 수 있다. 하지만 물체와 접촉 시에 로봇 팔 끝과 물체와의 동역학 관계를 고려하지 않았으므로 임팩트 힘이 크게 나타나는 것을 알 수 있다. 또한 작업이 힘 제어와 위치 제어로 바뀔 때마다 그에 따른 선택행렬이 바뀌어야 하는데, 작업이 바뀔 때마다 매번 적절하게 변환해야 하는 어려운 점이 생긴다.

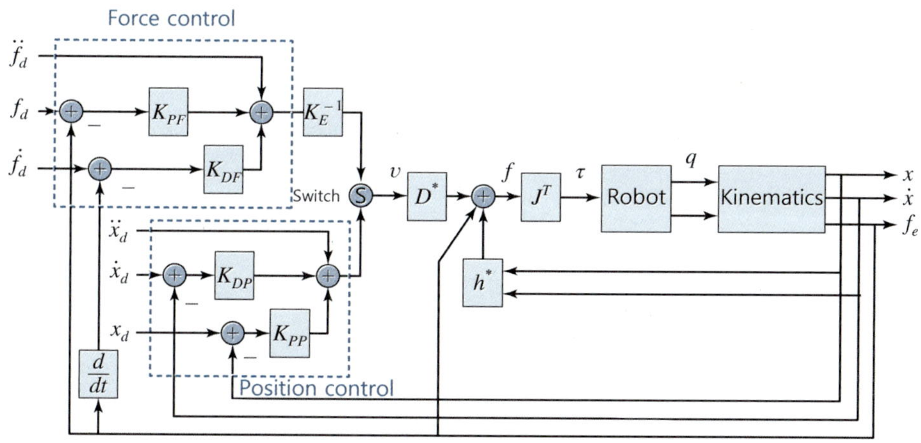

그림 8.11 모델 기반 하이브리드 힘 제어 방식

8.7.2 무모델 하이브리드 제어

무모델 기반 힘 제어의 경우에 제어 법칙은 다음과 같다.

$$\tau(t) = K_C J^T v(t) + J^T F_e(t) \tag{8.38}$$

여기서 K_C는 상수이고, J는 자코비안 행렬, $v(t)$는 (8.34)와 (8.35)와 같다. (8.38)에서 $J^T F_e(t)$는 동역학에서 소거되므로 표기하지 않는 경우도 있다. 그림 8.12는 무모델 기반 하이브리드 힘 제어 블록을 나타낸다.

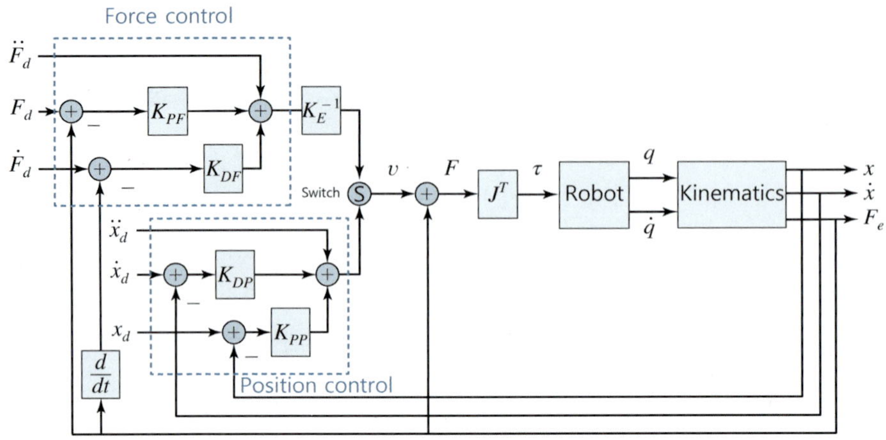

그림 8.12 무모델 기반 하이브리드 힘 제어 방식

8.7.3 시간지연 제어 기반 무모델 하이브리드 제어

무모델 기반 힘 제어의 경우에 시간지연 제어 법칙은 다음과 같다.

$$\tau(t) = K_C J^T v(t) + \tau(t-\lambda) - \overline{D}\ddot{q}(t-\lambda) + J^T F_e(t) \tag{8.39}$$

여기서 K_C는 상수이고, J는 자코비안 행렬, $v(t)$는 (8.34)와 (8.35)와 같다.

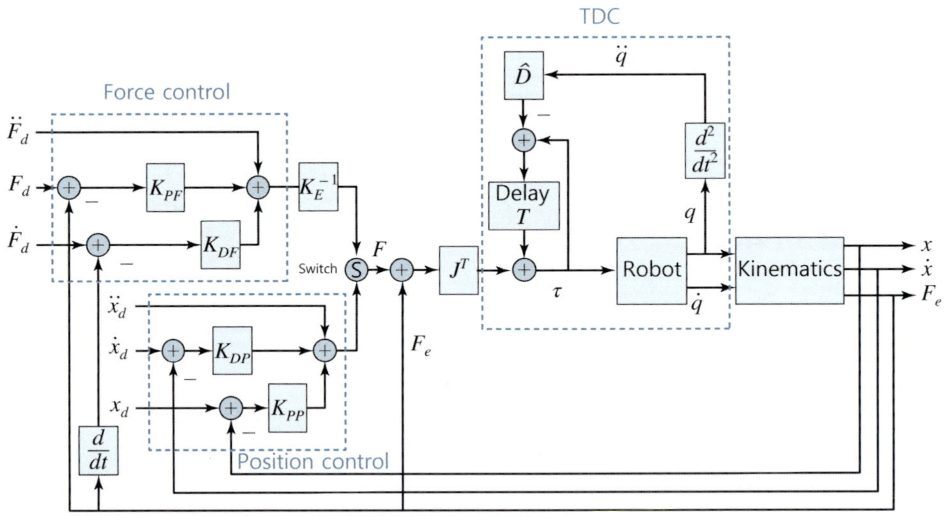

그림 8.13 시간지연 제어기 기반 하이브리드 힘 제어 방식

8.7.4 하이브리드 힘 제어 시뮬레이션 환경

3축 로봇 팔은 링크의 길이가 각각 0.66, 0.43, 0.53 m이고, 무게는 각각 30, 17.4, 4.8 kg이다. 초기 위치는 (x,y,z)=(0, 0.53, 1.09) m이고, 초기 각은 q=(pi/2, pi/2, −pi/2)이다. 대상체와 접촉이 발생하는 자세는 q=(pi/2, pi/4, −pi/4)이다. 대상체의 강성도는 k_e= 30,000 N/m로 설정하였다. Y축은 힘 제어이고 Z축은 위치 제어이다. Y축에 적용되는 기준 힘은 10 N으로 설정하고 Z축은 사인파로 설정되었다. 기준힘은 상수로, 위치는 사인파로 설정하였다.

$$f_d = 10,\ z_d = 0.9641 + 0.1\sin(wt)$$

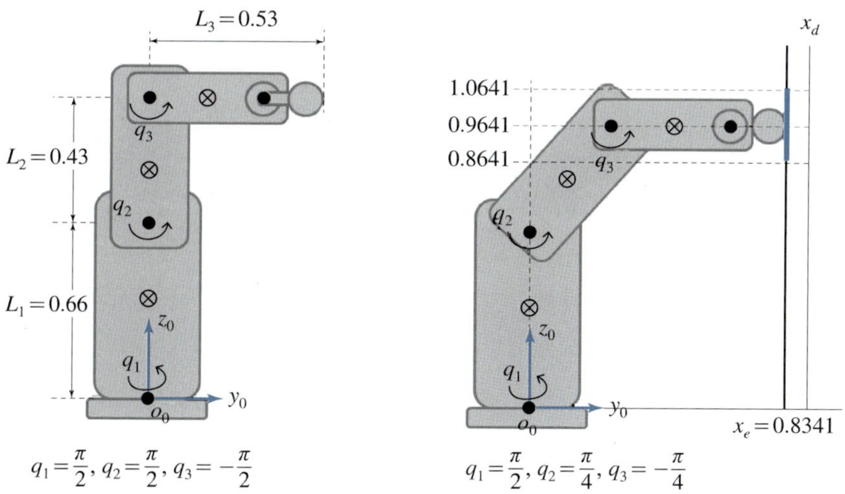

그림 8.14 로봇의 힘 제어 환경

SIMULINK 예제 8.1 | 로봇 팔의 하이브리드 힘 제어

① 무모델 제어 법칙

$$\tau = K_C J^T F + J^T F_e,\ F = v,$$

힘 제어 방향 y축: $v_f = 1/k_e(k_i\int(f_d - f_e)dt + k_p(f_d - f_e) + k_d(\dot{f}_d - \dot{f}_e))$

위치 제어 방향 z축: $v_p = b(\dot{z}_d - \dot{z}) + k(z_d - z)$

② SIMULINK 프로그램

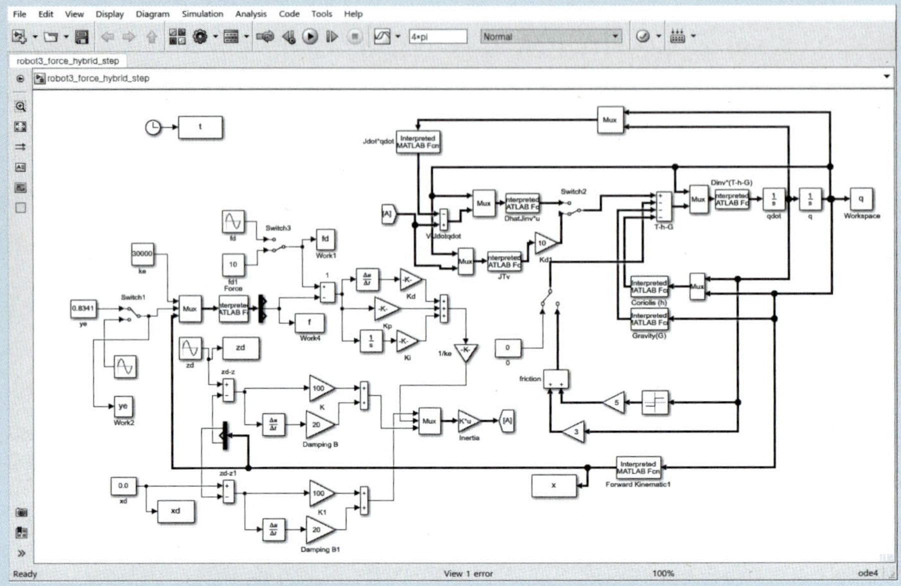

그림 8.15 무모델 하이브리드 힘 제어 시뮬레이션

③ 시뮬레이션 내용

시간지연 제어기를 통해 모델링 오차를 보상하였다. 힘 제어 PID 이득값은 $[k_p, k_i, k_d]=[30000, 10000, 1000]$을 사용하였고, 위치 제어기의 이득값은 $[k_p, k_d]=[100, 20]$을 사용하였다. 힘 제어 이득값이 크게 설정된 이유는 대상체의 강성도로 나누기 때문이다. 중요한 것은 힘 제어 PID 출력을 강성도 값인 k_e로 나누어서 위치 제어와 스케일을 맞추어야 하는 것이다.

④ 시뮬레이션 결과

그림 8.16은 힘 추종과 위치 추종을 나타낸다. 대략 0.4초에서 접촉이 발생하여 기준힘은 10 N인데 반해 접촉힘의 오버슈트가 115 N 정도로 크게 나타난다. 힘과 위치 추종에 오차가 크게 나타난다.

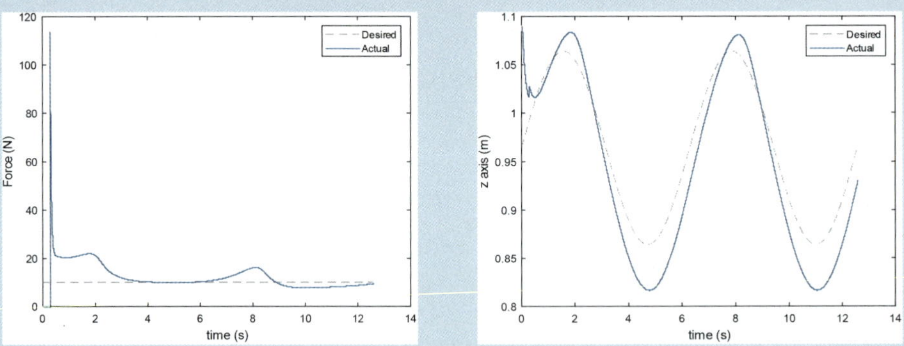

(a) 힘 추종 (b) 위치 추종

그림 8.16 하이브리드 힘 및 위치 추종 결과

그림 8.17은 조인트에 마찰력을 추가한 경우의 응답이다. 그림 8.16과 비교하면 추종 성능이 더 나빠진 것을 볼 수 있다.

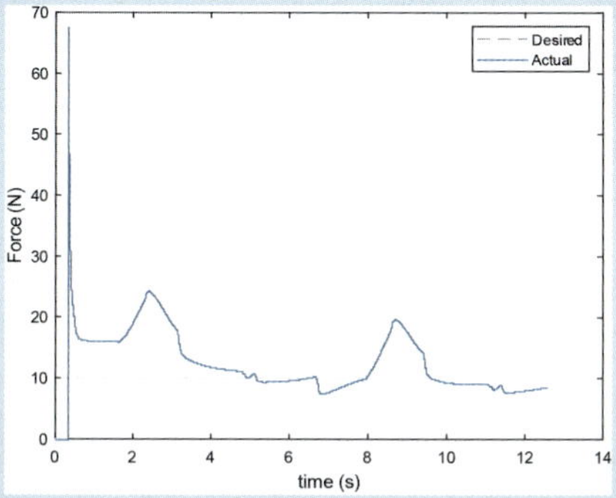

(a) 힘 추종

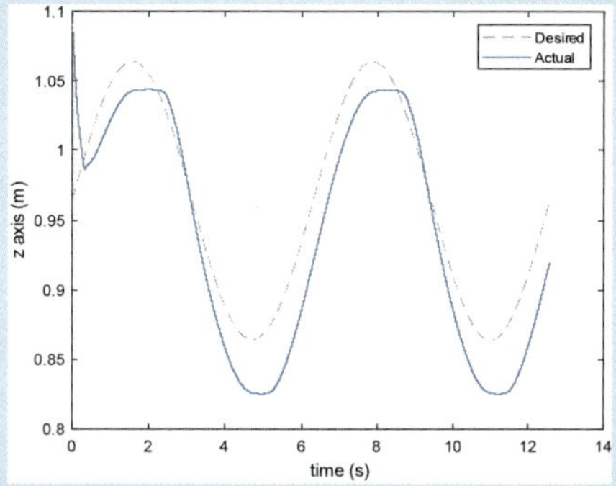

(b) 위치 추종

그림 8.17 하이브리드 힘 및 위치 추종 결과(마찰력 추가)

그림 8.17(b)와 그림 8.16(b)의 위치 추종을 비교하면 조인트 마찰력의 영향을 알 수 있다. 8초 경의 오버슈트는 마찰력에 의한 것이다.

SIMULINK 예제 8.2 | 로봇 팔의 하이브리드 힘 제어: 시간지연 제어기 추가

① 시간지연 제어기 추가 모델 기반 하이브리드 제어 법칙

$$\tau(t) = \hat{D}(t)u(t) + \tau(t-\lambda) - \hat{D}(t-\lambda)\ddot{q}(t-\lambda),\ u(t) = J^{-1}(v - \dot{J}\dot{q}),$$

힘 제어 방향 y축: $v_f = 1/k_e(k_i\int(f_d - f_e)dt + k_p(f_d - f_e) + k_d(\dot{f}_d - \dot{f}_e))$

위치 제어 방향 z축: $v_p = b(\dot{z}_d - \dot{z}) + k(z_d - z)$

$K_C = 10I,\quad \hat{D} = 0.5D$로 정했다.

② SIMULINK 프로그램

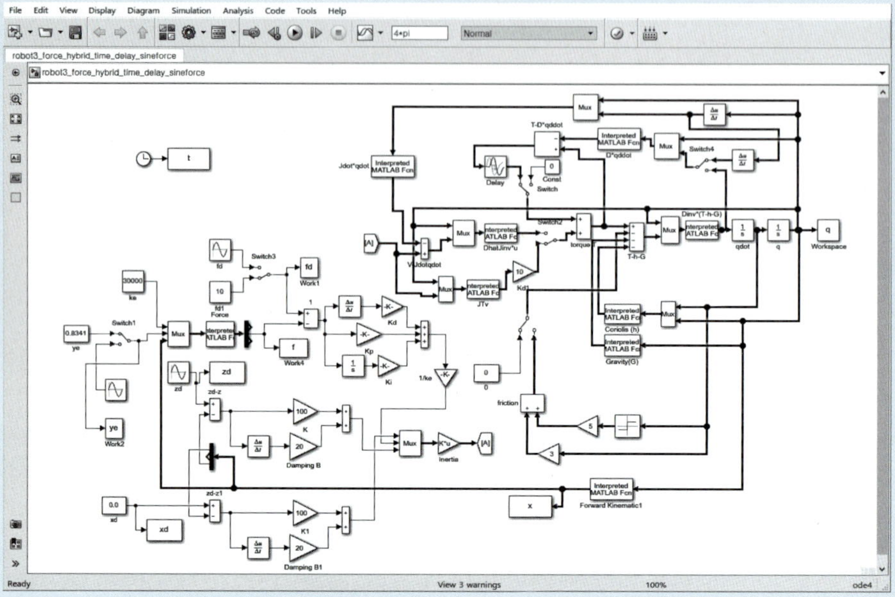

그림 8.18 시간지연 제어기를 추가한 하이브리드 힘 제어

③ 시뮬레이션 결과

그림 8.19는 힘 추종과 위치 추종을 나타낸다. 기준힘은 10 N인데 반해 접촉힘의 오버슈트가 115 N 정도로 크게 나타난다. 시간지연 제어기를 사용하지 않았을 경우와 비교하면 힘과 위치 추종 모두 성능이 우수한 것을 볼 수 있다.

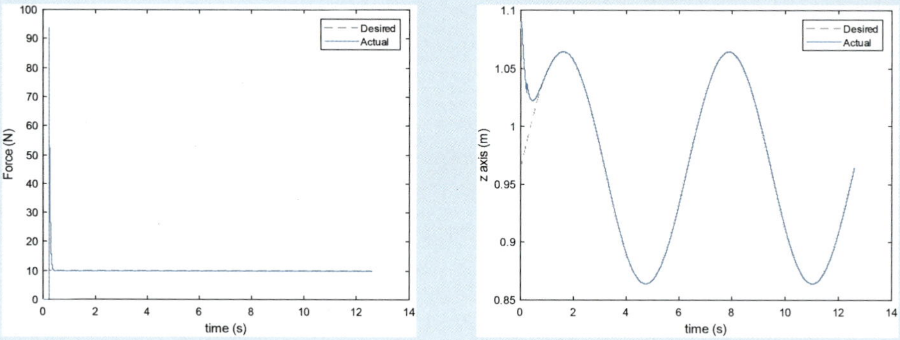

(a) 힘 추종 (b) 위치 추종

그림 8.19 시간지연 제어기를 추가한 하이브리드 힘 제어의 결과

시간지연 제어기를 사용하는 경우에 매우 잘 작동하는 것을 알 수 있다. 하지만 그림 8.19(a)에서 접촉 힘이 약 95 N으로 오버슈트가 크게 나타난다. 그림 8.20은 각 조인트에 마찰력을 추가한 경우의 응답이다. 시간지연 제어기는 마찰력을 추가해도 성능이 좋을 것을 볼 수 있다.

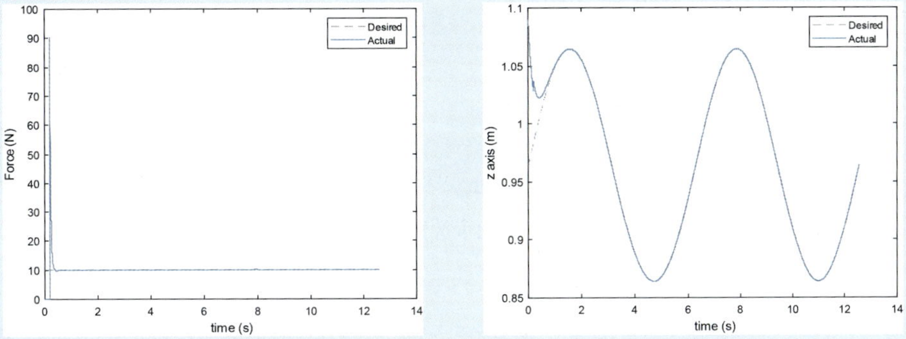

(a) 힘 추종 (b) 위치 추종

그림 8.20 시간지연 제어기를 추가한 하이브리드 힘 제어의 결과(마찰력 추가)

다음은 기준힘이 상수가 아니라 시변하는 경우를 시뮬레이션해 보았다. 하이브리드의 장점인 기준힘을 직접 제어할 수 있는지를 알아보기 위해서이다. 시간지연 제어기와 같이 사용하였다.

$$f_d = 20 + 10\sin(wt)$$

그림 8.21(a)에서 보면 시변하는 기준힘을 잘 추종한다.

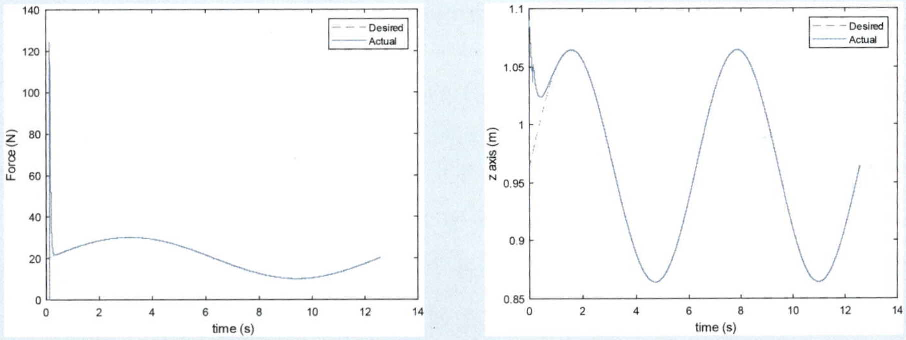

(a) 힘 추종 (b) 위치 추종

그림 8.21 시간지연 제어기를 추가한 하이브리드 힘 제어의 결과(마찰력 추가)

하이브리드 힘 제어기는 동적 모델의 오차에 민감하게 반응한다. 그 이유는 하이브리드 힘 제어 방식은 로봇과 대상체와의 동적 관계를 고려하는 것이 아니라 직접 힘의 오차를 줄이기 때문이다. 또한 힘 제어 축의 제어 방식이 힘의 오차로만 구성되어 있기 때문이다. 이를 시간지연 제어기로 보상하여 성능을 높일 수 있었다. 하지만 자유 공간에서 구속 공간으로 이동할 경우, 대상체와 접촉 시에 접촉힘이 크게 나타나는 것을 볼 수 있다. 로봇과 대상체와의 동적 관계를 고려하는 임피던스 방식은 다음 절에 소개한다.

8.8 임피던스 힘 제어 방식

8.8.1 임피던스 제어

임피던스(impedance) 힘 제어 방식은 Salibury의 강성 제어(stiffness control) 방식의 연장으로 Hogan의 전초적 연구 이후에 많은 연구가 되어 왔고, 계속적으로 연구되고 있는 대표적인 힘 제어 방식 중 하나이다. 대상을 누르는 로봇 팔 끝의 힘 F는 로봇과 대상과의 동적 관계, 즉 임피던스 함수를 통해 위치 x와 속도 $\dot{x}$에 의해 조절된다. 따라서 임피던스 힘 제어 방식의 이점은 로봇 팔 끝과 대상과의 동적 관계를 고려하기 때문에 접촉 시 생기는 충격 힘의 응답을 제어할 수 있다는 것이고, 단점은 팔 끝의 힘을 직접 조절하는 것이 아니라 임피던스 함수에 의해 간접적으로 조절되기 때문에 원하는 힘을 정확하게 추종하는 것이 어렵다는 것이다.

임피던스 힘 제어 방식은 어떻게 임피던스 함수가 인식되느냐에 따라서 두 가지 방식으로 나뉜다. 하나는 그림 8.22(a)처럼 토크를 기본으로 하는 임피던스 제어 방식으로서, 임피던스 함수가 제어 루프 안에서 인식되며 측정된 힘에 따라서 토크가 조절된다. 식 (8.40)에서는 임피던스 변수와 위치에 의해 힘 F_e가 정해진다.

$$F_e(s) = (Ms^2 + Bs + K)X(s) \tag{8.40}$$

또 다른 하나는 그림 8.22(b)처럼 위치를 기본으로 하는 제어 방식으로서, 측정된 힘이 임피던스 필터를 통한 경로 수행 조절 벡터를 원래의 경로 입력에 더함으로써 임피던스 함수가 제어 루프 밖에서 인식된다. 이러한 구조를 임피던스의 역인 '**어드미턴스(admittance) 힘 제어 방식**'이라고도 한다. 이러한 구조적 특성에 따른 이점은 다음에서 설명한다. 식 (8.41)은 힘을 어드미턴스 필터를 통해 위치를 정한다.

$$X_a(s) = \frac{1}{Ms^2 + Bs + K}F_e(s) \tag{8.41}$$

변형된 어드미턴스 필터의 경우 다음과 같이 힘 오차를 필터링 한다.

$$X_a(s) = \frac{1}{Ms^2 + Bs}(F_d(s) - F_e(s)) \tag{8.42}$$

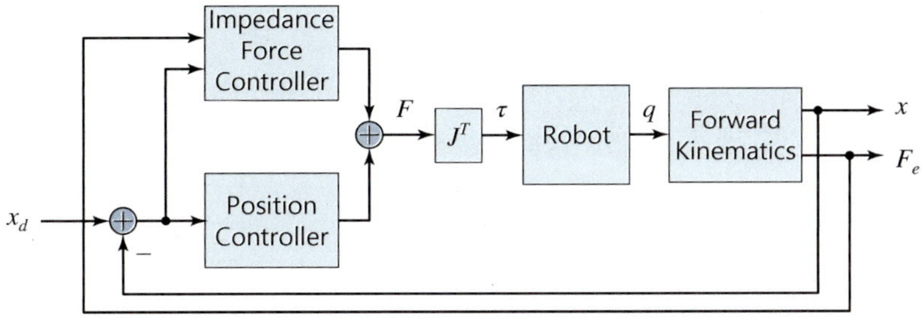

(a) 임피던스 힘 제어(토크 기반)

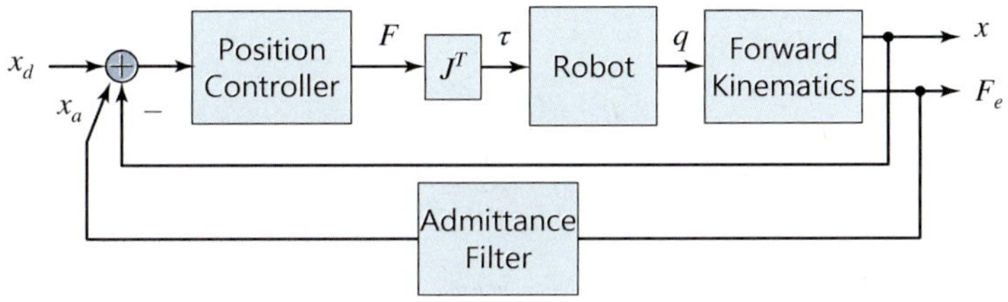

(b) 어드미턴스 힘 제어(위치 기반)

그림 8.22 임피던스 힘 제어 방식

8.8.2 모델 기반 임피던스 제어 방식

조인트 공간에서 동역학식은 다음과 같다.

$$\tau = D\ddot{q} + h + \tau_e \tag{8.43}$$

식 (8.40)에서 위치의 오차와 임피던스 매개 변수들로 구성된 원하는 임피던스 함수로부터 토크가 조정이 된다. 원하는 임피던스 함수를 얻기 위한 제어 법칙은 다음과 같다.

$$\tau = \hat{D}u + \hat{h} + \tau_e \tag{8.44}$$

가장 일반적인 방법으로 제어 입력 신호 u를 다음과 같이 정의하여 선형화하여 분리한다.

$$u = \ddot{q} = J^{-1}(v - \dot{J}\dot{q}) \tag{8.45}$$

식 (8.45)의 가속도 $v = \ddot{x}$는 다음과 같다.

$$v = \ddot{x}_d + M^{-1}(B\dot{e} + Ke - F_e) \tag{8.46}$$

여기서 $e = x_d - x$, x_d는 주어진 기준 경로이고, x는 실제 경로이다. M은 임피던스의 관성행렬, B는 댐핑행렬, K는 강성행렬이고 F_e는 외부로부터의 힘으로 힘 센서에 의해 측정된다.

식 (8.46)을 식 (8.45)에 대입한 뒤에 다시 식 (8.43)에 대입하면 조인트 공간에서 제어 법칙이 된다. 실제적으로 힘 제어는 카테시안 공간에서 이루어지므로 카테시안 공간에서의 제어 법칙을 고려해 보면

$$F = \hat{D}^* v + \hat{h}^* + F_e + F_f^* \tag{8.47}$$

측정된 힘과 위치 오차를 통해 토크가 조절됨을 알 수 있다.

식 (8.46)과 (8.47)을 식 (8.7)과 연립하면 다음과 같은 임피던스 함수를 얻게 된다.

$$F_e = M\ddot{e} + B\dot{e} + Ke \tag{8.48}$$

정상상태(steady state)에서 $F_e = Ke = K(x_d - x)$이므로 주어진 경로 x_d와 강성 이득 K를 정함에 따라서 힘의 크기가 결정됨을 알 수 있다. 그림 8.23에 임피던스 힘 제어 방식이 나타나 있는데 기존의 계산 토크 제어 방식에 힘의 귀환이 추가되었다.

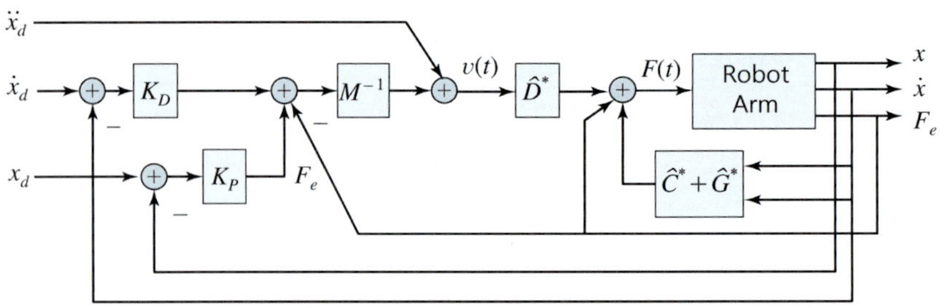

그림 8.23 모델 기반 임피던스 제어

8.8.3 무모델 기반 임피던스 제어 방식

카테시안 공간이나 조인트 공간에서 모델은 구하기 어려우므로 무모델의 경우에 임피던스 힘 제어는 다음과 같이 제어 법칙을 정한다.

$$\tau = K_C J^T v + J^T F_e \tag{8.49}$$

여기서 임피던스 식은 다음과 같다.

$$v = \ddot{x}_d + M^{-1}(B\dot{e} + Ke - F_e) \tag{8.50}$$

그림 8.24에 제어블록도가 나타나 있다. 간단한 PD 제어에 힘의 귀환이 추가된다. 보통 x_d는 식 (8.28)에 의해 원하는 힘 f_d, 대상의 강성도 K_e, 대상의 위치 x_e, 그리고 강성 이득 K 등의 값들을 정확하게 알아야만 미리 계산을 할 수 있다. 이처럼 임피던스 제어에서는 임피던스 매개 변수를 대상에 맞게 조절함으로써 원하는 힘을 조절하게 된다.

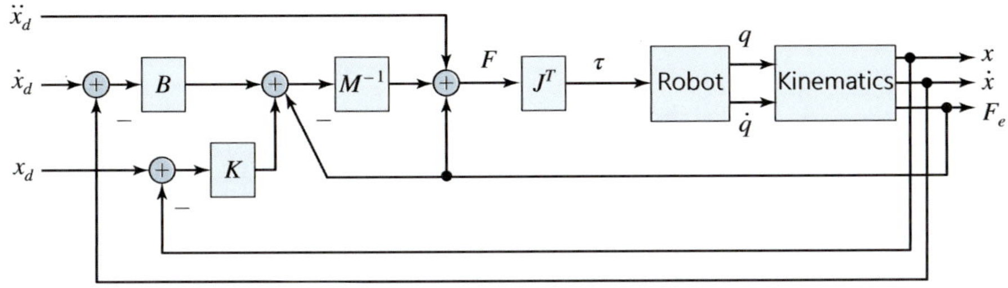

그림 8.24 무모델 기반 임피던스 제어

8.8.4 시간지연 기반 무모델 임피던스 제어 방식

무모델 임피던스의 경우 성능을 만족하기 어려우므로 그림 8.25처럼 시간지연 제어기를 함께 사용해서 성능을 향상시킨다.

$$\tau(t) = K_C J^T v(t) + \tau(t-\lambda) - \overline{D}\ddot{q}(t-\lambda) + J^T F_e(t) \tag{8.51}$$

여기서

$$v(t) = \ddot{x}_d(t) + M^{-1}(B\dot{e}(t) + Ke(t) - F_e(t)) \tag{8.52}$$

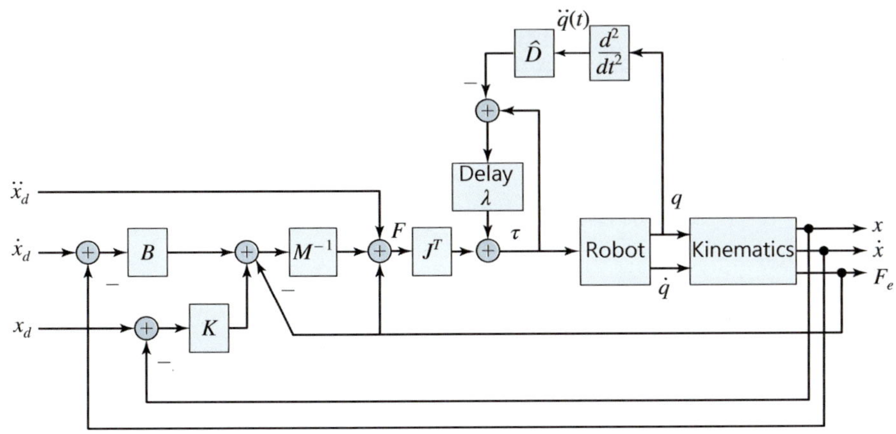

그림 8.25 시간지연 제어기 기반 무모델 임피던스 제어

SIMULINK 예제 8.3 | 3축 로봇 팔의 모델 기반 임피던스 제어

3축 로봇 팔은 앞의 예제와 같다. $f_d = 10$ N을 제어하기 위해서는 기준 위치를 계산해야 하는데 이 경우에 y축이 힘 제어이므로 기준 위치는 다음과 같이 계산된다.

$$y_d = y_e + \frac{f_d}{k_{eff}} = 0.8341 + \frac{10}{k_{eff}},\ k_{eff} = \frac{k_e k_p}{k_e + k_p}$$

만약에 $k_e \gg k_p$이면, $k_{eff} \approx k_p$가 된다.

① **제어 법칙**

$$\tau = \hat{D}u + \hat{h} + J^T F_e\ ,\ u = J^{-1}(v - \dot{J}\dot{q}),\ v = M^{-1}(B\dot{e} + Ke - F_e)$$

$$f_d = 10,\ z_d = 0.9641 + 0.1\sin(wt)$$

② **제어 내용**

$$M = I,\ K = diag[100,\ 200,\ 100],\ B = diag[20,\ b,\ 20]$$

③ **SIMULINK 프로그램**

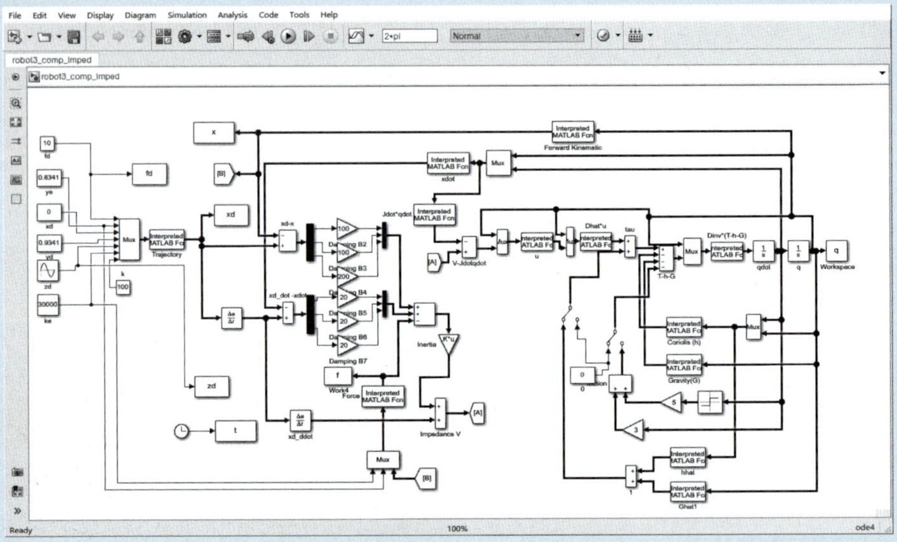

그림 8.26 모델 기반 임피던스 힘 제어

④ **시뮬레이션 결과**

그림 8.27에서 보면 힘 제어 방향의 댐핑 이득값 $b = 50,\ 100,\ 200$에 따른 힘 추종 결과를 보여준다. 댐핑이 크면 클수록 오버슈트는 작아지는데, 움직임이 느려 접촉하는 데 시간이 오래 걸

린다. 그림 8.28은 모델링 오차와 마찰력이 있을 경우의 응답으로 오차가 크게 나타나고 있다. 이 때 제어기 이득값을 크게 하면 오차는 줄일 수 있다. 그림 8.27에서 보면 접촉 힘의 오버슈트는 하이브리드 힘 제어 방식보다 많이 줄었다. 하지만 그림 8.28에서 모델 오차와 마찰력이 있는 경우에 오차가 크게 나타났다.

Case 1: 100% 모델, no friction

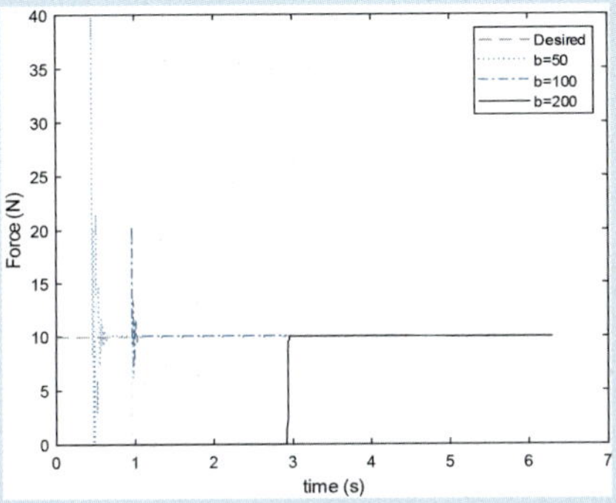

(a) 힘 추종

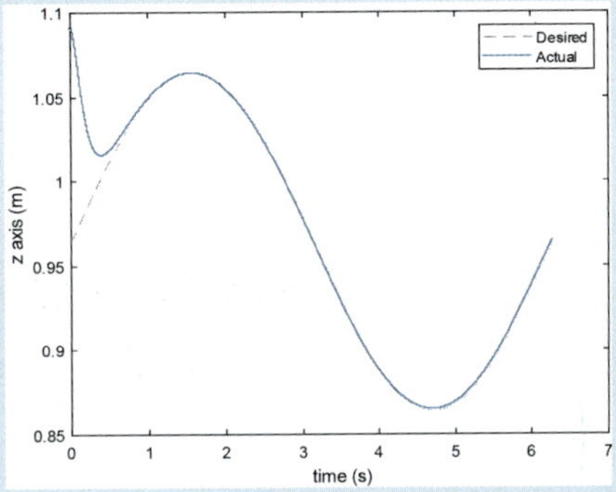

(b) 위치 추종

그림 8.27 모델 기반 임피던스 힘 제어

Case 2: 50% 모델, joint friction

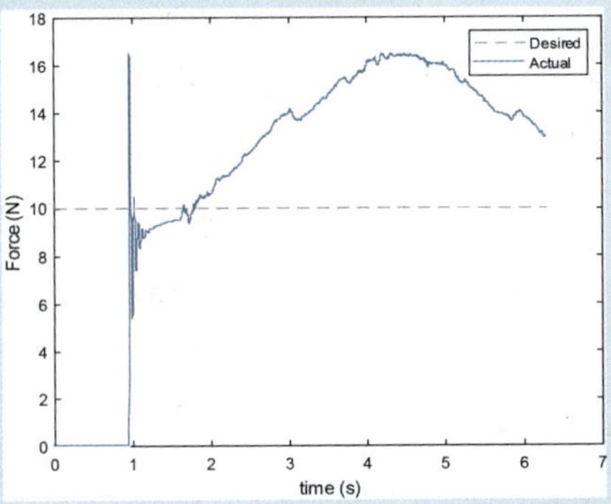

(a) 힘 추종

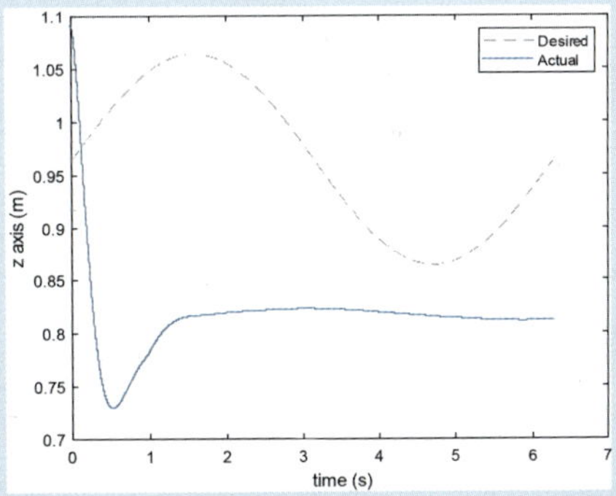

(b) 위치 추종

그림 8.28 모델 기반 임피던스 힘 제어

SIMULINK 예제 8.4 | 3축 로봇 팔의 무모델 토크 기반 임피던스 제어

3축 로봇 팔은 앞의 예제와 같다. $f_d = 10$ N을 제어하기 위해서는 기준 위치를 계산해야 하는데 이 경우에 y축이 힘 제어이므로 기준 위치는 다음과 같이 계산된다.

$$y_d = y_e + \frac{f_d}{k_{eff}} = 0.8341 + \frac{10}{k_{eff}},\ k_{eff} = \frac{k_e k_p}{k_e + k_p}$$

만약에 $k_e \gg k_p$이면, $k_{eff} \approx k_p$가 된다.

① 제어 법칙

$$\tau = K_C J^T F + J^T F_e\ ,\ F = v = M^{-1}(B\dot{e} + Ke - F_e)$$

$$f_d = 10,\ z_d = 0.9641 + 0.1\sin(wt)$$

② SIMULINK 프로그램

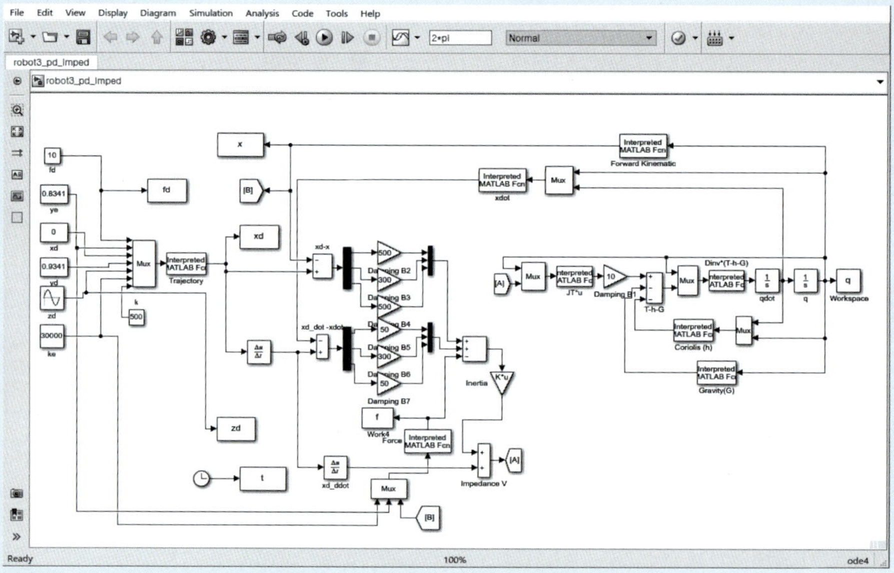

그림 8.29 무모델 토크 기반 임피던스 힘 제어

③ 시뮬레이션 결과

그림 8.30에서 보면 힘 추종 오차가 크게 나타난다.

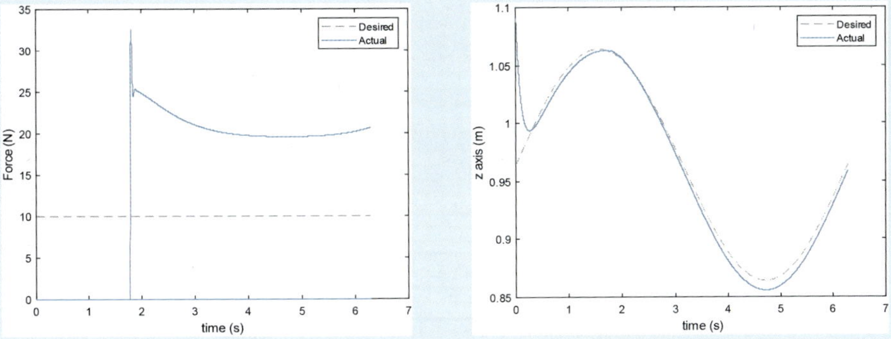

(a) 힘 추종 (b) 위치 추종

그림 8.30 위치 제어가 정확하지 않은 경우 힘 제어 응답

그림 8.31은 마찰력이 있을 경우의 응답이다. 각 조인트의 마찰력의 영향으로 오차가 더 크게 나타난다.

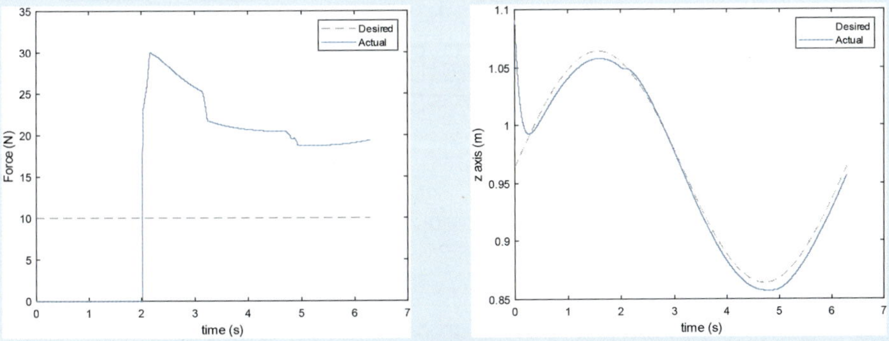

(a) 힘 추종 (b) 위치 추종

그림 8.31 마찰력이 있을 경우 힘 제어 응답

힘 제어를 잘 하기 위해서는 위치 제어가 선행되어야 한다. 따라서 외란이나 모델링 오차에 대한 보상을 하기 위해 시간지연 제어 방식을 접목하였다.

SIMULINK 예제 8.5 | 로봇 팔의 무모델 임피던스 제어(TDC 추가)

① 제어 법칙

$$\tau(t) = K_C J^T v(t) + \tau(t-\lambda) - \hat{D}(t-\lambda)\ddot{q}(t-\lambda),$$

$$v(t) = \ddot{x}_d(t) + M^{-1}(B\dot{e}(t) + Ke(t) - F_e(t))$$

$\hat{D}=0.5D$를 사용하였다.

② SIMULINK 프로그램

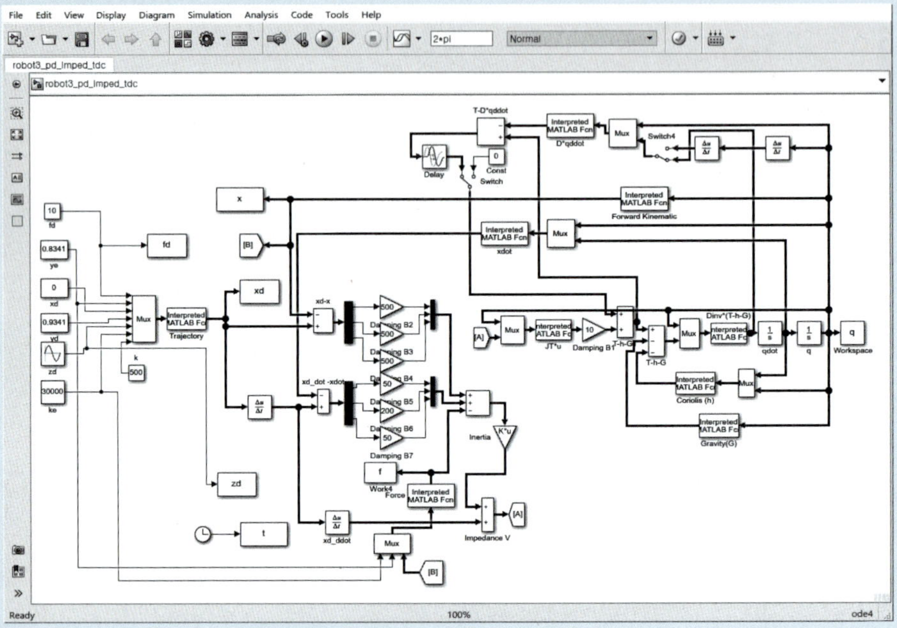

그림 8.32 시간지연 제어기와 접목한 힘 제어

③ 시뮬레이션 결과

그림 8.33을 보면 기준힘 10 N을 잘 추종하는 것을 볼 수 있다. 2.3초에 접촉이 발생하며 초기에 약 1.5 N의 오버슈트 힘이 발생하지만 곧 추종한다.

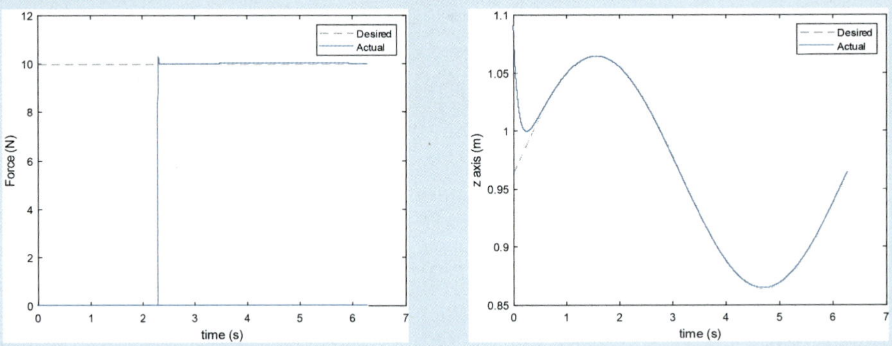

(a) 힘 추종 (b) 위치 추종

그림 8.33 시간지연 제어기와 접목한 힘 제어 응답($\hat{D}=0.5D$)

시간지연 제어기가 힘과 위치 추종 오차를 모두 해결하였다. 오버슈트가 작은 이유는 임피던스의 댐핑 이득 B=200으로 크게 하였기 때문에 천천히 움직이는 결과를 가져왔다. 마찬가지로 대핑이득을 작게 하면 힘 접촉은 빠른 대신 오버슈트가 크게 나타난다.

SIMULINK 예제 8.6 | 로봇 팔의 토크 기반 임피던스 제어(TDC 추가)

① 제어 법칙

$$\tau(t) = K_C J^T v(t) + \tau(t-\lambda) - \overline{D}\ddot{q}(t-\lambda) + J^T F_e(t),$$

$$u(t) = J^{-1}(v(t) - \dot{J}\dot{q}(t)),\ v(t) = \ddot{x}_d(t) + M^{-1}(B\dot{e}(t) + Ke(t) - F_e(t))$$

$\hat{D}$ 대신에 상수로 $\overline{D}=0.1I$를 사용하였다. 임피던스 이득값은 $M=I$, $B=[50,\ 300,\ 50]^T$, $K=[500,\ 300,\ 500]^T$로 설정하였다.

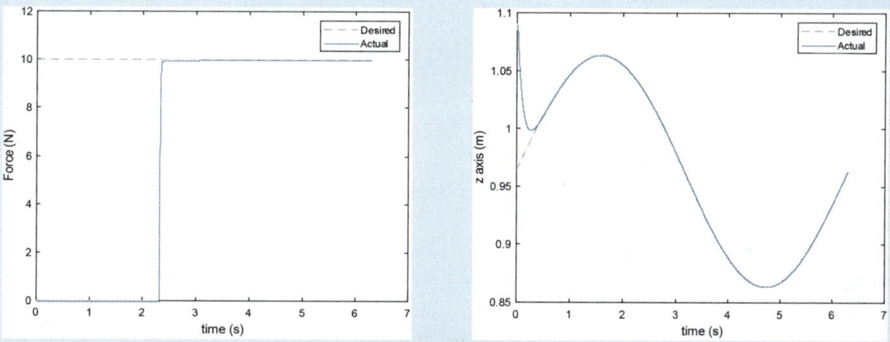

(a) 힘 추종 (b) 위치 추종

그림 8.34 시간지연 제어기와 접목한 힘 제어 응답($\overline{D}=0.1I$)

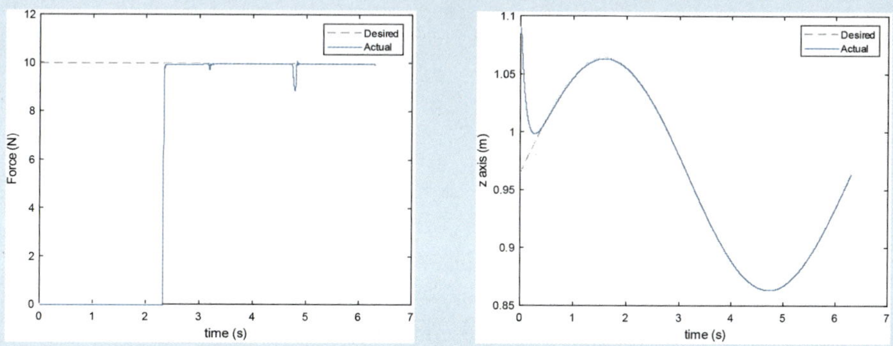

(a) 힘 추종 (b) 위치 추종

그림 8.35 시간지연 제어기와 접목한 힘 제어 응답(마찰력 추가)($\overline{D}=0.1I$)

그림 8.34(a)의 힘 추종 응답은 오버슈트 없이 그림 8.33(a)보다 더 좋은 것을 알 수 있다. 그림 8.35는 조인트 마찰력의 영향을 살펴보았다. 그림 8.35(a)에서 보듯이 마찰력의 영향으로 힘 추종에 갑작스러운 언더슈트를 볼 수 있다.

8.8.5 위치를 기반으로 하는 임피던스 제어 방식

다른 형태의 임피던스 힘 제어 방식은 위치를 기반으로 하는 방식이다. 귀환 힘이 더해지는 대신에 필터를 통한 위치가 더해진다. 여기서 필터는 임피던스의 역인 어드미턴스가 된다. 그림 8.36에서 보여진 것처럼 어드미턴스 제어기가 또 하나의 루프를 위치 제어기 밖에 형성한다. 이 방식에서는 원하는 임피던스 함수가 제어 루프 내부에서 인식되지 않고, 외부에서 인식되므로 위치 제어의 용도로 설계된 로봇을 힘 제어 용도의 로봇으로 쉽게 변경할 수 있는 구조상의 이점을 갖는다. 측정된 힘이 직접 토크를 조절하는 대신에 외부의 어드미턴스 필터를 통하여 경로 위치를 조정함으로써 힘을 제어한다.

경로 수정 벡터 x_a는 주어진 경로 x_d에 위치 명령어 x_a를 더한 값으로 정의한다. 원하는 임피던스 함수는 다음과 같다.

$$F_e = M\ddot{x}_a + B\dot{x}_a + Kx_a \tag{8.53}$$

제어 법칙을 다음과 같이 설정하고

$$F = \hat{D}^* v(t) + \hat{h}^* + F_e \tag{8.54}$$

제어 입력 v는 아래와 같이 정한다.

$$v = (\ddot{x}_d + \ddot{x}_a) + M^{-1}(B(\dot{x}_d + \dot{x}_a - \dot{x}) + K(x_d + x_a - x)) \tag{8.55}$$

식 (8.54)와 식 (8.55)를 식 (8.7)에 대입하고 정리하면 다음과 같다.

$$M\ddot{e} + K_D\dot{e} + K_P e = \Delta + \ddot{x}_a + K_D\dot{x}_a + K_P x_a \tag{8.56}$$

여기서 $e = x_d - x$이고, Δ는 모형 오차와 마찰력과 같은 불확실성으로 $\Delta = \hat{D}^{*-1}[\Delta D^* \ddot{x} + \Delta h^* + F_f^*]$이다. 모형이 실제와 일치하고 $F_f^* = 0$이라고 가정하면, 즉 $\Delta = 0$이면 다음과 같다.

$$M\ddot{e} + MK_D\dot{e} + MK_P e = \ddot{x}_a + K_D\dot{x}_a + K_P x_a \tag{8.57}$$

식 (8.57)에서 $B=MK_D$, $K=MK_P$라 놓으면 아래처럼 토크를 기본으로 하는 방식과 같은 임피던스 함수를 인식하게 된다.

$$F_e = M\ddot{e} + B\dot{e} + Ke \tag{8.58}$$

임피던스 힘 제어 방식이 위치 제어 밖에서 인식되므로 기존의 위치 제어의 용도로 설계된 로봇에 제어기의 수정 없이 힘 제어의 능력을 쉽게 부여할 수 있다.

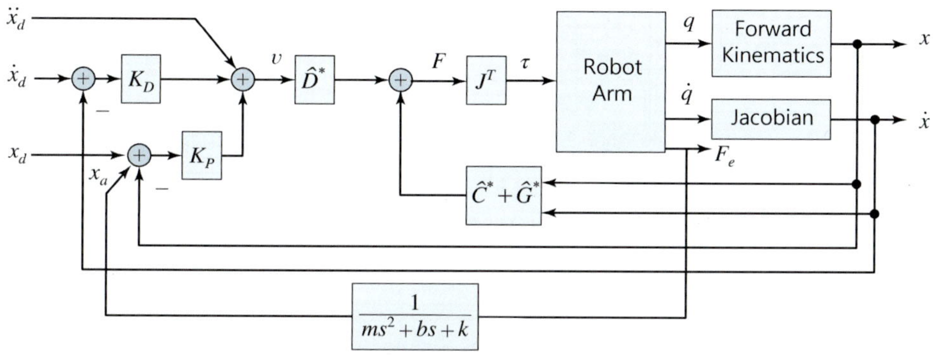

그림 8.36 위치 기반의 임피던스 힘 제어

SIMULINK 예제 8.7 | 로봇 팔의 위치 기반 임피던스: 모델 기반 어드미턴스

① 제어 법칙

$$\tau(t) = \hat{D}u(t) + \hat{h}(t) + J^T F_e(t),\ u(t) = J^{-1}(v(t) - \dot{J}\dot{q}(t)),$$

$$v(t) = \ddot{x}_d(t) + M^{-1}(B\dot{e}(t) + K(x_d(t) - x(t) + x_a(t)))$$

$$X_a(s) = \frac{1}{s^2 + 500s}(F_d(s) - F_e(s))$$

② 시뮬레이션 내용

$$M = I,\ K = 500I,\ B = diag[50,\ 200,\ 50]$$

$$\hat{D} = 0.5D,\ \hat{h} = 0.5h,\ \hat{D} = 0.5D,\ \hat{h} = 0.5h,\ \tau_f = 3\dot{q} + 5sign(\dot{q})$$

③ SIMULINK 프로그램

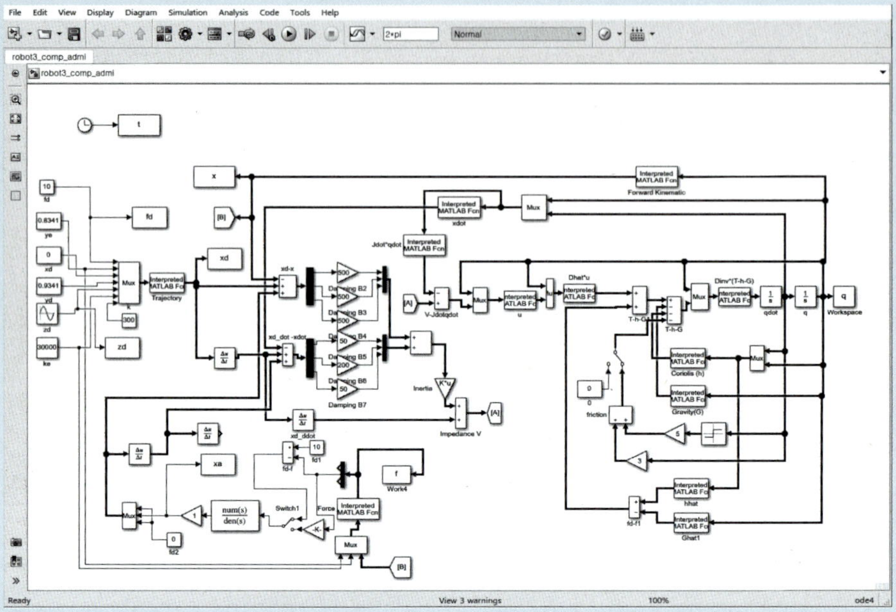

그림 8.37 모델 기반 어드미턴스 힘 제어

④ 시뮬레이션 결과

Case 1: 100% model match, no joint friction

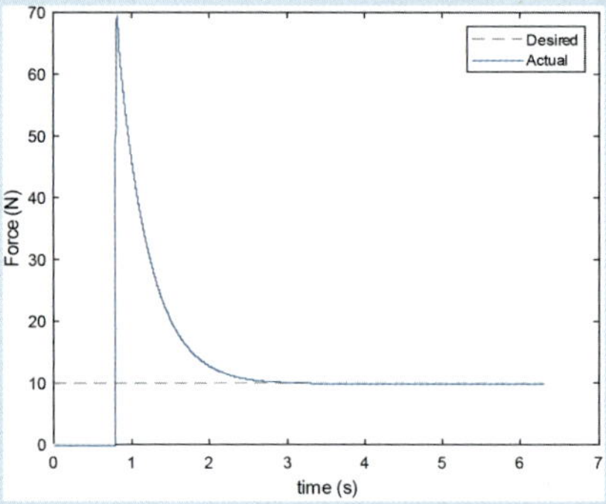

(a) 힘 추종

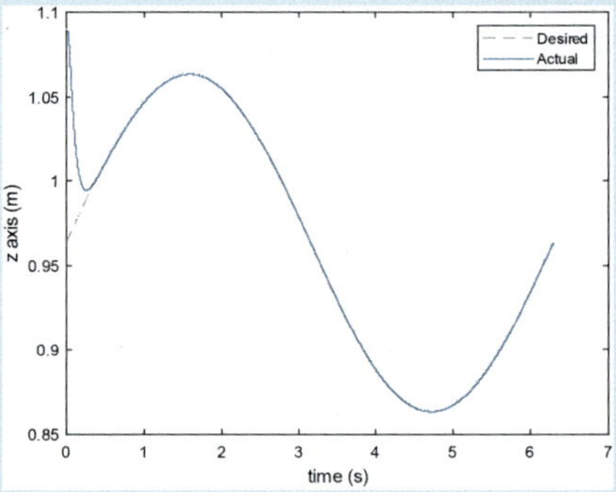

(b) 위치 추종

그림 8.38 모델 기반 어드미턴스 힘 제어 추종

Case 2: 50% model match, joint friction

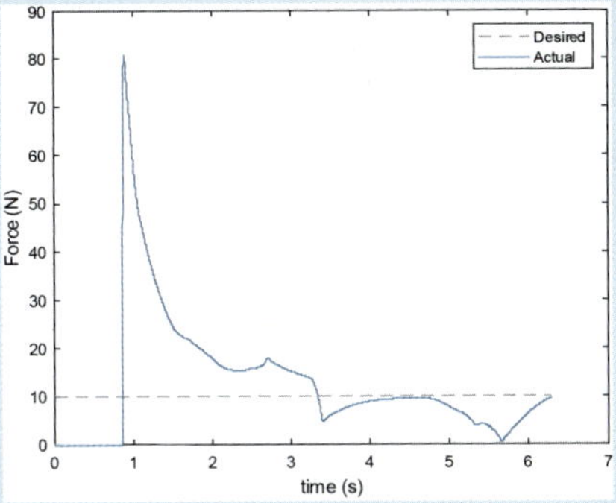

(a) 힘 추종

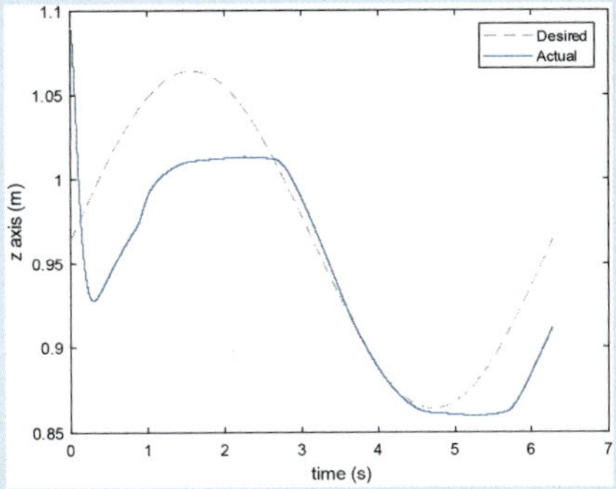

(b) 위치 추종

그림 8.39 모델 기반 어드미턴스 힘 제어 추종

그림 8.39에서 조인트 마찰력이 있고 50% 모델 오차가 발생하는 경우에 힘과 위치 추종에서 오차가 발생하는 것을 볼 수 있다. 응답도 마찰력의 영향으로 불규칙하게 나타난다. 이러한 불확실성에 대한 보상을 위해 시간지연 제어기를 사용한다.

SIMULINK 예제 8.8 | 로봇 팔의 위치 기반 임피던스: 모델 기반 어드미턴스(TDC 추가)

① 제어 법칙

$$\tau(t) = \hat{D}(t)u(t) + \tau(t-\lambda) - \ddot{q}(t-\lambda),$$

$$u(t) = J^{-1}(v(t) - \dot{J}\dot{q}),\ v(t) = \ddot{x}_d(t) + M^{-1}(B\dot{e}(t) + K(x_d(t) - x(t) + x_a(t)))$$

$$X_a(s) = \frac{1}{s^2 + 500s}(F_d(s) - F_e(s))$$

② 시뮬레이션 내용

$$M = I,\ K = 500I,\ B = diag[50,\ 200,\ 50]$$

$$\tau_f = 3\dot{q} + 5sign(\dot{q})$$

③ SIMULINK 프로그램

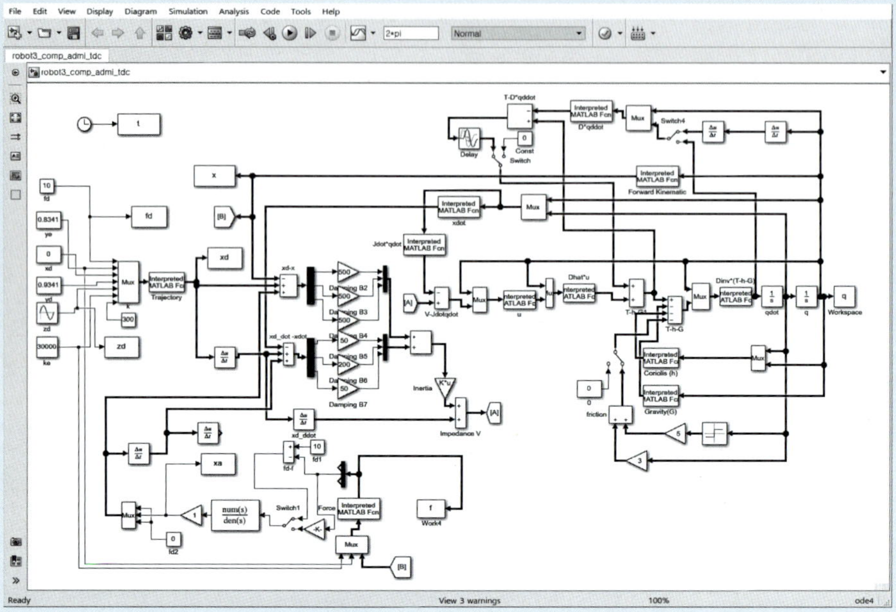

그림 8.40 모델 기반 어드미턴스 힘 제어(TDC)

④ 시뮬레이션 결과

Case 1: $\hat{D}=0.5D$, 50% model match, joint friction

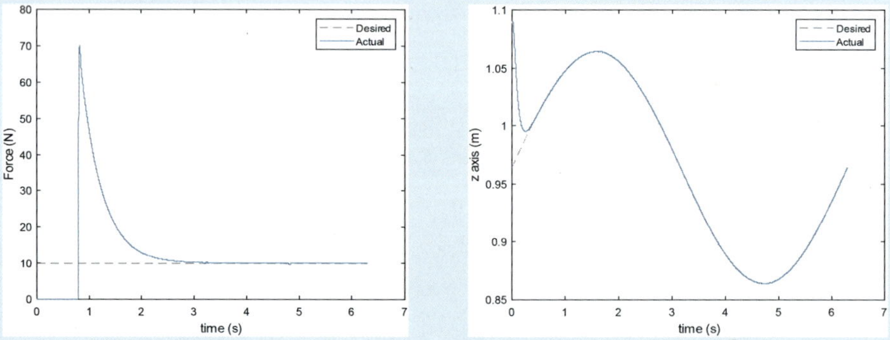

(a) 힘 추종 (b) 위치 추종

그림 8.41 모델 기반 어드미턴스 TDC 힘 제어 추종($\hat{D}=0.5D$)

Case 2: $\overline{D} = 0.2I$, joint friction

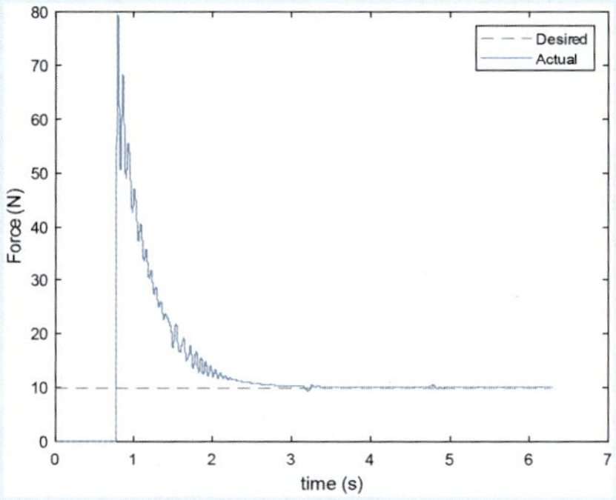

(a) 힘 추종

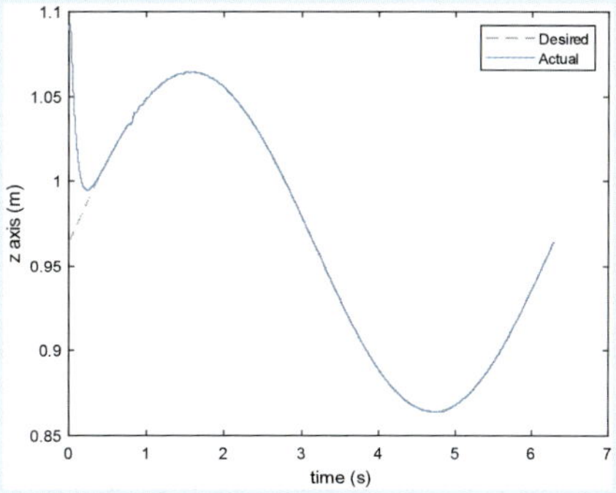

(b) 위치 추종

그림 8.42 모델 기반 어드미턴스 TDC 힘 제어 추종($\overline{D} = 0.2I$)

그림 8.41에서 보면 시간지연 제어기를 사용할 경우에 관성 모델 오차가 있는 경우에도 잘 추종하는 것을 볼 수 있다. 그림 8.42에서는 관성 모델을 상수로 사용하는 경우의 추종을 나타낸다. 상수값에 매우 민감한 것을 볼 수 있으며 초기에 오실레이션을 보이지만 잘 추종한다.

SIMULINK 예제 8.9 | 로봇 팔의 위치 기반 임피던스: 무모델 기반 어드미턴스

위치 기반 임피던스 제어의 경우에 환경(기준힘과 환경의 강성도)에 맞는 필터를 선택하는 것이 중요하다. 적절한 필터의 계수값을 찾아야 한다. 또한 필터에 힘을 입력하는 경우와 힘의 오차를 입력으로 하는 경우가 있는데 여기서는 힘의 오차를 입력으로 하는 경우를 고려하였다.

① 제어 법칙

$$\tau = K_C J^T v + J^T F_e,\ v = M^{-1}(B\dot{e} + K(x_d - x + x_a))$$

$$X_a(s) = \frac{1}{s^2 + 500s}(F_d(s) - F_e(s))$$

② SIMULINK 프로그램

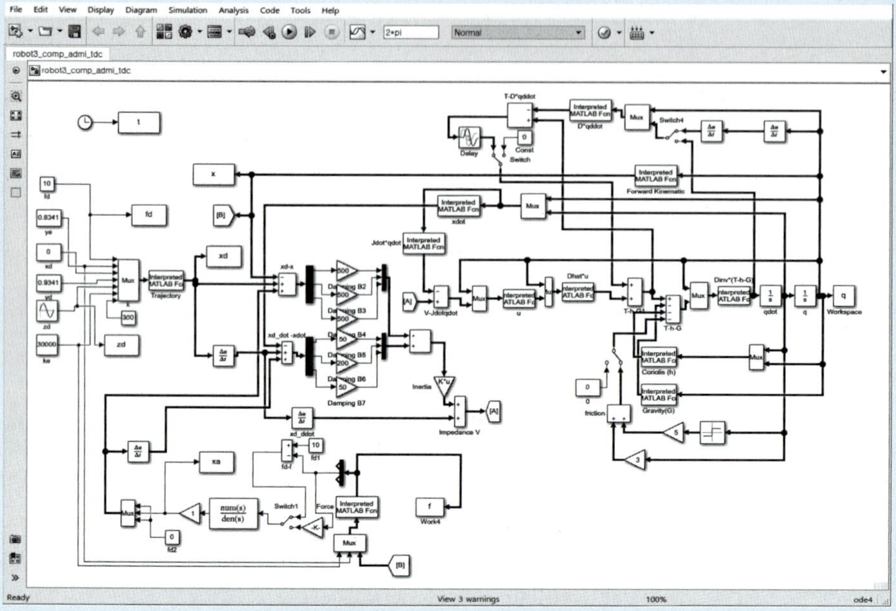

그림 8.43 위치 기반의 임피던스 힘 제어 시뮬레이션

③ 시뮬레이션 결과

그림 8.44의 추종 결과를 살펴보면 힘 추종에서 오차가 발생하고 오버슈트도 크게 나타나는 것을 볼 수 있다.

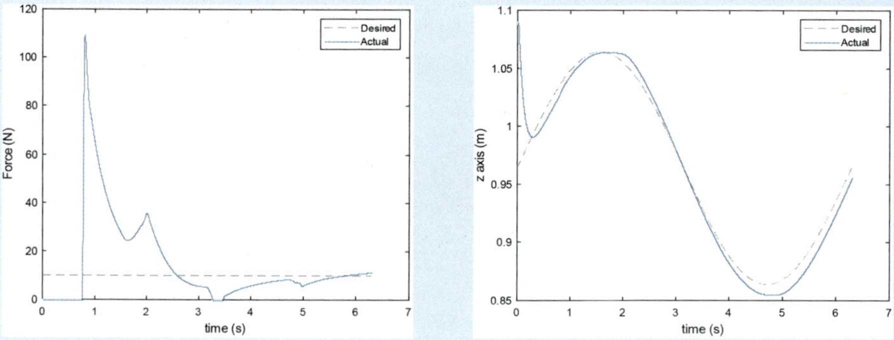

(a) 힘 추종 (b) 위치 추종

그림 8.44 위치 기반의 임피던스 힘 제어

SIMULINK 예제 8.10 | 로봇 팔의 위치 기반 임피던스: 무모델 기반 어드미턴스(TDC 추가)

위치 기반 임피던스 제어의 경우에 환경(기준힘과 환경의 강성도)에 맞는 필터를 선택하는 것이 중요하다. 적절한 필터의 계수값을 찾아야 한다. 또한 필터에 힘을 입력하는 경우와 힘의 오차를 입력으로 하는 경우가 있는데 여기서는 힘의 오차를 입력으로 하는 경우를 고려하였다.

① 제어 법칙

$$\tau(t) = K_C J^T v(t) + \tau(t-\lambda) - \ddot{q}(t-\lambda) + J^T F_e(t),$$

$$v(t) = M^{-1}(B\dot{e}(t) + K(x_d(t) - x(t) + x_a(t)))$$

$$X_a(s) = \frac{1}{s^2 + 500s}(F_d(s) - F_e(s))$$

② 시뮬레이션 결과

오차를 줄이기 위해 시간지연 제어기를 사용해 보자. 그림 8.43에서 시간지연 제어기를 연결한다. 그림 8.45의 경우에 오버슈트를 없애진 못하였으나 정상상태에서 오차는 줄었다. 위치 추종의 경우에는 잘 추종하는 것을 볼 수 있다. 또한 힘 추종 중간중간에 마찰력의 영향이 보인다.

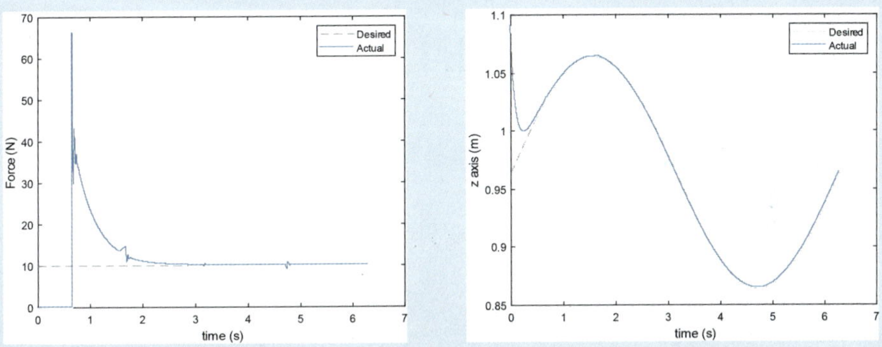

(a) 힘 추종 (b) 위치 추종

그림 8.45 위치 기반의 임피던스 힘 제어(시간지연 제어기 추가)

SIMULINK 예제 8.11 | 로봇 팔의 위치 기반 임피던스: 무모델 기반 어드미턴스(적분기 추가)

앞의 예제에서 시간지연을 사용하여 오차를 줄였다. 이번에는 적분기를 포함하는 어드미턴스 필터를 사용해 보자.

① 제어 법칙

$$\tau = K_C J^T v + \tau(t-\lambda) - \ddot{q}(t-\lambda) + J^T F_e, \quad v = M^{-1}(B\dot{e} + K(x_d - x + x_a))$$

$$X_a(s) = \frac{s+0.01}{s^3+200s^2}(F_d(s) - F_e(s))$$

② 시뮬레이션 결과

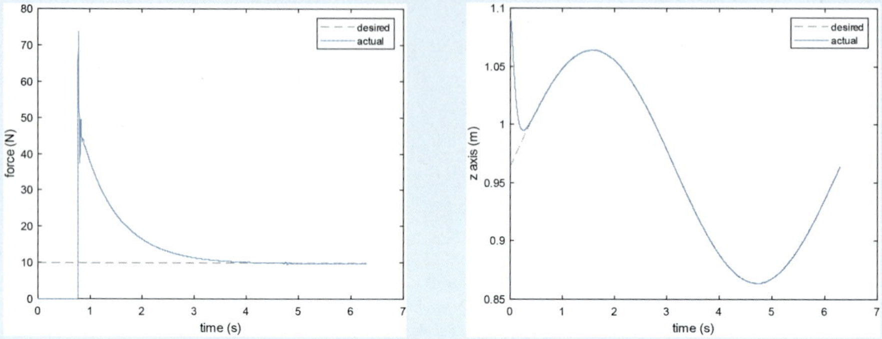

(a) 힘 추종 (b) 위치 추종

그림 8.46 위치 기반의 임피던스 힘 제어(적분기 추가)

8.9 임피던스 힘 제어의 문제점

8.9.1 동적 모형과 비선형 불확실성의 보상

임피던스 제어 방법을 사용하여 힘 제어를 정확하게 하려면 로봇 모형과 대상에 대한 사전 지식이 필요하다. 임피던스 제어 방식은 로봇의 모형을 근거로 하는 토크 계산 방식을 모태로 하기 때문에 로봇 모형의 불일치에서 오는 불확실성이 보상되지 않으면 힘 제어를 잘 할 수 없다. 실제 로봇 동적 방정식 (8.7)과 로봇의 모형 방정식을 (8.34)(8.35)와 함께 연립하여 풀면 다음과 같은 방정식이 유도된다.

$$F_e + \Delta = M\ddot{e} + B\dot{e} + Ke \tag{8.59}$$

여기서 $\Delta = \hat{D}^{*-1}[\Delta D^*\ddot{x} + \Delta h^* + F_f^*]$인데, 불확실성 Δ에 따라서 나타나는 힘의 크기가 달라진다. 그러므로 불확실성 Δ를 보상하는 것이 필요하다. 앞에서는 시간지연 제어기로 보상해 보았다.

식 (8.59)에서 보여진 것처럼 힘 제어 방식들의 수행 능력은 로봇 동적 모형의 정확도와 대상의 불확실성들에 따라 좌우된다. 실제로는 로봇 동적 모형을 정확하게 구할 수가 없기 때문에 모형의 오차가 생기고 마찰력이나 백래시(backlash) 등과 같은 비선형 요소들과 알지 못하는 디버링 도구 무게의 영향이 존재하기 때문에 정확한 위치 제어 수행을 저해한다. 이러한 위치 제어의 오차는 결국 힘 제어의 오차를 초래하기 때문에 그에 대한 보상이 필요하다.

만약 불확실성 Δ가 보상되었다고 가정을 하면, 힘이 제어되는 방향에서 임피던스 함수는 다음과 같이 이상적인 형태로 나타날 수 있다.

$$F_e = M\ddot{e} + B\dot{e} + Ke \tag{8.60}$$

8.9.2 대상의 불확실성 보상

위의 임피던스 제어 방식은 원하는 힘을 따라가도록 입력을 설정할 수가 없기 때문에 로봇이 도달해야 할 경로를 미리 지정해야 하는데, 그 경로는 대상의 강성도 K_e와 위치 x_e를 정확하게 알아야 계산할 수 있다. 목표 경로 x_d는 다음 식을 통해 계산할 수 있다.

$$x_d = x_e + K_{eff}^{-1} F_d, \quad K_{eff}^{-1} = K^{-1} + K_e^{-1} \tag{8.61}$$

F_d는 원하는 힘이고, K_e는 대상의 강성도, K는 원하는 임피던스 강성도 이득(stiffness gain)으로 사용자가 정한다. F_d와 K는 사용자가 정할 수 있지만 K_e나 x_e는 사용자가 쉽게 정할 수가 없다. 따라서, x_e의 값을 얻기 위한 시각 센서의 도움 없이 힘 제어의 수행 능력을 향상시키기 위해서는 다음의 문제점들을 해결해야 한다.

① 정확한 대상의 강성도 K_e

힘 제어를 정확하게 하려면 대상의 강성도를 정확하게 알아야 하고, 주어진 경로 x_d를 계산하기 위해서는 강성도 K_e의 값을 정확하게 아는 것이 필요하다. 하지만 모든 대상의 강성도를 정확하게 안다는 것은 불가능하다. 예를 들면, 일반 저울의 스프링 강성도는 3,000 N/m이지만 이 또한 스프링의 종류에 따라 다르다. 또한 산업 공정에서는 대상의 강성도가 일정하지 않고 물질에 따라 변하므로 대상의 강성도를 모르는 상태에서 제어를 할 수 있는 알고리즘이 필요하다.

② 정확한 대상의 위치 x_e

대상의 위치 x_e도 x_d를 계산하는 데 필요하므로 정확한 값이 요구된다. 대상의 위치가 정확하게 측정되면 될수록 힘 오차가 줄어든다. 하지만 대상의 위치를 정확하게 측정하는 것도 쉽지 않다. 정확한 비전 시스템 또는 시각 센서를 사용하면 다소 정확한 위치를 알 수 있을지라도 어느 정도의 오차는 있게 마련이다. 이러한 작은 오차는 강성도가 매우 높은 대상에 대해서는 큰 힘 오차를 수반할 수 있다. 예를 들면, 대상을 선형 스프링의 모형으로 가정하고 한 방향의 힘만을 고려하면 다음과 같이 표현된다.

$$f_e = k_e(x - x_e) \tag{8.62}$$

잘못 측정된 대상 위치 오차를 $x_e' = x_e + \delta x_e$라 하고 식 (8.62)에 대입하면

$$f_e' = k_e(x - x_e) + k_e \delta x_e \tag{8.63}$$

측정된 힘 f_e'은 식 (8.62)보다 $k_e \delta x_e$만큼의 오차를 갖게 된다. k_e의 크기에 따라 오차의 크기가 좌우됨을 볼 수 있다. 예를 들어, $k_e = 50{,}000$ N/m이고 $\delta x_e = 0.1$ mm이면 힘 오차는 $k_e \delta x_e = 5$ N이 된다.

그러므로 대상의 강성도를 모르고 대상의 위치를 정확하게 측정하기보다는 어느 정도의 오차를 허용한 상태에서 잘 제어할 수 있는 제어 방식이 필요하다. 이러한 문제를 해결하기 위해 많은 힘 제어 방식들이 제안되었다. 원하는 힘과 실제 힘 사이의 오차를 적분 제어 방법을 사용하여 경로 수정 입력을 만든 다음, 기준 경로 입력에 더함으로써 알지 못하는 대상의 강성도에 따라 목표의 경로가 바뀌는 제어 방식, 원하는 힘을 설정하고 따라가도록 하기 위해 목표의 경로를 바꾸는 경로 수정 입력을 힘 오차의 함수로 구성하고, 이 구성된 함수를 적응 제어 방식을 이용하여 최적화 하는 제어 방식, 적응 제어를 이용하여 대상의 강성도를 모르는 상태에서 PD나 PID 제어기의 이득을 바꾸는 방식이 있다. 하지만, 제안된 제어 방식들은 위에서 나열한 문제점 모두를 해결하는 것이 아니라 부분적으로 해결하고 있다. 또한 적응 제어 방식을 사용하는 데 따르는 안정성을 고려해야 하는 단점이 있다.

위에 나타난 문제점들을 모두 해결할 수 있는 디버링 작업과 표면 광택 작업을 위한 새로운 제어 기술이 필요하며, 이 방법은 다음 장에서 소개한다.

Hybrid Impedance Force Control

CHAPTER 9

하이브리드 임피던스 제어

CHAPTER 9

하이브리드 임피던스 제어

9.1 소개

원하는 힘을 지정하여 따라갈 수 있는 새로운 힘 제어 방식을 여기서 제안한다. 또한 힘 제어 방향과 위치 제어 방향을 구별하여 자유 공간에서는 위치 제어를 하고, 접촉 공간에서는 힘 제어를 수행하도록 하이브리드 방식처럼 나누어서 제어기를 설계하고자 한다. 제안하는 임피던스 힘 제어 방식은 원하는 힘을 입력으로 설정하는 하이브리드 힘 제어 방식의 이점을 갖출 뿐만 아니라 대상의 강성도와 위치에 대한 지식이 없을 경우에 로봇 모형 오차와 마찰력 또는 알지 못하는 하중 등의 불확실성을 보상한다. 힘 제어를 하는 방향과 위치 제어를 하는 방향을 따로 정하므로 하이브리드와 임피던스 방식을 동시에 사용하는 하이브리드 임피던스 제어 방식이라 할 수 있다. 이 경우에 접촉힘에 의한 오버슈트를 줄일 수 있다.

9.2 힘을 추종할 수 있는 힘 제어 기술

힘 제어 방향을 정하면 편의상 원하는 임피던스 함수를 벡터나 행렬이 아닌 스칼라가 되는데 다음과 같다.

$$f_e = m\ddot{e} + b\dot{e} + ke \tag{9.1}$$

여기서 m, b, k는 임피던스 변수들이고, $e = x_d - x$이다.

식 (9.1)에서 경로 조절 입력을 스칼라로 바꾸면 (8.27)로부터 $\Delta x_d = \dfrac{f_d}{k_{eff}}$이 된다. 목표 경로는 $x_d = x_e + \Delta x_d$이 되고, x_d를 미분하면 $\ddot{x}_d = \ddot{x}_e + \Delta \ddot{x}_d$를 얻는다. 목표 경로 x_d $\dot{x}_d$ $\ddot{x}_d$를 식 (9.1)에 대입하고 정리하면 다음과 같다.

$$f_e = m\ddot{\varepsilon} + b\dot{\varepsilon} + k\varepsilon + m\Delta\ddot{x}_d + b\Delta\dot{x}_d + k\Delta x_d \tag{9.2}$$

여기서 $\varepsilon = x_e - x$로, 대상체와 로봇의 위치 차이인 새로운 오차로 정의되었다. 식 (9.2)는 대상의 위치와 실제 위치의 차이와 힘과의 방정식을 나타낸다. $\Delta x_d = \frac{f_d}{k_{eff}}$를 식 (9.2)에 대입하면

$$f_e = m\ddot{\varepsilon} + b\dot{\varepsilon} + k\varepsilon + kf_d\left(\frac{1}{k_e} + \frac{1}{k}\right) + m\Delta\ddot{x}_d + b\Delta\dot{x}_d \tag{9.3}$$

미분함수는 일반적으로 노이즈를 많이 포함하므로 $\Delta\dot{x}_d = \Delta\ddot{x}_d = 0$이라 놓고, 대상의 강성도를 인식하여 $k_e = -\frac{f_e}{\varepsilon}$를 식 (9.3)에 대입하면 다음의 힘 추종 제어 방식을 얻는다.

$$f_e = m\ddot{\varepsilon} + b\dot{\varepsilon} + k\varepsilon\left(1 - \frac{f_d}{f_e}\right) + f_d \tag{9.4}$$

식 (9.4)의 제어 방식은 대상의 강성도 값이 필요 없고, 원하는 힘 f_d를 직접 설정하여 조절할 수 있는 새로운 비선형 임피던스 함수이다. 식 (9.4)에서처럼 직접 원하는 힘을 설정해서 제어하면 대상 위치의 오차에서 오는 힘의 오차를 일부 감소시켜 준다. 따라서, 대상의 위치 x_e를 정확하게 모르더라도 힘 제어를 잘 수행할 수 있다.

하지만 식 (9.4)는 비선형 함수이기 때문에 정상상태(steady state)에서 해로 두 값을 취한다. 정상상태에서 다음과 같이 표현된다.

$$f_e = k\varepsilon\left(1 - \frac{f_d}{f_e}\right) + f_d \tag{9.5}$$

식 (9.5)의 양변에 f_e를 곱하면 f_e에 관한 이차식을 얻는다.

$$f_e^2 - (k\varepsilon + f_d)f_e + k\varepsilon f_d = 0 \tag{9.6}$$

위의 방정식의 두 해는 다음과 같다.

$$f_e = k\varepsilon \text{ 또는 } f_e = f_d \tag{9.7}$$

대상의 위치가 정확하면 $f_e = k\varepsilon = -k_e\varepsilon$가 성립해야 한다. 하지만 k, k_e는 모두 양수이므로 $k = -k_e$는 성립할 수 없다. 따라서 $f_e = k\varepsilon$는 해가 아니고 유일해인 $f_e = f_d$만을 항상 취하게 된다. 하지만 대상의 위치가 정확하지 않다면 식 (9.6)은 다음과 같이 바뀐다.

$$f_e^2-(k\varepsilon'+f_d)f_e+k\varepsilon' f_d=0 \tag{9.8}$$

식 (9.8)은 다음의 두 해를 갖게 된다.

$$f_e=k\varepsilon' \text{ 또는 } f_e=f_d \tag{9.9}$$

이 경우에는 대상 위치의 불확실성에 의해 해가 다르게 선택되므로 그에 대한 분석이 필요하다. 대상의 위치가 정확하지 않을 경우에 다음과 같다.

$$\ddot{\varepsilon}'+\frac{1}{m}(b\dot{\varepsilon}'+k\varepsilon'(1-\frac{f_d}{f_e})+f_d-f_e)=0 \tag{9.10}$$

여기서 $\varepsilon'=x_e-x+\delta x_e$이다. 식 (8.63)으로부터 다음과 같은 힘의 관계식을 얻을 수 있다.

$$\varepsilon'=-\frac{f_e}{k_e}+\delta x_e,\quad \dot{\varepsilon}'=-\frac{\dot{f}_e}{k_e}+\delta\dot{x}_e,\quad \ddot{\varepsilon}'=-\frac{\ddot{f}_e}{k_e}+\delta\ddot{x}_e \tag{9.11}$$

식 (9.11)을 식 (9.10)에 대입하여 정리하면 다음과 같다.

$$\ddot{f}_e+\frac{b}{m}\dot{f}_e+\frac{k}{m}f_e(\frac{1-f_d}{f_e})-\frac{kk_e}{m}\delta x_e(1-\frac{f_d}{f_e})+k_e\frac{(f_e-f_d)}{m}=0 \tag{9.12}$$

식 (9.12)를 힘 f_e의 식으로 다시 정리하면

$$\ddot{f}_e+\frac{b}{m}\dot{f}_e+\frac{k+k_e}{m}f_e+\frac{kk_ef_d\delta x_e}{mf_e}=\delta\ddot{x}_e+\frac{1}{m}(f_d+kk_e\delta x_e+f_dk_e+bk_e\delta\dot{x}_e) \tag{9.13}$$

$\delta\ddot{x}_e=\delta\dot{x}_e=0$이라 놓고 식 (9.13)을 간단히 하면 다음과 같다.

$$\ddot{f}_e+\frac{b}{m}\dot{f}_e+\frac{k+k_e}{m}f_e+\frac{kk_ef_d\delta x_e}{mf_e}=\frac{1}{m}(f_d+kk_e\delta x_e+f_dk_e) \tag{9.14}$$

상태방정식을 구하면 다음과 같다. 상태 $x_1=f_e$이고, $x_2=\dot{f}_e$라 하면 (9.14)는 다음과 같이 표현된다.

$$\begin{aligned} f_1&=\dot{x}_1=x_2 \\ f_2&=\dot{x}_2=-\frac{b}{m}x_2-\frac{k+k_e}{m}x_1-\frac{kk_ef_d\delta x_e}{mx_1}+u \end{aligned} \tag{9.15}$$

여기서 $u=\frac{1}{m}(f_d+kk_e\delta x_e+f_dk_e)$

상태방정식으로 나타내면 다음과 같다.

$$\begin{bmatrix}\dot{x}_1\\ \dot{x}_2\end{bmatrix}=\begin{bmatrix}\frac{\partial f_1}{\partial x_1}\Big|_{(x_1=f_d,\ x_2=0)} & \frac{\partial f_1}{\partial x_2}\Big|_{(x_1=f_d,\ x_2=0)}\\ \frac{\partial f_2}{\partial x_1}\Big|_{(x_1=f_d,\ x_2=0)} & \frac{\partial f_2}{\partial x_2}\Big|_{(x_1=f_d,\ x_2=0)}\end{bmatrix}\begin{bmatrix}x_1\\ x_2\end{bmatrix}+\begin{bmatrix}0\\ u\end{bmatrix} \tag{9.16}$$

$$\frac{\partial f_1}{\partial x_1}=0$$

$$\frac{\partial f_1}{\partial x_2}=1$$

$$\frac{\partial f_2}{\partial x_1}=[-\frac{k+k_e}{m}+\frac{kk_e\delta x_e f_d}{mx_1^2}]_{(x_1=f_d,\ x_2=0)}$$

$$=-\frac{k+k_e}{m}+\frac{kk_e\delta x_e}{mf_d}$$

$$\frac{\partial f_2}{\partial x_2}=-\frac{b}{m}$$

평형점 $x_1=f_d,\ x_2=0$에서 식 (9.16)은 다음과 같은 선형방정식이 된다.

$$\dot{x}=A\dot{x}+u \tag{9.17}$$

$$=\begin{bmatrix}0 & 1\\ -\frac{k+k_e}{m}+\frac{kk_e\delta x_e}{mf_d} & -\frac{b}{m}\end{bmatrix}x+\begin{bmatrix}0\\ \frac{1}{m}(f_d+kk_e\delta x_e+f_dk_e)\end{bmatrix}$$

시스템의 특성방정식을 구하면 다음과 같다.

$$\det(sI-A)=s^2+\frac{b}{m}s+\frac{k+k_e}{m}-\frac{kk_e\delta x_e}{mf_d}=0 \tag{9.18}$$

위에서 두 해 중에서 $f_e=f_d$일 경우에 특성방정식을 구하면 다음과 같다.

$$s^2+\frac{b}{m}s+\frac{k+k_e}{m}-\frac{kk_e\delta x_e}{mf_d}=0 \tag{9.19}$$

안정하기 위한 조건은

$$0 < \frac{b}{m} \text{와 } \delta x_e < \frac{f_d}{k_{eff}} \tag{9.20}$$

마찬가지로 다른 해 $f_e = k\varepsilon'$에서 선형화를 통해 특성방정식을 구하면 다음과 같다.

$$\frac{\partial f_1}{\partial x_1} = 0$$

$$\frac{\partial f_1}{\partial x_2} = 1$$

$$\begin{aligned}\frac{\partial f_2}{\partial x_1} &= [-\frac{k+k_e}{m} + \frac{kk_e\delta x_e f_d}{mx_1^2}]_{(x_1 = k_{eff}\delta x_e,\ x_2 = 0)} \\ &= -\frac{k+k_e}{m} + \frac{kk_e f_d}{mk_{eff}^2\delta x_e} \\ &= -\frac{k+k_e}{m} + \frac{(k+k_e)f_d}{mk_{eff}\delta x_e}\end{aligned}$$

$$\frac{\partial f_2}{\partial x_2} = -\frac{b}{m}$$

평형점 $x_1 = f_d,\ x_2 = 0$에서 다음과 같은 선형방정식이 된다.

$$\begin{aligned}\dot{x} &= A\dot{x} + u \\ &= \begin{bmatrix} 0 & 1 \\ -\frac{k+k_e}{m} + \frac{(k+k_e)f_d}{mk_{eff}\delta x_e} & -\frac{b}{m} \end{bmatrix} x + \begin{bmatrix} 0 \\ \frac{1}{m}(f_d + kk_e\delta x_e + f_d k_e) \end{bmatrix}\end{aligned} \tag{9.21}$$

$$s^2 + \frac{b}{m}s + \frac{k+k_e}{m} - \frac{(k+k_e)f_d}{mk_{eff}\delta x_e} = 0 \tag{9.22}$$

안정할 조건을 구하면 다음과 같다.

$$0 < \frac{b}{m} \text{와 } \delta x_e > \frac{f_d}{k_{eff}} \tag{9.23}$$

따라서 원하는 힘 추종을 하기 위해서 대상의 위치 불확실성은 식 (9.20)을 만족하여야 한다. 식 (9.20)에 나타난 것처럼 불확실성이 $\frac{f_d}{k_{eff}}$보다 작게 되면 원하지 않는 힘을 추종하게 된다. 대상의 강성이 단단하면 $k_{eff} \approx k$로 간략화할 수 있다. 따라서 식 (9.20)은 다음과 같이 된다.

$$\delta x_e < \frac{f_d}{k} \tag{9.24}$$

실제적으로 원하는 힘 추종을 하기 위해 식 (9.24)에 나타난 것처럼 불확실성의 최대값을 대략적으로 알 수 있지만 그 영역을 만족해야 하는 제약이 수반된다. 따라서 다음 절에서는 더욱 이러한 조건이 필요 없는 간단하며 강건한 힘 제어 기술을 제안하고자 한다.

9.3 강건한 힘 제어 기술

9.3.1 힘 추종 임피던스 제어

위의 임피던스 함수는 비록 비선형이지만 기존의 임피던스 방식에 비해 훨씬 성능이 뛰어나다. 하지만 비선형이라는 점 때문에 대상의 위치에 따라 원하는 힘을 제어할 수 있고 또는 다른 값을 취하기도 하기 때문에 바람직하지 않다. 그러므로 여기서는 더 간단하고 오직 한 값을 취하는 새로운 힘 제어 기술을 제안하고자 한다.

식 (9.4)로부터 $k=0$이라 놓으면, 다음과 같이 비선형 부분을 간단히 없앨 수 있다.

$$f_e - f_d = m\ddot{\varepsilon} + b\dot{\varepsilon} \tag{9.25}$$

힘은 $f_e = -k_e\varepsilon$로 표현이 되기 때문에 대입하면 다음과 같이 쓸 수 있다.

$$-f_d = m\ddot{\varepsilon} + b\dot{\varepsilon} + k_e\varepsilon \tag{9.26}$$

식 (9.26)은 오차 ε에 대한 이차방정식으로 바운드되어 있고 점근적으로 안정함을 알 수 있다. 실제로 물체의 강성 k_e를 정확하게 모를지라도 정상상태에서 $f_e = f_d$는 안정된 상태로 보증된다.

이상적인 순간 응답을 얻기 위해서는 k_e의 근사치에 기초하는 적당한 이득 m과 b를 선택할 수 있다. 예를 들어, 힘 응답이 과다응답(over-damped)을 나타내도록 하려면 댐핑 이득값을 아래와 같이 설정하면 된다.

$$b \geq 2\sqrt{mk_e} \tag{9.27}$$

만약 대상의 강성을 정확히 알지 못해 댐핑 이득을 너무 작게 설정하면 힘 응답은 심하게 진동하여 원하는 힘 제어를 할 수 없게 된다. 따라서 댐핑 이득은 과다응답을 출력하도록 충분히 크게 해야 한다. 예를 들어 $m=1$, $k_e=30000$인 경우에 댐핑 이득 $b \geq 2\sqrt{30000} \geq 346.4102$로 정해야 오버댐프 응답을 얻을 수 있다. 그림 9.1은 댐핑 이득값이 $b=200$, 300, 350의 경우의 힘 추종 응답을 나타낸다. $b=200$일 경우에 2 N의 오버슈트가 발생하고, $b=300$일 경우에는 아주 작은 0.06 N, 그리고 $b=350$의 경우에는 오버슈트가 발생하지 않고 있다.

그러므로 임피던스 함수 (9.25)는 불확실한 대상의 강성을 정확히 모를 경우에 간단하게 힘 추종을 성취하여 안정한 응답을 나타낼 수 있다. 그렇지만 만약 대상 위치 x_e가 정확하지 않다면, 즉 대상의 위치에 불확실성이 있다면 유일해 $f_e=f_d$의 안정된 상태라는 보증이 없다. 그러므로 다음 부분에서 그러한 점들을 분석하고 보상하기 위한 적분 제어 방식을 사용하여 대상의 위치에서 오는 불확실성에 의한 힘의 오차를 최소화시킨다.

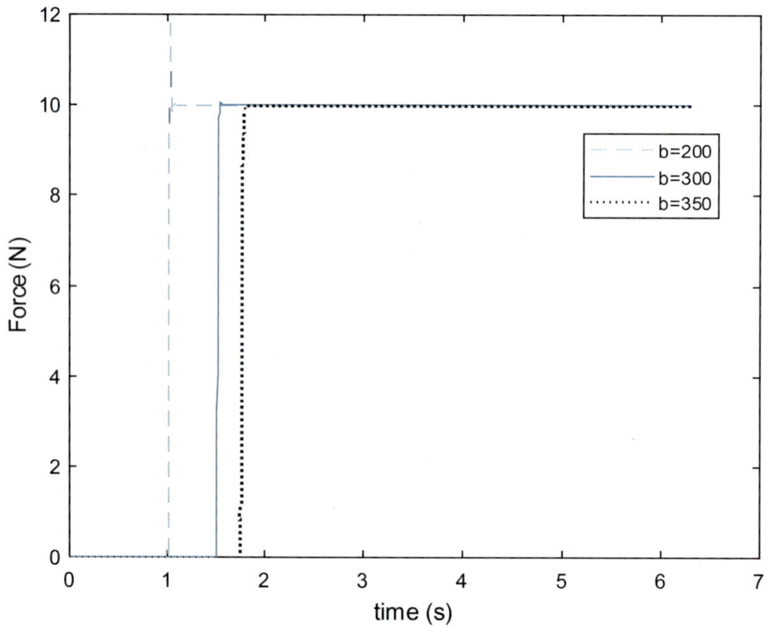

그림 9.1 댐핑 이득값에 따른 힘 제어 추종

9.3.2 모르는 대상의 위치를 보상하기 위한 적분 제어

실제적인 경우를 고려하면 대상의 위치를 정확하게 측정하기는 어렵다. 대상은 항상 위치 측정값 x'_e와 x_e의 불확실성 $\delta x_e = x'_e - x_e$를 가지고 있다고 하자. $\varepsilon' = \varepsilon + \delta x_e$로 정의하고, 불확실성을 가진 식으로 바꾸기 위해 식 (9.25)에서 ε를 ε'으로 대체하면 다음과 같이 된다.

$$m\ddot{\varepsilon}' + b\dot{\varepsilon}' = f_e - f_d \tag{9.28}$$

여기서 δx_e는 제어 설계자에 의해 어느 정도 설정될 수 있는 대상 위치의 부정확성이다. δx_e는 대상의 안쪽 또는 바깥쪽에 설정될 수 있으나 접촉이 항상 이루어지는 것을 보증하기 위하여 항상 $\delta x_e > 0$이 되도록 대상 위치 x'_e를 안쪽으로 설정한다. 안쪽으로 과대 설정하면 할수록 오차가 커지므로 로봇이 대상체에 다가가는 속도가 빨라져 대상과의 임팩트 힘이 커진다. 임팩트 속도는 댐핑 이득값을 크게 하면 느려진다.

x_e가 상수이고 x'_e도 $x'_e - x_e > 0$ 을 만족하는 상수일 때, 즉 대상의 모양이 평평한 표면이라면 정확한 힘의 추종이 쉽게 성취되는 것을 볼 수 있다. 이런 경우에 $\dot{x}'_e = \ddot{x}'_e = 0$이므로 식 (9.28)은 다음과 같이 된다.

$$m\ddot{x} + b\dot{x} = f_d - f_e \tag{9.29}$$

그러므로 정상상태(steady state)에서는 유일한 해인 $f_e = f_d$를 항상 얻게 된다. 그렇지만 f_d와 x_e가 시간에 따라 변할 때, 식 (9.29)에 나타난 것처럼 힘 추종 오차가 발생된다.

즉, 대상의 모양이 평면이 아닐 경우에 가장 간단하게 대상의 위치를 가정하는 방법은 대상의 형태를 평면으로 가정해 $x_e =$ 상수, $\dot{x}_e = 0$으로 설정하는 것이다. 이럴 경우 식 (9.28)에서 $m\ddot{x}'_e + b\dot{x}'_e$에 따른 힘의 오차가 생기게 된다. 식 (9.29)에 나타난 힘의 오차 $m\ddot{x} + b\dot{x}$를 제거하기 위해 힘의 오차에 따라 on-line으로 조절되는 적분 방식을 사용한다.

$$m\ddot{\varepsilon}' + b(\dot{\varepsilon}' + w) = f_e - f_d \tag{9.30}$$

여기서 $w(t)$는 힘의 오차함수로 다음과 같다.

$$\omega(t) = \omega(t-\lambda) + \eta \frac{f_d(t-\lambda) - f_e(t-\lambda)}{b}, \quad \eta > 0 \tag{9.31}$$

η는 변수이고, λ는 제어기의 샘플링 시간이다. 이득 η는 응답의 수렴 속도와 정확성에 영향을 미치므로 이득값에 따라 성능이 달라지게 된다. 다음 부분에서 우리는 안정된 접촉 공간 힘 추종에 대한 적분 이득의 영역을 조사한다.

9.3.3 적분기의 안정성과 수렴

적분기가 제어 루프로 쓰여질 때 새로운 제어 법칙이 안정한지 조사해야 한다. $f_e = -k_e\varepsilon$를 식 (9.30)에 대입하면 다음과 같다.

$$m\ddot{\varepsilon}(t)'+b\dot{\varepsilon}(t)'+k_e\varepsilon(t)+b\omega(t)=-f_d \tag{9.32}$$

식 (9.31)을 식 (9.32)에 대입하면 다음과 같다.

$$\begin{aligned} &m\ddot{\varepsilon}(t)'+b\dot{\varepsilon}(t)'+k_e\varepsilon(t)+b\omega(t-\lambda)+\eta k_e\varepsilon(t-\lambda) \\ &=-(f_d(t)+\eta f_d(t-\lambda)) \end{aligned} \tag{9.33}$$

식 (9.33)을 힘 오차에 대한 방정식으로 만들기 위해 $f_e=k_e(x-x_e)$ 관계로부터 우리는 다음과 같이 표현할 수 있다.

$$x=x_e+\frac{f_e}{k_e},\ \dot{x}=\dot{x}_e+\frac{\dot{f}_e}{k_e},\ \ddot{x}=\ddot{x}_e+\frac{\ddot{f}_e}{k_e} \tag{9.34}$$

식 (9.34)의 x, $\dot{x}$, $\ddot{x}$를 식 (9.33)에 대입하면 다음과 같은 이차 힘 오차방정식이 유도된다.

$$\begin{aligned} &-m\ddot{f}_e-b\dot{f}_e+bk_e\omega(t-\lambda)+k_e(f_d-f_e) \\ &=-mk_e\delta\ddot{x}_e-bk_e\delta\dot{x}_e-\eta k_e(f_d(t-\lambda)-f_e(t-\lambda)) \end{aligned} \tag{9.35}$$

$m\ddot{f}_d$, $b\dot{f}_d$를 식 (9.35)의 양변에 더한 뒤 정리하면 다음과 같다.

$$\begin{aligned} &m(\ddot{f}_d-\ddot{f}_e)+b(\dot{f}_d-\dot{f}_e)+bk_e\omega(t-\lambda)+k_e(f_d-f_e) \\ &=m(\ddot{f}_d-k_e\delta\ddot{x}_e)+b(\dot{f}_d-k_e\delta\dot{x}_e)-\eta k_e(f_d(t-\lambda)-f_e(t-\lambda)) \end{aligned} \tag{9.36}$$

힘의 오차를 $\varepsilon_f(t)=f_d(t)-f_e(t)$라 정의하고 (9.36)을 다시 쓰면 다음과 같다.

$$\begin{aligned} &m\ddot{\varepsilon}_f(t)+b\dot{\varepsilon}_f(t)+k_e(\varepsilon_f(t)+b\omega(t-\lambda)+\eta\varepsilon_f(t-\lambda)) \\ &=m(\ddot{f}_d-k_e\delta\ddot{x}_e)+b(\dot{f}_d-k_e\delta\dot{x}_e) \end{aligned} \tag{9.37}$$

ω 시리즈의 한정된 샘플 k 원소를 고려하면 다음과 같다.

$$\begin{aligned} b\omega(t-\lambda)&=b\omega(t-(k-1)\lambda)+\eta\varepsilon_f(t-(k-1)\lambda) \\ &\quad+\cdots+\eta\varepsilon_f(t-2\lambda) \end{aligned} \tag{9.38}$$

$\omega(t-(k-1)\lambda)=0$ 과 같이 ω 의 초기 값이 0이라고 가정하고 식 (9.37)과 (9.38)을 결합하면 다음과 같다.

$$m\ddot{\varepsilon}_f + b\dot{\varepsilon}_f + k_e\varepsilon_f + \eta k_e(\varepsilon_f(t-(k-1)\lambda) + \cdots + \varepsilon_f(t-\lambda)) \tag{9.39}$$
$$= m\ddot{f}_d + b\dot{f}_d - mk_e\delta\ddot{x}_e - bk_e\delta\dot{x}_e$$

발생된 힘 $\overline{f_e} = k_e\delta x_e$가 대상 위치의 측정 오차에 기인한다고 정의하고 식 (9.39)를 $\overline{f_e}$로 대체하면 다음과 같다.

$$m\ddot{\varepsilon}_f + b\dot{\varepsilon}_f + k_e\varepsilon_f + \eta k_e(\varepsilon_f(t-(k-1)\lambda) + \cdots + \varepsilon_f(t-\lambda)) \tag{9.40}$$
$$= m\ddot{f}_d + b\dot{f}_d - m\ddot{\overline{f}}_e - b\dot{\overline{f}}_e$$

새로운 오차 $\bar{\varepsilon} = f_d - \bar{f}_e$를 정의하고 식 (9.40)에 대입하면 다음 식을 얻을 수 있다.

$$m\ddot{\varepsilon}_f + b\dot{\varepsilon}_f + k_e\varepsilon_f + \eta k_e(\varepsilon_f(t-(k-1)\lambda) + \cdots + \varepsilon_f(t-\lambda)) \tag{9.41}$$
$$= m\ddot{\bar{\varepsilon}} + b\dot{\bar{\varepsilon}}$$

식 (9.41)을 라플라스 변환하면 다음과 같이 얻을 수 있다.

$$\frac{\varepsilon_f(s)}{\bar{\varepsilon}(s)} = \frac{ms^2 + bs}{ms^2 + bs + k_e + k_e\eta(e^{-(k-1)\lambda s} + \cdots + e^{-\lambda s})} \tag{9.42}$$

시스템의 안정도는 식 (9.43)의 특성방정식에 의해서 결정된다.

$$ms^2 + bs + k_e + k_e\eta(e^{-(k-1)\lambda s} + \cdots + e^{-\lambda s}) = 0 \tag{9.43}$$

샘플링은 일반적으로 빠르므로 $0 < \lambda < 1$일 때 $|e^{-\lambda s}| < 1$이기 때문에 시리즈의 합은 다음과 같이 나타낼 수 있다.

$$e^{-(k-1)\lambda s} + \cdots + e^{-\lambda s} = \sum_{n=1}^{k-1} e^{-\lambda sn} = \frac{1 - e^{-\lambda ks}}{1 - e^{-\lambda s}} - 1 \cong \frac{e^{-\lambda s}}{1 - e^{-\lambda s}} \tag{9.44}$$

k가 크면 $e^{-k} \approx 0$이기 때문이다.

시리즈의 합 (9.44)를 (9.43)에 대입하여 유도하면 다음과 같다.

$$ms^2 + bs + k_e + k_e\eta\left(\frac{e^{-\lambda s}}{1 - e^{-\lambda s}}\right) = 0 \tag{9.45}$$

$\lambda \ll 1$일 경우 샘플링이 빠를 때 $e^{-\lambda s}$는 Taylor 시리즈 확장에 따라 $e^{-\lambda s} \approx 1 - \lambda s$로 점근될 수 있다.

식 (9.45)를 Taylor 시리즈 확장을 가지고 다시 배열하여 유도하면 다음과 같다.

$$\lambda m s^3 + b\lambda s^2 + k_e\lambda(1-\eta)s + k_e\eta = 0 \tag{9.46}$$

식 (9.46)의 안정성을 검증하기 위해 다음과 같은 Routh-Hurwitz 배열을 만든다.

$$\begin{array}{lll} s^3 & \lambda m & k_e\lambda(1-\eta) \\ s^2 & b\lambda & \eta k_e \\ s^1 & c_1 & 0 \\ s^0 & c_0 & 0 \end{array}$$

안정하기 위한 조건들을 구하면 다음의 조건들을 찾을 수 있다.

이득은 $m,\ b,\ \lambda > 0$이기 때문에

$$c_1 = \frac{bk_e\lambda^2(1-\eta) - \lambda\eta m k_e}{b\lambda} > 0 \text{ and } c_0 = \eta k_e > 0 \tag{9.47}$$

식 (9.47)을 정리하면 안정도 조건을 만족시키는 η의 영역을 다음과 같이 구한다.

샘플링 λ가 매우 빠르다고 가정하면

$$0 < \eta < \frac{b\lambda}{b\lambda + m} \approx \frac{b\lambda}{m} \tag{9.48}$$

식 (9.48)에서 보듯이 적분변수 η는 샘플링 시간, 임피던스의 관성 이득, 댐핑 이득과 관계가 있음을 알 수 있다.

지금까지 대상의 정보, 즉 강성과 위치를 정확히 모를 경우에 힘 제어의 힘 추종 능력을 증진하기 위해 적응 제어 방식을 사용하였다. 하지만 로봇 자체에 불확실성이 있으면 위치 제어에 오차가 생기게 되고 결국은 힘 오차로 이르게 된다. 이러한 문제점을 해결하기 위해 시간지연 방식을 사용한 강인한 위치 제어 방식을 사용하고자 한다.

식 (9.48)에서 $m = 1,\ b = 400,\ \lambda = 0.001$이면 $0 < \eta < \frac{0.4}{1.4} = 0.2857$로 정한다.

9.3.4 시뮬레이션 환경

다음은 로봇의 힘 제어 환경을 나타낸다. 대상체의 위치는 $y_e = 0.8841\ m$이고, 초기 위치는

$[x_0, y_0, z_0] = [0\ m, 0.8841\ m, 0.9641\ m]$, 초기 각도는 $q_0 = [\frac{\pi}{2}, \frac{\pi}{4}, -\frac{\pi}{4}]$이다. 대상체의 추측 위치는 $y_e' = 0.9241\ m$로 정했다. $z_d = 0.5641\ m$. 여기서는 위치 제어일 경우의 이득값과 힘 제어일 경우의 이득값을 달리하였다. 위치 제어인 경우에는 모든 축을 위치 제어하고 대상체와 접촉이 생겼을 경우, 즉 y축의 경우에는 위치 제어에서 힘 제어를 위한 제어기로 스위칭하여 사용한다.

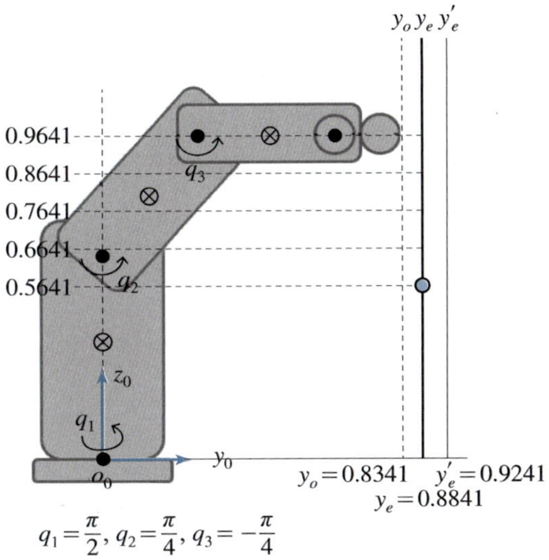

그림 9.2 힘 제어 환경

SIMULINK 예제 9.1 | 로봇 팔의 모델 기반 하이브리드 임피던스 힘 제어

① 제어 법칙

$$\tau(t) = \hat{D}u(t) + \hat{h}(t) + \tau_e(t),\ u(t) = J^{-1}(v(t) - \dot{J}\dot{q}(t))$$

힘 제어 방향: $v_f = \ddot{y} = \ddot{y}_e' + \frac{1}{m}(b(\dot{y}_e' - \dot{y}) + f_d - f_e)$

위치 제어 방향: $v_p = \ddot{z} = \ddot{z}_d + \frac{1}{m}(b(\dot{z}_d - \dot{z}) + k(z_d - z))$

② 시뮬레이션 내용

위치 제어의 경우: $M = I$, $B = diag[20, 20, 20]$, $K = diag[100, 100, 100]$

힘 제어의 경우: $M = I$, $B = diag[20,\ 800,\ 20]$, $K = diag[100,\ 0,\ 100]$

모델 100% $\hat{D} = D$, $\hat{h} = h$

대상체가 평평하다고 가정, $y_e = 0.8841$

③ SIMULINK 프로그램

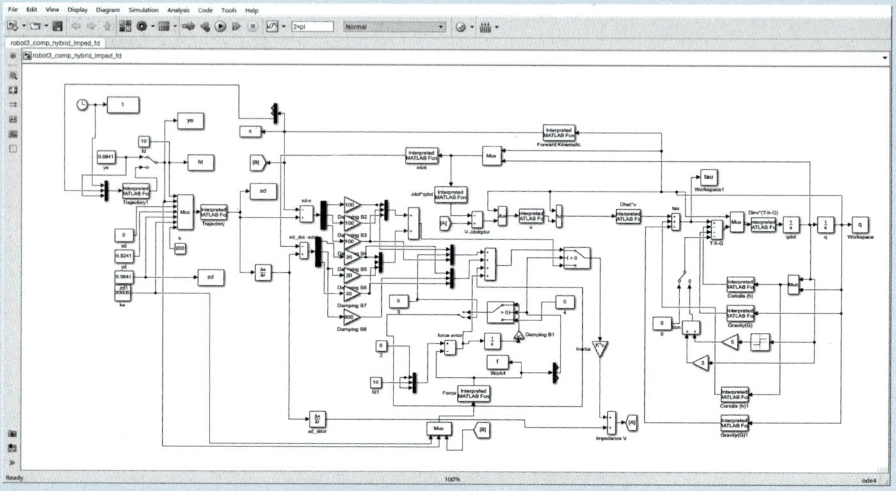

그림 9.3 하이브리드 임피던스 힘 제어

④ 결과

1) Case 1: 100% 모델, no friction

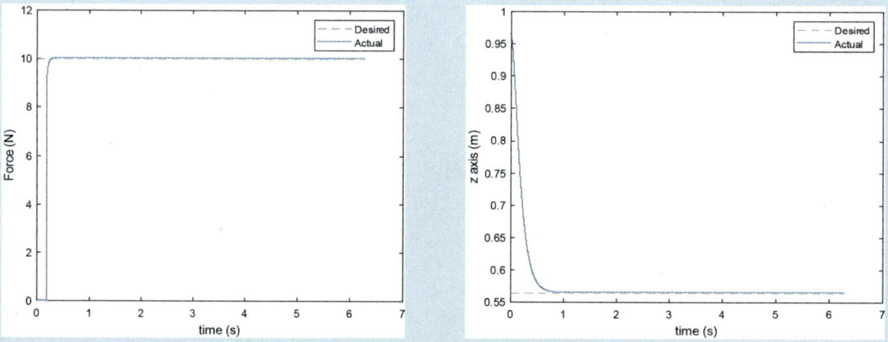

(a) 힘 추종 (b) z축 위치 추종

그림 9.4 하이브리드 임피던스 힘 제어 결과

2) Case 2: 50% 모델, no friction

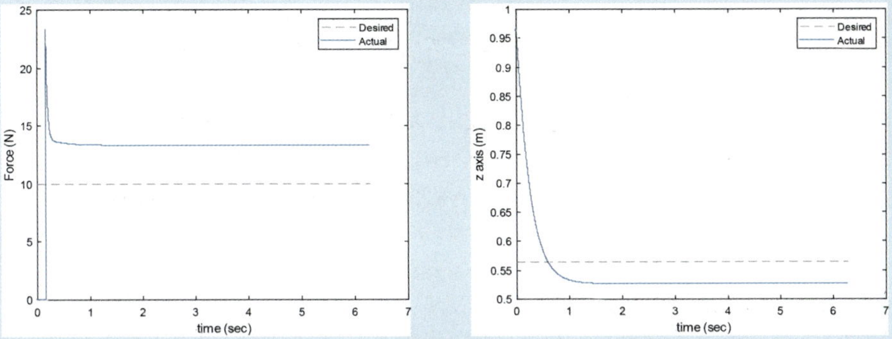

(a) 힘 추종 (b) z축 위치 추종

그림 9.5 하이브리드 임피던스 힘 제어 결과

3) Case 3: friction

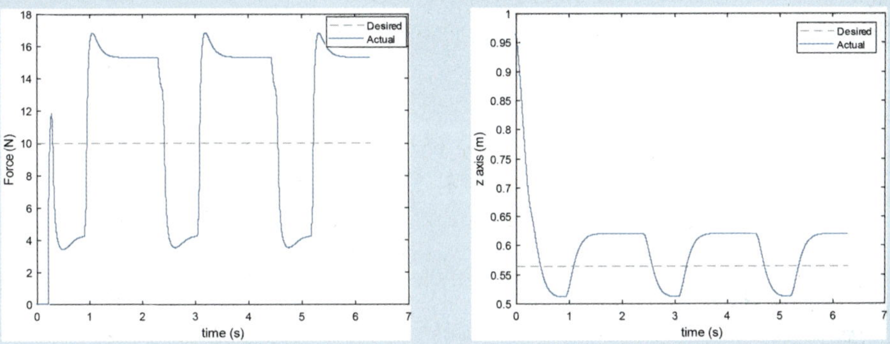

(a) 힘 추종 (b) z축 위치 추종

그림 9.6 하이브리드 임피던스 힘 제어 결과(마찰력이 있을 경우)

그림 9.4에서 보면 모델이 100%인 경우 완벽한 힘과 위치 추종을 보여주고 있다. 그림 9.5에서 모델 오차가 50%인 경우에 힘 추종에 오버슈트와 오차가 생기고 위치 추종 오차가 오프셋처럼 발생한다. 하지만 각 조인트에 마찰력을 추가하면 그 영향에 의해 그림 9.6처럼 추종에 힘과 위치 오차가 크게 나타난다. 따라서 힘 추종에서 오프셋 오차를 줄이기 위해 적분기를 사용하면 그림 9.7과 같이 오프셋 오차를 줄일 수 있다.

4) Case 4: 50% 모델, 적분기 사용

힘 제어 방향: $v_f = \ddot{y} = \ddot{y}_e' + \frac{1}{m}(b(\dot{y}_e' - \dot{y}) + f_d - f_e + k_i \int (f_d - f_e)dt)$, $k_i = 3.5$

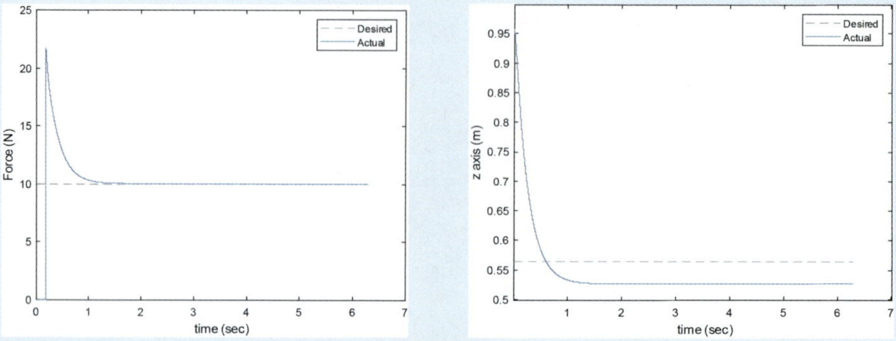

(a) 힘 추종 (b) z축 위치 추종

그림 9.7 하이브리드 임피던스 힘 제어 결과(적분기 사용)

하지만 위치 제어에는 오프셋 오차가 존재한다. 마찰력과 모델 오차가 동시에 존재하는 경우에는 접촉이 발생하지 않아 힘 제어를 수행할 수 없었다. 따라서 마찰력의 영향이 성능에 큰 영향을 미치고 있어 이를 보상해야 하는데, 이때 시간지연 제어기를 사용한다.

9.4 동적 불확실성을 보상하기 위한 시간지연 제어

로봇 모형의 오차와 불확실성을 보상하기 위해서는 잘 알려진 강건 위치 제어(disturbance rejection) 알고리즘을 사용한다. Disturbance rejection 알고리즘은 계산 토크(computed torque) 방식의 단순화된 형태로서, 간단하고 안정성이 보장되기 때문에 강건(robust)한 제어 방식의 한 종류로 로봇 제어뿐만 아니라 모터 제어에도 널리 적용되고 있다. 특히 계산 토크 방식에서 알지 못하는 하중(payload)이 로봇 팔 끝에 달려 있다면 수행 능력이 떨어지게 되는데 disturbance rejection 알고리즘은 이를 보상한다. Disturbance rejection 알고리즘의 기본적인 아이디어는 바로 전 추출 시간(sampling time)에서의 로봇 방정식의 정보를 이용하여 불확실성을 없애는 것이다. 추출 시간이 빠르면 빠를수록 정확하게 보상할 수 있다.

관절 공간에서 로봇의 동적 방정식은

$$D(t)\ddot{q}(t) + h(t) = \tau(t) - \tau_e(t) \tag{9.49}$$

$D(t)$는 $n \times n$ 관성행렬이고, $h(t)$는 $n \times 1$ Coriolis와 원심력 그리고 중력, $\tau(t)$는 $n \times 1$ 관절 토크이고, $\tau_e(t)$는 $n \times 1$ 외부로부터의 토크이다.

로봇을 제어하기 위한 제어 법칙은 다음과 같이 나타낼 수 있다.

$$\tau(t) = \hat{D}(t)u(t) + \hat{h}(t) + \tau_e(t) \tag{9.50}$$

$\hat{D}(t)$와 $\hat{h}(t)$는 각각 $D(t)$와 $h(t)$의 모델한 값이다.

제어 입력 $u(t)$는 다음과 같이 나타낸다.

$$u(t) = \ddot{q}(t) \tag{9.51}$$

식 (9.49)와 (9.50) (9.51)을 연립하면

$$\hat{h}(t) = (D(t) - \hat{D}(t))\ddot{q}(t) + h(t) \tag{9.52}$$

로 표현될 수 있다.

식 (9.50)과 식 (9.52)로부터 $\hat{h}(t)$는 다음과 같이 나타낼 수 있다.

$$\hat{h}(t) = \tau(t) - \hat{D}(t)\ddot{q}(t) - \tau_e(t) \tag{9.53}$$

짧은 시간의 샘플링 시간 λ를 사용하면 $\bar{h} \cong h(t-\lambda)$으로 나타낼 수 있다. 최근에 많이 사용하는 상용 DSP 보드를 사용하면 충분히 빠른 샘플링을 얻을 수 있다.

따라서 식 (9.53)으로부터 $\bar{h}(t)$는 다음과 같이 이전의 정보를 사용해서 대략적인 값으로 나타낼 수 있다.

$$\bar{h}(t) = h(t-\lambda) = \tau(t-\lambda) - \hat{D}(t-\lambda)\ddot{q}(t-\lambda) - \tau_e(t-\lambda) \tag{9.54}$$

그러므로 새로운 제어 법칙은 아래와 같다.

$$\tau(t) = \hat{D}(t)u(t) + \bar{h}(t) + \tau_e(t) \tag{9.55}$$

제어 입력 $u(t)$는 다음과 같다.

$$u(t) = \ddot{q}(t) = J^{-1}(\ddot{x}(t) - \dot{J}(t)\dot{q}(t)) \tag{9.56}$$

식 (9.55)와 식 (9.56)을 함께 연립하면 제어 법칙은 다음과 같다.

$$\tau(t) = \hat{D}(t)J^{-1}(v(t) - \dot{J}\dot{q}) + \bar{h}(t) + \tau_e(t) \tag{9.57}$$

앞에 나타난 임피던스 제어 방식과 함께 사용하기 위해서 $v(t) = \ddot{x}(t)$는 아래와 같이 표현된다.

$$v(t) = \ddot{x}(t) = \ddot{x}'_e(t) + M^{-1}(F_d(t) - F_e(t) + B\dot{e}'(t)) \tag{9.58}$$

TDC를 포함하는 제어 방식의 구조는 내부 루프와 외부 루프를 구별하여 그림 9.8에 나타나 있다.

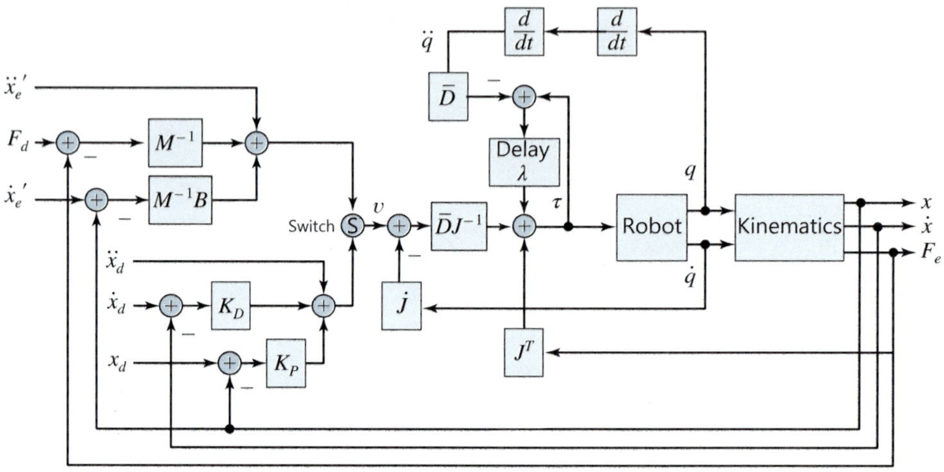

그림 9.8 하이브리드 임피던스 힘 제어 결과(TDC)

대상체가 평평하지 않거나 원하는 힘이 상수가 아닌 경우 힘 추종에 오차가 발생하는데 이를 줄이기 위해 적분기를 추가한다. 적분기를 포함하는 임피던스 제어 방식 $v(t) = \ddot{x}(t)$는 다음과 같이 표현되고 그림 9.9에 나타나 있다.

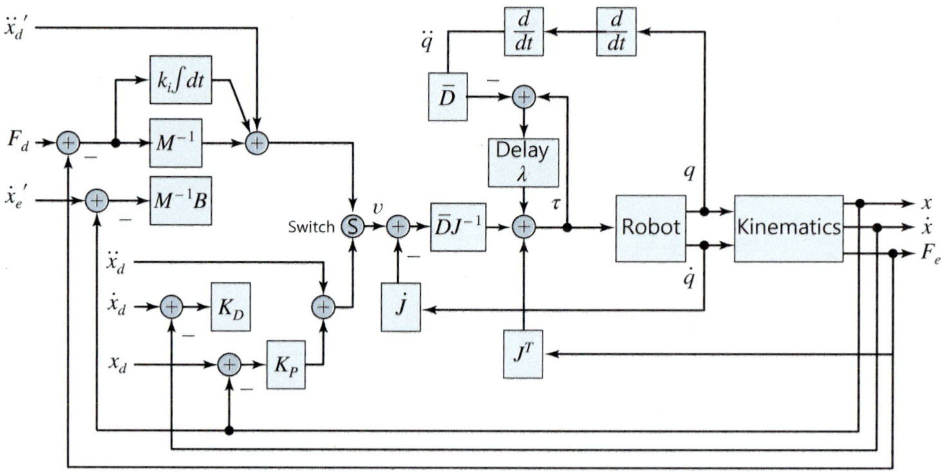

그림 9.9 하이브리드 임피던스 적분 힘 제어 결과(적분기 추가)

$$v=\ddot{x}=\ddot{x}'_e+M^{-1}(F_d-F_e+B\dot{e}'+K_I\int(F_d-F_e)dt \quad (9.59)$$

9.5 시뮬레이션 결과

9.5.1 시뮬레이션 환경

시뮬레이션을 위한 로봇의 모델로는 링크가 셋인 회전 로봇을 사용하였다. 위치 제어의 수행 능력을 실험하고자 각 관절에는 Coulomb 마찰력 그리고 Viscous 마찰력 $\tau_f(\dot{q})=5.0sign(\dot{q})+3.0\dot{q}$이 있다고 가정하였다. 제어기 이득은 M=I, B=diag[20,20,20], K=diag[100,100,100] 그리고 적분기를 사용하는 경우 적분 이득 ki=3.5로 선택되어진다. 접촉할 때에 이득 K는 힘 제어 가능한 방향에서 y축 이득이 0이 되는 K=diag[100,0,100], B=diag[20,800,20]이 된다.

시간지연 제어기를 추가하는 다양한 경우의 시뮬레이션을 수행한다. 먼저 마찰력이 있을 경우, 마찰력과 50%의 모델 오차가 있을 경우, 마찰력과 관성 모델이 상수인 경우를 시뮬레이션하여 비교하였다. 두 번째로 기준힘이 상수가 아니고 시변 함수인 경우, 그리고 적분기를 추가한 경우를 시뮬레이션하였다.

9.5.2 시간지연 제어기를 추가한 경우

SIMULINK 예제 9.2 | 로봇 팔의 모델 기반 하이브리드 임피던스 힘 제어(TDC)

① 제어 법칙

$$\tau(t)=\hat{D}(t)u(t)+\tau(t-\lambda)-\hat{D}(t-\lambda)\ddot{q}(t-\lambda)+\tau_e(t),\ u(t)=J^{-1}(v(t)-\dot{J}\dot{q}(t))$$

힘 제어 방향: $v_f=\ddot{y}=\ddot{y}_e'+\dfrac{1}{m}(b(\dot{y}_e'-\dot{y})+f_d-f_e)$

위치 제어 방향: $v_p=\ddot{z}=\ddot{z}_d+\dfrac{1}{m}(b(\dot{z}_d-\dot{z})+k(z_d-z))$

② 시뮬레이션 내용

Case 1: 모델 100% $\hat{D}=D$, $\hat{h}=h$

Case 2: 모델 50% $\hat{D}=0.5D$, $\hat{h}=0.5h$

Case 3: 무모델, $\hat{D}=\overline{D}=0.1I$

③ SIMULINK 프로그램

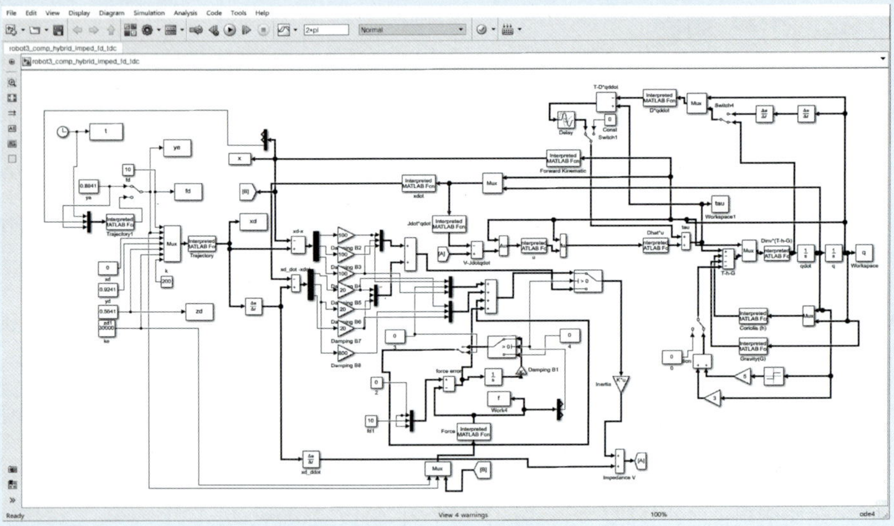

그림 9.10 하이브리드 임피던스 힘 제어(TDC)

④ 시뮬레이션 결과

다음은 TDC를 추가한 응답이 나타나 있다. 그림 9.11에서 보면 마찰력의 영향이 없어진 것을 볼 수 있다. 모델 오차가 있는 경우는 그림 9.12와 그림 9.13에서 보듯이 오버슈트가 나타나고 있다.

1) Case 1: 100% 모델, friction

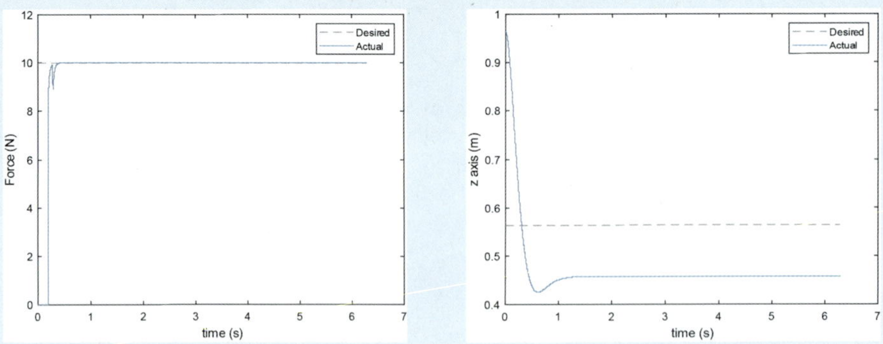

(a) 힘 추종 (b) z축 위치 추종

그림 9.11 하이브리드 임피던스 힘 제어 결과(TDC)

2) Case 2: 50% 모델, friction

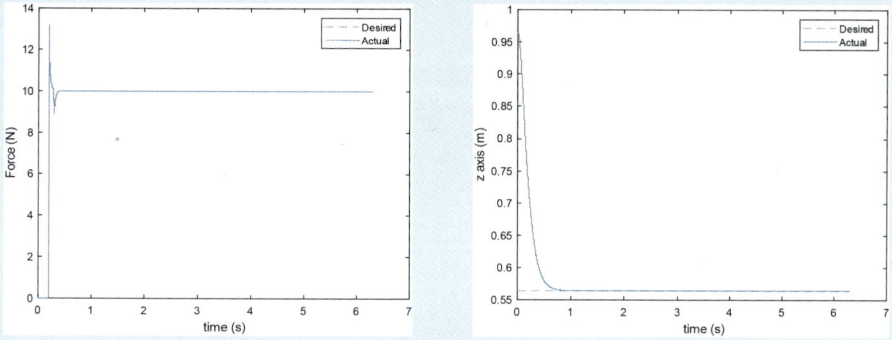

(a) 힘 추종 (b) z축 위치 추종

그림 9.12 하이브리드 임피던스 힘 제어 결과(TDC)

3) Case 3: 무모델, friction

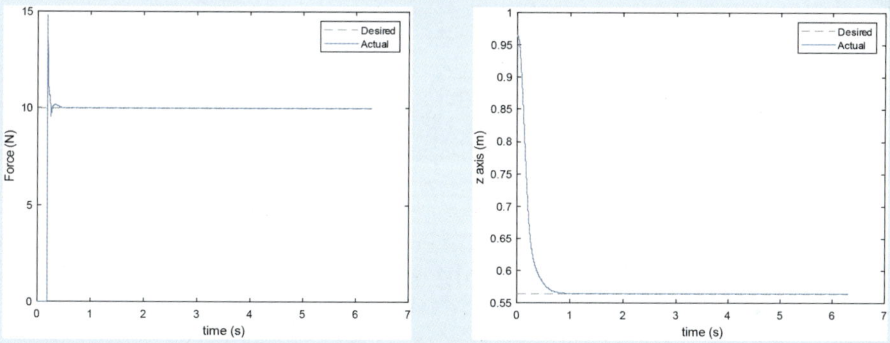

(a) 힘 추종 (b) z축 위치 추종

그림 9.13 하이브리드 임피던스 힘 제어 결과(TDC)

9.5.3 적분기를 추가한 경우

$$f_d = 20 + 10\sin(wt)$$

SIMULINK 예제 9.3 | 시간지연 제어기 기반 3축 로봇 팔의 무모델 힘 추종

① 제어 법칙

$$\tau(t) = \overline{D}u(t) + \tau(t-\lambda) - \overline{D}\ddot{q}(t-\lambda) + \tau_e(t), \; u(t) = J^{-1}(v(t) - \dot{J}\dot{q}(t))$$

힘 제어 방향: $\ddot{x} = \ddot{x}_e' + \frac{1}{m}(b(\dot{x}_e' - \dot{x}) + f_e - f_d + k_i \int (f_d - f_e)dt)$

위치 제어 방향: $\ddot{y} = \ddot{y}_d + \frac{1}{m}(b(\dot{y}_d - \dot{y}) + k(y_d - y))$

② SIMULINK 시뮬레이션

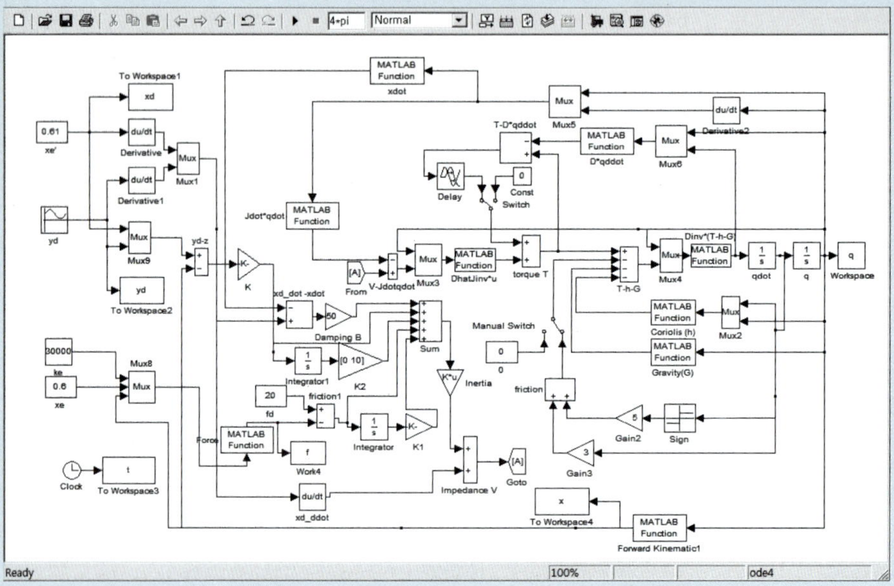

그림 9.14 적분기 사용 힘 추종 시뮬레이션

③ 시뮬레이션 결과

먼저 마찰력이 없을 경우 힘 추종을 살펴보았다. 기준힘도 상수가 아닌 사인파 형태로 시간에 따라 변하도록 설정하였다.

$$f_d = 20 + 10\sin(wt)(\mathrm{N})$$

그림 9.15에서 보면 힘 추종에 오차가 발생하는 것을 볼 수 있다. 적분기를 사용하면 초기에 오버슈트가 발생하지만 힘 추종 오차가 줄어드는 것을 확인할 수 있다.

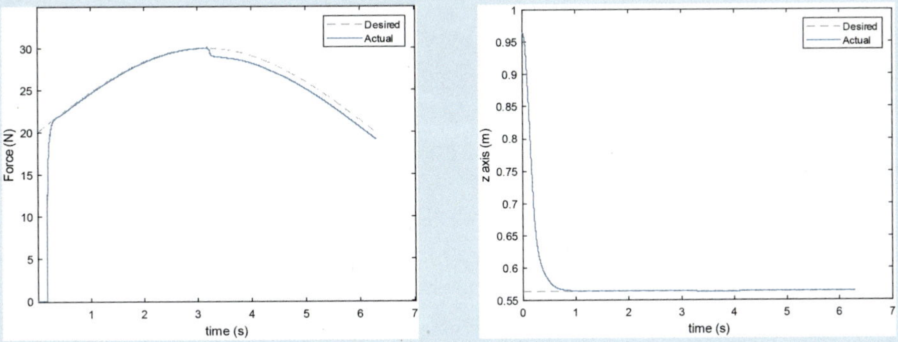

(a) 힘 추종 (b) 위치 추종

그림 9.15 사인파의 힘 추종 결과(적분기가 없을 경우)

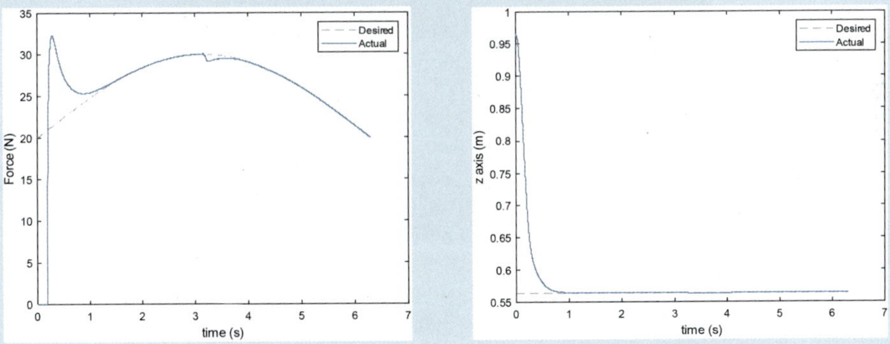

(a) 힘 추종 (b) 위치 추종

그림 9.16 사인파의 힘 추종 결과(적분기를 사용할 경우)

9.6 소프트 대상체에 대한 힘 추종 실험

9.6.1 실험 환경

힘 제어 알고리즘의 성능을 비교 분석하기 위해 인간 모형의 심폐소생술 훈련용 인체 모형인 Annie를 사용하였다. 그림 9.17처럼 Annie 위에 피부 봉합 실습용 피부 모형을 올려 두어 최대한 인체와 비슷한 환경으로 대체하여 실험을 진행하였다.

한 축만 움직이므로 인체에 접촉하기 위해서는 위치 제어를 수행하였고 접촉이 발생하자마자 힘 제어로 전환하도록 실험하였다. 모든 힘 제어에서 인체에 압력을 주기 위해 피부에 다가가기 위한 위치 제어는 PD 제어로 다음과 같다.

$$f_x = k_{PP}e_p + k_{PD}\dot{e}_p \tag{9.60}$$

신체와 접촉이 발생하면 힘 제어로 스위칭된다.

$$f = sf_x + (1-s)f_f \tag{9.61}$$

초기에는 $s=1$로 위치 제어 f_x를 수행하다가 로봇이 인체와 접촉이 발생하면 s=0이 되어 힘 제어 f_f로 스위칭이 된다.

제어 주기는 0.01초이며, 힘 센서의 분해능은 0.2 N이다.

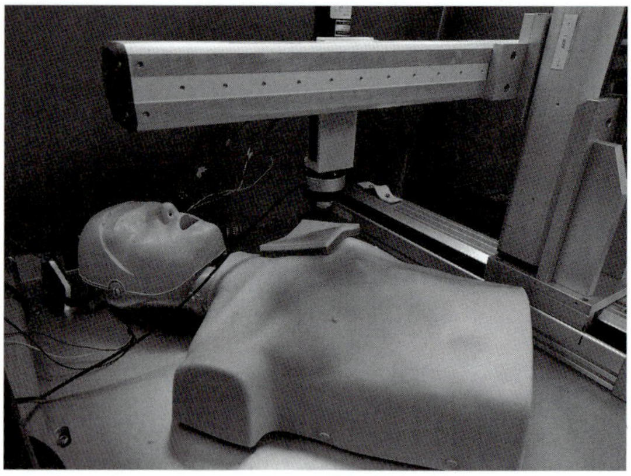

그림 9.17 인간 모형에 대한 힘 제어 환경

9.6.2 실험 방법

같은 조건에서 세 가지 힘 제어 알고리즘의 성능을 비교해 보았다. 하이브리드 힘 제어 방식, Explicit PID 힘 제어 방식, 그리고 임피던스 힘 제어 방식을 실험해 보았다. 힘 추종의 다양성을 실험하기 위해 다양한 힘의 크기를 추종하는 실험을 수행하였다.

먼저 스텝 형태의 힘이 10−15−5−10 N으로 변하는 경우의 힘 제어를 수행하였다. 다음으로 사인파 형태의 연속적인 힘, $f_d = 10 + 5\sin(0.0125*t)$ N을 추종하는 실험을 수행하였다.

9.6.3 실험 결과

1) 스텝 형태의 힘

기준 스텝 힘의 값이 변하는 경우에 힘 추종을 실험해 보았다. 각 힘 제어 알고리즘의 경우

이득값들을 실험을 통해 최적으로 구했다. 그림 9.18에서 보면 하이브리드 방식과 Explicit PID 방식의 결과는 매우 유사하게 나타났으나, 임피던스 힘 제어 방식의 경우에는 추종 오차가 다소 크게 나타나는 것을 볼 수 있었다. 힘 오버슈트도 상대적으로 크게 나타났다. 이는 대상체의 강성도가 작은 소프트 환경이기 때문으로 파악된다. 소프트 대상체에서는 대상체의 정보를 전혀 필요로 하지 않고 오직 힘 오차만을 줄이는 방식인 하이브리드와 Explicit PID 방식이 이점이 있다.

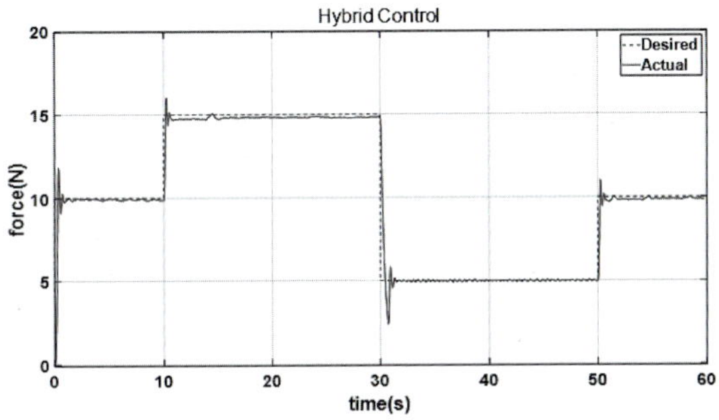

(a) 하이브리드 힘 제어

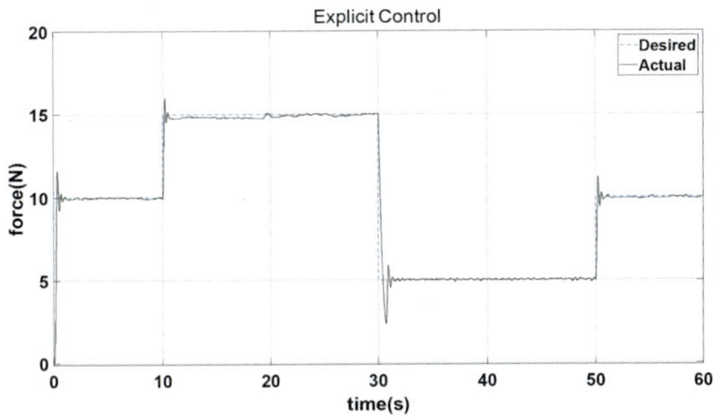

(b) Explicit PID 힘 제어

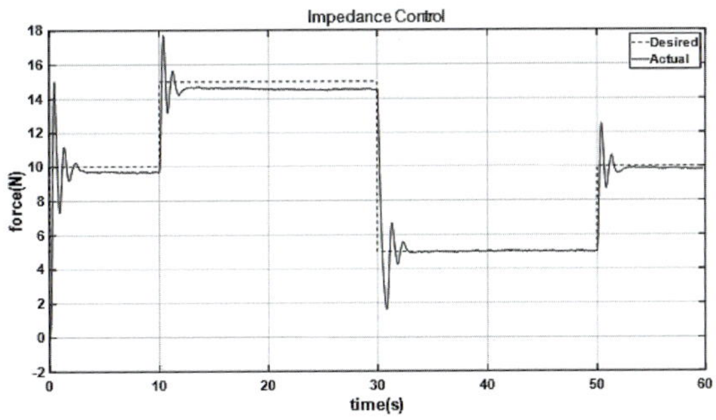

(c) 임피던스 힘 제어

그림 9.18 스텝 형태의 힘 제어 결과

2) 사인파 형태의 힘

다음은 연속적으로 값이 변하는 사인파형의 기준힘 값에 대한 힘 추종 실험을 수행하였다. 실험 결과는 그림 9.19에 나타나 있다. 그림에서 보듯이 앞의 결과와 같은 결과가 나타났다. 하이브리드 방식과 Explicit PID 방식의 결과는 매우 유사하게 잘 추종하고 있으나 임피던스 방식의 경우에는 추종 오차가 다소 크게 나타났다. 이러한 현상은 소프트 환경인 경우에 동적 관계를 고려하는 임피던스 방식보다 힘의 오차를 직접 조절하는 방식인 하이브리드 방식

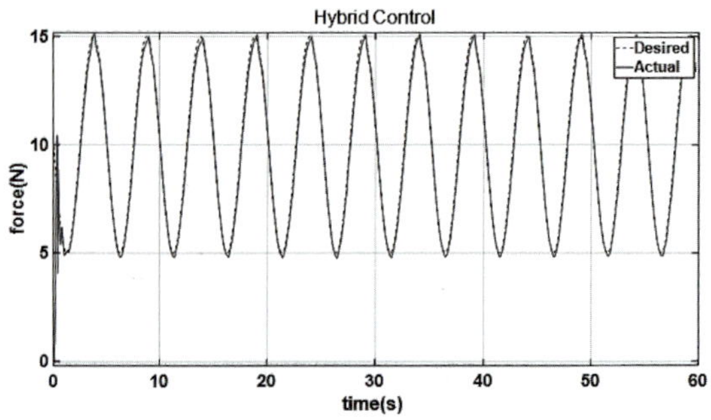

(a) 하이브리드 힘 제어

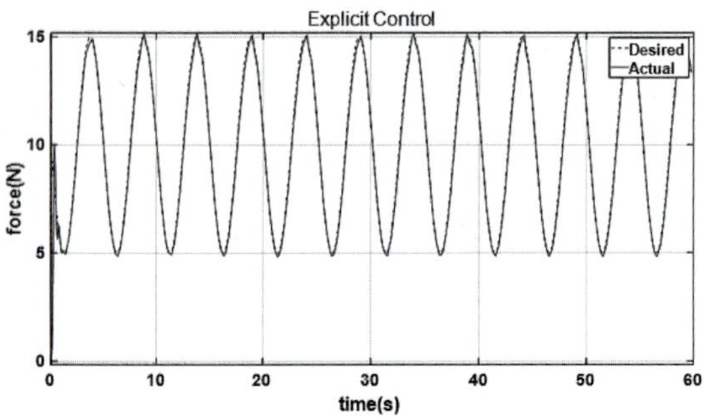

(b) Explicit PID 힘 제어

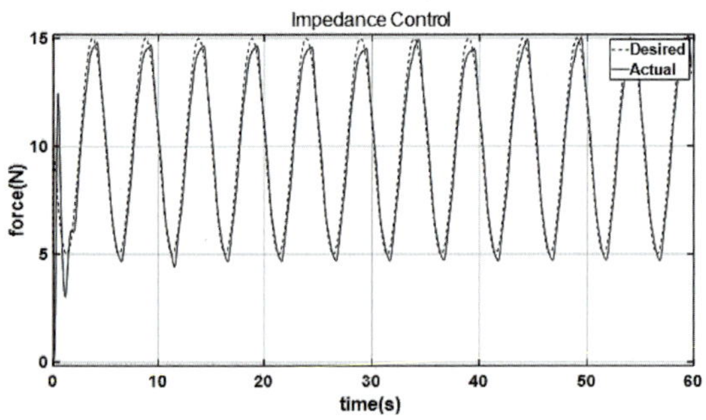

(c) 임피던스 힘 제어

그림 9.19 사인파 형태의 힘 제어 결과

과 Explicit PID 방식의 성능이 우수하다는 것을 나타낸다.

9.7 하드 대상체에 대한 힘 추종 실험

9.7.1 실험 환경

좀 더 강성도가 높은 환경에서 힘 제어 방식의 성능을 살펴보고자 그림 9.20과 같은 책상 위에서 실험을 수행하였다.

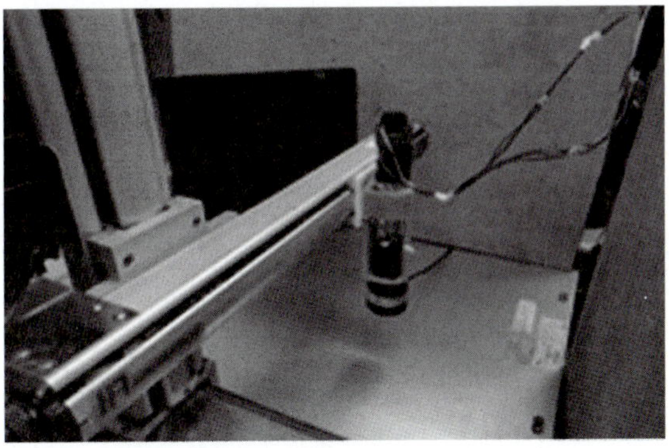

그림 9.20 책상 위에서 힘 제어 실험

9.7.2 실험 결과

그림 9.21은 책상에 대한 힘 제어 결과를 나타낸다. 예상한 것처럼 강성도가 높은 대상체인 경우에는 임피던스 방식이 더 좋은 결과를 보여주고 있다. 하이브리드 방식의 경우에는 힘 추종에 있어 오실레이션이 크게 나타난 반면, 임피던스 방식의 경우에는 초기에는 같은 오실레이션이 나타났지만 점차 줄어드는 것을 확인할 수 있었다.

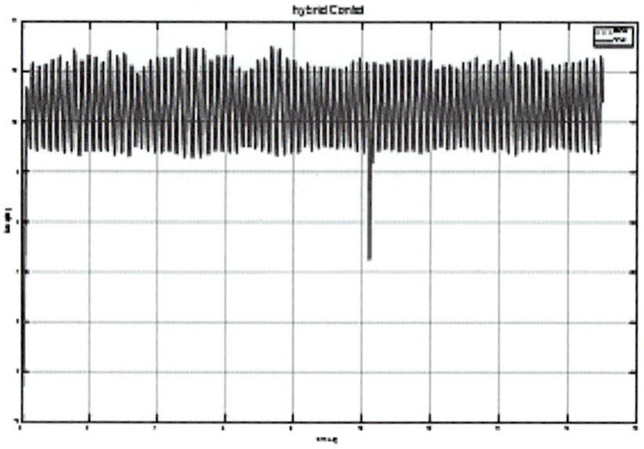

(a) 하이브리드 힘 제어

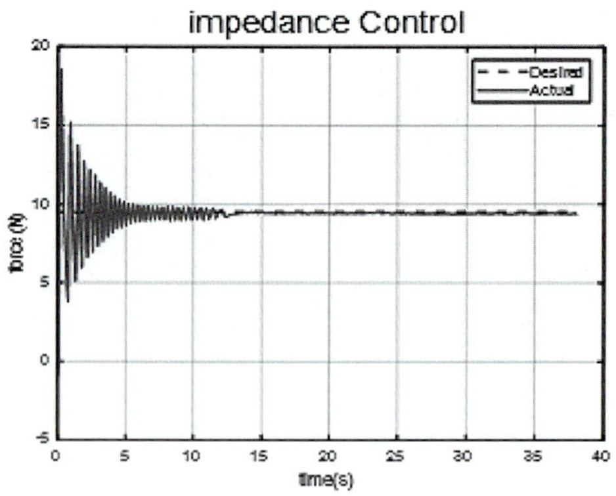

(b) 임피던스 힘 제어

그림 9.21 책상 위에서 힘 제어 실험 결과

9.8 토론

로봇을 사용한 힘 제어 방식의 문제점과 해결 방안을 임피던스 힘 제어 방식을 중심으로 알아보았다. 로봇의 동적 불확실성에 의한 위치 오차는 시간지연을 사용해서 불확실성을 서로 상쇄시키는 강건한 위치 제어 방식을 사용하였다. 또한 로봇이 작업하는 대상의 강성과 위치를 정확하게 모를 경우에 나타나는 힘의 오차는 간단한 적응 제어 방식을 사용하여 해결하였다. 적응 제어 방식을 사용할 경우에 로봇이 안정한 힘 제어를 할 수 있는 적응 변수의 영역을 구하였다. 그 영역 안에서 다양한 변수를 실험한 결과 우리가 구한 영역과 일치함을 알았다. 또한 최상의 힘 추종을 수행하기 위해 적응 이득은 그 영역 안에서 최적화하였다.

동역학의 불확실성과 대상의 불확실성 하에서 힘 추종 결과는 아주 우수하였다. 결과적으로 힘 제어에서 발생하는 모든 문제점을 해결하는 방법을 제시하였다. 또한 간단한 한 축 실험을 통해 대상체의 강성도에 따라 나타나는 성능의 차이를 확인하였다. 하이브리드 방식은 소프트 대상체에서 힘 추종이 우수한 반면 임피던스 방식은 하드 대상체에서 좋게 나타났다.

참고문헌

[1] S. Jung, "On Force Tracking of Robot Manipulators", Master Thesis, University of California, Davis, June, 1991

[2] T. Lasky and T. C. Hsia, "On Force Tracking Impedance Control of Robot Manipulators", Proc. of IEEE Conference on Robotics and Automations, pp. 274-280, 1991

[3] J. K. Salisbury, "Active Stiffness Control of a Manipulator in Cartesian Coordinates", Proc. of 19th IEEE CDC, pp. 95-40, 1980.

[4] D. E. Whitney, "Force Feedback Control of Manipulator Fine Motions", ASME J. of Dynamic Systems, Measurement, and Control, pp. 91-97, June, 1977.

[5] N. Hogan, "Impedance Control:An Approach to Maniulator, Part i, ii, iii", ASME Journal of Dynamics Systems, Measurements, and Control, vol. 3, pp. 1-24, 1985

[6] M. Raibert and J. Craig, "Hybrid Position/Force Control of Manipulators", ASME J. of Dynamic Systems, Measurements, and Control, vol. 42, pp. 126-133, 1981

[7] R. Anderson and M. W. Spong, "Hybrid Impedance Control of Robotic Manipulators", Proc. IEEE Conference on Robotics and Automations, pp. 473-480, 1987.

[8] G. J. Liu and A. A. Goldenberg, "Robust Hybrid Impedance Control of RobotManipulators", Proc. IEEE Conference on Robotics and Automations, pp.287-292, 1991.

[9] S. Jung and T. C. Hsia, "On Neural Network Application to Robust Impedance Force Control of Robot Manipulator",Proc. IEEE Conference on Robotics and Automations, Nagoya, Japan, 1995

[10] S. Jung and T. C. Hsia, "Neural Network Controller Design for Force Control of Robot Manipulator", Proc. IEEE Symposium on Intelligent Control, Monterrey, California, 1995

[11] T. C. Hsia and L. S. Gao, "Robust Manipulator Control using Decentralized Linear Time-Invariant Joint Controllers", Proc. of Robotics and Automations, pp. 21-25, 1990.

[12] T. C. Hsia, T. A. Lasky, and Z. Y. Guo, "Robust Independent Joint ControllerDesign for Industrial Robot Manipulators", IEEE Transactions on Industrial Electronics, vol. 38, pp. 21-25, 1991

[13] S. Jung, T. C. Hsia and R. G Bonitz, "Force Tracking Impedance Force Control Under Unknown Environment Stiffness",J. of Robotic Systems, 1995

[14] D. A. Lawrence, "Impedance Control Stability Properties in CommonImplementations", Proc. IEEE Conference on Robotics and Automations, pp.1185-1190, 1988.

[15] S. Vidyasagar and M. Spong, "Robot Dynamics and Control", John Wiley & Sons, 1989.

[16] S. Jung and T. C. Hsia, "A Study on New Neural Network Schemes for Robot Manipulator Control", Robotica, 1995

[17] S. Jung and T. C. Hsia, "A New Neural Network Technique for Robot Manipulators", Robotica, 1995

[18] R. Colbaugh, H. Seraji, and K. Glass, "Direct Adaptive Impedance Control of Robot Manipulators", Journal of Robotics Systems, vol. 4, pp. 217-248, 1993

[19] H. Seraji and R. Colbaugh, "Force Tracking in Impedance Control", Proc. IEEEConference on Robotics and Automations, pp. 499-506, 1993.

[20] R. Colbaugh and A. Engelmann, "Adaptive Compliant Motion Control of Manipulators: Theory and Experiments", Proc. IEEE Conference on Robotics and Automations, pp.2719-2726, 1996.

[21] H. Seraji, "Adaptive Admittance Control: An Approach to Explicit Force Control in Compliant Motion", Proc. IEEE Conference on Robotics and Automations, pp. 2705-2712, 1994

[22] C. M. Liaw and F. J. Lin, "A Robust Speed Controller for Induction Motor Drives", IEEE Transactions on Industrial Electronics, Vol. 41, No. 3, pp. 308-315, 1996.

[23] D. G. Bihn, "A Universal Six Joint Robot Controller", Master's Thesis, University of California, Davis, 1986

[24] B. W. Drake and T. C. Hsia, "Implementation of a Unified Robot Kinematic andInverse Dynamics Algorithm on a DSP Chip", IEEE Trans. on Industrial Electronics, Vol. 40, No. 2, April, 1993

[25] L. M. Weiss, "Cartesian Robot Control Algorithm Performance: Experimental Investigation", Master Thesis, University of California, Davis, 1995

[26] 정 슬, "로봇의 디버링 작업이나 표면 광택 작업을 위한 새로운 힘제어 기술 개발", 제어 자동화 시스템 공학 논문지, pp.786-795, 제6권, 9호, 2000년

[27] 임선빈, 정 슬, "신경회로망을 이용한 비선형 시스템 제어의 실험적 연구", 한국 자동제어 학술회의, 용인, 2000

[28] S. Jung and T. C. Hsia, "A New Neural Network Technique for Robot Manipulators", Robotica, Vol. 13, pp. 477-484, 1995

[29] S. Jung and T. C. Hsia, "Neural Network Impedance Force Control of Robot Manipulator", IEEE Transaction on Industrial Electronics, vol. 45, no.3, pp. 451-461, 1998

[30] S. Jung and T. C. Hsia, "Robust Neural Force Control Scheme under Uncertainties in Robot Dynamics and Unknown Environment", IEEE Transaction on Industrial Electronics, vol. 47, no.2, pp. 403-412, 2000

[31] S. Jung and T. C. Hsia, "Force Tracking Impedance Control for Robot Manipulators with an Unknown Environment: Theory, Simulation, and Experiment", Journal of Robotics Research, , vol. 20, no.9, pp. 765-774, 2001

[32] S. Jung and T. C. Hsia, "Force Tracking Impedance Control of Robot Manipulators Under Unknown Environment", IEEE Transaction on Control Systems Technology, vol. 12, no.2, pp. 474-483, 2004

[33] S. Jung, P. W. Jeon, and T. C. Hsia, Contour tracking of an unknown planar object by regulating force for mobile robot navigation, ROBOTICA, vol. 25, no.3, pp. 297-305, 2007

[34] 임선빈, 정 슬, "미정보 환경하에서의 신경회로망 힘추종 로봇제어 기술의 실험적 연구", 제어 자동화 시스템 공학 논문지, 8권 4호, pp. 338-344, 2002

[35] 전풍우, 정 슬, "장님 이동로봇의 힘제어: 분석, 시뮬레이션 및 실험", 제어 자동화 시스템 공학 논문지, 9권 10호, pp. 798-807, 2003

[36] 전풍우, 정 슬, "힘제어 기반의 틈새 추종 로봇의 제작 및 제어에 관한 연구: Part II. 힘제어", 제어 자동화 시스템 공학 논문지, 11권 4호, pp. 337-343, 2005

[37] 엄일용, 석진영, 정 슬, "힘자율 주행 헬리콥터의 위치 추종 제어를 위한 LQR 제어 및 신경회로망 보상 방식", 제어 자동화 시스템 공학 논문지, 11권 11호, pp. 930-935, 2005

[38] 정 슬, 하천장, "자율 주행 이동 로봇의 슬립을 고려한 횡방향 임피던스 힘제어에 대한 연구", 제어 자동화 시스템 공학 논문지, 12권 2호, pp. 161-167, 2006

[39] 전효원, 정 슬, "힘제어 기반의 로봇 팔과 인간팔의 상호 작용을 위한 임베디드 시스템 설계", 제어 자동화 시스템 공학 논문지, 15권 11호, pp. 1096-1101, 2009

[40] 배영걸, 최호진, 정 슬, "원격제어 시스템의 종로봇인 이동 로봇의 제작과 힘 추종 제어 구현", 제어 자동화 시스템 공학 논문지, 16권 7호, pp. 681-687, 2010

Neural Force Control

CHAPTER 10

신경망 힘 제어

CHAPTER 10

신경망 힘 제어

10.1 소개

앞 장에서는 적응 제어 방식을 적용하여 미정보 환경 하에서 원하는 힘을 추종하는 힘 제어 방식을 제안하였다. 로봇의 동적 불확실성은 시간지연 제어 방식(Time-delayed control)을 사용하여 보상하였고 미정보 환경의 불확실성, 예를 들면 대상의 위치와 강성도의 정확한 정보의 부재에서 오는 불확실성은 적응 제어 방식을 사용하여 보상하였다.

이 장에서는 동적 모델의 블확실성과 대상으로부터 초래되는 불확실성 등 모든 것을 하나의 신경회로망으로 보상하는 방식을 제안하고자 한다. 신경회로망은 학습 능력과 적응 능력, 비선형 매핑 능력 등 복잡하고 어려운 비선형 시스템의 문제점을 보완하는 도구로 많이 사용되어 왔다. 제어 분야에서는 비선형 제어기로 많이 사용되어 왔으며, 최근에는 빠른 연산의 하드웨어의 지원으로 실시간 제어가 가능해졌다. 최근에는 신경회로망을 이용한 로봇 제어의 분야에 대한 관심도가 증가하고 있으며 실험적인 연구 결과가 많이 도출되고 있는 실정이다. 신경회로망이 산업 로봇이나 flexible 로봇의 비선형성을 보상하여 위치 추종을 잘하도록 한다. 또한 이동 로봇의 제어나 해저 로봇 분야에도 신경망을 적용하고 있다. 하지만 신경망을 이용한 힘 제어 기술 분야는 아직 미개척 분야이고 실험적 결과를 찾아보기가 어렵다.

따라서, 신경회로망을 이용한 로봇의 위치 제어에 대한 기존의 연구를 연장하여 신경회로망을 힘 제어에 적용하여 실험적으로 검증하고자 한다. 신경회로망의 많은 연산을 실시간으로 계산하기 위해서 DSP 보드를 사용하였으며, 대상의 불확실성을 실험하기 위해 강성도가 다른 나무와 철판을 볼록하게 만들어 로봇이 추종하도록 하였다.

10.2 직교공간에서의 로봇 동역학

관절이 n인 로봇의 동적 방정식은 다음과 같다.

$$D(q)\ddot{q}+h(q,\ \dot{q})=\tau-\tau_e \qquad (10.1)$$

$D(q)$는 $n\times n$ 관성행렬을 나타내고, $h(q,\ \dot{q})$ 는 $n\times 1$ 코리올리스힘, 원심력과 중력 벡터를 나타내고, $q,\ \dot{q},\ \ddot{q}$는 각각 $n\times 1$ 관절의 각도, 각속도, 각가속도 벡터를 나타내고, τ는 $n\times 1$ 토크 벡터, 그리고 τ_e는 $n\times 1$ 외부의 토크 벡터를 나타낸다.

힘 제어는 카테시안 공간에서 이루어지므로 조인트 공간의 동역학식을 카테시안 공간으로 변환해야 한다. 조인트 속도를 카테시안 공간의 속도로 변환하기 위해서는 자코비안 행렬을 통해 다음과 같이 표현된다.

$$\dot{q}=J^{-1}\dot{x} \qquad (10.2)$$

여기서 x는 $n\times 1$ 직교좌표의 위치 및 오리엔테이션 벡터이고, J는 $n\times n$ 자코비안 행렬이다. (10.2)를 미분하면 각가속도를 얻는다.

$$\ddot{q}=J^{-1}(\ddot{x}-\dot{J}\dot{q}) \qquad (10.3)$$

(10.2)와 (10.3)을 (10.1)에 대입하고 정리하면 직교공간에서의 로봇 동적 모형을 다음과 같이 구할 수 있다.

$$D^*(x)\ddot{x}+h^*(x,\ \dot{x})=F-F_e \qquad (10.4)$$

$D^*=J^{-T}DJ^{-1}$는 직교공간에서의 관성행렬, $h^*=J^{-T}h-D^*\dot{J}J^{-1}\dot{x}$는 직교공간에서의 코리올리스힘, 원심력과 중력을 나타내고, F는 실제 힘, F_e는 외부로부터의 힘을 나타낸다. (10.4)는 비선형이고 각 관절이 서로 연관되어 있기 때문에 선형화하고 분리시켜 제어한다.

10.3 임피던스 힘 제어 방식 및 동적 불확실성

임피던스 힘 제어 방식은 말 그 자체에서 알 수 있듯이 전기회로에서 입력과 출력의 임피던스 관계를 나타낸다. 이는 스프링 댐퍼 시스템과 연결지어 힘과 위치와의 관계를 임피던스 관계식으로 나타낼 수 있게 된다. 임피던스 방식은 임피던스 변수들의 값을 조절하므로 힘을 조절하게 되는 간접 제어 방식을 나타낸다.

먼저 힘 제어를 적용하기에 앞서 위치 제어를 보상하여만 힘 제어를 잘 할 수 있게 된다. 카테시안 공간에서 로봇 모델을 기반으로 한 제어 법칙은 다음과 같다.

$$F = \hat{D}^* v + \hat{h}^* + F_e \tag{10.5}$$

여기에서 $\hat{D}^*$와 $\hat{h}^*$는 각각 카테시안 공간의 모델 D^*와 h^*의 평가치(estimation)이다.

여기서 제어 입력 v는 다음과 같이 임피던스 관계식으로부터 설정한다.

$$\ddot{x} \cong v = \ddot{x}_r + M^{-1}(B\dot{e} + Ke - F_e) \tag{10.6}$$

여기서 $e = x_d - x$, x_d는 주어진 경로이고, x는 실제 경로이다. 또한 M은 관성 이득 행렬, B는 댐핑 이득 행렬, K는 강성 이득 행렬이고 F_e는 외부로부터의 힘으로 힘 센서에 의해 측정된다. 실제 로봇 동적 방정식 (10.4)에 로봇의 모델 방정식 (10.5), (10.6)을 대입하면 다음과 같은 오차방정식이 유도된다.

$$M\ddot{e} + B\dot{e} + Ke = F_e + \Delta_M \tag{10.7}$$

여기서 $\Delta_M = \hat{D}^{*-1}[\Delta D^* \ddot{x} + \Delta h^*]$로 로봇의 동적 불확실성을 나타내는데, $\Delta D^* = D^* - \hat{D}^*$, $\Delta h^* = h^* - \hat{h}^*$이다.

결과적으로, 임피던스 제어 방법을 사용하여 힘 제어를 정확하게 하려면 우선 로봇의 위치 제어가 보장되어야 한다. 임피던스 제어 방식은 로봇의 모형을 근거로 하는 토크 계산 방식을 기본으로 하기 때문에 (10.7)의 로봇 모형의 불일치에서 오는 불확실성이 보상되지 않으면 힘 제어를 잘 할 수 없게 된다.

(10.7)에서 보여진 것처럼 힘 제어 방식들의 수행 능력은 로봇 동적 모형의 정확도와 대상의 불확실성들에 따라 좌우된다. 실제로는 로봇 동적 모형을 정확하게 구할 수가 없기 때문에 모형의 오차가 생기고 마찰력이나 백래쉬(backlash) 등과 같은 비선형 요소들과 알지 못하는 디버링 도구의 영향이 존재하기 때문에 정확한 위치 제어 수행을 저해한다. 이러한 위치 제어의 오차는 결국 힘 제어의 오차를 초래하기 때문에 그에 대한 보상이 필요하다.

(10.7)에서 불확실성 Δ_M가 보상되면, 힘이 제어되는 방향에서의 임피던스 함수는 다음과 같이 이상적인 형태로 나타낼 수 있다.

$$F_e = M\ddot{e} + B\dot{e} + Ke \tag{10.8}$$

정상상태(steady state)에서 $F_e = Ke = K(x_d - x)$이므로 주어진 경로 x_r과 강성 이득 K를 정함에 따라서 힘의 크기가 결정됨을 알 수 있다. 주어진 경로 x_r은 원하는 힘 F_d, 대상의 강성도 K_e, 대상의 위치 x_e, 그리고 강성 이득 K 등의 값들을 정확하게 알아야만 다음 식을 사용하여 미리 계산을 할 수 있다.

$$\begin{aligned} x_d &= x_e + \Delta x_d = x_e + K_{eff}^{-1} F_d \\ K_{eff}^{-1} &= K^{-1} + K_e^{-1} \end{aligned} \tag{10.9}$$

F_d와 K는 사용자가 정할 수 있지만 K_e나 x_e는 사용자가 쉽게 정할 수 없다. 따라서, x_e의 값을 얻기 위한 시각 센서의 도움 없이 힘 제어의 수행 능력을 향상시키기 위해서는 정확한 대상의 강성도 K_e의 정보와 대상의 위치 x_e의 정보가 필요하다. 이처럼 임피던스 제어에서는 임피던스 매개 변수를 대상에 맞게 선택하여 주어진 경로를 조절함으로써 원하는 힘을 간접적으로 조절하게 된다.

10.4 힘 추종 제어 방식

임피던스 관계식 (10.8)에 추종하고자 하는 힘 F_d를 빼면 다음과 같은 새로운 임피던스 관계식을 얻게 된다.

$$F_e - F_d = M\ddot{e} + B\dot{e} + Ke \tag{10.10}$$

정상상태에서는 다음과 같다.

$$F_e - F_d = K(x_d - x) \tag{10.11}$$

따라서 원하는 힘을 추종하기 위해서는 마찬가지로 강성도 이득값의 역할이 매우 큼을 알 수 있다. 그러므로 힘을 직접적으로 제어하기 위해서는 다음과 같이 임피던스 함수를 구성하여야 한다.

$$F_e - F_d = M\ddot{e} + B\dot{e} \tag{10.12}$$

$F_e = K_e(x - x_e)$이므로 대입하면 다음과 같다.

$$F_d = -M\ddot{e} - B\dot{e} + K_e(x - x_e) \tag{10.13}$$

새로운 오차 $\varepsilon = x_e - x$, x_e는 대상의 정확한 위치를 정의하고 식 (10.13)을 다시 정리하면 다음과 같다.

$$F_d = M\ddot{\varepsilon} + B\dot{\varepsilon} + K_e\varepsilon \tag{10.14}$$

정상상태에서는

$$F_e = F_d \tag{10.15}$$

를 만족한다.

하지만 일반적으로 대상의 위치를 정확하게 알지 못하므로 대상의 위치에 불확실성 Δx_e를 포함하면 다음과 같다.

$$x_e' = x_e + \Delta x_e \tag{10.16}$$

(10.14)에 대입하고 정리하면 다음과 같다.

$$\begin{aligned} F_d &= M\ddot{\varepsilon}' + B\dot{\varepsilon}' + K_e\varepsilon' \\ &= M\ddot{\varepsilon} + B\dot{\varepsilon} + K_e\varepsilon + M\Delta\ddot{x}_e + B\Delta\dot{x}_e + K_e\Delta x_e \end{aligned} \tag{10.17}$$

정상상태에서 (10.17)은 다음과 같으므로 정확한 힘을 추종하지 못하게 된다.

$$F_d - F_e = K_e\Delta x_e \tag{10.18}$$

(10.17)의 로봇 동역학의 불확실성을 포함하면 (10.14)는 다음과 같이 된다.

$$F_d - F_e = M\ddot{\varepsilon}' + B\dot{\varepsilon}' + \Delta_M \tag{10.19}$$

결과적으로 힘 추종은 어렵게 된다.

10.5 신경망 제어 및 학습 방식

앞에서 언급한 대상과 로봇 동역학으로부터의 불확실성을 보상하기 위해 신경회로망을 사용한다. 신경회로망은 비선형 학습 능력이 있으므로 비선형 시스템 제어에 매우 유용하게 사용할 수 있다.

신경회로망의 출력을 제어 입력에 더하면 다음과 같다.

$$v_p = \ddot{x}_d + M^{-1}(B\dot{e} + Ke) + \Phi_p$$
$$v_f = \ddot{x}_e' + M^{-1}(B\dot{\varepsilon}' + F_d - F_e) + \Phi_f \tag{10.20}$$

여기서 v_p는 위치 제어 방향의 제어 입력이고, v_f는 힘 제어 방향의 제어 입력이다. (10.20)을 (10.5)에 대입하고 (10.4)와 등식으로 놓으면 다음과 같다.

$$\hat{D}^*(\ddot{x}_e' + M^{-1}(B\dot{\varepsilon}' + F_d - F_e) + \Phi_f) + \hat{h}^* + F_e \tag{10.21}$$
$$= D^*\ddot{x} + h^* + F_e$$

(10.21)에 $\hat{D}^*\ddot{x}$를 더하고 빼준 뒤, 정리하면

$$\hat{D}^*(\ddot{x}_e' - \ddot{x} + M^{-1}(B\dot{\varepsilon}' + F_d - F_e) + \Phi_f) \tag{10.22}$$
$$= D^*\ddot{x} - \hat{D}^*\ddot{x} + h^* - \hat{h}^*$$

양변을 $\hat{D}^*$로 나누면

$$\ddot{\varepsilon}' + M^{-1}(B\dot{\varepsilon}' + F_d - F_e) + \Phi_f \tag{10.23}$$
$$= \hat{D}^{*-1}(D^*\ddot{x} - \hat{D}^*\ddot{x} + h^* - \hat{h}^*)$$

(10.23)의 양변에 M을 곱하고 정리하면 그림 10.1과 같은 제어 블록이 되며 다음과 같은 식을 얻게 된다.

$$M\ddot{\varepsilon}' + B\dot{\varepsilon}' + F_d - F_e = M\hat{D}^{*-1}(\Delta\hat{D}\ddot{x} + \Delta\hat{h}) - M\Phi_f \tag{10.24}$$

여기서 $\Delta\hat{D}^* = D^* - \hat{D}^*$, $\Delta h = h^* - \hat{h}^*$이다.

마찬가지로 하면 위치 제어 방향의 식은 다음과 같이 얻게 된다.

$$M\ddot{e}+B\dot{e}+Ke=\hat{D}^{*^{-1}}(\Delta\hat{D}\ddot{x}+\Delta\hat{h})-M\Phi_p \tag{10.25}$$

여기서 $e=x_d-x$이다.

(10.24)에서 힘 제어 방향의 신경회로망의 학습 신호를 다음과 같이 정의하면

$$\begin{aligned} e_f &= F_d-F_e \\ &=-M\ddot{\varepsilon}'-B\dot{\varepsilon}'+M\hat{D}^{*^{-1}}(\Delta\hat{D}\ddot{x}+\Delta\hat{h})-M\Phi_f \end{aligned} \tag{10.26}$$

수렴되었을 경우, 즉 $e_f\rightarrow 0$, $F_e\rightarrow F_d$일 때, 신경망의 출력은 다음과 같다.

$$\Phi_f \simeq -\ddot{\varepsilon}'-M^{-1}B\dot{\varepsilon}'+\hat{D}^{*^{-1}}(\Delta\hat{D}\ddot{x}+\Delta\hat{h}) \tag{10.27}$$

마찬가지로 위치 제어 방향의 학습 신호는 다음과 같이 정한다.

$$e_p=M\ddot{\varepsilon}'+B\dot{\varepsilon}'+K\varepsilon \tag{10.28}$$

그러므로 힘 추종 오차 e_f와 위치 추종 오차 e_p를 최소화하도록 역전파 알고리즘을 설계하여 신경망을 학습시키면 된다.

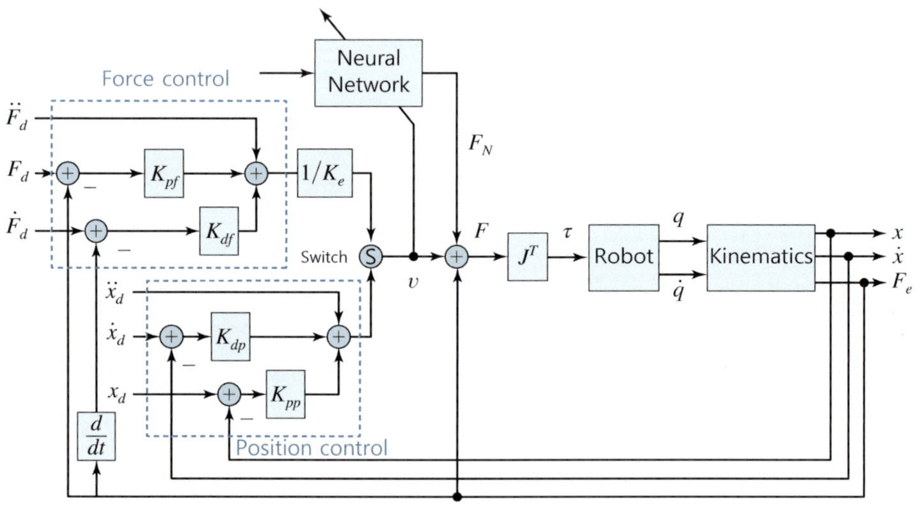

그림 10.1 신경망 힘 제어 블록 다이어그램

신경회로망을 학습시키기 위해 최소화하고자 하는 목적함수는 다음과 같다.

$$E = \frac{1}{2} e^T e \tag{10.29}$$

여기서 e는 e_p와 e_f를 포함하는 오차 벡터이다.

(10.29)를 가중치에 대해 미분하면 목적함수 E의 그래디언트를 다음과 같이 구할 수 있다.

$$\frac{\partial E}{\partial w} = [\frac{\partial e}{\partial w}]^T e \tag{10.30}$$

여기서 그래디언트 $[\frac{\partial e}{\partial w}]^T$는 (10.25)로부터 다음과 같이 구할 수 있다.

$$[\frac{\partial e}{\partial w}]^T = -M[\frac{\partial \Phi}{\partial w}]^T \tag{10.31}$$

(10.31)은 가중값들을 다음과 같이 새롭게 하기 위해 역전파(back-propagation) 알고리즘에 사용된다.

$$\Delta w(t) = -\eta \frac{\partial E}{\partial w} + \alpha \Delta w(t-1) \tag{10.32}$$

$$w(t+1) = w(t) + \Delta w(t) \tag{10.33}$$

여기서 η값은 학습률이고, α는 운동량(momentum) 상수이다.

SIMULINK 예제 10.1 | 3축 로봇 팔의 하이브리드 임피던스 힘 제어: FEL 방식

① 제어 법칙

모델 기반 제어 방식: $\tau = \hat{D}u + \hat{h} + \tau_e,\ u = J^{-1}(v - \dot{J}\dot{q})$

힘 제어 방향: $v_f = \ddot{x}_e' + \frac{1}{m}(b(\dot{x}_e' - \dot{x}) + f_e - f_d)$

위치 제어 방향: $v_p = \ddot{y}_d + \frac{1}{m}(b(\dot{y}_d - \dot{y}) + k(y_d - y))$

② SIMULINK 프로그램

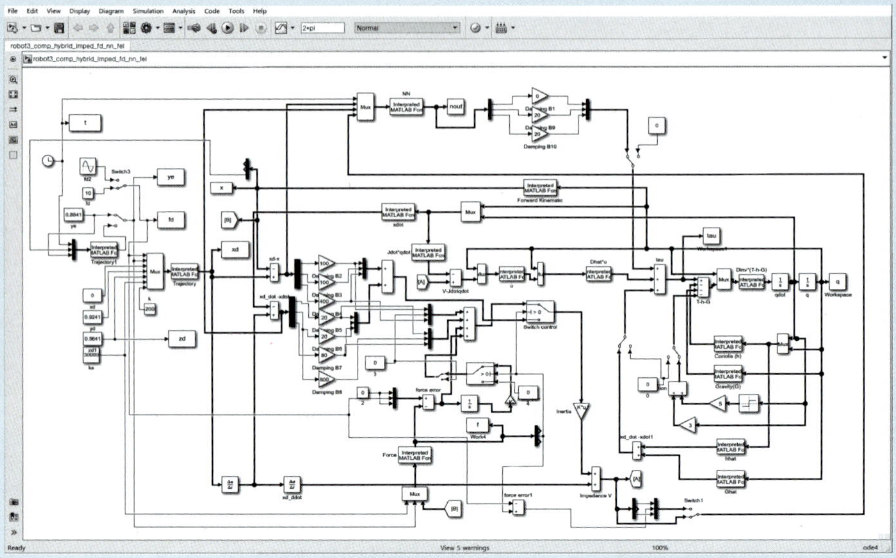

그림 10.2 신경망 힘 제어 시뮬레이션

③ 시뮬레이션 결과

Case 1: 100% model match, no friction

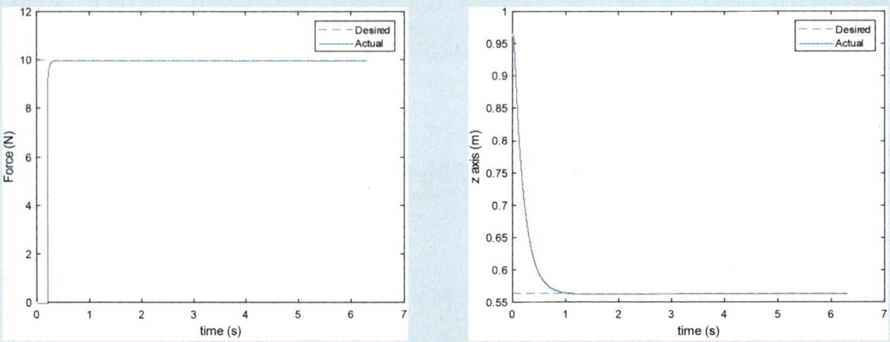

(a) 힘 추종 (b) 위치 추종

그림 10.3 힘 추종 결과

Case 2: 50% model match(D), friction

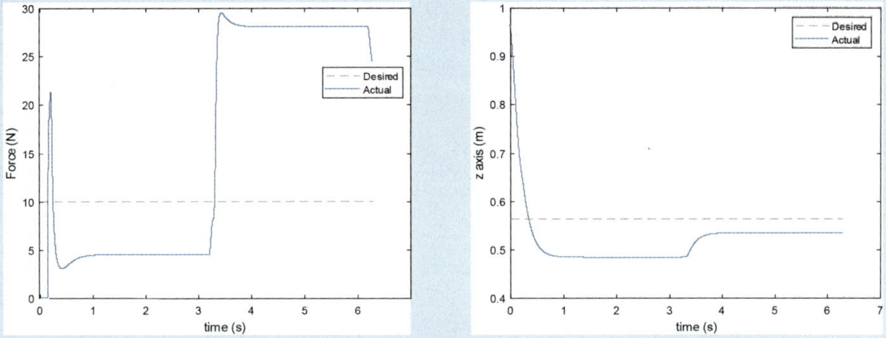

(a) 힘 추종　　　(b) 위치 추종

그림 10.4 힘 추종 결과

Case 3: 50% model match(D), friction

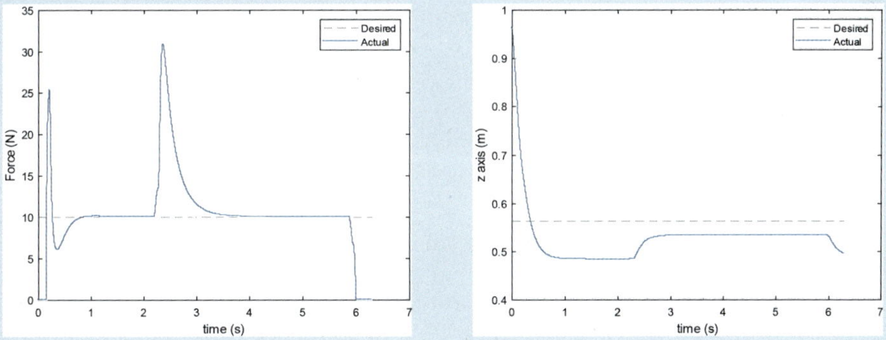

(a) 힘 추종　　　(b) 위치 추종

그림 10.5 힘 추종 결과(적분기 사용)

SIMULINK 예제 10.2 | 3축 로봇 팔의 하이브리드 임피던스 신경망 힘 제어

① 제어 법칙

무모델 제어 방식: $\tau = \hat{D}u + \tau_N + \tau_e,\ u = J^{-1}(v - \dot{J}\dot{q})$

힘 제어 방향: $v_f = \ddot{x}_e' + \frac{1}{m}(b(\dot{x}_e' - \dot{x}) + f_e - f_d + k_i \int (f_d - f_e)dt)$

위치 제어 방향: $v_p = \ddot{y}_d + \frac{1}{m}(b(\dot{y}_d - \dot{y}) + k(y_d - y))$

② 시뮬레이션 결과

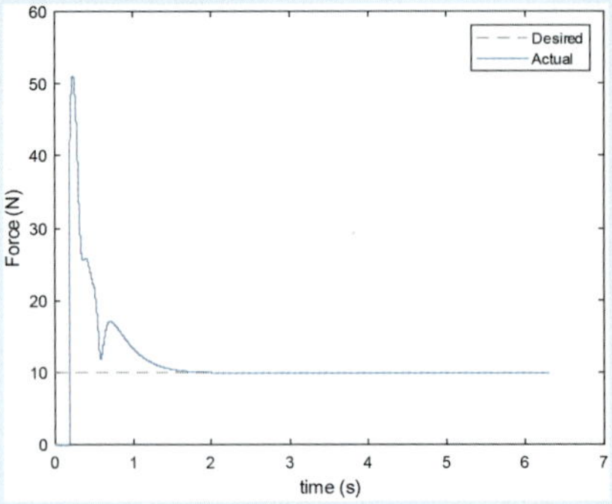

(a) 힘 추종

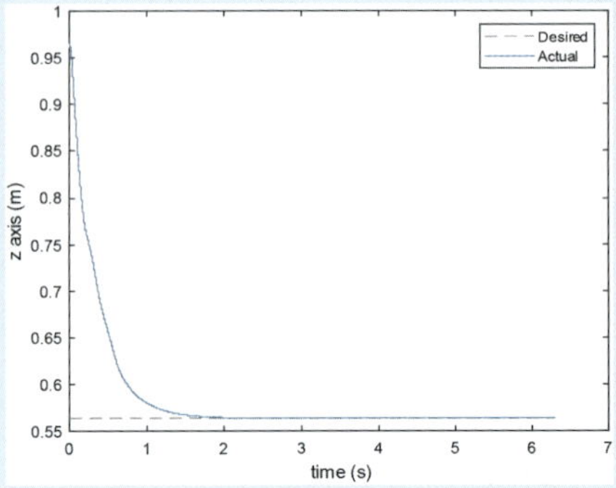

(b) 위치 추종

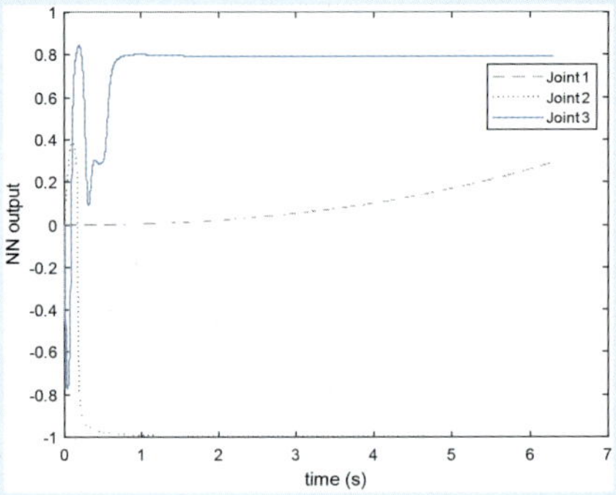

(c) NN output

그림 10.6 힘 추종 결과

10.6 실험 환경

10.6.1 전체 시스템 실험 환경

아래 그림 10.7은 x-y 테이블을 제어하기 위해 PC의 DSP 보드와 모터 드라이버 그리고 x-y 테이블의 관계를 나타낸다. PC 화면상의 GUI 프로그램을 통해 변수를 입력하면 DSP를 통해 신경망과 제어 알고리즘이 계산되어 출력되며 인터페이스 카드를 통해 모터 드라이버를 구동한다. 각각의 모터 드라이버는 x-y 테이블의 각 축을 구동하게 되며 타이밍 벨트에 의해 구동축에 전달된다. 따라서 벨트의 장력이나 샤프트의 불균형에 의한 진동은 시스템의 동적 불확성으로 간주된다. 각 DC모터에 달려있는 엔코더를 통해 회전수를 알아내어 귀환하여 DSP의 제어 알고리즘에서 오차를 계산하여 사용하게 되므로 페루프를 이루게 된다.

DSP를 제어하기 위해 상용 소프트웨어를 사용한 전체적인 샘플링 시간은 대략 180 Hz 정도이다.

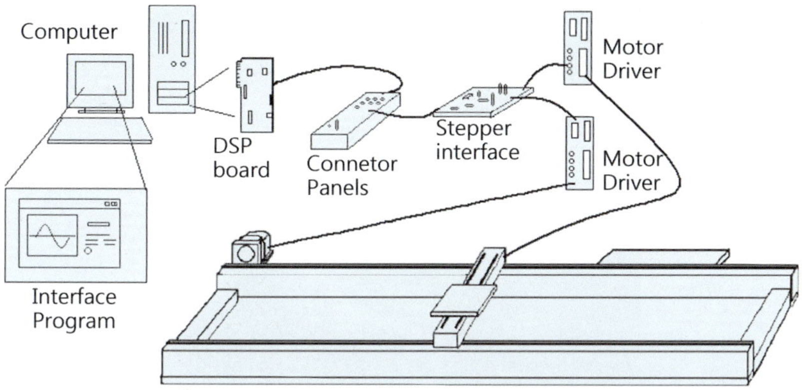

그림 10.7 전체 시스템 실험 Set-up

그림 10.8은 PC에 탑재되어 있는 DSP 보드와의 인터페이스를 나타내며 인터페이스를 통해 모터 드라이버를 구동시키는 실제 시스템을 보여준다. DSP로부터의 PWM 신호는 open collector 방식이므로 pull up 저항을 통해 처리하였으며 신호의 전류를 증폭하기 위해 인터페이스 회로를 구성하였다.

그림 10.8 DSP와 모터 드라이버와의 인터페이스

10.6.2 힘 추종 실험 환경

아래 그림 10.9는 x-y 테이블 위의 end-effector에 힘 센서가 장착되어 있는 모습을 나타낸다. x-y 테이블은 2자유도를 가지므로 평면에서 수직한 힘만 제어하고자 한다. 로봇의 힘센서 끝의 end-effector는 ball-bearing이 장착되어 있어 마찰력을 최소화하였다. 대상의 강성도를 모른다는 가정하에 로봇의 힘 추종을 실험하기 위해 대상은 나무 합판과 철판, 2가지를 선택하였다. 대상의 위치 또한 모른다고 가정하였으므로 대상의 모양은 볼록한 형태로 하였다. 특히, 나무 합판은 유연하여 힘이 적용되면 합판이 자유자재로 움직이므로 대상의 위치가 시변하는 좋은 대상이 된다. 철판의 경우는 매우 단단하여 움직임이 거의 없다.

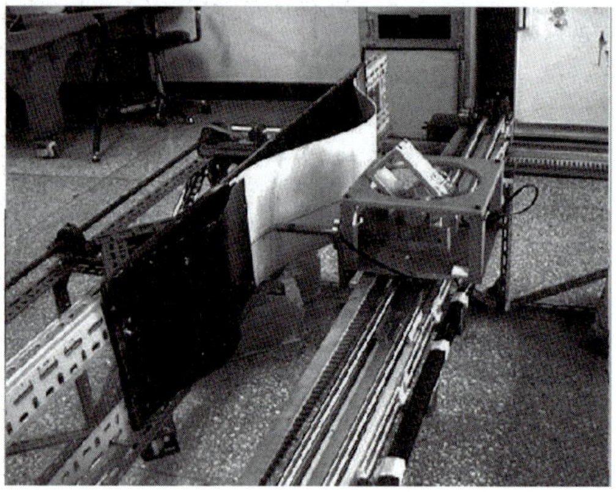

그림 10.9 힘 추종 실험 환경

10.7 실험 결과

10.7.1 로봇이 나무 합판과 접촉하는 경우

먼저 로봇이 나무 합판에 5 N의 힘을 가하는 경우를 보자. 나무 합판을 누르되 움직이지 않는 경우이다. 그림 10.10에서 로봇이 자유 공간으로부터 움직여 나무와 접촉이 발생할 때 오버슈트가 나타나는 것을 볼 수 있다. 그림 10.10은 5 N의 힘이 잘 조절되는 것을 나타내고 있다. 30초 정도에 힘이 다소 바뀌는 것은 나무 합판이 유연하므로 위치의 변형에서 오는 영향이라 할 수 있다. 두껍게 나타나는 것은 힘 센서로부터 잡음을 나타낸다.

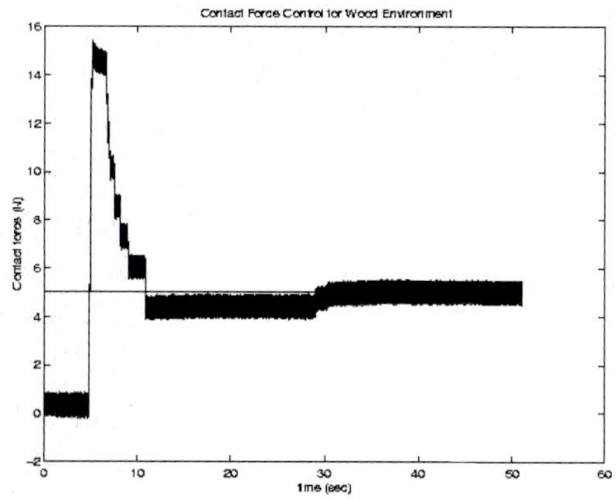

그림 10.10 나무 합판의 접촉 힘 제어

10.7.2 로봇이 철판과 접촉하는 경우

이번에는 로봇이 철판에 힘을 가하는 경우를 보자. 그림 10.11은 철판에 40 N의 힘을 가했을 때의 결과이다. 접촉이 발생한 뒤에 오버슈트가 생기고 정착하는 데 5초 정도 걸렸다. 이는 로봇의 end-effector 자체도 아주 단단하지 않아 반발되는 힘에 의해 변형이 생기기 때문이다. 이 또한 신경회로망이 보상하여 정확한 힘을 조절하는 것을 그림 10.11에서 볼 수 있다. 다양한 실험으로 철판에 5 N, 10 N 등의 작은 힘을 적용하였지만 로봇이 대상과 계속적으로 접촉과 비접촉을 반복하면서 불안정한 현상을 보였다. 이는 강성도가 큰 대상일수록 작은 힘을 제어하는 것이 어렵다는 것을 나타낸다.

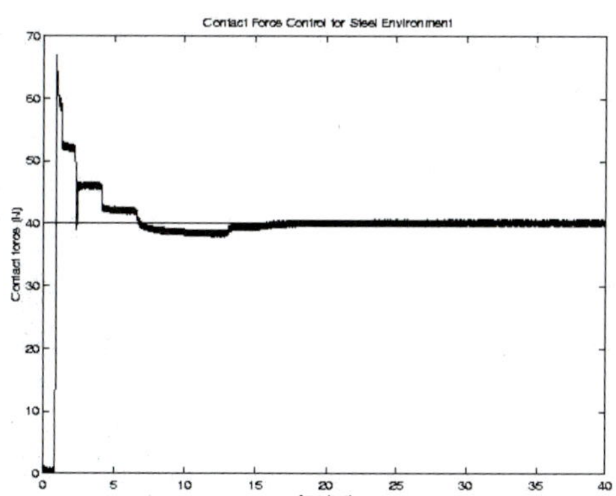

그림 10.11 철판의 접촉 힘 제어

10.7.3 힘 추종의 경우

10.7.3.1 로봇이 나무 합판 위로 움직이는 경우

두 번째 실험으로 로봇이 나무 합판에 5 N의 힘을 적용하면서 움직이도록 하였다. 이때 로봇은 나무 합판의 위치를 전혀 모른다고 가정하였다. 또한 나무 합판에 대한 강성도의 정보도 주어지지 않았다. 그림 10.12에 로봇이 힘을 추종하는 결과가 나타나 있다. 그림에서 보듯이 중간 부분은 볼록한 나무 합판의 최고점을 통과하고 있는 것을 나타낸다. 이 점에서는 미끄러짐에 의한 비접촉이 발생하는 것을 볼 수 있다.

또한 나무 합판의 양 끝에서도 나무 합판의 변형에 의해 힘 오차가 크게 나타나는 것을

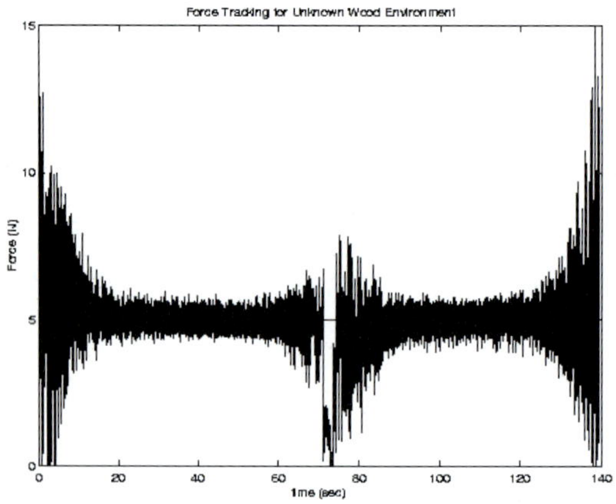

그림 10.12 나무 합판의 힘 추종 제어

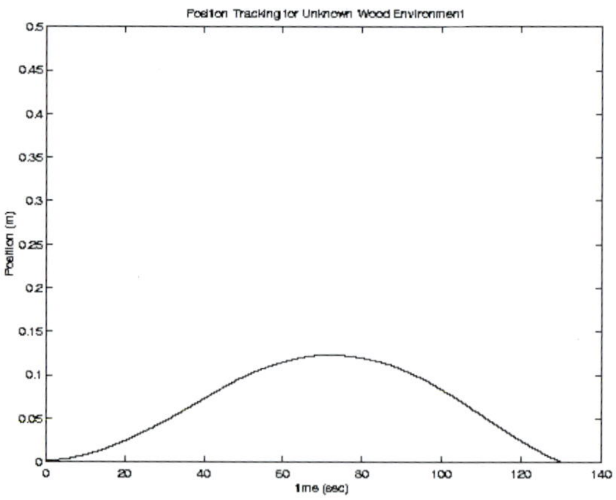

그림 10.13 나무 합판의 위치 추종 제어

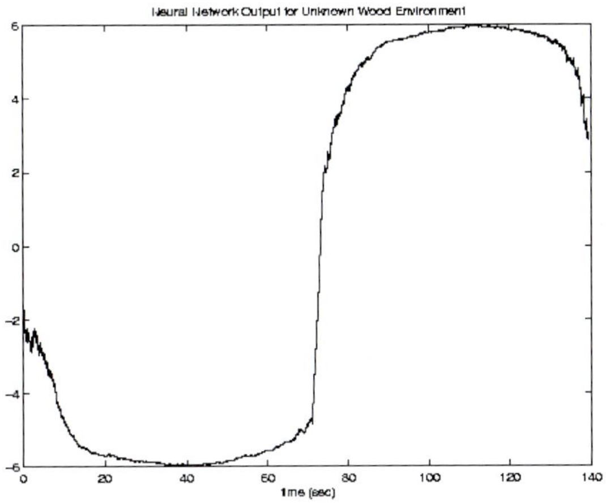

그림 10.14 신경회로망 보상 출력

알 수 있다. 그림 10.13에서 보면 최고점의 높이는 대략 13 cm 정도이다. 그림 10.13은 로봇이 추종한 나무 합판의 모양을 나타내고 그림 10.14는 신경회로망의 보상 출력을 나타낸다.

10.7.3.2 로봇이 철판 위로 움직이는 경우

마찬가지로 로봇이 40 N의 힘으로 철판 위를 움직이도록 하였다. 그림 10.15에 힘 추종의 결과가 잘 나타나 있는데, 나무 합판의 경우와는 달리 가운데 부분에서 비접촉 현상이 발생하지 않고 힘 제어가 잘 되고 있음을 알 수 있다. 이는 철판이 단단하기 때문에 모양에 변형이 발생하지 않기 때문이다. 그림 10.16은 로봇이 추종한 철판의 모양을 나타내는 위치 추종 결과인데 최고점의 높이는 대략 5 cm로 실제와 같음을 알 수 있다. 그림 10.17은 불확실성을 보상하는 신경회로망의 보상 신호를 나타낸다. 철판일 경우의 보상 신호는 나무 합판일 경우의 보상 신호보다 더 진동이 있는 것을 알 수 있다.

신경회로망을 이용하여 힘 제어 시 발생하는 불확실성을 모두 보상하도록 하는 알고리즘을 제안하고 실험으로 검증하였다. 하나의 신경회로망으로 로봇의 동적 불확실성은 물론, 모르는 대상에서 오는 불확실성, 대상의 부정확한 위치 및 강성도까지도 실시간으로 보상하였다. 나무 합판의 경우 매우 유연하여 작은 힘도 제어가 가능하였으나 합판이 유연하여 움직이므로 최고점에서의 힘 제어가 어려웠다. 철판의 경우에는 단단하여 작은 힘을 제어하기 어려웠으나, 최고점에서도 훌륭한 힘 추종 결과를 보여주었다.

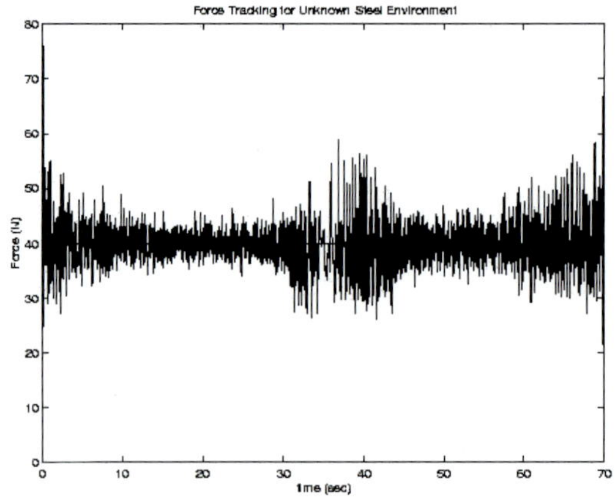

그림 10.15 철판의 힘 추종 제어

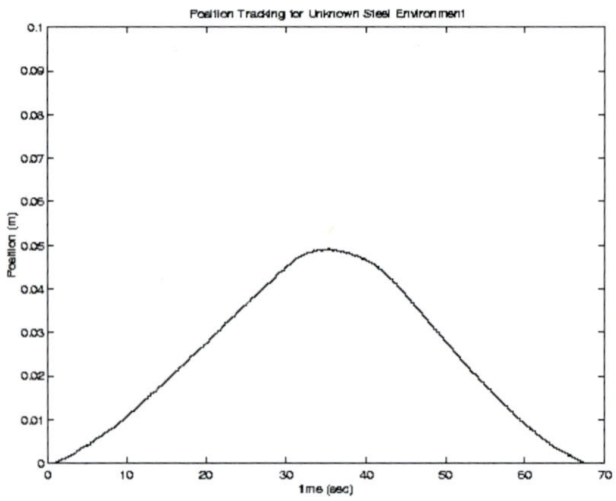

그림 10.16 철판의 위치 추종 제어

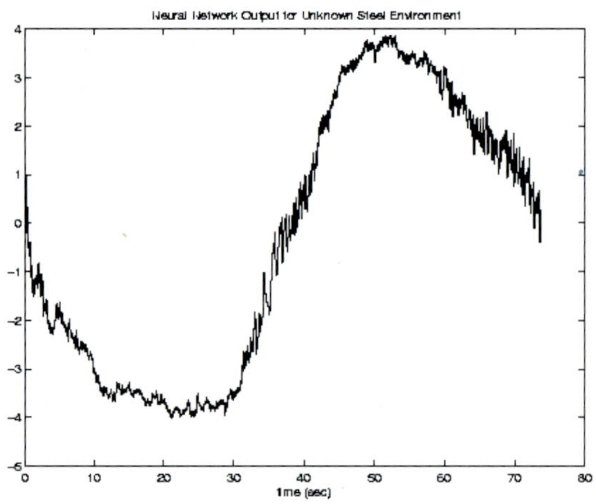

그림 10.17 신경회로망 보상 출력

참고문헌

[1] N. Hogan, "Impedance Control: An Approach to Manipulator, Part i, ii, iii", ASME Journal of Dynamics Systems, Measurements, and Control, vol. 3, pp. 1-24, 1985

[2] M. Raibert and J. Craig, "Hybrid Position/Force Control of Manipulators", ASME Journal. of Dynamic Systems, Measurements, and Control, vol. 52, pp. 126-133, 1981

[3] 정 슬, "로봇의 디버링 작업이나 표면 광택 작업을 위한 새로운 힘제어 기술 개발",제어 자동화 시스템 공학 논문지, pp.786-795, 제6권, 9호, 2000년

[4] 임선빈, 정 슬, "신경회로망을 이용한 비선형 시스템 제어의 실험적 연구", 한국 자동제어 학술회의, 용인, 2000

[5] S. Jung and T. C. Hsia, "A New Neural Network Technique for Robot Manipulators", Robotica, Vol. 13, pp. 477-484, 1995

[6] S. Jung and T. C. Hsia, "Neural Network Impedance Force Control of Robot Manipulator", IEEE Transaction on Industrial Electronics, vol. 45, no.3, pp. 451-461, 1998

[7] S. Jung and T. C. Hsia, "Robust Neural Force Control Scheme under Uncertainties in Robot Dynamics and Unknown Environment", IEEE Transaction on Industrial Electronics, vol. 47, no.2, pp. 403-412, 2000

[8] S. Jung and T. C. Hsia, "Force Tracking Impedance Control for Robot Manipulators with an Unknown Environment: Theory, Simulation, and Experiment", Journal of Robotics Research, , vol. 20, no.9, pp. 765-774, 2001

[9] S. Jung and T. C. Hsia, "Force Tracking Impedance Control of Robot Manipulators Under Unknown Environment", IEEE Transaction on Control Systems Technology, vol. 12, no.2, pp. 474-483, 2004

[10] S. Jung, P. W. Jeon, and T. C. Hsia, Contour tracking of an unknown planar object by regulating force for mobile robot navigation, ROBOTICA, vol. 25, no.3, pp. 297-305, 2007

[11] 임선빈, 정 슬, "미정보 환경하에서의 신경회로망 힘추종 로봇제어 기술의 실험적 연구", 제어 자동화 시스템 공학 논문지, 8권 4호, pp. 338-344, 2002

[12] 전풍우, 정 슬, "장님 이동로봇의 힘제어: 분석, 시뮬레이션 및 실험", 제어 자동화 시스템 공학 논문지, 9권 10호, pp. 798-807, 2003

[13] 전풍우, 정 슬, "힘제어 기반의 틈새 추종 로봇의 제작 및 제어에 관한 연구: Part II. 힘제어", 제어 자동화 시스템 공학 논문지, 11권 4호, pp. 337-343, 2005

[14] 엄일용, 석진영, 정 슬, "힘자율 주행 헬리콥터의 위치 추종 제어를 위한 LQR 제어 및 신경회로망 보상 방식", 제어 자동화 시스템 공학 논문지, 11권 11호, pp. 930-935, 2005

[15] 정슬, 하천장, "자율 주행 이동 로봇의 슬립을 고려한 횡방향 임피던스 힘제어에 대한 연구", 제어 자동화 시스템 공학 논문지, 12권 2호, pp. 161-167, 2006

[16] 전효원, 정 슬, "힘제어 기반의 로봇 팔과 인간팔의 상호 작용을 위한 임베디드 시스템 설계", 제어 자동화 시스템 공학 논문지, 15권 11호, pp. 1096-1101, 2009

[17] 배영걸, 최호진, 정 슬, "원격제어 시스템의 종로봇인 이동 로봇의 제작과 힘 추종 제어 구현", 제어 자동화 시스템 공학 논문지, 16권 7호, pp. 681-687, 2010

부록 A. 3축 로봇 라그란지안 방식의 동역학 프로그램

```
>> syms c1 s1 c2 s2 c3 s3 c12 s12 c23 s23 L1 L2 L3 m1 m2 m3
>> syms q1 q2 q3 qd1 qd2 qd3 qdd1 qdd2 qdd3 tau1 tau2 tau3 g
>> c1 = cos(q1); s1=sin(q1); c2 = cos(q2); s2=sin(q2); c3 = cos(q3); s3=sin(q3);
>> c12=cos(q1+q2); s12=sin(q1+q2); c23=cos(q2+q3); s23=sin(q2+q3);
>> A01 = [c1 0 s1 0; s1 0 -c1 0; 0 1 0 L1; 0 0 0 1]
>> A12 = [c2 -s2 0 L2*c2; s2 c2 0 L2*s2; 0 0 1 0; 0 0 0 1]
>> A23 = [c3 -s3 0 L3*c3; s3 c3 0 L3*s3; 0 0 1 0; 0 0 0 1]
>> A02=simplify(A01*A12)
>> A03=simplify(A01*A12*A23)
>> A13=simplify(A12*A23)
>> Q1 =  [0 -1 0 0 ; 1 0 0 0 ;0 0 0 0; 0 0 0 0]; Q2 = Q1 ; Q3=Q2;
>> U11 = Q1*A01
>> U21 = simplify(Q1*A02)
>> U22 = simplify(A01*Q2*A12)
>> U31 = Q1*A03
>> U32 = simplify(A01*Q2*A13)
>> U33 = simplify(A02*Q3*A23)
>> I1 = [0 0 0 0;0 0 0 -1/2*m1*L1; 0 0 0 0;0 -1/2*m1*L1 0 m1]
>> I2 = [1/3*m2*L2^2 0 0 -1/2*m2*L2;0 0 0 0 ; 0 0 0 0;-1/2*m2*L2 0 0 m2]
>> I3 = [1/3*m3*L3^2 0 0 -m3*L3/2;0 0 0 0 ; 0 0 0 0;-m3*L3/2 0 0 m3]
>> UT11 = [-s1 c1 0 0; 0 0 0 0 ;c1 s1 0 0;0 0 0 0]
>> UT21 = [-s1*c2 c1*c2 0 0; s1*s2 -c1*s2 0 0; c1 s1 0 0;-L2*s1*c2 L2*c1*c2 0 0]
>> UT22 = [-c1*s2 -s1*s2 c2 0; -c1*c2 -s1*c2 -s2 0 ; 0 0 0 0;-L2*c1*s2 -L2*s1*s2 L2*c2 0]
>> UT31 = [-s1*c23 c1*c23 0 0; s1*s23 -c1*s23 0 0 ; c1 s1 0 0;-s1*(L2*c2+L3*c23)
c1*(L2*c2+L3*c23) 0 0]
>> UT32 = [-c1*s23 -s1*s23 c23 0; -c1*c23 -s1*c23 -s23 0 ; 0 0 0 0;-c1*(L2*s2+L3*s23)
-s1*(L2*s2+L3*s23) L2*c2+L3*c23 0]
>> UT33 = [-c1*s23 -s1*s23 c23 0; -c1*c23 -s1*c23 -s23 0 ; 0 0 0 0;-L3*c1*s23...
-L3*s1*s23 L3*c23 0]
% Inertia matrix
>> D11 = simplify(trace(U11*I1*UT11)+trace(U21*I2*UT21)+trace(U31*I3*UT31))
```

```
>> D12 = simplify(trace(U22*I2*UT21)+trace(U32*I3*UT31))
>> D13 = simplify(trace(U33*I3*UT31))
>> D22 = simplify(trace(U22*I2*UT22)+trace(U32*I3*UT32))
>> D23 = simplify(trace(U33*I3*UT32))
>> D33 = simplify(trace(U33*I3*UT33))
>> D21=D12; D31=D13; D32=D23;
>> D = [D11 D12 D13; D21 D22 D23; D31 D32 D33]
% Coriolis & Centrifugal force
>> U111=Q1*Q1*A01
>> U211=Q1*Q1*A02
>> U212 = simplify(Q1*A01*Q2*A12)
>> U221 = simplify(Q1*A01*Q2*A12)
>> U222 = simplify(A01*Q2*Q2*A12)
>> U311 = Q1*Q1*A03
>> U312 = simplify(Q1*A01*Q2*A13)
>> U313 = simplify(Q1*A02*Q3*A23); U331=U313
>> U331 = simplify(Q1*A02*Q1*A23);
>> U321 = simplify(Q1*A01*Q2*A13); U312=U321
>> U322 = simplify(A01*Q2*Q2*A13)
>> U323 = simplify(A01*Q2*A12*Q3*A23); U332=U323
>> U333 = simplify(A02*Q2*Q2*A23)
>> h111 = simplify(trace(U111*I1*UT11)+trace(U211*I2*UT21)+trace(U311*I3*UT31))
>> h112 = simplify(trace(U212*I2*UT21)+trace(U312*I3*UT31))
>> h113 = simplify(trace(U313*I3*UT31))
>> h121 = simplify(trace(U221*I2*UT21)+trace(U321*I3*UT31))
>> h122 = simplify(trace(U222*I2*UT21)+trace(U322*I3*UT31))
>> h123 = simplify(trace(U323*I3*UT31))
>> h131 = simplify(trace(U331*I3*UT31))
>> h132 = simplify(trace(U332*I3*UT31))
>> h133 = simplify(trace(U333*I3*UT31))
>> h211 = simplify(trace(U211*I2*UT22)+trace(U311*I3*UT32))
>> h212 = simplify(trace(U212*I2*UT22)+trace(U312*I3*UT32))
>> h213 = simplify(trace(U313*I3*UT32));
>> h221 = simplify(trace(U221*I2*UT22)+trace(U321*I3*UT32))
>> h222 = simplify(trace(U222*I2*UT22)+trace(U322*I3*UT32))
>> h223 = simplify(trace(U323*I3*UT32))
>> h231 = simplify(trace(U331*I3*UT32))
>> h232 = simplify(trace(U332*I3*UT32))
```

```
>> h233 = simplify(trace(U333*I3*UT32))
>> h311 = simplify(trace(U311*I3*UT33))
>> h312 = simplify(trace(U312*I3*UT33))
>> h313 = simplify(trace(U313*I3*UT33))
>> h321 = simplify(trace(U321*I3*UT33))
>> h322 = simplify(trace(U322*I3*UT33))
>> h323 = simplify(trace(U323*I3*UT33))
>> h331 = simplify(trace(U331*I3*UT33))
>> h332 = simplify(trace(U332*I3*UT33))
>> h333 = simplify(trace(U333*I3*UT33))
>> h1 = h111*qd1^2 +(h112+h121)*qd1*qd2+(h123+h131)*qd1*qd3+(h123+h132)*qd2*qd3 +h122*qd2^2 +
h133* qd3^2
>> h2 = h211*qd1^2 + (h212+h221)*qd1*qd2+(h213+h231)*qd1*qd3+(h223+h232)*qd2*qd3+h222*qd2^2 +
h233*qd3^2
>> h3 = h311*qd1^2 + (h312+h321)*qd1*qd2+(h313+h331)*qd1*qd3+(h323+h332)*qd2*qd3+h322*qd2^2 +
h333*qd3^2
>> r11 = [0; -L1/2; 0; 1];
>> r22 = [-L2/2; 0; 0; 1];
>> r33 = [-L3/2; 0; 0; 1];
>> gt = [0 0 -g 0];
>> G1 = simplify(-(m1*gt*U11*r11 + m2*gt*U21*r22 +m3*gt*U31*r33));
>> G2 = simplify(-(m2*gt*U22*r22+m3*gt*U32*r33));
>> G3 = simplify(-m3*gt*U33*r33);
>> D21 = D12; D23 = D32; D31 = D13;
>> D = [D11 D12 D13; D21 D22 D23; D31 D32 D33]
>> h =[h1; h2; h3]
>> G= [G1; G2; G3]
```

부록 B. 3축 로봇 뉴튼 오일러 방식의 동역학 프로그램

```
>> syms m1 m2 m3 g L1 L2 L3 q1 q2 q3 qd1 qd2 qd3 qdd1 qdd2 qdd3
>> syms c1 s1 c2 s2 c3 s3 c12 s12 c23 s23 sb1 sb2 sb3
>> syms p01 p12 p23 v0 v1 v2 v3 w0 w1 w2 w3 wd0 wd1 wd2 wd3 ab1 ab2 ad3 a0 a1 a2 a3
>> syms F1 F2 F3 N1 N2 N3 I1 I2 I3 f0 f1 f2 f3 f4 n0 n1 n2 n3 n4 z0 z1 z2 z3 tau1 tau2 tau3
>> c1 = cos(q1); s1 = sin(q1); c2 = cos(q2); s2 = sin(q2); c3 = cos(q3); s3=sin(q3);
>> c12=cos(q1+q2); s12=sin(q1+q2); c23=cos(q2+q3); s23=sin(q2+q3);
>> c12 = cos(q1+q2); s12 = sin(q1+q2);
>> A01 = [c1 0 s1 0; s1 0 -c1 0; 0 1 0 L1; 0 0 0 1]
>> A12 = [c2 -s2 0 L2*c2; s2 c2 0 L2*s2; 0 0 1 0; 0 0 0 1]
>> A23 = [c3 -s3 0 L3*c3; s3 c3 0 L3*s3; 0 0 1 0; 0 0 0 1]
>> A02=simplify(A01*A12)
>> A03=simplify(A01*A12*A23)
>> A13=simplify(A12*A23)
>> w0 =[0;0;0]; wd0=[0;0;0]; v0 = [0;0;0]; a0 = [0;0;g]; f0 =[0;0;0]; n0 =[0;0;0];
>> z0 = [0;0;1]; z1 = [s1;-c1;0]; z2 = [0;0;1]; n4 = [0;0;0]; f4 = [0;0;0];
>> p01 = [ A01(1,4); A01(2,4); A01(3,4)]
>> p12 = [ A02(1,4)-A01(1,4); A02(2,4)-A01(2,4); A02(3,4)-A01(3,4)]
>> p23 = [ A03(1,4)-A12(1,4); A03(2,4)-A12(2,4); A03(3,4)-A12(3,4)]
>> sb1 =[0; 0; 0]
>> sb2 =[0; 0; 0]
>> sb3 =[0; 0; 0]
>> w1 = w0+z0*qd1
>> w2 = w1+z1*qd2
>> w3 = w2+z2*qd3
>> wd1=wd0+z0*qdd1+cross(w0,z0*qd1)
>> wd2=wd1+z1*qdd2+cross(w1,z1*qd2)
>> wd3=wd2+z2*qdd3+cross(w2,z2*qd3)
>> v1=cross(w1,p01)+v0
>> v2=cross(w2,p12)+v1
>> v3=cross(w3,p23)+v2
>> a1=cross(wd1,p01)+cross(w1,cross(w1,p01))+a0
>> a2=cross(wd2,p12)+cross(w2,cross(w2,p12))+a1
>> a3=cross(wd3,p23)+cross(w3,cross(w3,p23))+a2
>> ab1 = cross(wd1,sb1)+cross(w1,cross(w1,sb1))+a1
>> ab2 = cross(wd2,sb2)+cross(w2,cross(w2,sb2))+a2
>> ab3 = cross(wd3,sb3)+cross(w3,cross(w3,sb3))+a3
```

```
>> I1 = [0 0 0;0 0 0;0 0 m1*L1^2]
>> I2 = [0 0 0;0 0 0;0 0 m2*L2^2]
>> I3 = [0 0 0;0 0 0;0 0 m3*L3^2]
>> F1 = m1*ab1
>> F2 = m2*ab2
>> F3 = m3*ab3
>> N1 = I1*wd1+cross(w1,I1*w1)
>> N2 = I2*wd2+cross(w2,I2*w2)
>> N3 = I3*wd3+cross(w3,I3*w3)
>> f3 = simplify(F3+f4)
>> f2 = simplify(F2+f3)
>> f1 = simplify(F1+f2)
>> n3 = n4+cross(p23,f4)+cross(p23+sb3,F3)+N3
>> n2 = n3+cross(p12,f3)+cross(p12+sb2,F2)+N2
>> n1 = n2+cross(p01,f2)+cross(p01+sb1,F1)+N1
>> simplify(n1)
>> simplify(n2)
>> simplify(n3)
```

찾아보기

ㅇ

ㅈ

ㅊ

ㅋ

ㅌ

ㅍ

로봇 시스템 제어

2021년 12월 10일 초판 발행
등록번호 1968.10.28. 제406-2006-000035호
ISBN 978-89-363-2276-2(93550)
값 25,000원

지은이
정 슬
펴낸이
류원식
편집팀장
김경수
책임진행
윤소연
디자인
신나리
본문편집
홍익 m&b

펴낸곳
교문사
10881, 경기도 파주시 문발로 116
문의
Tel. 031-955-6111
Fax. 031-955-0955
www.gyomoon.com
e-mail. genie@gyomoon.com

저자 소개

정 슬

미국 웨인주립대학교 전기컴퓨터공학과 졸업
미국 캘리포니아대학교 데이비스 전기컴퓨터공학과 석사
미국 캘리포니아대학교 데이비스 전기컴퓨터공학과 박사
충남대학교 메카트로닉스공학과 교수

저서로는 '로봇은 우리의 친구야', '제어시스템 분석과 MATLAB 및 SIMULINK 활용', '로봇공학', '지능제어시스템' 외 다수